国 家 科 技 重 大 专 项

大型油气田及煤层气开发成果丛书

（2008—2020）

◇◇◇◇◇◇◇ 卷53 ◇◇◇◇◇◇◇

渝东南常压页岩气勘探开发关键技术

姚红生　蔡勋育　郭彤楼　吴聿元　等编著

石油工业出版社

内 容 提 要

本书以渝东南南川—彭水地区五峰组—龙马溪组常压页岩气勘探开发实践为基础，剖析常压页岩气"五大"地质特点和技术难点，通过典型目标的解剖和机理研究，系统阐述常压页岩气"三因素控气"富集高产地质理论，系统总结针对常压页岩气效益开发创新实践形成的一套低成本工程工艺技术系列，主要包括变密度地震勘探技术，"二开制"井身结构优化、"大+小钻机"井工厂等优快钻完井技术，"变段长、低浓度、砂混陶、全电动"等高效压裂改造技术，常压页岩气藏经济开发技术政策，排水采气工艺技术等。

本书可供从事页岩气勘探与开发领域相关技术及科研人员，以及石油院校相关专业师生使用阅读。

图书在版编目（CIP）数据

渝东南常压页岩气勘探开发关键技术 / 姚红生等编
著 .—北京：石油工业出版社，2023.5
（国家科技重大专项·大型油气田及煤层气开发成果丛书：2008—2020）
ISBN 978-7-5183-5399-6

Ⅰ.① 渝… Ⅱ.① 姚… Ⅲ.① 油页岩 – 油气勘探 – 研
究 – 重庆 Ⅳ.① P618.130.8

中国版本图书馆 CIP 数据核字（2022）第 092939 号

责任编辑：王长会
责任校对：罗彩霞
装帧设计：李 欣 周 彦

出版发行：石油工业出版社
　　　　　（北京安定门外安华里 2 区 1 号　100011）
　　　　　网　　址：www.petropub.com
　　　　　编辑部：（010）64523757　图书营销中心：（010）64523633
经　　销：全国新华书店
印　　刷：北京中石油彩色印刷有限责任公司

2023 年 5 月第 1 版　2023 年 5 月第 1 次印刷
787×1092 毫米　开本：1/16　印张：26.5
字数：680 千字

定价：265.00 元

《国家科技重大专项·大型油气田及煤层气开发成果丛书（2008—2020）》

编委会

《渝东南常压页岩气勘探开发关键技术》

编写组

组　长：姚红生

副组长：蔡勋育　　郭彤楼　　吴丰元　　何希鹏　　王运海　　周德华
　　　　龙胜祥　　马开华

成　员：蒋廷学　　杨怀成　　李　清　　王彦祺　　程百利　　王德喜
　　　　张国荣　　张龙胜　　高玉巧　　唐建信　　赵军胜　　卢双舫
　　　　康毅力　　匡立新　　夏海帮　　刘　明　　彭勇民　　臧素华
　　　　袁玉松　　刘　华　　汪凯明　　潘仁芳　　楼一珊　　段新国
　　　　房大志　　吴壮坤　　孙　海　　沈建中　　朱杰平　　刘厚裕
　　　　陈祖华　　薛　冈　　徐向阳　　李志刚　　张培先　　邓　模
　　　　杨振恒　　龚劲松　　何贵松　　张　勇　　贺　庆　　熊　炜
　　　　卞晓冰　　梅俊伟　　徐　骞　　薛　野　　张　辉　　王　伟
　　　　赖建林　　万静雅　　魏瑞玲　　俞徐林　　刘娜娜　　朱智超
　　　　雷　林　　张　壮　　董自明

能源安全关系国计民生和国家安全。面对世界百年未有之大变局和全球科技革命的新形势，我国石油工业肩负着坚持初心、为国找油、科技创新、再创辉煌的历史使命。国家科技重大专项是立足国家战略需求，通过核心技术突破和资源集成，在一定时限内完成的重大战略产品、关键共性技术或重大工程，是国家科技发展的重中之重。大型油气田及煤层气开发专项，是贯彻落实习近平总书记关于大力提升油气勘探开发力度、能源的饭碗必须端在自己手里等重要指示批示精神的重大实践，是实施我国"深化东部、发展西部、加快海上、拓展海外"油气战略的重大举措，引领了我国油气勘探开发事业跨入向深层、深水和非常规油气进军的新时代，推动了我国油气科技发展从以"跟随"为主向"并跑、领跑"的重大转变。在"十二五"和"十三五"国家科技创新成就展上，习近平总书记两次视察专项展台，充分肯定了油气科技发展取得的重大成就。

大型油气田及煤层气开发专项作为《国家中长期科学和技术发展规划纲要（2006—2020年）》确定的10个民口科技重大专项中唯一由企业牵头组织实施的项目，以国家重大需求为导向，积极探索和实践依托行业骨干企业组织实施的科技创新新型举国体制，集中优势力量，调动中国石油、中国石化、中国海油等百余家油气能源企业和70多所高等院校、20多家科研院所及30多家民营企业协同攻关，参与研究的科技人员和推广试验人员超过3万人。围绕专项实施，形成了国家主导、企业主体、市场调节、产学研用一体化的协同创新机制，聚智协力突破关键核心技术，实现了重大关键技术与装备的快速跨越；弘扬伟大建党精神、传承石油精神和大庆精神铁人精神，以及石油会战等优良传统，充分体现了新型举国体制在科技创新领域的巨大优势。

经过十三年的持续攻关，全面完成了油气重大专项既定战略目标，攻克了一批制约油气勘探开发的瓶颈技术，解决了一批"卡脖子"问题。在陆上油气勘探、陆上油气开发、工程技术、海洋油气勘探开发、海外油气勘探开发、非常规油气勘探开发领域，形成了6大技术系列、26项重大技术；自主研发20项重大工程技术装备；建成35项示范工程、26个国家级重点实验室和研究中心。我国油气科技自主创新能力大幅提升，油气能源企业被卓越赋能，形成产量、储量增长高峰期发展新态势，为落实习近平总书记"四个革命、一个合作"能源安全新战略奠定了坚实的资源基础和技术保障。

《国家科技重大专项·大型油气田及煤层气开发成果丛书（2008—2020）》（62卷）是专项攻关以来在科学理论和技术创新方面取得的重大进展和标志性成果的系统总结，凝结了数万科研工作者的智慧和心血。他们以"功成不必在我，功成必定有我"的担当，高质量完成了这些重大科技成果的凝练提升与编写工作，为推动科技创新成果转化为现实生产力贡献了力量，给广大石油干部员工奉献了一场科技成果的饕餮盛宴。这套丛书的正式出版，对于加快推进专项理论技术成果的全面推广，提升石油工业上游整体自主创新能力和科技水平，支撑油气勘探开发快速发展，在更大范围内提升国家能源保障能力将发挥重要作用，同时也一定会在中国石油工业科技出版史上留下一座书香四溢的里程碑。

在世界能源行业加快绿色低碳转型的关键时期，广大石油科技工作者要进一步认清面临形势，保持战略定力、志存高远、志创一流，毫不放松加强油气等传统能源科技攻关，大力提升油气勘探开发力度，增强保障国家能源安全能力，努力建设国家战略科技力量和世界能源创新高地；面对资源短缺、环境保护的双重约束，充分发挥自身优势，以技术创新为突破口，加快布局发展新能源新事业，大力推进油气与新能源协调融合发展，加大节能减排降碳力度，努力增加清洁能源供应，在绿色低碳科技革命和能源科技创新上出更多更好的成果，为把我国建设成为世界能源强国、科技强国，实现中华民族伟大复兴的中国梦续写新的华章。

中国石油董事长、党组书记
中国工程院院士　　戴厚良

石油天然气是当今人类社会发展最重要的能源。2020 年全球一次能源消费量为 $134.0 \times 10^8 t$ 油当量，其中石油和天然气占比分别为 30.6% 和 24.2%。展望未来，油气在相当长时间内仍是一次能源消费的主体，全球油气生产将呈长期稳定趋势，天然气产量将保持较高的增长率。

习近平总书记高度重视能源工作，明确指示"要加大油气勘探开发力度，保障我国能源安全"。石油工业的发展是由资源、技术、市场和社会政治经济环境四方面要素决定的，其中油气资源是基础，技术进步是最活跃、最关键的因素，石油工业发展高度依赖科学技术进步。近年来，全球石油工业上游在资源领域和理论技术研发均发生重大变化，非常规油气、海洋深水油气和深层—超深层油气勘探开发获得重大突破，推动石油地质理论与勘探开发技术装备取得革命性进步，引领石油工业上游业务进入新阶段。

中国共有 500 余个沉积盆地，已发现松辽盆地、渤海湾盆地、准噶尔盆地、塔里木盆地、鄂尔多斯盆地、四川盆地、柴达木盆地和南海盆地等大型含油气大盆地，油气资源十分丰富。中国含油气盆地类型多样、油气地质条件复杂，已发现的油气资源以陆相为主，构成独具特色的大油气分布区。历经半个多世纪的艰苦创业，到 20 世纪末，中国已建立完整独立的石油工业体系，基本满足了国家发展对能源的需求，保障了油气供给安全。2000 年以来，随着国内经济高速发展，油气需求快速增长，油气对外依存度逐年攀升。我国石油工业担负着保障国家油气供应安全，壮大国际竞争力的历史使命，然而我国石油工业面临着油气勘探开发对象日趋复杂、难度日益增大、勘探开发理论技术不相适应及先进装备依赖进口的巨大压力，因此急需发展自主科技创新能力，发展新一代油气勘探开发理论技术与先进装备，以大幅提升油气产量，保障国家油气能源安全。一直以来，国家高度重视油气科技进步，支持石油工业建设专业齐全、先进开放和国际化的上游科技研发体系，在中国石油、中国石化和中国海油建立了比较先进和完备的科技队伍和研发平台，在此基础上于2008年启动实施国家科技重大专项技术攻关。

国家科技重大专项"大型油气田及煤层气开发"（简称"国家油气重大专项"）是《国家中长期科学和技术发展规划纲要（2006—2020年）》确定的16个重大专项之一，目标是大幅提升石油工业上游整体科技创新能力和科技水平，支撑油气勘探开发快速发展。国家油气重大专项实施周期为2008—2020年，按照"十一五""十二五""十三五"3个阶段实施，是民口科技重大专项中唯一由企业牵头组织实施的专项，由中国石油牵头组织实施。专项立足保障国家能源安全重大战略需求，围绕"6212"科技攻关目标，共部署实施201个项目和示范工程。在党中央、国务院的坚强领导下，专项攻关团队积极探索和实践依托行业骨干企业组织实施的科技攻关新型举国体制，加快推进专项实施，攻克一批制约油气勘探开发的瓶颈技术，形成了陆上油气勘探、陆上油气开发、工程技术、海洋油气勘探开发、海外油气勘探开发、非常规油气勘探开发6大领域技术系列及26项重大技术，自主研发20项重大工程技术装备，完成35项示范工程建设。近10年我国石油年产量稳定在$2×10^8$t左右，天然气产量取得快速增长，2020年天然气产量达$1925×10^8m^3$，专项全面完成既定战略目标。

通过专项科技攻关，中国油气勘探开发技术整体已经达到国际先进水平，其中陆上油气勘探开发水平位居国际前列，海洋石油勘探开发与装备研发取得巨大进步，非常规油气开发获得重大突破，石油工程服务业的技术装备实现自主化，常规技术装备已全面国产化，并具备部分高端技术装备的研发和生产能力。总体来看，我国石油工业上游科技取得以下七个方面的重大进展：

（1）我国天然气勘探开发理论技术取得重大进展，发现和建成一批大气田，支撑天然气工业实现跨越式发展。围绕我国海相与深层天然气勘探开发技术难题，形成了海相碳酸盐岩、前陆冲断带和低渗—致密等领域天然气成藏理论和勘探开发重大技术，保障了我国天然气产量快速增长。自2007年至2020年，我国天然气年产量从$677×10^8m^3$增长到$1925×10^8m^3$，探明储量从$6.1×10^{12}m^3$增长到$14.41×10^{12}m^3$，天然气在一次能源消费结构中的比例从2.75%提升到8.18%以上，实现了三个翻番，我国已成为全球第四大天然气生产国。

（2）创新发展了石油地质理论与先进勘探技术，陆相油气勘探理论与技术继续保持国际领先水平。创新发展形成了包括岩性地层油气成藏理论与勘探配套技术等新一代石油地质理论与勘探技术，发现了鄂尔多斯湖盆中心岩性地层大油区，支撑了国内长期年新增探明 $10 \times 10^8 t$ 以上的石油地质储量。

（3）形成国际领先的高含水油田提高采收率技术，聚合物驱油技术已发展到三元复合驱，并研发先进的低渗透和稠油油田开采技术，支撑我国原油产量长期稳定。

（4）我国石油工业上游工程技术装备（物探、测井、钻井和压裂）基本实现自主化，具备一批高端装备技术研发制造能力。石油企业技术服务保障能力和国际竞争力大幅提升，促进了石油装备产业和工程技术服务产业发展。

（5）我国海洋深水工程技术装备取得重大突破，初步实现自主发展，支持了海洋深水油气勘探开发进展，近海油气勘探与开发能力整体达到国际先进水平，海上稠油开发处于国际领先水平。

（6）形成海外大型油气田勘探开发特色技术，助力"一带一路"国家油气资源开发和利用。形成全球油气资源评价能力，实现了国内成熟勘探开发技术到全球的集成与应用，我国海外权益油气产量大幅度提升。

（7）页岩气、致密气、煤层气与致密油、页岩油勘探开发技术取得重大突破，引领非常规油气开发新兴产业发展。形成页岩气水平井钻完井与储层改造作业技术系列，推动页岩气产业快速发展；页岩油勘探开发理论技术取得重大突破；煤层气开发新兴产业初见成效，形成煤层气与煤炭协调开发技术体系，全国煤炭安全生产形势实现根本性好转。

这些科技成果的取得，是国家实施建设创新型国家战略的成果，是百万石油员工和科技人员发扬艰苦奋斗、为国找油的大庆精神铁人精神的实践结果，是我国科技界以举国之力团结奋斗联合攻关的硕果。国家油气重大专项在实施中立足传统石油工业，探索实践新型举国体制，创建"产学研用"创新团队，创新人才队伍建设，创新科技研发平台基地建设，使我国石油工业科技创新能力得到大幅度提升。

为了系统总结和反映国家油气重大专项在科学理论和技术创新方面取得的重大进展和成果，加快推进专项理论技术成果的推广和提升，专项实施管理办公室与技术总体组规划组织编写了《国家科技重大专项·大型油气田及煤层气开发成果丛书（2008—2020）》。丛书共 62 卷，第 1 卷为专项理论技术成果总论，第 2～9 卷为陆上油气勘探理论技术成果，第 10～14 卷为陆上油气开发理论技术成果，第 15～22 卷为工程技术装备成果，第 23～26 卷为海洋油气理论技术装备成果，第 27～30 卷为海外油气理论技术成果，第 31～43 卷为非常规油气理论技术成果，第 44～62 卷为油气开发示范工程技术集成与实施成果（包括常规油气开发 7 卷，煤层气开发 5 卷，页岩气开发 4 卷，致密油、页岩油开发 3 卷）。

各卷均以专项攻关组织实施的项目与示范工程为单元，作者是项目与示范工程的项目长和技术骨干，内容是项目与示范工程在 2008—2020 年期间的重大科学理论研究、先进勘探开发技术和装备研发成果，代表了当今我国石油工业上游的最新成就和最高水平。丛书内容翔实，资料丰富，是科学研究与现场试验的真实记录，也是科研成果的总结和提升，具有重大的科学意义和资料价值，必将成为石油工业上游科技发展的珍贵记录和未来科技研发的基石和参考资料。衷心希望丛书的出版为中国石油工业的发展发挥重要作用。

国家科技重大专项"大型油气田及煤层气开发"是一项巨大的历史性科技工程，前后历时十三年，跨越三个五年规划，共有数万名科技人员参加，是我国石油工业史上一项壮举。专项的顺利实施和圆满完成是参与专项的全体科技人员奋力攻关、辛勤工作的结果，是我国石油工业界和石油科技教育界通力合作的典范。我有幸作为国家油气重大专项技术总师，全程参加了专项的科研和组织，倍感荣幸和自豪。同时，特别感谢国家科技部、财政部和发改委的规划、组织和支持，感谢中国石油、中国石化、中国海油及中联公司长期对石油科技和油气重大专项的直接领导和经费投入。此次专项成果丛书的编辑出版，还得到了石油工业出版社大力支持，在此一并表示感谢！

中国科学院院士 贾承造

《国家科技重大专项·大型油气田及煤层气开发成果丛书（2008—2020）》

◇◇◇◇◇ 分卷目录 ◇◇◇◇◇

序号	分卷名称
卷 29	超重油与油砂有效开发理论与技术
卷 30	伊拉克典型复杂碳酸盐岩油藏储层描述
卷 31	中国主要页岩气富集成藏特点与资源潜力
卷 32	四川盆地及周缘页岩气形成富集条件、选区评价技术与应用
卷 33	南方海相页岩气区带目标评价与勘探技术
卷 34	页岩气气藏工程及采气工艺技术进展
卷 35	超高压大功率成套压裂装备技术与应用
卷 36	非常规油气开发环境检测与保护关键技术
卷 37	煤层气勘探地质理论及关键技术
卷 38	煤层气高效增产及排采关键技术
卷 39	新疆准噶尔盆地南缘煤层气资源与勘查开发技术
卷 40	煤矿区煤层气抽采利用关键技术与装备
卷 41	中国陆相致密油勘探开发理论与技术
卷 42	鄂尔多斯盆缘过渡带复杂类型气藏精细描述与开发
卷 43	中国典型盆地陆相页岩油勘探开发选区与目标评价
卷 44	鄂尔多斯盆地大型低渗透岩性地层油气藏勘探开发技术与实践
卷 45	塔里木盆地克拉苏气田超深超高压气藏开发实践
卷 46	安岳特大型深层碳酸盐岩气田高效开发关键技术
卷 47	缝洞型油藏提高采收率工程技术创新与实践
卷 48	大庆长垣油田特高含水期提高采收率技术与示范应用
卷 49	辽河及新疆稠油超稠油高效开发关键技术研究与实践
卷 50	长庆油田低渗透砂岩油藏 CO_2 驱油技术与实践
卷 51	沁水盆地南部高煤阶煤层气开发关键技术
卷 52	涪陵海相页岩气高效开发关键技术
卷 53	渝东南常压页岩气勘探开发关键技术
卷 54	长宁—威远页岩气高效开发理论与技术
卷 55	昭通山地页岩气勘探开发关键技术与实践
卷 56	沁水盆地煤层气水平井开采技术及实践
卷 57	鄂尔多斯盆地东缘煤系非常规气勘探开发技术与实践
卷 58	煤矿区煤层气地面超前预抽理论与技术
卷 59	两淮矿区煤层气开发新技术
卷 60	鄂尔多斯盆地致密油与页岩油规模开发技术
卷 61	准噶尔盆地砂砾岩致密油藏开发理论技术与实践
卷 62	渤海湾盆地济阳坳陷致密油藏开发技术与实践

常压页岩气在中国南方地区广泛分布，资源潜力大，对保障国家能源战略安全和优化能源结构具有十分重要的意义。2012年，国土资源部预测结果显示，中国页岩气技术可采资源量为 $25.08\times10^{12}m^3$，其中南方常压页岩气技术可采资源量为 $9.08\times10^{12}m^3$，展现了雄厚的资源基础。五峰组—龙马溪组页岩气地质条件最为优越，具有分布面积广、厚度大、有机质丰富、含气量高、脆性好等页岩气形成富集优越地质特点，四川盆地及周缘五峰组—龙马溪组页岩分布面积 $15.8\times10^4km^2$，可采资源量 $4.89\times10^{12}m^3$，其中常压页岩气面积 $6.7\times10^4km^2$，可采资源量 $3.69\times10^{12}m^3$，占比75%。

2009年以来，中国开始启动页岩气实质性勘探工作，在陆上不同地区开展不同类型页岩气地质选区、钻探评价和开发试验工作，中国的油气公司等企业和中国地质调查局等部门在开展了大量有益探索后，取得了一些积极进展，2012年8月，彭水区块彭页 HF-1 井压裂测试获日产气 $2.5\times10^4m^3$，实现南方常压页岩气战略突破，展现了良好的发展前景。与涪陵、长宁、威远等已实现大规模商业开发的高压页岩气相比，常压页岩气具有优质页岩厚度减薄、构造变形强烈、吸附气占比高、应力差异系数大等特点，实现规模商业开发面临单井产量和最终可采储量低、投资成本高、经济效益差等诸多挑战。

"十三五"期间，为加快推进常压页岩气勘探开发进程，中国石油化工股份有限公司（简称"中国石化"）华东油气分公司联合中国石化石油勘探开发研究院、中国石化石油工程技术研究院、中国石油大学（华东）等10家单位，承担了国家科技重大专项"彭水地区常压页岩气勘探开发示范工程"，旨在形成常压页岩气勘探开发关键技术，建成勘探开发示范区，以带动全国其他地区常压页岩气的勘探开发，释放常压页岩气万亿立方米资源储量，促进中国页岩气资源的开发利用和国家能源结构的调整、优化。该示范工程立足常压页岩气地质特点，紧密围绕增产和降本两大主线，强化"产学研用"一体化攻关，创建了

1 项地质理论，形成多项关键技术系列：

（1）创建了常压页岩气"沉积相带控烃、保存条件控富、地应力场控产"的"三因素控藏"地质理论，建立了页岩气定量化"甜点"目标评价体系及标准，构建了背斜型、单斜型、反向逆断层遮挡型、残留向斜型 4 种成藏模式，落实了 5 个千亿立方米页岩气区带，资源量超 $1.3 \times 10^{12} m^3$，实现了勘探重大突破和南川大型常压页岩气田的发现，提交探明地质储量近 $2000 \times 10^8 m^3$。

（2）研发了常压页岩气目标综合评价技术，制定了"小井距、长水平段、小夹角、低高差、强改造"的经济开发技术政策，创新集成了以"二开制"井身结构为代表的优快钻井技术，形成"中段多簇、段内转向、高强度加砂"压裂工艺和"全电自动化"压裂施工技术，实现气田效益开发。

（3）制定了常压页岩气井分类标准，总结出常压页岩气井电潜泵排采、自喷、连续气举排采三种举升工艺，快速排液、稳定排液、自喷生产三个排采阶段，自喷、自喷 + 助排两种生产模式，形成"全生命周期"高效排水采气工艺技术，实现了生产井全生命周期分段施策管理。

上述理论及关键技术系列支撑了四川盆地东南缘常压页岩气勘探重大突破，建成了国内首个大型常压页岩气田——南川常压页岩气田，经济效益和社会效益显著。同时实现盆外褶皱带武隆、道真、彭水等常压页岩气勘探多点突破，初步落实 I 类资源量 $4548 \times 10^8 m^3$，为"十四五"时期提供增储上产阵地。

本书共分为九章，姚红生负责总体思路、整体结构及章节设计的筹划。第一章由吴丰元、高玉巧、薛冈、汪凯明、刘娜娜等撰写，第二章由蔡勋育、何希鹏、龙胜祥、高玉巧、彭勇民、袁玉松、邓模、段新国、张培先、何贵松、杨振恒等撰写，第三章由何希鹏、高玉巧、何贵松、刘娜娜、徐向阳、邓模、臧素华等撰写，第四章由郭彤楼、吴丰元、刘明、潘仁芳、何贵松、张勇、臧素华、龚劲松、薛野、刘厚裕等撰写，第五章由姚红生、王彦祺、匡立新、楼一珊、沈建中、贺庆、张辉、朱智超等撰写，第六章由姚红生、马开华、张龙胜、蒋廷学、程百利、熊炜、赖建林、卞晓冰、雷林等撰写，第七章由王运海、周德华、李清、张国荣、房大志、卢双舫、康毅力、孙海、陈祖华、梅俊伟、刘华、朱杰平、韩克宁、王伟、万静雅等撰写，第八章由姚红生、杨怀成、唐建信、夏海帮、徐骞、张壮、魏瑞铃、谷红陶、俞徐林等撰写，第九章由姚红生、蔡勋育、何希鹏、汪凯明撰写。全书由何希鹏、高玉巧、臧素华、汪凯明统稿，姚红生最终定稿。

　　常压页岩气的相关研究得到了国家科技部、国家财政部、国家能源局、大型油气田及煤层气开发国家科技重大专项实施管理办公室、中国石化集团各管理部门、中国石化国家科技重大专项日常管理办公室和兄弟油田企业悉心帮助与指导，贾承造、罗平亚、康玉柱、金之均、李阳、郭旭升、孙焕泉、杨哲、龚再升、焦大庆、何治亮、关晓东、刘伟、齐艳平等院士及专家给予诸多宝贵意见，中国石化石油勘探开发研究院、中国石化石油勘探开发研究院无锡石油地质研究所、中国石化石油工程技术研究院、中国石化华东石油工程有限公司、中国石化中原油田分公司、中国石化节能环保工程科技有限公司、中国石油大学（华东）、成都理工大学、西南石油大学、长江大学等提供了大力支持和帮助！黄小贞、张志萍、蔡潇、周顿娜、张勇、刘娜娜、邱晨、李彦婧、李仕钊、闫嘉威、李伯尧、房启龙、张健等参与了部分图件清绘，在此一并表示衷心感谢！

　　本书可供从事页岩气勘探开发和研究的石油企业、科研院所科研人员和高等院校的师生参考。由于常压页岩气的复杂性以及认识程度的限制，书中错漏之处在所难免，恳请广大读者批评指正。

目　录

第一章 区域地质背景

渝东南地区是我国常压页岩气勘探开发的重点地区之一，行政区划上主要包括重庆市与贵州省交界处的南川、武隆、彭水、道真等县市，构造上处于四川盆地川东高陡构造带万县复向斜南部和武陵褶皱带西北缘，毗邻焦石坝构造，面积约 $1.3 \times 10^4 km^2$。该地区历经加里东期、海西期、印支期、燕山期—喜马拉雅期等多期构造运动叠加改造，以燕山期—喜马拉雅期作用影响最为强烈，奠定了向斜与背斜相间分布的槽—挡构造格局，形成了现今的构造形态（方志雄等，2016；方志雄，2019）。该地区页岩气勘探开发目的层为上奥陶统五峰组—下志留统龙马溪组，主要分布于残留向斜，部分位于斜坡和背斜，钻井揭示该地区页岩气处于高压与常压过渡带，以常压页岩气为主。

第一节 构造特征

渝东南地区发育北东、北北东和近南北向等多组构造（图 1-1-1），其形成的主要动力来源是印支期以来雪峰山推覆体，由南东向北西方向及娄山关推覆体由南往北方向先

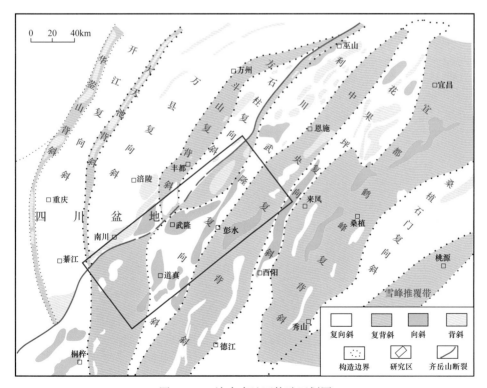

图 1-1-1 渝东南地区构造区划图

后进行的挤压推覆，沉积盖层产生递进变形，彭水、道真一带的北东、北北东向构造主要受雪峰山推覆作用影响。

渝东南地区主要经历了五期构造运动，包括研究区在内的中—上扬子地区自南华纪到中三叠世为稳定的海相地台沉积，被加里东造陆运动分成震旦纪—志留纪、泥盆纪—中三叠世两个构造沉积旋回，沉积受基底构造格局控制，地块的主体为台地沉积或隆起，地块四周则发育大陆边缘沉积，渝东南地区处于盆山转换带复杂构造区。印支运动结束了扬子地台上的海相沉积，使得全区整体隆升，地块的四周形成造山带，在地块内部形成不同类型的前陆盆地和前陆隆起。之后，扬子板块经历燕山旋回和喜山旋回的盆地叠加改造，最终形成了现今的构造格局，渝东南地区处于盆山转换带复杂构造区。

一、加里东期—印支期隆升阶段

震旦纪末的大规模抬升导致灯影组上段大都被剥蚀。这种剥蚀现象在川南和黔北地区比较突出，下寒武统牛蹄塘组假整合在灯影组之上，侵蚀面高低不平。早寒武世，在继承晚震旦世古地貌格局的基础上构造持续发展，海盆仍明显表现为西浅东深的陆表海特征。中晚奥陶世到志留纪，上扬子地台南部出现整体隆升，中、上奥陶统几乎被完全剥蚀，而下奥陶统也有部分剥蚀。志留纪末，华南和扬子地台在构造运动作用下拼接形成了一个新的华南陆块。

从震旦纪到早、中三叠世，地壳以垂直升降运动为主，层间多为整合和假整合接触。早二叠世末，地壳活动逐渐加强，印支运动使全区整体抬升，结束海侵历史，中三叠统遭受不同程度的剥蚀。

二、燕山期以来强烈挤压变形阶段

印支期后研究区进入构造运动活跃时期，经历了四次大的构造作用，即侏罗纪末期早燕山运动开始挤压褶皱、早白垩世末中燕山运动主幕强烈褶皱变形、晚白垩—古近纪的弱拉张改造，以及喜马拉雅期的弱挤压隆升调整阶段。

据方斗山和齐岳山断层岩石中方解石晶体光轴等密图分析，本区存在几乎相同方向但强度明显不同的两期挤压作用。通过对主干断裂体系、典型节理的断裂岩、胶结物、断层片状矿物、透镜体、滑抹晶体等的同位素年代测试表明：由挤压作用形成的主压性断层发育的时期集中在侏罗纪中、晚期，个别在早侏罗世和三叠纪末期，未见明显的喜马拉雅期强挤压的证据。反映了强挤压作用的主体在燕山早期，并且开始于印支末期，而喜马拉雅期则以弱挤压作用为主。燕山晚期的伸展作用在鄂西地区的表现也较明显，正断层和张性节理的发育时期主要在晚白垩世早期。

1.早燕山期北西向强挤压褶皱阶段

侏罗纪末期本区及邻区发生了强烈的南北陆陆碰撞，产生的强烈挤压应力受慈利—大庸断裂的制约及黄陵的阻挡，由南东指向北西的挤压应力在传播过程中，沿途冲断褶皱，早白垩世彭水地区发生强烈褶皱变形，形成了现今构造面貌的雏形，随着挤压应力继续传播，能量逐渐衰减，传播至川中时受川中的阻挡，该期褶皱至华蓥山止。

2.晚燕山期弱拉张改造阶段

进入白垩纪，壳幔重新调整，川中、武汉—长沙形成幔隆区，恩施—奉节形成幔陷区。由于地球的均衡作用，地壳物质由幔隆区向幔陷区蠕散。幔隆区产生伸展环境，湘鄂西地区前陆造山带进入晚造山—后造山伸展阶段，前陆挤压变形区开始构造反转，收缩构造格局开始转化为伸展构造格局，构造作用由水平运动为主的构造阶段转换为以伸展运动为主的构造运动阶段。

三、喜马拉雅期北西向弱挤压隆升构造阶段

喜马拉雅期晚期，因印度板块向亚洲板块俯冲，其产生的强烈挤压应力越过龙门山经过四川盆地波及本区，叠加在早燕山期形成的构造上，使早期构造在强度上得到一定的强化。喜山期最主要的构造事件表现为垂直隆升作用，并且在横向上具有一定的差异性，在鄂西—渝东不同地区导致了差异性的剥蚀作用。到了侏罗纪末—早白垩世晚期，斜向俯冲的太平洋板块进一步从侧向挤压扬子板块，齐岳山断裂东南侧的古陆朝着四川盆地大幅推移，前陆盆地的沉积范围因此而缩小。在古近纪到中始新世末期间，川东地区发生了强烈的褶断运动，而在新近纪和古近纪期间，川西地区发生了强烈的褶断推覆作用，结束了大型陆相湖盆的沉积历史。这个时期是四川盆地挤压褶皱形成现今构造格局的重要时期，渝东南地区的褶皱多于此阶段形成，之后的构造运动使之隆升、改造并进一步定型。

渝东南地区位于雪峰山推覆带与四川盆地之间的武陵褶皱带，从南东—北西成为北东东—北东—北北东向线性—弧形断褶带，由一系列被断层切割的复背斜和复向斜相间构成。燕山期以来，渝东南地区受南东—北西向强烈应力作用，在持续挤压和走滑作用下，形成了背斜、向斜相间的"槽—挡"式构造格局，平面上呈"S"形或弧形复式背斜、向斜褶皱（何希鹏，2021）。

渝东南地区处于川东南—湘鄂西"槽—挡"过渡区，构造形态以北东向复向斜和复背斜相间分布为主。三组相对紧闭的背斜带中夹三组核部宽缓而翼部相对陡立的向斜带，呈北北东向展布。同时，在背斜构造发育一系列北北东向或近北西向断裂构造，是受北西西向、南东东向压应力条件下的产物。区内向斜构造相对宽缓，有利于页岩气成藏（何希鹏，2017）。

第二节 沉积特征

一、沉积演化

早寒武世，上扬子台地处于最大海平面上升和最大海侵的饥饿盆地，富含有机质页岩主要沿上扬子台地被动大陆边缘的南、北两缘分布，构成我国南方一套重要的烃源岩层系。

早志留世，扬子地区处于全球海平面总体下降的海退阶段，四川盆地东部陆表海为半封闭的滞留海盆，海盆主体处于欠补偿沉积状态，整体处于陆棚—盆地相沉积。志留纪末期的加里东运动使扬子板块隆起，四川盆地大部分地区缺失泥盆、石炭系，早二叠世四川盆地演化为碳酸盐台地相沉积。早奥陶世早期至中期继续海侵，沉积了桐梓组至红花园组的碳酸盐沉积建造，夹页岩薄层，生物茂盛，富含化石，厚度较为稳定；奥陶世晚期为湄潭组含介壳类浅海相砂质页岩建造；中奥陶世至晚奥陶世早期，海水变浅，沉积宝塔组及临湘组泥灰岩建造，厚度变小；晚奥陶世末期，由于海水退缩，在封闭滞留环境下，沉积了五峰组含笔石黑色页岩建造；自志留纪始，继承晚奥陶世沉积，仍然为一套含笔石黑色页岩建造，厚度在工区内具有西南部薄、东南部厚的特点；随着海水加深，沉降幅度增大，于早志留世中、晚期至中志留世沉积厚层夹紫红色砂页岩建造；此后，由于加里东末期受到广西运动的影响，地壳逐渐上升为陆，遭受剥蚀。

海西旋回伊始，本区仍为剥蚀区，晚泥盆世—石炭世，区块北部彭水以东以北地区发生沉降，接受一套泥质灰岩沉积，区块内主要沿着严家堡—桑柘坪—保家楼—垭口—王斗坝一线以北分布；早二叠世全区海侵，使下二叠统超覆于志留系及泥盆系之上，发育一套浅海相含硅质碳酸盐建造，晚期因东吴运动的影响而抬升，遭受剥蚀；晚二叠世在吴家坪组及长兴组发育浅海相硅质碳酸盐建造，底部发育黏土质岩夹煤线，龙潭组及长兴组发育海陆交互相碳酸盐岩及碎屑岩建造，局部夹煤。

晚三叠世早期，上扬子台地上升成陆，晚三叠世中、晚期，龙门山推覆构造带的形成，在其东侧形成前陆盆地，前陆盆地在四川盆地内呈明显的不对称性，地层发育西厚东薄；由于受西部挤压逆冲影响，前陆盆地西部边缘不断抬升并向东移动，沉积盆地向东扩展，地层向东逐渐超覆；一个以四川盆地为中心的大型大陆湖泊逐渐形成，开始接受主要由厚层砂岩和泥页岩、粉砂岩夹煤层相间的沉积，呈东缓西陡的不对称状。末期由于安源运动上升为陆，结束了海相沉积历史。

侏罗系凉高山组和自流井组主要为一套深湖、半深湖相沉积，黑色页岩、介壳灰岩非常发育，且含有大量的瓣鳃、腹足和介形虫等湖相生物，有机质十分丰富，具有良好的生油条件，是侏罗系烃源岩分布的主要层段。晚侏罗世末期，在山间盆地沉积有红色碎屑岩建造。

喜马拉雅期，工区内少有沉积，区内未发现古近纪和新近纪地层，说明本期仍然处于褶皱隆升阶段。区内仅有第四系洪积、坡积或残积的砾石或松散堆积，零星分布于河谷地带。

经过多期次的构造运动，五峰组—龙马溪组地层主要分布在北东向展布的向斜中，北东向展布的背斜带，剥蚀严重，寒武系、震旦系均有不同程度的出露。

二、地层特征

渝东南地区基底为前震旦系板溪群浅变质岩，上覆盖层自下而上发育上震旦统、寒武系、奥陶系、中下志留统、二叠系、三叠系、侏罗系地层，厚度2000~6000m，缺失上志留统到石炭系地层。区内页岩主要发育于上奥陶统五峰组—下志留统龙马溪组、下寒武统水井沱组、上二叠统龙潭组（图1-2-1）。地层由老到新简述如下：

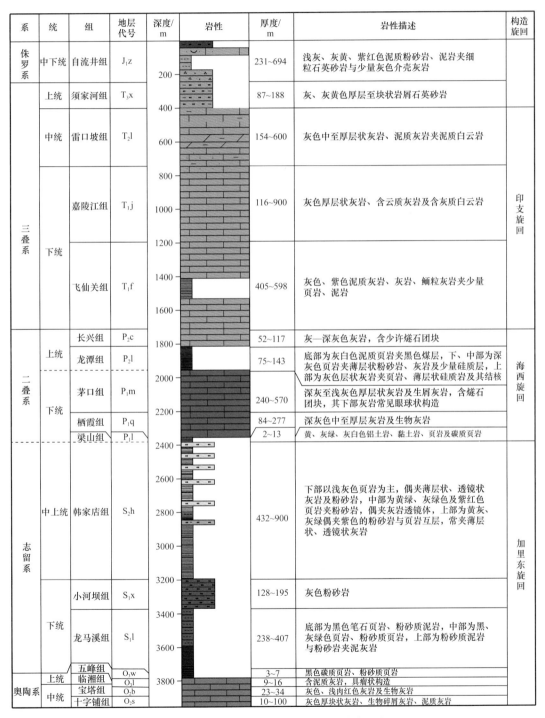

系	统	组	地层代号	深度/m	岩性	厚度/m	岩性描述	构造旋回
侏罗系	中下统	自流井组	J_1z			231~694	浅灰、灰黄、紫红色泥质粉砂岩、泥岩夹细粒石英砂岩与少量灰色介壳灰岩	
三叠系	上统	须家河组	T_3x			87~188	灰、灰黄色厚层至块状岩屑石英砂岩	印支旋回
	中统	雷口坡组	T_2l			154~600	灰色中至厚层状灰岩、泥质灰岩夹泥质白云岩	
	下统	嘉陵江组	T_1j			116~900	灰色厚层状灰岩、含云质灰岩及含灰质白云岩	
		飞仙关组	T_1f			405~598	灰色、紫色泥质灰岩、灰岩、鲕粒灰岩夹少量页岩、泥岩	
二叠系	上统	长兴组	P_2c			52~117	灰—深灰色灰岩，含少许燧石团块	海西旋回
		龙潭组	P_2l			75~143	底部为灰白色泥质页岩夹黑色煤层，下、中部为深灰色页岩夹薄层状粉砂岩、灰岩及少量硅质层，上部为灰色层状灰岩夹页岩、薄层状硅质层及其结核	
	下统	茅口组	P_1m			240~570	深灰至浅灰色厚层状灰岩及生屑灰岩，含燧石团块，其下部灰岩常见眼球状构造	
		栖霞组	P_1q			84~277	深灰色中至厚层灰岩及生物灰岩	
		梁山组	P_1l			2~13	黄、灰绿、灰白色铝土岩、黏土岩、页岩及碳质页岩	
志留系	中上统	韩家店组	S_2h			432~900	下部以浅灰色页岩为主，偶夹薄层状、透镜状灰岩及粉砂岩，中部为黄绿、灰绿色及紫红色页岩夹粉砂岩，偶夹灰岩透镜体，上部为黄灰、灰绿偶夹紫色的粉砂岩与页岩互层，常夹薄层状、透镜状灰岩	加里东旋回
	下统	小河坝组	S_1x			128~195	灰色粉砂岩	
		龙马溪组	S_1l			238~407	底部为黑色笔石页岩、粉砂质泥岩，中部为黑、灰绿色页岩、粉砂质页岩，上部为粉砂质泥岩与粉砂岩夹泥灰岩	
奥陶系	上统	五峰组	O_3w			3~7	黑色碳质页岩、粉砂质页岩	
		临湘组	O_3l			9~16	含泥质灰岩	
	中统	宝塔组	O_2b			23~34	灰色、浅肉红色灰岩及生物灰岩	
		十字铺组	O_2s			10~100	灰色厚块状灰岩、生物碎屑灰岩、泥质灰岩	

图1-2-1　渝东南地区中—古生界地层综合柱状图

1．奥陶系（O）

奥陶系地层发育齐全，属浅海相沉积，以浅海相碎屑岩建造及碳酸盐建造为主。

中奥陶统中统宝塔组为灰色、浅肉红色灰岩及生物灰岩，龟裂纹构造，厚度为23～34m；上统上奥陶统临湘组主要为含泥质灰岩，具瘤状构造，厚9～16m，五峰组厚3～11m，为黑色碳质页岩、粉砂质页岩，含大量笔石，局部发育观音桥组，主要为灰色灰质泥岩、泥质灰岩或介壳灰岩，厚约0.5m。

2．志留系（S）

志留系仅残留中下统，由一套浅海相页岩、粉砂岩及灰岩组成，厚达1252m。

下志留统龙马溪组由碎屑岩组成，厚238～407m，底部为黑色笔石页岩、粉砂质泥岩，中部为黑、灰绿色页岩和粉砂质页岩，向上颜色变浅，上部为粉砂质泥岩与粉砂岩夹泥灰岩，下志留统小河坝组岩性为砂岩，由南往北厚度逐渐增大，厚度为128～195m；中志留统韩家店组厚432～900m，下部以黄色、黄绿色页岩为主，偶夹薄层状、透镜状灰岩及粉砂岩，中部为黄绿、灰绿色及紫红色页岩夹粉砂岩，偶夹灰岩透镜体，上部为黄灰、灰绿偶夹紫色粉砂岩与页岩互层，常夹薄层状、透镜状灰岩。

3．二叠系（P）

二叠系地层较发育，分布于全区，主要呈条带状零星出露于向斜部位，与下伏志留系及上覆三叠系地层均呈平行不整合接触关系。

下二叠统梁山组为滨海沼泽相沉积，岩性黄、灰绿、灰白色铝土岩、黏土岩、页岩及碳质页岩，偶夹煤线，厚度为2～13m；栖霞组为深灰色中至厚层灰岩及生物灰岩，含燧石团块，下部夹少量片状灰岩或钙质页岩，厚度84～277m；茅口组厚240～570m，主要为深灰至浅灰色厚层状灰岩及生屑灰岩，含燧石团块。上二叠统龙潭组厚度75～143m，底部为灰白色泥质页岩夹黑色煤层，下、中部为深灰色页岩夹薄层状粉砂岩、灰岩及少量硅质层，上部为灰色中至厚层状灰岩夹页岩、薄层状硅质岩及其结核；长兴组厚52～117m，岩性稳定，为一套浅海相灰岩沉积，含少许燧石团块。

4．三叠系（T）

沉积总厚可达1676m，与下伏二叠系与上覆侏罗系地层均呈平行不整合接触关系。

下三叠统飞仙关组厚405～598m，主要为灰色、紫色泥质灰岩、灰岩、鲕粒灰岩夹少量页岩、泥岩；嘉陵江组厚116～900m，主要为灰色厚层状灰岩、含云质灰岩及含灰质白云岩；中统雷口坡组厚154～600m，主要为灰色中至厚层状灰岩、泥质灰岩夹泥质白云岩，底部为厚0.6～1.3m的"绿豆岩"整合于嘉陵江组之上；上三叠统须家河组主要为灰、灰黄色厚层至块状岩屑石英砂岩，所夹煤系地层不稳定，底部菱铁矿层也不稳定，厚度87～188m。

5. 侏罗系（J）

侏罗系主要分布于西北部，为一套陆相碎屑岩沉积。

下统自流井组为内陆淡水湖沉积，厚度231～694m，主要为浅灰、灰黄、紫红色泥质粉砂岩、泥岩夹细粒石英砂岩与少量灰色介壳灰岩，由下至上依岩性可分为綦江段、珍珠冲段、东岳庙段、马鞍山段、大安寨段和凉高山段。

第二章 常压页岩气地质特点

常压页岩气是指气体以吸附态和游离态赋存于暗色页岩中，地层压力系数 0.9～1.3，产层为正常压力系统的页岩气藏。从页岩品质来看，渝东南地区常压页岩气处于深水陆棚相，水体由北西向东南方向变浅，优质页岩厚度介于 24～35m，石英含量大于 40%，黏土矿物含量小于 40%。从保存条件来看，常压页岩气主要分布于四川盆地外部的残留向斜，且页岩分布不连续，构造样式相对单一，以残留向斜或斜坡为主，局部发育高陡背斜。从储层特征来看，优质页岩的孔隙度偏低，一般为 2%～5%，但微裂缝相对发育。从气藏特征来看，页岩埋深大部分小于 4000m，地温及地层压力梯度较小，地层压力系数小于 1.3，页岩含气量偏低，且吸附气含量所占比例较大，超过 40%，资源丰度较低，但分布面积广，资源总量大（蔡勋育等，2021）。

第一节 页岩发育与展布特征

渝东南地区页岩主要发育于上奥陶统五峰组—下志留统龙马溪组、下寒武统水井沱组、上二叠统龙潭组。五峰组—龙马溪组为该区页岩气勘探的主要目的层，五峰组厚度较薄，厚度一般为 3～11m，龙马溪组厚度一般为 330～380m。

一、页岩纵向发育特征

渝东南地区上奥陶统五峰组—下志留统龙马溪组一段纵向上岩性、电性变化较为明显。龙马溪组纵向上可进一步细分为三个岩性段，自下而上为龙马溪组一段（以下简称"龙一段"）、龙马溪组二段（以下简称"龙二段"）、龙马溪组三段（以下简称"龙三段"），其中龙一段沉积黑色页岩，根据岩性组合、电性等特征可进一步划分为九个小层（何希鹏，2018）（图 2-1-1、图 2-1-2）。

1.层序地层与组段划分

五峰组—龙马溪组根据岩性、电性变化的旋回性特征及相关性，可划分为两个进积型三级层序（王玉满等，2015）。其中，第一个三级层序 SQ1 对应五峰组，早期为缓慢海进，晚期为快速海退，海进体系域对应鲁丹阶黑色页岩，海退体系域对应赫南特阶黑色页岩；第二个三级层序 SQ2 对应龙马溪组，早期为缓慢海进，晚期为缓慢海退，海进体系域对应龙马溪组下部黑色页岩，海退体系域对应龙马溪组中上部灰黑色页岩、粉砂质页岩。

1）五峰组

该组厚度一般为 3～11m。根据生物群特征和不同的岩石类型，可将其划分为上、下两个岩性段。

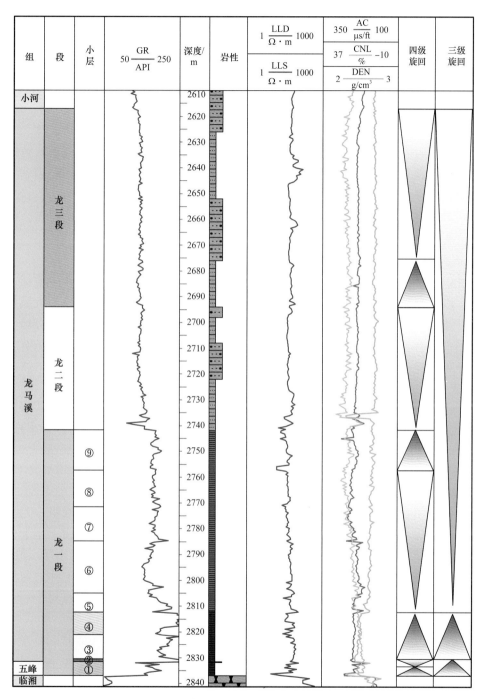

图 2-1-1　渝东南地区五峰组—龙马溪组地层柱状图

五峰组下段（硅质页岩段），厚度一般为 3～6m。岩性主要为硅质页岩，岩石中笔石含量 40% 左右，部分高达 60%，另有少量腕足类等化石，局部见较多硅质放射虫。水平纹层发育，常见分散状黄铁矿晶粒。另外，五峰组硅质页岩中间夹 0.3～3cm 不等的薄层斑脱岩。

五峰组上段（观音桥段），厚度一般为 0～0.4m，发育于南川—武隆地区，岩性为灰黑色含云质泥岩、灰质泥岩，未见典型赫南特贝化石。

五峰组区域上分布稳定，是该区奥陶系与志留系划分的区域依据。

2）龙马溪组一段

岩性为硅质页岩、含黏土硅质页岩、硅质黏土页岩、含硅黏土页岩，厚度为110～130m，其厚度总体具有由北向南逐渐增厚的趋势；页岩水平纹层发育程度、笔石化石含气量总体具有由下向上逐渐降低的趋势。页岩普遍见黄铁矿条带及分散状黄铁矿晶粒，总体反映缺氧、滞留、还原、有利于有机质形成、富集和保存的深水陆棚—半深水陆棚沉积环境。

该套岩性自下而上具有岩石颜色由深变浅、笔石含量由多逐渐减少的特点，与大量笔石共生的硅质放射虫及硅质化石含量总体具有自下而上逐渐减少的特征。

3）龙马溪组二段

岩性以灰黑色泥岩、含粉砂黏土页岩为主，厚度为28～40m，灰质含量增加，伽马值较低，以中低伽马为主，小于120API，水深为10～80m，处于浪基面与最大风暴浪基面之间，波状层理、交错层理发育，表明当时水体较动荡，为弱氧化 / 弱还原环境，不利于有机质的保存，笔石含量少，生物化石、黄铁矿整体欠发育，为浅水陆棚相沉积，在区域上分布稳定。

4）龙马溪组三段

岩性以深灰—灰色泥岩为主，厚度为196～203m。泥岩呈块状沉积，岩石中仅偶见笔石化石碎片，黄铁矿含量也较少，该段地层属于浅水陆棚沉积。电性上具有中高伽马、中高电阻率、高密度、高声波、高中子的特征。

2. 小层划分

根据岩性组合、矿物组成、沉积旋回、生物化石和电性等特征，五峰组—龙马溪组下部深水—半深水陆棚亚相页岩可进一步划分为九个小层（图2-1-2），由下至上分别命名为①小层、②小层、③小层、④小层、⑤小层、⑥小层、⑦小层、⑧小层、⑨小层，其中①～⑤小层为深水陆棚亚相沉积，有机质丰度高，含气性好，勘探上称之为优质页岩，是页岩气勘探开发的核心目的层，下文以彭水地区LY1井为例，重点对①～⑨小层的页岩特征进行探讨。

①小层（2831.8～2837m，厚5.2m）：岩性为黑色硅质页岩，顶为0.37m厚观音桥段含介壳灰质泥岩，底部为4cm厚灰色泥岩，裂缝十分发育，以高角度缝为主，局部纵横两期裂缝切割；底部笔石少，中上部增多，个体大，以直笔石为主；薄片观察硅质含量约60%，其中放射虫含量20%；电性上为中高伽马（160～200API）、中高电阻率、高声波时差、低密度、低 Th/U 比特征，Th/U 比较低、小于2，页岩以硅质含量为主；①小层之上发育37cm厚观音桥段介壳灰岩，滴酸起泡，富含介壳化石，电性具有明显的低伽马、高电阻、高密度尖峰，是典型标志层，但不是区域性分布。

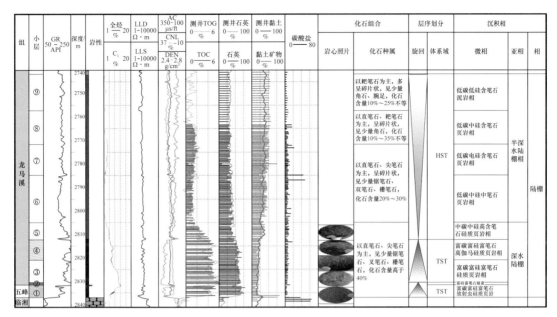

图 2-1-2　渝东南地区龙一段地层综合柱状图

②小层（2830.1～2831.8m，厚 1.7m）：位于观音桥段之上，岩性为黑色硅质页岩，笔石含量丰富，个体变化大，面孔率可达 90% 以上，薄片下硅质含量 60%、黏土矿物与有机质含量 27%、方解石含量 2%、黄铁矿含量 4%；电性上为极高伽马（250～340API）、中高电阻率、高声波时差、低密度、低 Th/U 比特征，Th/U 比平均为 0.34，为龙一段最低。

③小层（2819.8～2830.1m，厚 10.3m）：岩性为黑色硅质页岩，高角度裂缝不发育，纹层发育，下部以短而粗的直笔石为主，上部以树笔石、细小笔石为主，面孔率 80% 以上，黄铁矿呈纹层状、结核状分布，薄片下硅质含量 55%～58%、黏土矿物与有机质含量 25%、碳酸盐岩含量 5%、黄铁矿含量 3%；电性上为较高伽马（190～250API）、高电阻率、高声波时差、低密度、低 Th/U 比特征，Th/U 比平均为 0.72，硅质含量 55%。

④小层（2812.3～2819.8m，厚 7.5m）：岩性为黑色硅质页岩，水平缝及页理发育，偶见高角度裂缝，笔石含量较高，以直笔石为主，薄片下硅质含量 60% 左右，局部硅质聚集成条带状；电性为高伽马（220～310API）、中低电阻率、高声波时差、中低密度、低 Th/U 比特征。

⑤小层（2800～2812.3m，厚 12.3m）：岩性为黑色硅质页岩，下部笔石含量丰富，可达 90% 以上，上部笔石含量有所减少；顶部纹层特别发育，为 80 条 /15cm，宽度可达 0.5mm，纹层为方解石或黄铁矿充填或部分充填，发育几组平行的高角度裂缝；电性特征表现为中低伽马（160～235API）、中高电阻率、中高声波时差、中密度、高 Th/U 比等特征，自此小层开始 Th/U 比平均大于 2，硅质含量有所减少，黏土含量有所增加。

⑥小层（2784.8～2800m，厚15.4m）：岩性为黑色含粉砂页岩，细小纹层发育，宽约0.1mm，岩心横切剖面上可清晰见到平行纹层，每组纹层4～8条，往上笔石含量有所增加，面孔率10%左右，于2798m左右纹层增加，为46条/12cm，并且出现黄铁矿纹层，为11条/22cm，笔石含量有所减少，面孔率3%～5%，主要以耙笔石为主，见到少量丝笔石；电性特征表现为中低伽马、中电阻、中高密度、高Th/U比特征，此小层Th/U比平均最高。

⑦小层（2772～2784.8m，厚12.8m）：岩性为黑色含粉砂页岩，发育黄铁矿条带，主要以耙笔石为主，偶见叉笔石，此小层笔石含量整体较少；电性特征表现为中伽马、中电阻、中高密度、高Th/U比特征。

⑧小层（2757.5～2772m，厚14.5m）：岩性为黑色页岩，页理发育，局部发育纹层状页岩，化石以耙笔石为主，笔石破碎，偶见丝笔石及角石，电性以中伽马（170～206API）、中电阻、中高密度、高Th/U比为特征。

⑨小层（2741.6～2757.5m，厚15.9m）：岩性为深灰色页岩，粉砂质含量增加，笔石含量减少，零星见少量耙笔石，电性以中伽马（160～205API）、低电阻、中高密度、高Th/U比为特征，此小层Th/U比仅次于⑥小层，黏土含量高。

总体上看，从LY1井划分九小层统计结果来看，自上至下，测井显示伽马、声波、中子及U含量值整体上呈递增趋势，DEN、Th/U值整体上呈递减趋势；其中第①小层、②小层、③小层、④小层表现为高GR、高U、低DEN、Th/U<2特征，为页岩气水平井穿行的有利层段。

二、页岩横向展布特征

1. 沉积微相精细划分

重点针对龙一段含气页岩段开展了沉积微相精细划分，主要依据岩性、岩矿、地化、古生物、电性等，将龙一段划分为9种沉积微相（岩石相）。综合考虑页岩测井特征、定性与定量因素，对页岩段进行岩石相划分与命名。定性因素主要包括泥页岩颜色、岩性、有无纹层、化石分布特征等，定量因素主要为TOC、矿物组分（石英、黏土、方解石、白云石）等（表2-1-1）。

表2-1-1　沉积微相命名依据数据表

TOC/%		石英含量/%		笔石含量/%	
富碳	>4	富硅	>50	富笔石	>25
高碳	3～4	高硅	40～50	高含笔石	15～25
中碳	2～3	中硅	30～40	中含笔石	5～15
低碳	1～2	低硅	20～30	含笔石	0～5
贫碳	<1	贫硅	<20	无笔石	0

根据五峰组—龙马溪组沉积相特征，对单井沉积微相进行了划分，主要参考岩性组合、TOC、矿物组分特征、古生物含量及分布特征，定性与定量相结合，同时借鉴页岩气勘探实践，简化命名，渝东南地区五峰组—龙马溪组深水陆棚相黑色页岩可识别出 9 种岩石相（表 2-1-2）：① 富碳富硅富笔石硅质页岩相；② 富碳富硅富笔石极硅质页岩相；③ 富碳富硅富笔石硅质页岩相；④ 富碳富硅富笔石硅质页岩相；⑤ 中碳中硅高含笔石硅质页岩相；⑥ 低碳中硅中笔石页岩相；⑦ 低碳中硅含笔石页岩相；⑧ 低碳低硅含笔石泥岩相；⑨ 低碳低硅低笔石泥岩相。

表 2-1-2　沉积微相识别标志

沉积相		电性				相标注	
亚相	微相	GR/API	石英含量/%	TOC/%	U/TH（最小－最大）/平均	古生物	沉积构造
半深水陆棚	⑨ 低碳低硅低笔石泥岩相	167～205	29	0.72	（0.15-0.881）/0.37	直笔石	水平纹层
	⑧ 低碳低硅含笔石泥岩相	172～207	30	1.63	（0.12-0.70）/0.40	直笔石	水平纹层
	⑦ 低碳中硅含笔石页岩相	160～222	34	1.61	（0.24-0.64）/0.42	直笔石、栅笔石	水平纹层
	⑥ 低碳中硅中笔石页岩相	151～204	36	1.23	（0.17-0.67）/0.32	直笔石、耙笔石	水平纹层
深水陆棚	⑤ 中碳中硅高含笔石硅质页岩相	150～239	40.2	2.19	（0.17-2.14）/0.60	耙笔石、直笔石	水平纹层
	④ 富碳富硅富笔石硅质页岩相	201～305	55.8	4.63	（0.96-2.61）/1.72	直笔石	水平纹层
	③ 富碳富硅富笔石硅质页岩相	187～254	60.6	4.94	（0.97-3.09）/1.45	直笔石	水平纹层
	② 富碳富硅富笔石极高伽马硅质页岩相	176～334	61.5	6.18	（1.54-3.89）/3.00	放射虫、直笔石、栅笔石	水平纹层
	① 富碳富硅富笔石硅质页岩相	163～205	69.95	4.65	（0.62-2.15）/1.46	放射虫、直笔石、栅笔石	水平纹层

2. 沉积微相展布特征

通过区域内多口单井沉积微相识别，结合野外剖面资料，重点对渝东南地区五峰组—龙马溪组一段①～⑤小层沉积微相平面展布特征进行了深入分析。

依据上述沉积微相识别标准，对 LY1 井、PY1 井、JY1 井优质页岩段岩相进行了划分，并对比了三口井优质页岩厚度及岩相分布的差异性。对比结果显示（图 2-1-3）：焦页

1 井优质页岩厚 38m，彭页 1 井优质页岩厚 24m，隆页 1 井介于两者之间，优质页岩厚 32m。五个小层横向展布具有差异性，①小层焦石坝地区与武隆向斜无明显差异，桑柘坪向斜含碳量较前两者低；②小层区域上分布比较稳定，表明了赫南特冰期结束后区域上沉积环境一致；③小层及④小层武隆向斜含碳量较焦石坝及桑柘坪高，分析认为③小层、④小层沉积时武隆向斜水体较深，有机质保存条件较为优越；⑤小层区域上变化最为明显，焦石坝地区及武隆向斜下部 7m 为高碳中硅含笔石硅质页岩，武隆向斜上部 5m 硅含量、碳含量均降低，桑柘坪向斜⑤小层电性特征在区域上可对比，但碳含量、硅含量已达优质页岩下限。优质页岩岩相特征表明，虽然沉积期均处于深水陆棚环境，但由于水体深度、生物丰度、沉积速率等差异性，区域上具有一定的变化。

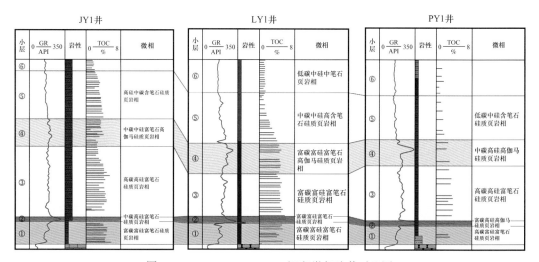

图 2-1-3　JY1—LY1—PY1 沉积微相连井对比图

富碳富硅富笔石硅质页岩相：全区发育，以高角度缝为主，局部纵横两期裂缝切割；笔石含量高，以直笔石为主，放射虫含量 20%，武隆—焦石坝地区放射虫尤为发育。TOC 平均为 4.77%，硅质含量平均为 70.1%，有机质孔隙发育，孔径大，孔隙度平均为 4.96%，全烃为 3.8%～12.4%，C_1 为 3.6%～11.8%，含气量 2.62m^3/t，为优质岩石相；从平面展布特征来看，富碳富硅富笔石硅质页岩相在渝东南地区分布稳定，厚度 5～6m，向南至黔中隆起、向西至川中隆起逐渐减薄（图 2-1-4）。

富碳富硅富笔石极高伽马硅质页岩相：电性特征表现为伽马值高峰，以高伽马尖峰为典型电性特征，厚度普遍较薄；笔石丰富，全区稳定分布。TOC 平均为 6.15%，硅质含量平均为 60.2%，有机质孔隙发育，孔径多大于 20nm，孔隙度平均为 4.27%，全烃为 10.75%～12.4%，C_1 为 10.65%，含气量高，平均可达 2.88m^3/t，为最优质岩石相；从平面分布特征来看，此类岩石相平面展布稳定，向古隆起逐渐变为浅水陆棚相控制下的页岩（图 2-1-5）。

富碳富硅富笔石高伽马硅质页岩相：与富碳富硅富笔石硅质页岩相为继承性沉积，渝东南地区处于沉积中心，LY1 井 TOC 平均为 4.59%，硅质含量平均为 57.2%，孔隙度平均为 4.85%，全烃为 4.3%～6.7%，C_1 为 4.2%～6.5%，含气量达 2.19m^3/t；电性

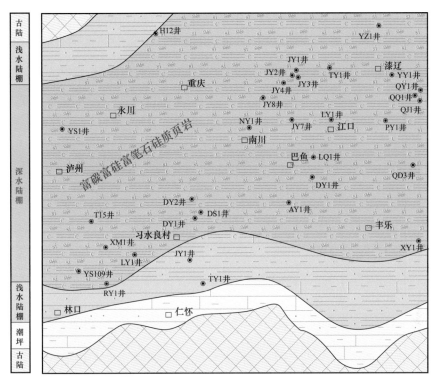

图 2-1-4 五峰组①小层沉积微相图

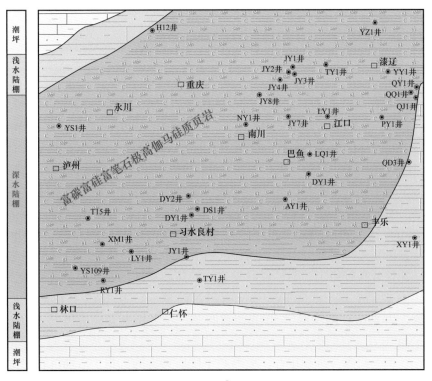

图 2-1-5 龙马溪组②小层沉积微相图

为高伽马、中低电阻率、高声波时差、中低密度、低 Th/U 比特征；此类沉积主要在焦石坝—武隆地区，其余地区同期沉积地层沉积微相以中碳中硅富笔石硅质页岩相为主（图 2-1-6）。

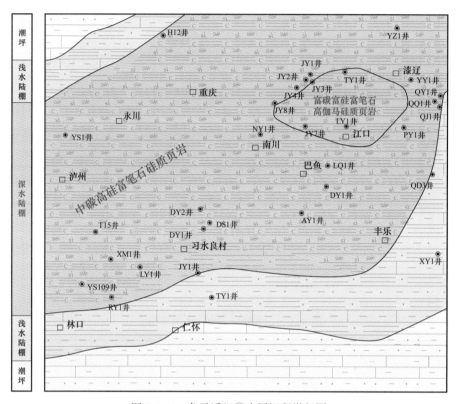

图 2-1-6 龙马溪组④小层沉积微相图

中碳中硅高含笔石硅质页岩相：TOC 平均为 2.19%，硅质含量平均为 42.8%，孔隙度平均为 3.12%，全烃为 0.46%～3.48%，C_1 为 0.45%～3.3%，含气量为 1.35m^3/t；电性特征表现为中低伽马、中高电阻率、中高声波时差、中密度、高 Th/U 比等特征；通过分析渝东南地区页岩气探井资料，焦石坝地区此沉积微相页岩参数最优，高碳高硅富笔石，其他区域为中碳中硅，彭水地区⑤小层表现为低碳中硅特征，沉积微相由盆内向盆外逐渐发生变化，优质页岩品质逐渐变差（图 2-1-7）。

依据上述含气页岩层段划分方案，对 NY1、PY1 井对应于 LY1 井 95.4m 厚含气页岩段，进行三段、九小层划分对比表明，区内五峰组—龙马溪组含气页岩段岩性组合横向可对比，并且分布较稳定，与已经开发建产的焦石坝地区龙一段具有可对比性，由北向南，从焦石坝 JY1 井—武隆 LY1 井—南川 NY1 井—丁山 DY2 井地区，龙一段厚度呈增厚趋势，由 89m 逐渐增厚为 135m，表明龙一段沉积中心在南川—丁山一带；对应于 JY1 井 38m 主力气层的优质页岩厚度由北向南呈略微减薄趋势，表明五峰组—龙一段沉积时期焦石坝—武隆为沉积中心，更有利于优质页岩的沉积，后期沉积中心逐渐向南迁移。

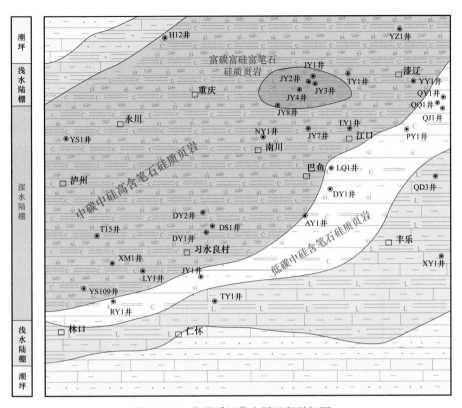

图 2-1-7 龙马溪组⑤小层沉积微相图

第二节 常压页岩气储层特征

页岩气藏为典型的源储一体的自生自储气藏，暗色富有机质页岩，有机质含量丰富，可作为良好的烃源岩；同时，页岩储层发育微米孔和纳米孔两种尺度孔隙，纳米级孔隙也是演化的主要孔隙，页岩普遍具有较低孔隙度和超低渗透率的特点，页岩孔隙结构复杂，比表面积大，可作为良好的页岩气赋存空间。

一、矿物组成

页岩储层矿物组成独特，成分复杂，主要为石英、黏土矿物，其次为长石、黄铁矿、方解石、白云石等，若石英等脆性矿物含量高、膨胀性黏土矿物含量较少则利于后期的压裂改造和裂缝的形成（郭旭升，2014），碳酸盐矿物中方解石含量高的层段也更易于溶蚀溶孔的产生。因此，对于特低渗的页岩储层而言，研究分析其储层特征并对其进行定量表征对可压性评价意义重大。

1. 全岩矿物组成特征

渝东南地区五峰组—龙马溪组一段具有脆性矿物含量高、黏土矿物含量适中的特点。

以南川地区为例，五峰组—龙马溪组页岩矿物组成以石英和黏土为主，约占矿物总量的80%，硅质矿物含量随着深度增加而增大，黏土矿物含量随着深度增加而减小，二者呈负相关性。页岩全岩 X 衍射表明，①～⑨小层石英含量为20.5%～76.2%，平均为41.6%，长石含量为2.3%～14%，平均为7.4%，碳酸盐岩含量为1.1%～17.5%，平均为7.6%，黏土矿物含量为13.8%～53.8%，平均为39.2%；优质页岩段脆性矿物主要以石英为主，石英含量平均为48.8%，其次为长石和碳酸盐岩矿物，含量分别为7.2%、6.5%，黏土矿物含量平均为33.3%，优质页岩形成于深水陆棚沉积环境，硅质生物发育，生物成因硅含量高，利于后期压裂改造（图 2-2-1）。

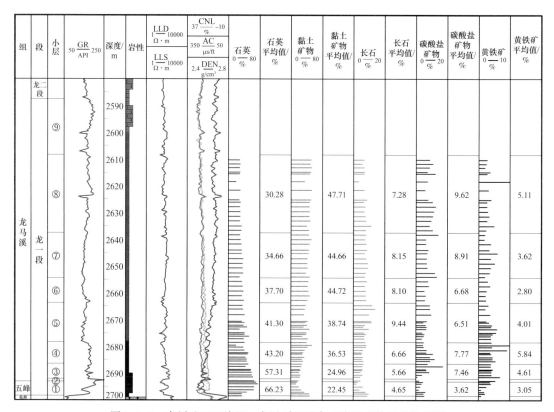

图 2-2-1　南川地区五峰组—龙马溪组暗色页岩段矿物组成柱状图

渝东南地区优质页岩段矿物成分中脆性矿物含量整体较高，不同地区有一定差异（图 2-2-2）。石英含量一般为45%～57%，长石含量为7%～11%，碳酸盐岩矿物含量为7%～9%，黄铁矿含量为3%～4%，黏土矿物含量一般为23%～33%，总体利于页岩压裂起缝和后期支撑裂缝不闭合。武隆地区石英含量最高，达到57%，比南川、彭水地区分别高8%、12%，表明武隆地区处于深水陆棚生烃中心，优质页岩相对更富硅，脆性更高，更有利于压裂改造。

2. 黏土矿物组成

渝东南地区五峰组—龙马溪组一段优质页岩黏土矿物主要由伊利石、伊／蒙混层、绿泥石组成，含极少量高岭石，不含蒙脱石等吸水膨胀类矿物。以南川地区为例，五峰组—龙马溪组的伊利石含量平均为 60.79%，伊/蒙混层含量平均为 29.54%，绿泥石含量平均为 9.78%，高岭石含量平均为 0.2%，伊/蒙混层比平均为 7.29。龙一段底部伊利石含量平均为 65.2%，伊/蒙混层含量平均为 27.47%，绿泥石含量平均为 7.36%，高岭石含量平均为 0.47%，伊/蒙混层比平均为 7。

南川、彭水地区黏土矿物类型完全相同，各组成矿物的含量大致相当，武隆地区不含高岭石（表 2-2-1），伊利石和伊/蒙混层占总黏土含量的 90% 以上，含少量绿泥石和高岭石，不含蒙脱石，因此页岩吸水膨胀的风险较小，对页岩气开采有利。南川地区的伊利石含量相对更高，与页岩埋深和成岩演化阶段有一定关系。

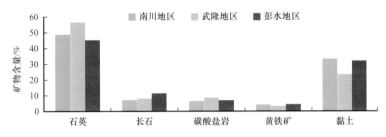

图 2-2-2　渝东南地区重点井优质页岩段矿物成分直方图

表 2-2-1　南川、彭水、武隆地区优质页岩黏土矿物含量对比表

地区	伊/蒙混层（I/S）/%	伊利石（I）/%	高岭石（K）/%	绿泥石（C）/%	伊/蒙混层比
彭水	34.16	58.96	1.33	6.40	8.80
南川	27.47	65.20	0.47	7.36	7.00
武隆	34.67	55.56	—	9.33	10.00

二、储集空间类型

页岩气藏为自生自储气藏（董大忠等，2011），页岩有机质含量丰富，可作为良好的烃源岩，同时页岩中孔隙及微裂缝发育，可作为良好的储集层。通过对渝东南地区五峰组—龙马溪组页岩岩心、岩石薄片和扫描电镜等观察，富有机质页岩储集空间类型可分为三大类，即无机孔隙、有机质孔隙和裂缝（高玉巧等，2018），根据成因可进一步将其划分为 7 亚类 12 小类（表 2-2-2）。

1. 有机质孔隙

根据母质类型划分为干酪根孔和次生沥青孔两亚类，其中依据孔隙成因又可划分为干酪根孔、沥青生烃孔和沥青球粒孔三小类。

干酪根结构孔是发育在干酪根上，由热演化作用和压实作用形成的次生孔隙，其特征为有机质保留一部分母质的原始结构特征，孔隙极发育，但孔隙形态受母质结构控制，多呈棱角状，孔径多小于 200nm［图 2-2-3（a）和图 2-2-3（b）］。

表 2-2-2 渝东南地区五峰组—龙马溪组常压页岩气储层储集空间类型及特征

孔隙类型	亚类		成像特点	特征描述	孔径范围	成因	成因类型
无机孔隙	粒间孔			矿物颗粒接触部分存在的孔隙空间	<500nm	压实残余	原生孔隙
	粒内孔	溶蚀孔		矿物颗粒内存在的孔隙空间	50～300nm	溶蚀	次生孔隙
		黄铁矿晶间孔		黄铁矿集合体的各晶体间存在的孔隙空间	50～200nm	结晶	原生孔隙
		黏土矿物晶间孔		黏土矿物集合体各层面间存在的孔隙空间	100～500nm	结晶	原生孔隙
	铸模孔			由于矿物颗粒、晶体或化石等剥落形成的孔隙空间	>1μm	晶体或化石剥落	次生孔隙
有机质孔隙	干酪根孔			有机质多为块状，保留母质原始结构特征，孔隙形态受母质结构控制	<200nm	降解、压实	原生孔隙
	次生沥青孔	沥青生烃孔		有机质多为棱角状，填充于矿物颗粒间，保有母质原始结构，孔隙多为圆或次圆	<100nm	降解、液态烃演化	次生孔隙
		沥青球粒孔		有机质多为块状，由球粒有机质堆积而成，孔隙多为不规则棱角状	100～300nm	物理堆积	原生孔隙
裂缝	页理/层理缝			页理及层理间出现的低角度裂缝，一般无填充物	缝宽：500μm～2mm 缝长：>5cm	沉积及成岩作用	
	应力缝	构造缝		多为贯穿层面的高角度裂缝，一般有填充物，多为方解石等碳酸盐矿物	缝宽：500μm～3mm 缝长：>5cm	构造作用	
		生烃缝		多为有机质颗粒不规则破裂	缝宽：<2μm 缝长：>5μm	生烃作用形成异常高压	
	收缩缝			多见于有机质与矿物颗粒接触面	缝宽：<1μm 缝长：5～100μm	脱水或收缩	

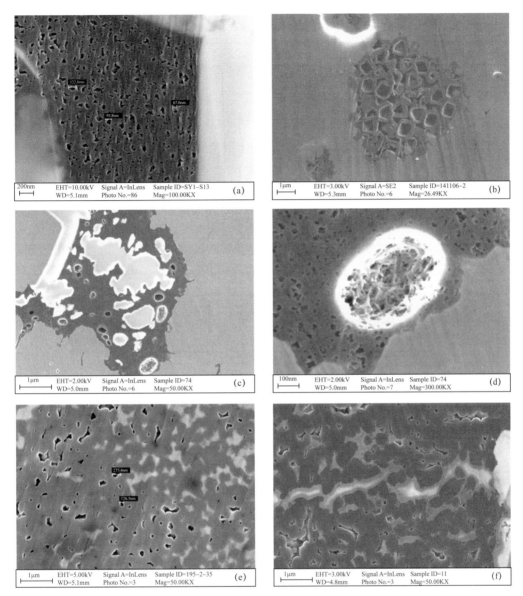

图 2-2-3 五峰组—龙马溪组页岩有机孔隙类型
（a）、（b）—沥青生烃孔；（c）、（d）—沥青生烃孔；（e）、（f）—沥青球粒孔

沥青生烃孔发育在次生沥青上，由次生沥青降解或二次生烃形成的次生孔隙，其特征为有机质多为棱角状，填充于矿物颗粒间，保有母质原始结构，多呈蚁穴状，孔隙多为圆或次圆，孔径多小于100nm［图 2-2-3（c）和图 2-2-3（d）］。

沥青球粒孔发育在次生沥青上，由热演化作用和次生沥青物理堆积形成，其特征为有机质多为块状，由球粒有机质堆积而成，孔隙多为不规则棱角状，孔隙在100～300nm之间［图 2-2-3（e）和图 2-2-3（f）］。

不同有机质孔类型的孔隙发育程度有差异，按孔隙发育程度依次排列为：干酪根生烃孔、沥青生烃孔、干酪根结构孔和沥青球粒孔（表 2-2-3）。

表 2-2-3　不同类型有机质孔隙发育程度对比

孔隙类型	面孔率 /%	平均孔直径 /nm
干酪根结构孔	8.40	29.72
沥青生烃孔	13.20	20.64
沥青球粒孔	4.31	68.96

2. 无机孔隙

根据产状可将无机孔隙分为粒间孔和粒内孔，粒内孔又可分为溶蚀孔、黄铁矿晶间孔、黏土矿物晶间孔和铸模孔。

粒间孔是指矿物颗粒接触部分存在的孔隙空间，是原始沉积物经压实作用后残余的孔隙，为原生孔隙，孔径多小于500nm［图 2-2-4（a）和图 2-2-4（b）］。

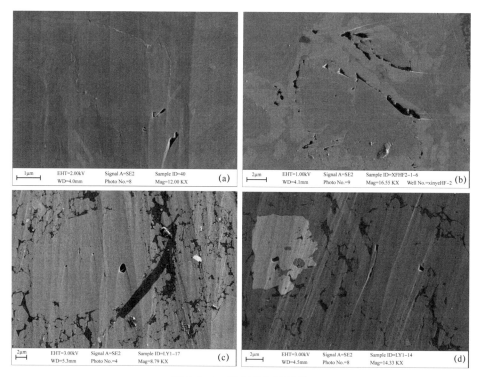

图 2-2-4　粒间孔与溶蚀孔

（a）、（b）—粒间孔；（c）、（d）—溶蚀孔

溶蚀孔是指矿物颗粒内存在的孔隙空间，是由于溶蚀作用形成的次生孔隙，多在长石或碳酸盐矿物表面出现，孔径多在50～300nm之间［图 2-2-4（c）和图 2-2-4（d）］。

黄铁矿晶间孔是指黄铁矿集合体的各晶体间存在的孔隙空间，是原始沉积物中存在的黄铁矿晶间孔隙，或由重结晶作用形成的自生黄铁矿晶间存在的孔隙，是原生孔隙，孔径一般为50～200nm［图 2-2-5（a）和图 2-2-5（b）］。

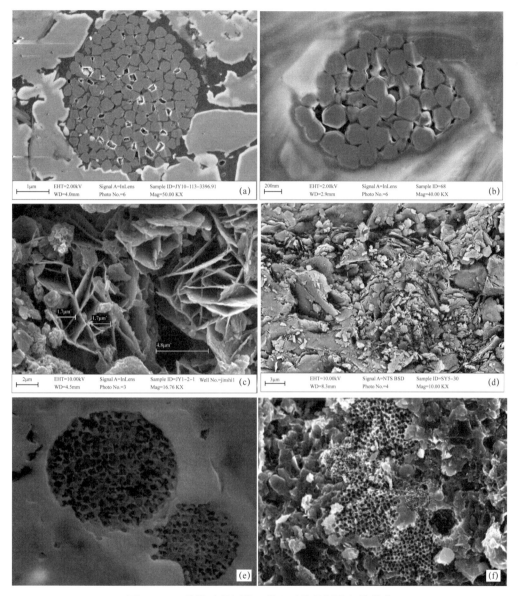

图 2-2-5 黄铁矿晶间孔、黏土矿物晶间孔与铸模孔
（a）、（b）—黄铁矿晶间孔；（c）、（d）—黏土矿物晶间孔；（e）、（f）—铸模孔

　　黏土矿物晶间孔为黏土矿物集合体各层面间存在的孔隙空间，是原始沉积物中存在的黏土矿物层间孔隙，或由重结晶作用形成的自生黏土矿物层间存在的孔隙，是原生孔隙，孔径一般为 100～500nm［图 2-2-5（c）和图 2-2-5（d）］。

　　铸模孔是由于矿物颗粒、晶体或化石等剥落形成的孔隙空间，多是由于晶体或化石剥落形成的次生孔隙，孔径多超过 1μm［图 2-2-5（e）和图 2-2-5（f）］。

3. 裂缝

　　按照 Slatt（2011）孔径大小分类方法可划分为裂缝、微裂缝和微孔道。其中，裂缝孔径处于 10～20000μm 之间，多被方解石脉充填，在压裂改造中优先开启。微裂缝孔径处于 1～10μm 之间，常常充填或者半充填方解石矿物，可作为页岩气运移的通道和储集空间。微孔道孔径小于 1μm，在页岩基质中常常平行于层理面，延伸长度小于 0.5cm，是重要的运移通道和储集空间。本研究结合大量宏观、微观的观察图片，从目的层实际样品的裂缝发育情况出发，根据成因将裂缝分为页理/层理缝、应力缝和收缩缝，其中应力缝根据应力产生的来源不同可分为构造缝和生烃缝。

页理/层理缝是指页理及层理间出现的低角度裂缝，一般无填充物，是由沉积及成岩作用形成的，缝宽介于 500～2000μm，缝长一般大于 5cm（图 2-2-6）。

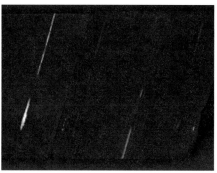

图 2-2-6　页理/层理缝

构造缝多为贯穿层面的高角度裂缝，一般有填充物，多为方解石等碳酸盐矿物，多是由于构造作用形成的次生裂缝，缝宽介于 500～3000μm，缝长一般大于 5cm（图 2-2-7）。

图 2-2-7　构造缝

南川地区页岩岩心样品①小层、⑥小层、⑦小层页理水平层理发育平缓，且连续分布；②～④小层、⑤小层、⑦小层、⑧小层水平层理呈起伏状，断续分布。纵向上，③小层页理缝密度最高，其次为⑤小层、②小层、④小层、⑥小层、①小层和⑧小层，②～⑧小层中页理缝中填充黏土，①小层页理缝中无填充物或者黄铁矿（图 2-2-8）。

生烃缝是由于生烃作用形成的异常高压导致岩石破裂而形成的裂缝，多为有机质颗粒不规则破裂，缝宽多小于 2μm，缝长则大于 5μm［图 2-2-9（a）和图 2-2-9（b）］。

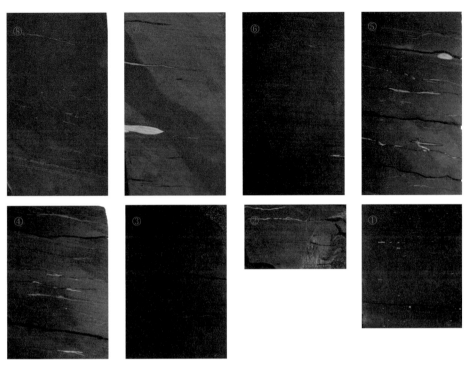

图 2-2-8 南川地区①~⑧小层页岩样品岩心剖面照片

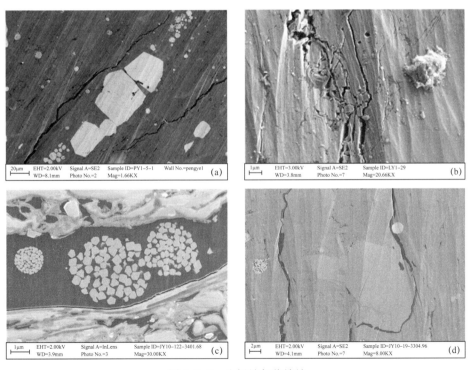

图 2-2-9 生烃缝与收缩缝

（a）、（b）—生烃缝；（c）、（d）—收缩缝

收缩缝是指有机质生烃或黏土矿物脱水导致体积变小而形成的裂缝，一般在有机质或黏土矿物与矿物颗粒接触的边界处，缝宽多小于1μm，缝长介于5～100μm［图2-2-9（c）和图2-2-9（d）］。

三、物性特征

岩石孔隙是储存油气的重要空间，孔隙度是确定游离气含量的主要参数。根据统计，平均50%左右的页岩气储存在页岩基质孔隙中，因此物性特征是页岩含气性的重要控制因素。

1. 孔隙度

1）氦气法测试孔隙度

渝东南地区五峰组—龙马溪组龙一段孔隙度整体表现出两高夹一低的三分性特征（图2-2-10），以南川地区为例，五峰组—龙马溪组龙一段孔隙度为2.36%～4.78%，优质页岩段孔隙度为3.15%～4.78%，平均孔隙度为3.6%。第⑧小层为中高孔隙度段，电性特征表现为高中子、高声波时差和高密度，孔隙度为3.2%；第⑥～⑦小层为中低孔隙度段，电性特征表现为低中子、低声波时差、高密度，孔隙度为2.5%～3.0%；第①～⑤小层为中高孔隙度段，电性特征表现为低中子、较高声波时差、低密度特征，孔隙度为3.2%～4.8%。

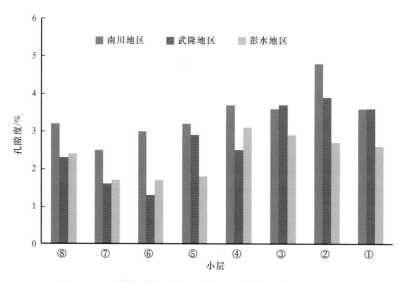

图2-2-10　渝东南地区龙一段各小层氦气法孔隙度对比图

渝东南地区优质页岩孔隙度相对较大，为页岩气储集提供了一定的空间。对武隆地区和彭水地区优质页岩段孔隙度分布频率进行分析，其结果显示，大部分岩心样品氦气法孔隙度大于2%，其中南川地区优质页岩段孔隙度为3.2%～4.8%，平均为3.9%，比武隆、彭水地区分别高0.6%、1.4%，说明南川地区储层物性优于武隆地区，也优于彭水地区（表2-2-4）。

表 2-2-4　渝东南地区优质页岩段氦气法孔隙度统计表　　　　单位：%

区域	⑤小层	④小层	③小层	②小层	①小层	优质页岩段
南川	3.2	3.7	3.6	4.8	3.6	3.9
武隆	2.9	2.5	3.7	3.9	3.6	3.3
彭水	1.8	3.1	2.9	2.7	2.4	2.5

2）覆压孔隙度的变化特征

在对页岩样品有效孔隙体积进行测试时，可通过波义尔单室法测得的孔隙体积直接计算得出，也可通过由波义尔双室法测得的胶结颗粒体积经换算得出，但两者在数据上存在一定的差异，源于单室法在岩心夹持器中测试，加有围压，可模拟地层压力状态下的孔隙度，而双室法为常规测试，无围压，由于围压及换算所带来的误差，使得两种计算方法所得结果略有差异。因此，在覆压孔隙度的测定中主要采用的是波义耳单室法，图 2-2-11 为使用该方法对南川区块页岩分别进行沿水平方向和垂直方面钻取岩心的常压孔隙度与覆压孔隙度的测试结果对比。结果表明，沿水平方向钻取的岩心柱塞在覆压条件下的形变更大，孔隙度损失更明显，即在覆压条件下，沿水平方向的层理面更容易被压力闭合，造成孔隙度的大量损失。

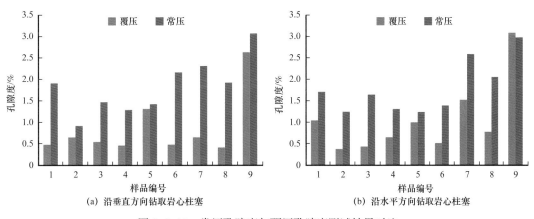

(a) 沿垂直方向钻取岩心柱塞　　　　(b) 沿水平方向钻取岩心柱塞

图 2-2-11　常压孔隙度与覆压孔隙度测试结果对比

2. 渗透率

1）渗透率的分布特征

渝东南地区储层渗透率总体表现为特低渗的特征。以南川地区为例，岩心渗透率样品显示出特低渗的特征，脉冲渗透率分布在 0.0000987～1.1023546mD 之间，中值为 0.005037mD；其中渗透率小于 0.1mD 的样品数占总样品的 76.9%，渗透率在 0.1～1mD 之间的样品数占总样品的 15.4%，渗透率大于 1mD 的样品数占总样品的 7.7%（图 2-2-12）。

渝东南地区五峰组—龙马溪组优质页岩储层渗透率整体较低，武隆地区渗透率相对较大，这可能与武隆地区层理缝较为发育有关。

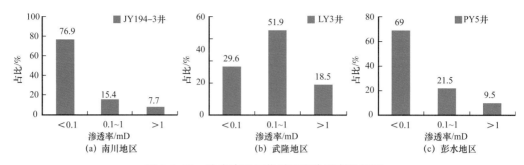

图 2-2-12　渝东南地区优质页岩渗透率柱状图

2）覆压渗透率特征

脉冲柱塞渗透率主要表征岩石整体孔渗特征，基于这项技术，通过对样品施加围压进行覆压渗透率的测量，能够进行多个方面的研究应用。加压和泄压过程中渗透率恢复滞后，开口大，则表明应力敏感性较强。在泄压过程中，孔隙度恢复缓慢，说明孔隙和裂缝发生了非弹性闭合。为了进一步研究不同孔隙类型对围压的敏感程度，针对南川地区的岩心样品，在750～1250psi区间进行加密的条件实验，以50psi为间隔，观察渗透率曲线的变化特征（图2-2-13），可将曲线划分为4个区间：

（1）快速递减区（<850psi）：渗透率快速递减，大尺度的水平层理缝迅速闭合；

（2）匀速递减区（850～1200psi）：渗透率匀速递减，层理缝和大部分微裂缝逐渐闭合；

（3）慢速递减区（1200～3500psi）：渗透率缓慢递减，粒间、粒缘缝逐渐闭合；

（4）平稳区（>3500psi）：渗透率趋于平稳，至此绝大多数的开放孔缝已闭合。

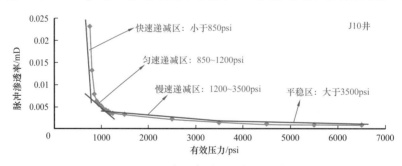

图 2-2-13　渗透率随围压变化的特征

四、孔隙结构及演化模式

页岩微观孔隙结构表征技术按照实验过程可以分为两大类：第一类是以观察描述为主要手段的实验方法，主要是通过手标本、光学显微镜、氩离子抛光＋扫描电镜等手段，直观描述页岩孔隙的几何形态、连通性和充填情况，统计孔隙优势方向和密度，多是以拍摄照片为主的定性分析；第二类则是以物理测试为主要手段的实验方法，主要包括吸附法和压汞法。这两种方法是当前定量表征页岩孔径大小及其分布特征最有效的实验手段。

1.孔隙结构特征

1）孔隙类型

（1）二维成像特征。

南川地区自上而下的五小层有机孔发育类型略有差异，整体上以发育次生沥青孔为主，上部的第②～⑤小层可见少量干酪根生烃孔，多为黄铁矿交代有机质后形成的草莓状黄铁矿晶间有机孔。另外，局部可见干酪根结构孔，多与微生物作用相关，孔隙多成棱角状。与武隆地区类似，南川地区无机孔以溶蚀孔为主（图 2-2-14）。

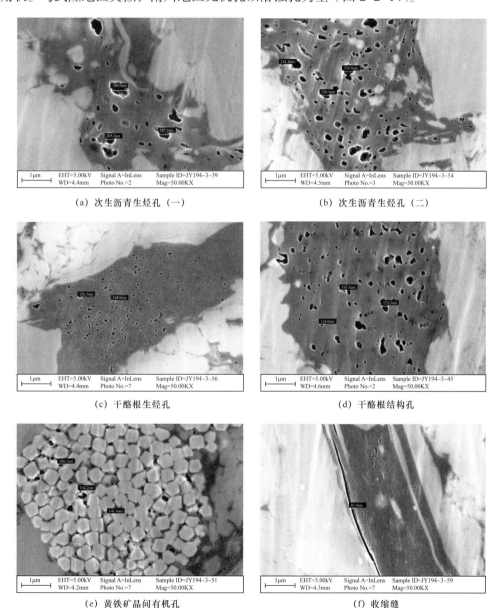

　　（a）次生沥青生烃孔（一）　　　　　　　　（b）次生沥青生烃孔（二）

　　（c）干酪根生烃孔　　　　　　　　　　　　（d）干酪根结构孔

　　（e）黄铁矿晶间有机孔　　　　　　　　　　（f）收缩缝

图 2-2-14　南川地区孔隙类型特征

武隆地区优质页岩段主要以有机孔为主，其中第③小层发育大量微裂缝，是五小层中孔隙发育最好的层位，孔隙主要以有机孔为主，同时可见大量微裂缝、黄铁矿晶间孔和溶蚀孔。微裂缝主要为应力破坏导致的裂缝和收缩缝，同时可见大量环带状黄铁矿，多为生物碎片被黄铁矿交代，环内包裹有机质或者硅质（图2-2-15）。

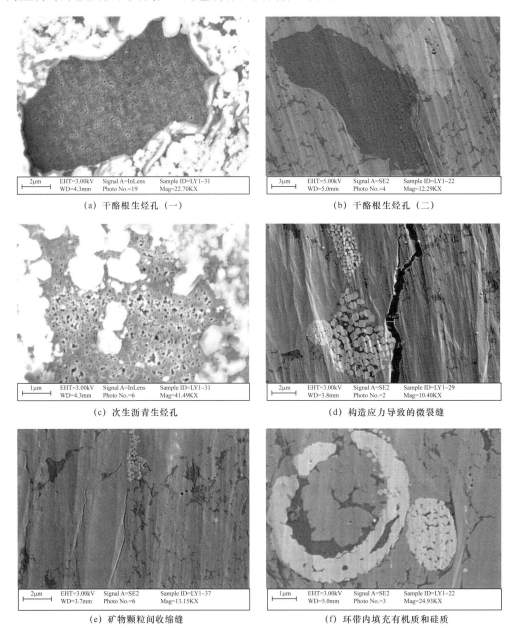

（a）干酪根生烃孔（一）　　　　　　　（b）干酪根生烃孔（二）

（c）次生沥青生烃孔　　　　　　　　　（d）构造应力导致的微裂缝

（e）矿物颗粒间收缩缝　　　　　　　　（f）环带内填充有机质和硅质

图2-2-15　武隆地区孔隙类型特征

彭水地区自上而下的五小层有机孔发育类型略有差异，整体上以发育次生沥青孔为主，第③～⑤小层可见少量干酪根结构孔，多为黄铁矿交代有机质后形成的草莓状黄铁矿晶间有机孔。同时，可见少量的生物化石孔，多与微生物作用相关。无机孔则以溶蚀孔为主（图 2-2-16）。

（a）次生沥青孔　　　　　（b）干酪根结构孔

（c）黄铁矿晶间有机孔

图 2-2-16　彭水地区孔隙类型特征

（2）三维成像特征。

对彭水地区优质页岩段进行纳米 CT 扫描，结果表明：有机质纳米孔发育，连通性较好；有机质孔隙空间上呈管柱状、片状、洞穴状等复杂内部结构。从 TOC、孔隙度连通性图来看，①小层有机质丰度最高，孔隙连通性最好，其次为③小层（图 2-2-17）。

(a)①小层页岩TOC分布　(b)②小层页岩TOC分布　(c)③小层页岩TOC分布　(d)④小层页岩TOC分布　(e)⑤小层页岩TOC分布

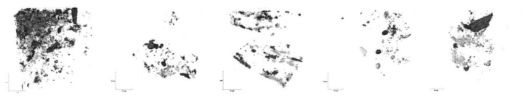

(f)①小层页岩孔径分布　(g)②小层页岩孔径分布　(h)③小层页岩孔径分布　(i)④小层页岩孔径分布　(j)⑤小层页岩孔径分布

图 2-2-17　彭水地区优质页岩纳米 CT 扫描对比图

应用聚焦离子/电子双束显微镜（FIB-SEM）技术对武隆地区优质页岩段进行三维重构，结果表明：武隆地区三个小层孔隙与喉道参数相近，③小层孔隙、连通性相对好于①小层、②小层，其有机质孔算术平均半径为 26.38nm，属于中孔；算术平均喉道半径为 13.53nm，属于中型；算术平均喉道长度为 50.01nm，比较短；平均配位数为 1.49；结合喉道长度、配位数和喉分布来看，有机质孔的连通性一般（图 2-2-18）。

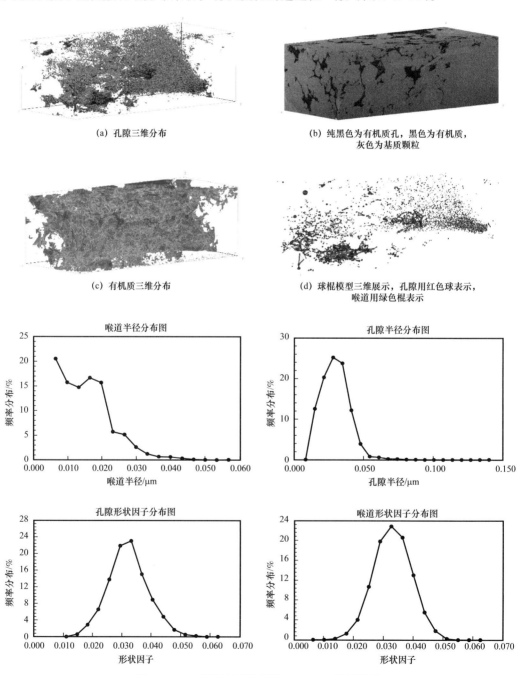

图 2-2-18　武隆地区③小层 FIB-SEM 测试结果

2）孔径分布特征

（1）液氮吸附法孔径大小及分布特征。

页岩微观孔隙按孔径大小可分为微孔（＜5nm）、小孔（5～25nm）、中孔（25～100nm）和大孔（＞100nm）。渝东南地区五峰组—龙马溪组页岩孔隙主要以小孔和中孔为主，不同地区孔径分布略有差异（图2-2-19）。以南川地区为例，五峰组—龙马溪组优质页岩孔隙的孔径主要分布在25～100nm，占50.06%，其次为5～25nm，占24.08%，＜5nm的孔隙占21.06%，＞100nm的孔隙占4.8%。

渝东南地区页岩孔隙孔径整体以25～100nm为主，不同地区孔径分布略有差异（图2-2-19），通过对比发现，南川地区25～100nm的宏孔占比50.06%，比武隆、彭水地区分别高11.28%、10.57%，这与优质页岩储层物性特征表现一致。

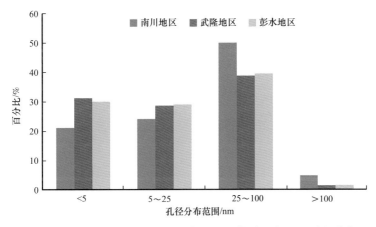

图2-2-19 渝东南地区五峰组—龙马溪组优质页岩DFT孔径分布

（2）压汞法孔径大小及分布特征。

压汞法，即对汞施加一定的压力，使汞进入岩石孔隙。由于汞对一般固体不润湿，外压越大，汞能进入的孔半径越小。由于是水银注入的方法，其测量范围主要为0.006～100μm（图2-2-20），因此，主要用于介孔和大孔的测量，是液氮吸附实验的有力补充。

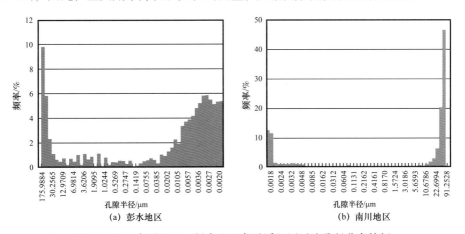

图2-2-20 南川地区、彭水地区龙马溪组压汞法孔径分布特征

从压汞实验的孔径分布特点来看，证实了 N_2 低温吸附的结论，从图 2-2-20 中可以发现，彭水地区和南川地区都呈现"两端大中间小"的特征，其中彭水地区孔径分布的范围更广，微孔、中孔和大孔均有分布，而南川地区则集中在微孔和大孔。

毛细管压力曲线的形态主要受两个因素控制：孔喉分布的歪度和分选性。在普通直角坐标系和半对数坐标系中，若毛细管压力曲线靠近坐标轴的左下方，则表明其歪度粗、分选好，并且曲线凹向右方；相反，若毛细管压力曲线靠近坐标轴的右上方，则表明其歪度细、分选差，并且曲线凹向左方。

根据上述的理论研究，对彭水地区和南川地区的压汞实验数据进行分析（图 2-2-21）。两个地区的进汞曲线凹向右方，但相对来讲，南川地区分选更好，孔喉更粗。与扫描电镜图像及液氮吸附实验结果表现出一致的特点，南川地区的储集性能最好，彭水地区稍差。

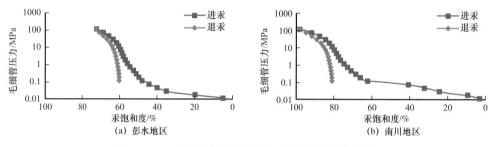

图 2-2-21　中国南方海相页岩气井的毛细管压力曲线

进一步结合样品的压汞曲线后发现，彭水地区的大多数样品的排驱压力在 0.1～0.3MPa 之间，进汞效率较高，进汞率范围为 11.50%～97.78%，而退汞效率也在 12.65%～62.45% 之间。结果也与孔径分布的特点相符，彭水地区的孔径分布呈现两极分化的特点，即大孔较多，同时还存在一定的连通性差的小孔。而南川地区大部分样品的排驱压力仅为 0.01MPa 左右，表明其大孔发育程度更高，但其进汞效率位于 41%～65% 之间，表明南川地区页岩样品中仍然存在一些不连通的孔隙，但整体上连通性要明显高于彭水地区，这也说明中大孔的占比对于页岩储层孔隙之间连通性有着重要的作用。

2. 孔隙演化模式

国内外学者对泥页岩储层相关的大量研究表明，成岩作用是影响储层孔隙发育的主要因素。研究页岩孔隙演化，需要对页岩经历的成岩作用、所处的成岩阶段进行专项研究。与砂岩储层沉积物主要来自沉积区及其周围的陆源碎屑，并且可向邻近地层驱排的特点不同，泥页岩储层几乎没有外来成岩物质，成岩物质大部分为泥页岩层"自产自销"（栾国强等，2016），仅有小部分可向外驱排进入邻近砂岩层。这一成岩特征使得泥页岩储层表现出成岩作用相互关联的特点，也就是说一种成岩作用的产物同时也可以是另一种成岩作用的反应物，同一种矿物可能发生不同的成岩作用，也可以由不同的成岩作用而形成相同产物，各类成岩作用之间相互促进或抑制，构成泥页岩成岩演化体系，也与泥页岩孔隙演化的过程交叉重叠。

1）成岩作用类型

（1）压实作用。

压实作用在页岩成岩作用中最为明显，主要表现在随埋深加大压实作用加强，塑性矿物（如云母）和生物碎屑被压变形并形成半定向—定向排列，孔隙度逐步减小。在沉积初期，泥页岩原始孔隙度很高，通常可以达到50%～60%，甚至更高。沉积之后，由于受到上覆地层压力，在最初数百米埋深内孔隙度便迅速降低到30%。随着埋深的增加，其孔隙度最终降低到仅有百分之几。

（2）生烃作用。

有机质在热演化生烃过程中可形成有机质孔，一般形状较规则，分布广泛，大多呈凹坑状、蜂窝状，与有机质的类型、含量等有关。有机质孔的形成使得泥页岩比表面积增加，提高了泥页岩储层的吸附能力。同时，在生排烃过程中形成的流体（如有机酸），导致水溶液呈酸性，诱发溶蚀作用或黏土矿物相互转化等其他成岩作用。

（3）溶蚀作用。

泥页岩沉积后由于有机质生烃排酸而引起流体性质发生变化，使黏土、石英、长石、碳酸盐矿物等发生溶解，同时形成溶蚀孔隙。如在有机质等形成的酸性水作用下，方解石等不稳定组分可能被溶蚀或部分被溶蚀而形成孔隙。通过扫描电镜观察，黏土矿物溶蚀孔及方解石表面溶蚀孔是泥页岩中最常见的储集空间类型。

（4）胶结作用。

胶结作用主要包括硅质胶结、自生黏土矿物胶结、碳酸盐胶结和黄铁矿胶结。五峰组—龙马溪组一段页岩中的硅质胶结物主要以石英包壳和自生石英颗粒的形式存在，也有少部分在孔隙和裂缝中以充填物的形式存在。硅质胶结物的物质来源主要包括如下4个方面：龙马溪组底部黑色硅质页岩中富含大量的菌藻体，这些生物成因的硅质均可成为硅质胶结物；泥页岩中蒙脱石在向伊利石转化过程中，会释放出大量的阳离子，其中部分未随压实流体排出，而在原地发生沉淀作用，其中 Si^{4+} 以石英加大或充填孔隙石英胶结物形式出现；长石溶蚀或者交代均会导致孔隙流体中游离硅过剩，从而成为潜在硅质胶结物来源；龙马溪组页岩下部普遍可见斑脱岩，其在蚀变过程中可提供大量的 Si^{4+}，从而成为硅质胶结物的物质来源。通过分析，五峰组—龙马溪组优质页岩段中，碎屑硅质含量在28%左右，生物来源的硅质含量占30%左右，黏土矿物转化的硅质含量小于6%。

黏土质胶结物的形成与硅质胶结物紧密相关，均为黏土矿物转化过程的产物，同时产生晶间孔和黏土矿物层间微孔隙。受同生—早成岩阶段压实作用的影响，孔隙水大量减少，硅质、黏土矿物原地胶结，且常共生。前人研究表明，依据矿物黏土类型及其所占比例、黏土矿物晶体特性等，可以分析成岩作用过程和演化阶段，如伊/蒙混层矿物、伊利石等与埋深具有明显的联系，埋深增加，伊利石增加而伊/蒙混层减少。本区五峰组—龙马溪组一段页岩中伊利石所占比例较高，说明了页岩经历了深埋引起较强烈的黏土矿物转化。

碳酸盐胶结物包括方解石和白云石。方解石胶结物充填孔隙、裂缝或交代长石颗粒，形成时间较早。白云石胶结物呈自形—半自形晶分散状产出，交代早期方解石胶结物或黏土矿物，或以裂缝充填物的形式出现。通过大量扫描电镜鉴定发现，方解石胶结物含量与岩石粒度存在明显的正相关关系，在粉砂质页岩、粉砂条带或泥页岩中因生物扰动粒度明显变粗处，方解石胶结物尤为发育。此外，方解石胶结物含量还与原始沉积物中是否含有钙质组分密切相关。胶结物从孔隙水中析出需要有一个可依附的晶核，原始沉积物中若有泥晶方解石或钙质生屑的存在，则它们可提供方解石胶结物析出所必需的晶核。因此，若原始沉积物有钙质组分，则方解石胶结物较为发育。

龙马溪组广泛分布黄铁矿，沉积环境为分层水体下部及沉积界面以下的强还原环境。原始沉积物的孔隙水中富含 Ca^{2+}、CO_3^{2-}，在同生—早成岩阶段中易形成早期碳酸盐胶结物，其含量较高，颗粒呈悬浮状；后期成岩过程中，随着有机酸的生成量减少和被消耗，地层流体转化为碱性，发生碳酸盐矿物的胶结作用，考虑到受持续强烈压实作用的影响，成岩后期泥页岩中的孔渗性极低，则此阶段形成的碳酸盐胶结物较少，以充填裂缝的形式为主。

2）成岩阶段确定

根据研究区五峰组—龙马溪组沉积特征、储层埋藏史，泥页岩储层黏土矿物特征、地化特征、古地温等资料，结合泥页岩成熟阶段划分标准和有机质演化模式，参照石油天然气行业标准（SY/T 5477—2003）进行成岩阶段划分（表2-2-5）。

表2-2-5　研究区龙马溪组页岩的成岩阶段划分依据（据王秀平等修改，2015）

划分标志	样品数	分布范围 （主要类型）	平均值 （次要类型）	最高成岩阶段
R_o	67	0.2%～3.1%	2.52%	晚成岩阶段
T_{max}	14	349～546℃	428℃	晚成岩阶段
黏土矿物组合	174	绿泥石＋伊／蒙混层＋伊利石（C+I/S+I）	高岭石＋绿泥石＋伊／蒙混层＋伊利石（K+C+I/S+I）组合	晚成岩阶段
蒙皂石（I）含量比	174	0～5%	3%为主	晚成岩阶段

（1）研究区五峰组—龙马溪组一段泥页岩厚度主要介于30～140m，现埋深介于200～4000m，由前面对研究区的演化史分析可以知道，研究区泥页岩储层在燕山期白垩纪末深埋达到7300m的最大埋深。志留系—侏罗纪古地温梯度主要介于2.5～3.5℃/100m，反映了其古地温超过170℃，成岩阶段为晚期。

（2）研究区五峰组—龙马溪组一段泥页岩的有机质成熟度 R_o 介于2.2%～3.1%，平均为2.52%，表明研究区有机质成熟度较高，成岩作用处于晚期成岩。

（3）研究区五峰组—龙马溪组一段泥页岩储层有机质的热解峰顶温度 T_{max} 主要介于349～546℃，平均值为428℃，这也同样反映了其有机质演化已达到过成熟阶段，泥页岩成岩阶段处于晚期。

（4）通过对彭水地区49个样品岩石学组分分析表明，研究区五峰组—龙马溪组一段泥页岩黏土矿物含量高，主要以伊利石和伊/蒙混层为主，绿泥石、高岭石含量较少。其中，伊利石含量最高，为34%～72%，平均为48.67%；绿泥石含量为5%～22%，平均为12.35%；伊/蒙混层含量为19%～57%，平均为39%；高岭石含量为零。黏土矿物大多以绿泥石＋伊/蒙混层＋伊利石为主，少数地方是伊利石＋伊/蒙混层、高岭石＋绿泥石＋伊/蒙混层＋伊利石等组合形式。这表明，研究区泥页岩处于晚成岩阶段。

综合以上四点分析，认为研究区五峰组—龙马溪组一段页岩处于晚成岩阶段。

3）孔隙演化规律

原始沉积物沉积之后，初始孔隙主要包括粒间孔和粒内孔，在成岩作用下，开启了孔隙演化过程。随着热演化过程的进行，储层物性随之发生变化。由于孔隙的成因不同，成岩作用对有机孔和无机孔的影响程度也各不相同（图2-2-22）。

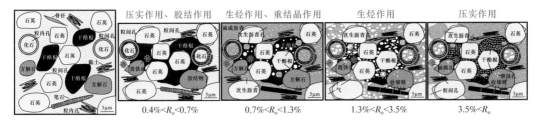

图2-2-22 页岩孔隙演化模型图

（1）无机孔的演化规律。

无机孔源自原始沉积物颗粒间空间、黏土矿物晶间及化石体腔，自埋深即开始演化，期间受成岩作用影响，整体孔隙空间逐渐减少，最终以粒间孔和粒内孔为主，其主控因素为压实作用、胶结作用和重结晶作用。无机孔的演化过程可以分为四个阶段：

第一阶段：原始沉积物中的无机孔隙为粒间孔（原始沉积物颗粒间）和粒内孔（化石体腔和黏土矿物晶间）。随埋深加深，压实作用加强，干酪根被挤压变形，粒间空间变小。黏土矿物被压扁导致粒内孔隙空间减少。

第二阶段：随着埋深和热演化过程的进行，矿物颗粒表面和化石体腔内外发生胶结作用，或形成自生矿物（如黄铁矿），粒间和粒内的孔隙空间进一步减小。

第三阶段：随着热演化进程的加剧，干酪根逐渐生成次生沥青和气，运移流动填充于粒间和粒内，孔隙空间持续减少。埋深持续加大，压实作用更强，粒间孔隙空间减少。

第四阶段：热演化程度至生油窗后，次生沥青大量生油生气，部分运移流动填充于粒间和粒内，孔隙空间进一步减少。最终无机孔主要为粒间孔和粒内孔，粒间孔为残余的矿物颗粒间空间，粒内孔主要以溶蚀孔、黏土矿物晶间孔、黄铁矿晶间孔及铸模孔为主。

（2）有机孔的演化规律。

有机孔自生油窗开始演化，源自干酪根生烃作用，裂解形成油和次生沥青，次生沥青进一步生气形成孔隙，期间孔隙空间先升高后减小，最终以次生沥青孔和干酪根孔为主，其主控因素为压实作用和生烃作用。有机质的生烃作用是页岩有机孔发育的内在动力，而上覆地层压力和围压是影响孔隙的外部因素，其演化规律也可分为以下四个阶段：

热演化初期：生烃作用为主导，有机孔逐步出现，呈现圆度高且随机分布的特征。

热演化中期：孔径逐渐增大，孔隙逐步连通，形成孔隙网络。

热演化晚期：生烃作用减弱，内在动力逐渐丧失，总体积达到峰值后压实作用逐渐成为主导。

热演化后期：压实作用成为主导，有机质因生烃作用结束导致自身抗压能力下降，同时上覆地层压力增加，使孔隙被压扁圆度降低，不断分割变小直至最后消失。

（3）孔隙演化过程中孔径变化规律。

热模拟、氮气吸附法等联合实验揭示了有机孔隙孔径的变化规律：在生油气窗范围内（1.56%$<R_o<$3.50%），孔隙体积随着热演化程度的增加总体呈增大趋势，孔隙孔径较大，以大孔—介孔为主，主要介于15～90nm；当热演化程度、压力增大到一定程度（$R_o>$3.50%，压力$>$72.8MPa），压力（埋深）引起的压实作用对孔隙的影响起到了主导作用，导致大孔被压实而大幅减少，介孔和微孔增加，孔径主要介于1～20nm，页岩气孔隙度呈现明显减小趋势（图2-2-23）。这一结果较好地解释了五峰组—龙马溪组页岩物性优于下寒武统牛蹄塘组页岩的原因。

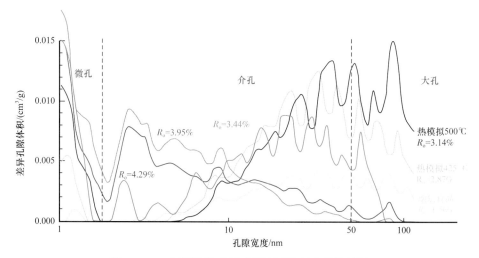

图2-2-23　不同热演化程度下页岩孔径变化特征图

4）孔隙演化模式

通过对有机孔隙演化研究，基于热模拟实验、原始有机质恢复、面孔率定量计算等，统计不同成熟度样品总面孔率、有机质孔隙面孔率，计算页岩总孔隙度、有机质孔隙度，结合单井埋藏史分析，总结渝东南地区五峰组—龙马溪组页岩孔隙演化规律：随埋深增加，无机孔隙会因成岩作用的增强大幅度减小（孔隙度由泥炭沼泽初期的70%减少至成岩阶段B的1.5%），而有机孔隙在R_o为0.9%时开始形成，随热演化程度的增大先是不断增加，孔径变大，有机质抗压性也随之不断降低，当R_o达到3.2%、有机孔隙度达3.5%后，有机孔隙度会逐渐降低，因此总孔隙度整体呈现先降低、再增加、再持续减小趋势。并在此基础上建立该地区页岩储层孔隙演化模式图（图2-2-24）。

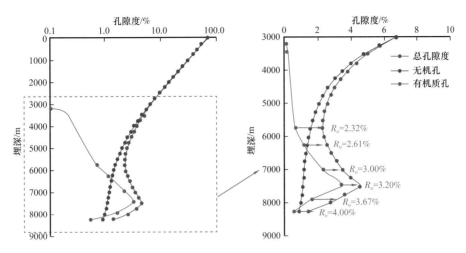

图 2-2-24　渝东南地区页岩孔隙演化模式图

第三节　常压页岩气保存条件与含气性

渝东南地区五峰组—龙马溪组页岩气储层的储集能力及渗透性是在漫长的地质历史过程中逐步形成的，因此前期的地质因素对于富集的控制主要体现在页岩气的生成及对泥页岩储层特性的影响，而后期，特别是主生烃期后的地质因素，则控制了页岩气运移逸散的快慢及页岩气的侧向运移方向和方式，从而直接控制了页岩气富集区域的分布。因此，对页岩气保存条件和含气量的评价已显得十分重要。综合研究表明，渝东南地区尽管构造改造强烈，但仍然存在保存条件和含气性相对较好的区域（郭彤楼等，2020）。

一、保存条件

1. 顶、底板条件

顶、底板为直接与含气页岩层段接触的上覆及下伏地层，其与页岩气层间的接触关系和其性质的好坏对含气页岩的保存非常关键。

研究区五峰组—龙马溪组一段页岩气层具有良好的顶、底板条件。五峰组—龙马溪组一段页岩气层顶、底板与页岩气层层位连续沉积；顶、底板厚度大、展布稳定、岩性致密、突破压力高，封隔性好。五峰组—龙马溪组一段页岩气层顶板为龙马溪组二段发育的深灰色泥岩，厚度为 28～40m，孔隙度为 1.2%～1.8%，密度为 2.7～2.75g/cm^3，渗透率平均仅为 0.0016mD，地层突破压力高达 70.0MPa；底板为临湘组和宝塔组连续沉积的灰色瘤状灰岩，总厚度为 30～50m，基质孔隙度为 1.3%～1.6%，密度为 2.73～2.77g/cm^3，区域上分布稳定，空间展布范围较广，以上特征反映了五峰组—龙马溪组一段页岩气层顶、底板对其具有较好的封隔效果。

2.区域盖层条件

区域盖层对于页岩气层系并没有起到直接的封盖作用，但是对于页岩气层的压力、地温场等具有重要的意义。评价区域盖层，主要从宏观因素方面来考虑，即盖层的岩性、厚度、连续性及塑性等。

研究区五峰组—龙马溪组一段其上沉积了小河坝组—韩家店组灰色、灰绿色泥岩、粉砂质泥岩、泥质粉砂岩（图2-3-1），其分布面积较为广泛，厚度一般在740~980m之间，反映了该套区域盖层封闭能力稳定和封盖面积大，对五峰组—龙马溪组一段页岩层系保持稳定的温度和压力场具有重要作用，是一套良好的区域盖层。

3.构造作用

保存条件影响页岩气富集程度，构造样式、断层、离剥蚀区远近、埋深是影响保存条件的重要因素。

1）构造样式的影响

渝东南地区发育背斜、斜坡、残留向斜三种构造样式。背斜构造天然裂缝较发育，页岩气汇聚于裂缝发育区，易形成高压、高含气量页岩气藏。例如平桥背斜，地层压力系数介于1.30~1.32，单井测试日产气量介于$15×10^4$~$40×10^4 m^3$。斜坡构造页岩气向剥蚀区发生侧向运移，但由于页岩大面积连续分布，有来自盆内的气源补充，页岩气保存条件相对较好。以东胜南斜坡为例，深部位地层压力系数介于1.10~1.25，单井测试产量介于$10.0×10^4$~$32.8×10^4 m^3$。残留向斜构造由于页岩出露，页岩气大规模扩散，保存条件较差。总体上，背斜和斜坡的保存条件优于残留向斜，页岩气更富集。

2）断层的影响

（1）挤压环境下的断层与产气量的关系。

研究区处于挤压构造环境，盆缘结构呈现"三段式"，从东向西分为冲断带、转换带和盆内原状地层带，在转换带主要发育三级及以下级别断层，三级断层的规模和断距较小，在垂直断层走向的挤压应力作用下，对页岩气保存影响不大，四级、五级断层在断裂带附近形成大量伴生裂缝，提高了储层物性和气体流动性，更利于页岩气富集成藏。多口井钻探证实该区三级及以下断层对页岩气保存没有明显影响。南川地区距离三级断层小于1km的井有12口，测试日产气量为$9.01×10^4$~$29×10^4 m^3$，其中JY205-1井、JY205-2井分别位于平桥西断层（三级断层）上、下盘，距离断面为453m、560m，测试日产气量分别为$11.38×10^4 m^3$、$29×10^4 m^3$，表明在挤压背景下的三级断层封闭性较好，上、下盘均能获得较高产量。距离五级断层小于500m的井有7口，测试日产气量为$19.3×10^4$~$89.5×10^4 m^3$，其中平桥东翼的JY200-1井、JY196-5井分别位于平桥东一断层（五级断层）上、下盘，距断层118m和220m，测试日产气量分别为$48.3×10^4 m^3$、$89.5×10^4 m^3$，表明规模较小的四级、五级断层改善了储层物性，且封闭性好，更利于获得高产。

（2）反向逆断层与产气量的关系。

对于斜坡型目标，页岩气易向出露区发生顺层逸散，上倾方向发育反向逆断层有利

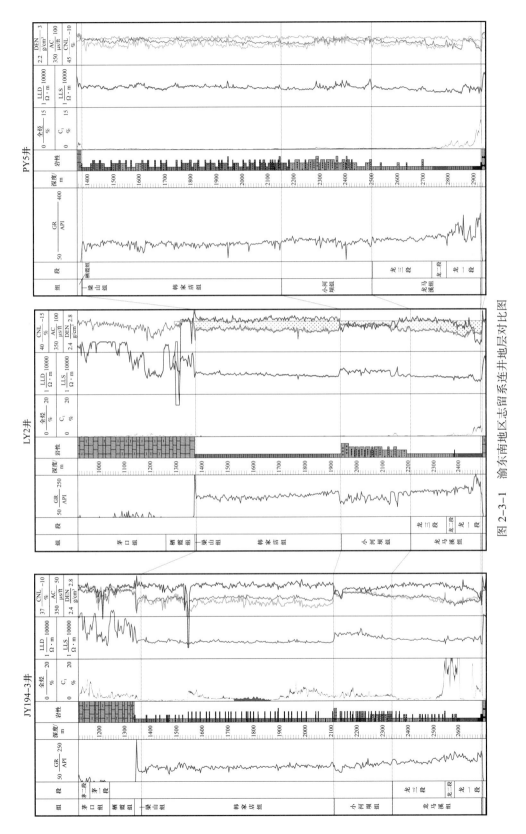

图 2-3-1　渝东南地区志留系连井地层对比图

于侧向遮挡。平桥南斜坡上倾方向发育龙凤场逆断层，形成时间早于主生气期，断距介于100～180m，下盘目的层与上盘奥陶系致密灰岩对接，较大程度阻止或减缓了斜坡区页岩气向剥蚀区逸散，页岩气得以滞留于断层下盘，有利于页岩气富集。平桥南斜坡距离该断层小于5km的井有6口，测试日产气量为 $8.1 \times 10^4 \sim 14.9 \times 10^4 m^3$，其中JY10-10井距离龙凤场逆断层1.7km，地层压力系数为1.12，测试日产气量为 $9.01 \times 10^4 m^3$。

（3）顺向断层与产气量的关系。

对于斜坡型目标，压扭区顺向逆断层不利于页岩气保存。四川盆地盆缘东南部外围的古蔺斜坡处于南川—遵义断层以西的压扭变形区，为一个近东西走向、向北倾伏的斜坡构造，上倾方向发育多条倾向、走向与地层倾向、走向一致的顺向逆断层，断裂带宽介于100～300m，现今最大水平主应力方向与断层走向平行，在顺断层走向的走滑应力作用下，断层开启，封闭性差，断裂带成为泄压区，导致页岩气沿断裂带向上散失。古蔺斜坡钻遇的RY1井位于顺向逆断层上盘，在目的层上方钻遇一条顺向逆断层，上倾方向距离另一条顺向逆断层1.5km，目的层含气性差，顺向断层破坏了井区保存条件，是该井失利的重要原因。

3）剥蚀区及埋深的影响

页岩渗透率实验分析结果表明，水平渗透率是垂直渗透率的2.7～1510.9倍，平均为43.1倍，说明页岩气更易发生横向逸散。对于目的层出露的目标，离剥蚀边界越远、埋深越大，页岩非均质性越强、页理缝更易闭合，页岩气逸散越少，保存条件越好，地层压力系数越大，单井产量越高。初步统计结果表明，埋深大于2000m、距离剥蚀边界大于4km，压力系数超过1.10，更易获得商业气流。

4. 地层压力系数

渝东南构造复杂区受燕山期雪峰山逆冲推覆作用及喜马拉雅期以来抬升剥蚀作用影响，构造变形强烈，地层剥蚀严重，断层发育，页岩气保存条件明显不同于焦石坝、长宁、威远和富顺等盆内弱构造变形区。东部的彭水地区目的层分布于复背斜带的残留向斜中，页岩气向出露区发生大规模运移，保存条件较差，地层压力系数一般为0.9～1.1。中部的武隆地区目的层大面积连续分布于复向斜带，构造宽缓，地层齐全，保存条件较好，地层压力系数一般为1.05～1.15。西部的南川地区目的层与四川盆地连为一体，发育背斜、向斜和斜坡等多种构造类型，断层封闭性好，页岩气保存条件较好，南部斜坡区地层压力系数一般为1.1～1.2，北部背斜和向斜区地层压力系数可达1.3。总体上，渝东南构造复杂区保存条件复杂，地层压力系数主体在0.9～1.3之间，以常压为主，自东向西保存条件变好。

二、含气量特征

页岩含气量是指每吨页岩中所含天然气在标准状态（0℃，101.325kPa）下的体积，是计算页岩原地气量的关键参数，对页岩含气性评价、资源储量预测具有重要的意义。

根据赋存状态，页岩气由吸附气、游离气和溶解气三部分构成。吸附气含量受有机碳含量、压力、成熟度、温度等因素控制。游离气含量主要受地层压力、孔隙度、含气饱和度、温度等因素控制。溶解气在页岩含气量构成中所占比例十分微小，可忽略不计。

渝东南地区五峰组—龙马溪组龙一段纵向上含气特征主要表现为整体含气、下部富气的特征。以南川地区为例，五峰组—龙马溪组龙一段总含气量一般介于 $1.42 \sim 5.98 m^3/t$，平均为 $3.09 m^3/t$，底部优质页岩总含气量介于 $2.28 \sim 5.98 m^3/t$，平均为 $3.96 m^3/t$，显示五峰组—龙马溪组泥页岩具有良好的含气性（图 2-3-2），且随埋深增加，含气量增大。

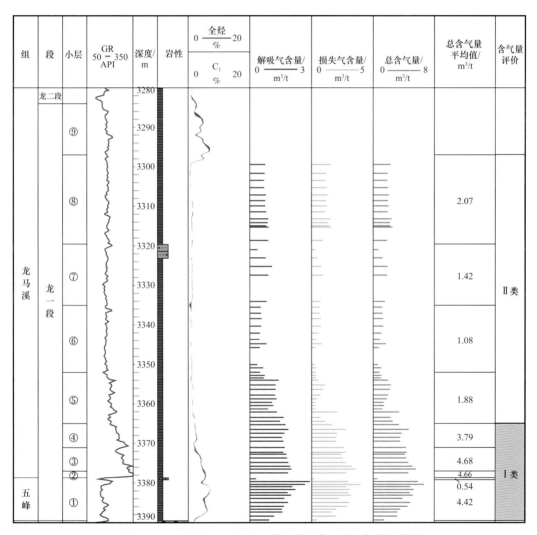

图 2-3-2 南川地区五峰组—龙马溪组龙一段含气量柱状图

不同地区五峰组—龙马溪组泥页岩含气性差异较大，受控于保存条件的变化，具有由盆内向盆外降低的趋势，表现为南川地区含气量平均为 $3.96 m^3/t$，武隆地区含气量平均为 $3.82 m^3/t$，彭水地区含气量平均为 $2.81 m^3/t$（表 2-3-1），这与地层压力系数分布规律一致。

表2-3-1　渝东南地区优质页岩总含气量统计

地区	解析气量 / (m³/t)			损失气量 / (m³/t)			总含气量 / (m³/t)		
	最小值	最大值	平均值	最小值	最大值	平均值	最小值	最大值	平均值
南川地区	0.88	1.76	1.11	1.61	4.51	2.85	2.58	5.98	3.96
武隆地区	0.83	2.02	1.52	1.33	3.2	1.65	2.47	5.5	3.17
彭水地区	0.81	1.74	1.03	0.43	3.21	2	1.27	4.95	3.03

第四节　常压页岩气藏特征

渝东南地区常压页岩气和焦石坝区块超压页岩气为中国南方页岩气勘探的两种典型类型，两者具有相似的沉积背景、不同的构造改造条件，在沉积建造、储集特征、保存与压力分布特征、地温场特征，以及地应力特征等方面存在较大的差异。

一、沉积特征

渝东南地区五峰组—龙马溪组处于深水陆棚边缘区，优质页岩厚度变薄，TOC略低。五峰组和龙马溪组沉积早期，受华南板块挤压，扬子板块基底迅速下降，海平面迅速升高，扬子地区形成了一次较大的海侵，受川中古隆起、雪峰隆起、黔中隆起夹持，向北开口与秦岭洋相通，中部为欠补偿滞留海深水陆棚，呈"三隆夹一坳"沉积格局。焦石坝地区处于深水陆棚沉积中心，优质页岩厚度介于35～45m，有机质含量（TOC）介于3%～4%，石英含量介于40%～50%，黏土矿物含量介于30%～40%；南川地区优质页岩厚30～35m，TOC介于3%～4%，石英含量介于40%～50%，黏土含量介于30%～40%；武隆地区优质页岩厚度介于32～35m，TOC介于4%～5%，石英含量大于55%，黏土矿物含量小于25%；彭水地区相对更靠近雪峰隆起，距离物源区较近，水体变浅，优质页岩厚度介于24～32m，TOC介于2%～3%，石英含量介于45%～55%，黏土矿物含量小于30%。由西北往东南，深水陆棚亚相持续时间更短，水体更浅，优质页岩厚度变薄，黏土矿物含量减少（表2-4-1）。

渝东南地区五峰组—龙马溪组下部深水陆棚亚相泥页岩为页岩气富集提供了充足的气源，同时成岩过程中产生的大量有机质孔隙为页岩气提供了良好的原始储集空间和比表面，利于页岩气储集和吸附，控制了页岩气富集的资源基础（图2-4-1）。

二、储集特征

渝东南常压区抬升早，剥蚀幅度大，改造作用强，应力释放，微裂缝发育，以小孔为主，孔隙度介于3.5%～5.0%。焦石坝地区构造改造较弱，微裂缝相对不发育，以中大孔为主，孔隙度度介于4.0%～6.0%。

表 2-4-1　常压页岩气与超压页岩气地质特点对比表

地质特征	常压页岩气	高压页岩气
沉积特征	处于深水陆棚相上斜坡，优质页岩厚介于 24～35m，TOC 介于 3.0%～3.3%，石英含量介于 40%～50%，黏土矿物含量介于 30%～40%	处于深水陆棚相下斜坡，优质页岩厚度介于 38～45m，TOC 介于 3.5%～4%，石英含量介于 40%～50%，黏土矿物含量介于 30%～40%
储集特征	基质孔隙度介于 3.5%～5.0%，高角度缝及层理缝更发育	基质孔隙度介于 4%～6%，高角度缝相对不发育
保存及赋存特征	地层压力系数介于 0.9～1.2，吸附气占比高（介于 40%～60%）	地层压力系数 >1.3，吸附气占比低（介于 25%～40%）
应力特征	应力分布范围大（介于 50～100MPa），最大和最小水平主应力差异大，南川地区介于 0.1～0.15，彭水—武隆地区介于 0.2～0.34	应力适中（介于 50～70MPa），最大和最小水平主应力差异小，差异系数介于 0.11～0.13
地温场特征	地温梯度低，介于 2.4～2.6℃/100m，目的层地层温度介于 80～100℃	地温梯度高，介于 2.6～3.0℃/100m，目的层地层温度介于 90～120℃

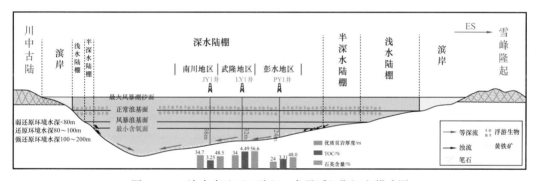

图 2-4-1　渝东南地区五峰组—龙马溪组期沉积模式图

渝东南地区页岩气钻井岩心观察和 FMI 成像测井解释结果表明，自东部的桑柘坪向斜向西部的东胜背斜，优质页岩段裂缝发育程度和规模逐渐减小（图 2-4-2）。彭水地区桑柘坪向斜的五峰组见明显的滑脱揉皱，白色方解石脉与黑色页岩混杂在一起，发育大量不规则摩擦镜面和擦痕，难以分辨理和纹层，龙马溪组底部见 3 期裂缝交接切割，构造缝规模较大，方解石充填—半充填，裂缝密度约 3.2 条/m。根据 FMI 成像测井统计，层理缝密度为 54 层/m；武隆向斜裂缝也较发育，五峰组滑脱揉皱厚度减小，龙马溪组底部构造缝密度为 3.0 条/m，层理缝密度为 54 层/m。南川地区五峰组滑脱揉皱层仅厚 0.1m，龙马溪组底部构造缝密度较彭水地区明显减少，约 1.9 条/m，层理缝密度为 52 层/m；平桥背斜和东胜背斜的构造缝密度和层理缝密度进一步减小，构造缝密度分别为 1.4 条/m 和 1.0 条/m，层理缝密度分别为 42 层/m 和 40 层/m。裂缝发育程度与规模的差异，表明由东向西，构造改造作用逐渐减弱，具有递进变形特征。彭水地区构造抬升早，持续时间长，抬升幅度大，应力释放，流体压力降低，导致构造缝更发育，层理缝开启程度更高。

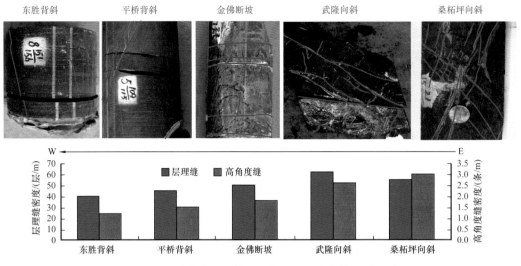

图 2-4-2　渝东南地区构造缝与层理缝发育情况对比图

三、保存与压力系数分布特征

渝东南地区页岩含气量、游离气占比与压力系数有较强的相关性，压力系数越大，含气量越高，游离气占比越大（图 2-4-3）。当压力系数大于 1.2 时，含气量介于 4.6～5.5m³/t，游离气占比超过 60%；压力系数小于 1.2 的常压页岩气，含气量介于 3.8～4.2m³/t，游离气占比为 44%～58%，即总含气量相对较低，吸附气占比较高。

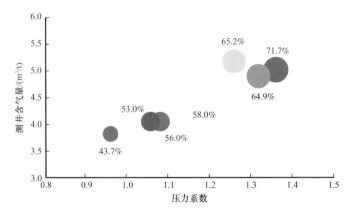

图 2-4-3　渝东南地区地层压力系数与含气量、游离气占比关系图
注：图中球体大小代表游离气占比高低

四、地温场特征

由于抬升剥蚀导致垂直有效压力降低，渝东南地区地层温度总体偏低（表 2-4-2）。根据钻井、测井、微压测试等资料统计，研究区地温梯度介于 2.4～2.6℃/100m，目的层地层温度介于 80～100℃。彭水地区页岩埋深介于 2000～3500m，地层压力介于 20～39MPa，压力系数介于 0.9～1.2，地层温度介于 70～110℃，地温梯度介于 2.1～2.5℃/

100m；LY1HF 井地层中部（垂深 3182.67m）静压为 34.682MPa，地层压力系数为 1.08。地层中部温度 84.14℃，地温梯度为 2.11℃ /100m，为常温、常压系统。

表 2-4-2　渝东南地区岩石力学参数及地应力统计表

井号	现今埋深 / m	最大古埋深 / m	现今地层温度 / ℃	最高古地温 / ℃	现今垂直压力 / MPa	最大垂直压力 / MPa
LY1	2831.91	5830	94	202	73	154
SY1	3467.5	5462	103	196	53	81
NY1	4403.1	5700	126	217	117	151
PY3HF	3021.36	6216	87	214	45	93
PY1	2153	5971	66	206	32	89

五、地应力特征

渝东南地区受多期构造运动影响，经历了大规模的挤压、抬升、剥蚀，导致应力释放，形成现今地应力小、两向应力差异大的特征。研究区页岩埋深为 2000～4500m，最大水平主应力为 50～100MPa，应力差异系数为 0.2～0.34；而盆内的焦石坝页岩埋深为 2400～3400m，最大水平主应力为 50～70MPa，应力差异系数为 0.11～0.13（表 2-4-3）。

表 2-4-3　渝东南地区岩石力学参数及地应力统计表

构造	泊松比	杨氏模量 / GPa	最大水平主应力 / MPa	最小水平主应力 / MPa	水平应力 差异系数
焦石坝构造	0.20	30.0	55.0	49.0	0.11
东胜背斜	0.18	23.4	79.2	70.0	0.13
武隆向斜	0.20	42.5	55.0	41.0	0.27
桑柘坪向斜	0.23	42.2	59.0	38.9	0.34

第三章 常压页岩气富集高产规律

如何找到相对富集高产的页岩气，形成规模与效益，是页岩气勘探开发的核心问题，针对渝东南常压页岩气而言，显得尤为关键。本章基于烃源岩地层孔隙热压生烃模拟系统，结合该地区典型页岩取心井埋藏史—热演化史为地质约束，建立了页岩气生—排—滞动态演化模式，揭示了彭水地区龙马溪组页岩气常压形成机制；同时，利用实验分析、物探、钻井、压裂、试气等资料，从控制页岩气富集和高产的关键因素方面入手，通过典型目标解剖和机理分析，总结了页岩气富集高产规律，提出了页岩气富集高产受深水陆棚、保存条件、地应力场三因素控制，即深水陆棚相控制资源规模，保存条件控制页岩气富集程度，地应力场影响压裂改造效果、控制单井产量。上述认识对渝东南常压页岩气勘探开发具有重要的指导和借鉴意义。

第一节 常压页岩气成藏机理

一、页岩气生—排—滞动态演化模式

1. 地层孔隙热压模拟实验技术

1）热压模拟实验研究现状

自 20 世纪 70 年代以来，根据 B.P 蒂索干酪根热降解成烃理论和有机质热演化的时间—温度补偿原理所建立起来的烃源岩热压生排烃模拟实验方法一直是研究油气形成机理、沉积有机质演化过程、烃源岩生烃量等最有效的方法之一。国内外不少学者研制了各种烃源岩热压生烃模拟实验装置，归纳起来可分为开放体系、封闭体系和可控体系三大类。开放体系是指热解生成的挥发产物依靠其自身的压力或载气不断从热解反应区导出在线进行计量和分析的仪器装置，如：Rock-Eval、Py-GC-MS 等；封闭体系是指生烃反应在密闭容器中进行，可以控制温度，但外部不施加静岩压力，流体压力取决于热解产生的挥发组分与加入水的多少，反应结束后打开反应系统进行油、气的收集和分析，如：黄金密封管、玻璃密封管、不锈钢密闭容器等；可控体系应用可控温度和压力装置系统，是最接近实际地质条件的模拟装置，根据实验的需求调整温度、上覆静岩压力和流体压力，所得油气产物也在一定的限制条件下离开反应区进入计量装置，收集各种产物后离线分析地化项目。

具有代表性的可控烃源岩热压生烃模拟装置有东北石油大学研制的有机质地化演化模拟实验装置和内加热式热压模拟实验装置、大庆油田研制的高压控温压实验装置、中国石油大学（北京）研制的压实成岩作用与油气生成和排驱模拟实验装置、中石化无锡

石油地质所研制的烃源岩地层孔隙热压生烃模拟仪等。

中石化无锡石油地质所成功研发了 DK 系列烃源岩地层孔隙热压生烃模拟仪，能较真实地模拟地质条件下的油气生成与排出过程，除考虑温度、时间、上覆静岩压力、地层流体压力、围压、孔隙空间、孔隙流体性质及岩石矿物组成等因素外，还可以依据含油气盆地的构造演化史、埋藏史与热演化史，充分考虑盆地持续沉降、抬升阶段的烃源岩和储集岩的流体压力场特征，获取生、排、滞烃产率及相关地球化学参数，为页岩生—排—滞动态演化模式的建立及含油气盆地资源评价提供科学依据和评价参数。

2）生排烃模拟实验装置及实验方法流程

地层孔隙热压生排烃模拟实验仪是一套主要基于直接将压力施加于烃源岩岩心，模拟烃源岩在地质条件下的生烃与初次排烃过程，研究不同类型烃源岩在不同温度、压力条件下生烃潜力和排烃过程的实验设备。该仪器主要包括以下六部分：高温高压生烃反应系统、双向液压控制系统、排烃系统、自动控制与数据采集系统、产物分离收集系统、外围辅助设备与仪器外壳。

对于彭水地区的龙马溪组页岩来说，有机质类型好，生排烃过程具有明显的阶段性，低熟—成熟阶段以干酪根生油为主；高成熟阶段一部分油排出页岩外形成常规油藏，一部分油滞留在页岩中继续裂解生气，此外干酪根也会直接生成一部分烃气。页岩气为滞留在烃源岩内的烃类气体，从成因上说，以滞留油裂解为主，同时也有少部分干酪根直接生气的贡献。因此，要明确彭水地区龙马溪组页岩气的产率与变化规律，页岩生成油的排出/滞留量及滞留油和干酪根生气的总量是模拟实验需要解决的重要问题。

（1）依据埋藏史设置实验参数。

根据典型井的埋藏演化史，可以获知实际地区的埋深与等效镜质体反射率的关系，同时，根据前期热压模拟实验仪开展的其他未熟—低熟烃源岩生烃模拟温度和等效镜质体反射率的对应关系，以镜质体反射率为桥梁将拟模拟的演化点对应到模拟实验的温度点，这里需要注意的是模拟温度对应的"模拟反射率"为前期所做热模拟实验的经验统计值，与埋藏演化史的 R_o 是粗略的对应值。实际实验时，每次实验后切取一小块泥岩样品制成岩石薄片进行 R_o 测定，并根据 Easy%R_o 方法将实验温度和加热速率转化为地质条件热成熟度（R_o），通过实验测定值与理论计算共同约束源岩热成熟度演化。

根据材料相似、时间相似、边界条件相似、受力方式相似、几何尺寸相似的原则，用生烃动力学模型计算达到埋藏演化史中关键地质事件点的热成熟度，按照烃源岩层系埋藏演化史中关键地质事件的地质时间，对模拟时间进行同比例压缩，压缩系数以实验时间的可行性为标准。结合解剖的地质模型，将模拟实验温度对应到地质演化的 R_o，根据埋藏热演化史，获取不同演化阶段（模拟温度）对应的地层埋深，再依据埋深计算相应的上覆岩层静岩压力值和流体压力值。

（2）实验步骤。

制样装样：由于需要对烃源岩热模拟后的样品进行储集空间/微观结构观察，因此需要保证每个热模拟实验后固体样品能够符合微观结构分析测试项目的要求，不破坏烃源岩本身的结构。而烃源岩样品一般易碎，为满足上述要求，建立了"双样品池、柱状 +

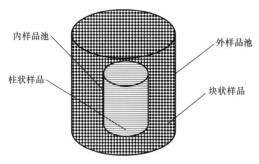

图 3-1-1 "双样品池、柱状 + 块状样品"的装样方式示意图

块状样品"的装样方式（图 3-1-1），具体为利用多节理脆性页岩取心机，将烃源岩样品切割成直径 2.5cm、长度 2.5~5cm 的圆柱样，装入内样品池，然后将装有圆柱状样品的内样品池放入外样品池内，内、外样品池之间的空隙用块状烃源岩样品填满，这样既减轻了温度和压力对柱状样品的破坏，又能保证内样品池内的柱样也同时受静岩压力、流体压力作用。

试漏加水：将装有岩心样的样品室安装在反应釜中，施压密封后，充入 10~15MPa 的惰性气体，放置试漏，待不漏后，放出气体，用真空泵抽真空后再充气，反复 3~5 次，最后抽成真空；然后，用高压泵注入地层水，让岩心柱孔隙空间被地层水完全充满。

加水量与流体压力、温度、称样量、生烃空间的大小及烃源岩生烃潜力等有关，应根据模拟实验的实际情况确定加入量。根据以往实验结果，另据泥岩压实曲线，在生油门限附近泥岩孔隙度降至 10%~20%，在大量排烃阶段伴随着结晶水的大量排出，孔隙度下降至 5% 左右，为了保证样品进行液态水存在下生烃反应和有水参与的排烃过程，并维持体系有足够的流体压力，加水量根据实验及其他条件加入，一般在 15~45mL 之间。

施压升温：启动双向液压机的施压杆按与地质过程相似后的压实速率对岩心样施加设定的上覆静岩压力进行压实，同时启动温度控制器按与地质过程相似后的升温速率升至设定的温度，达到设定温度后再恒温 48h 进行生烃。

排烃模拟过程：对于持续沉降生排烃模拟实验，一直保持生烃反应体系与排烃装置处于连接状态，维持两个系统的流体压力相等；对于"幕式"压差生排烃模拟实验，则每当生烃体系超过排烃体系一定压力之后就打开排烃阀门排一次烃，然后再迅速关闭，在整个生烃过程中不断重复该过程；对于密闭生排烃模拟实验，在升温阶段早期打开排烃阀门，当生烃系统压力达到一定埋深的地层压力之后就一直关闭排烃阀门，不再排烃。

气体的收集与定量：生排烃实验结束之后，连接产物收集定量装置与排烃装置，对于持续沉降与压差生排烃模拟实验分别收集排烃装置与生烃系统的气体，对于密闭生排烃实验，只收集生烃系统的气体产物。待整个反应体系温度降到 150℃时，打开排烃阀门释放生排烃系统中油气水产物。首先排出的产物是水、气体与气携轻质油的混合物，通过液氮冷却的液体收集管分离油水与气体，油水混合物被冷冻在收集管中，气体进入计量管收集并计量其体积，用气相色谱仪分析其组成之后计算各气体物质（烃气与无机气体）的产量。

排出油的收集与定量：排出油 1 是指在实验进程中当生烃系统压力与外部排烃装置存在一定差值时，开启阀门后在排烃装置中收集的油，主要是由于两个系统之间存在一定压差而排出的油。排出油 2 为上述气体收集过程中油、气、水分离后的气携凝析油和等待整个反应系统降至室温之后，打开高压釜，用氯仿冲洗高压釜内壁、样品室外表面与内部连接管道得到排出油之和。

残留油、固体残样的收集与定量：模拟后的烃源岩残样称重后，用氯仿抽提沥青"A"，即残留油。残留油与排出油之和称为总油，总油与烃气之和为总烃。

2. 模拟样品的选择与热模拟实验条件

1）本次模拟低熟样品的选取

选择有代表性的模拟实验样品至关重要，由于彭水及邻区龙马溪组现今均处于高—过成熟阶段，难以找到合适的模拟实验样品，本次研究综合考虑热演化程度、矿物组成、沉积环境、有机质丰度、有机质类型多个方面，最终选择了四川盆地西北部的广元上寺上二叠统大隆组黑色页岩作为模拟样品（表 3-1-1）。

表 3-1-1 广元上寺大隆组系统样品全岩矿物组成

来样编号	R_o/%	TOC/%	矿物成分含量 /%							
			石英	钾长石	斜长石	方解石	白云石	黄铁矿	硬石膏	黏土
SHDL-1	0.66	2.92	54	0	0	42	4	0	0	0
SHDL-2	0.62	2.93	72	0	0	22	3	3	0	0
SHDL-3	0.61	3.84	34	0	0	59	5	1	0	1
SHDL-4	0.64	9.62	47	3	0	18	5	3	0	24
SHDL-5	0.66	8.60	23	0	0	50	5	3	0	19
SHDL-6	0.62	12.08	26	0	0	36	3	7	3	25
SHDL-7	0.70	2.62	49	0	0	19	0	8	0	24
SHDL-8	0.67	13.18	42	0	0	22	5	6	0	25
SHDL-9	0.65	6.89	19	0	0	68	0	2	0	11
SHDL-10	0.69	1.58	27	0	0	71	0	2	0	0
SHDL-11	0.78	4.63	40	0	8	16	7	3	0	26

为了选择与龙马溪组页岩特征相似的样品，采集了 20 件样品进行挑选，对 11 件样品进行了 TOC 和矿物组成分析测试，从表中可以看到，样品的非均质性比较强，不同样品间矿物组成差异较大。为了增强样品的代表性，本次研究最后选择了 SHDL-4 号样品作为模拟样品，该样品与 NY1 井、JY1 井、LY1 井和 PY1 井的矿物组成基本类似（图 3-1-2），此外从沉积环境上看，大隆组为深水陆棚相，与龙马溪组一致，大隆组有机质类型为Ⅱ-Ⅰ型，与龙马溪组也基本一致。

2）实验条件

以 PY1 井的埋藏史—热演化史为地质约束（图 3-1-3），确定与个模拟温度点相对应的演化程度（R_o）时的埋深、静岩压力和地层流体压力值（表 3-1-2）。然后，利用多节理脆性页岩取心机，将页岩样品切割成直径 3.5cm、长度 8～10cm 的圆柱样，一个实验取一个圆柱岩心样品。每个实验开始前，进行反应系统试漏，确保不漏后抽真空，加水、按设定的参数施压升温，反应结束后收集油、气、残余页岩产物。更好地保留原始孔隙结构，更为客观地进行模拟实验，本次实验钻取圆柱样品开展模拟实验。

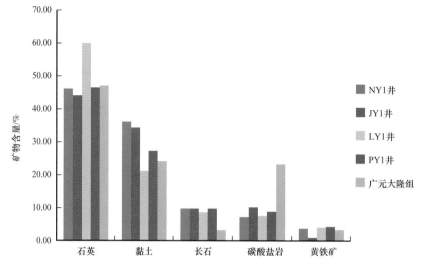

图 3-1-2　广元大隆组与典型页岩气井龙马溪组矿物组成对比图

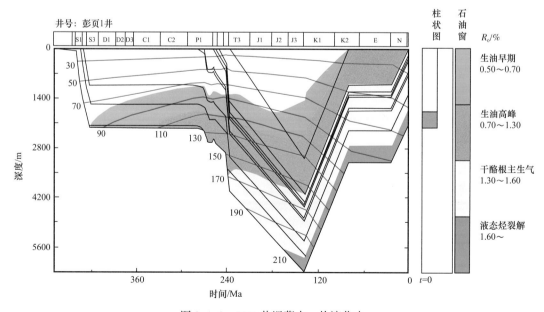

图 3-1-3　PY1 井埋藏史—热演化史

表 3-1-2 生排烃模拟实验温压参数设置表

样品序号	埋深／m	R_o／%	模拟温度／℃	静岩压力／MPa	最低地层压力／MPa	最高地层压力／MPa	压力系数
1-325	1900	0.7	325	48	19	23	1.2
2-340	2800	0.9	340	70	28	34	1.2
3-360	4100	1.3	360	102	41	49	1.2
4-400	4400	1.6	400	110	44	53	1.2
5-420	4600	1.8	420	115	46	55	1.2
6-450	4800	2.2	450	120	48	58	1.2
7-480	5200	2.5	480	130	52	62	1.2
8-500	5600	3	500	140	56	67	1.2
9-550	6000	3.5	550	150	60	72	1.2

3. 实验结果

1）彭水地区龙马溪组页岩生—排—滞动态演化模式

图 3-1-4 为本次模拟实验得到的滞留油、总油和总烃产率随等效 R_o 变化曲线，由于本次模拟实验是根据彭水地区埋藏史特点设置的实验温压条件，因此可以近似代表彭水地区龙马溪组页岩生烃演化特征。

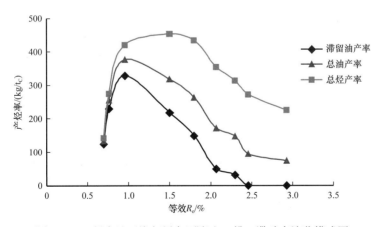

图 3-1-4 彭水地区海相黑色页岩生—排—滞动态演化模式图

生—排—滞过程划分为三个阶段：

（1）干酪根大量生油阶段（等效 R_o：0.70%～0.96%）：干酪根大量生油，排油效率低（13%），以滞留油为主，期间生成极少的烃气，R_o 在 0.96% 时达到生油高峰，同时滞留油达到高峰。

（2）滞留油大量转化为烃气阶段（等效 R_o：0.96%～2.0%）：滞留油大量裂解生气，滞留油量大量降低，排油效率逐渐增大，该阶段不仅是页岩气（滞留气）最重要的形成时期，同时也是作为烃源岩向常规油气藏供烃的重要阶段。

（3）滞留油继续转化为烃气阶段（等效 R_o：2.0%～3.0%）：滞留油继续裂解生气，但产率逐渐降低，基本不排油。

2）彭水地区龙马溪组滞留油的变化规律

图 3-1-5 为模拟实验中油产率随等效 R_o 变化曲线，主要有两个大的阶段：第一个阶段是 R_o 在 0.7%～0.96%，为主要生油期，随着热演化总生油量逐渐增加，至 R_o 达到 0.96% 时，达到生油高峰，此时滞留油也达到高峰；第二个阶段是 R_o 在 0.96%～3.0%，主要表现为排出油逐渐增加（排出油指收集装置所计量到的排出油，排出油的过程与初次运移相当），滞留油逐渐减少，其中 R_o 在 1.0%～2.0% 期间，滞留油快速减少，代表滞留油开始裂解生气。

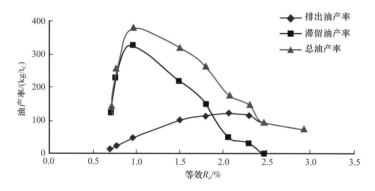

图 3-1-5　排出油、滞留油、总油演化模式

对于有机质类型好的龙马溪组页岩来说，页岩气主要由滞留油裂解提供，因此排出油越少，则滞留油量越多，滞留油裂解生成的烃气量也就越大，页岩气的总量也就越高，可以说排出油的效率决定了页岩气总量的大小。而排出油的量除了受页岩本身的岩性和矿物组成影响外，还受构造条件影响较大，可以间接通过现今龙马溪组中固体沥青的含量来反算滞留油的规模。

3）彭水地区龙马溪组页岩的主要生气期

图 3-1-6 为模拟实验中总烃气体积产率随等效 R_o 变化曲线，这里的总烃气是指仪器收集到的总烃气，主要由滞留油裂解气和干酪根直接生气两部分组成。从图上可以看到，R_o 在 1.0%～2.0% 之间，总烃气表现出快速增加的趋势，是页岩的主要生气期；当 R_o 超过 2.0% 后，生气能力逐渐减弱，总烃气缓慢增加。

图 3-1-7 为模拟实验中烃气阶段产率与累计产率随等效 R_o 变化曲线，可以看出，大量生气期在 R_o 处于 1.3%～1.9% 期间；TOC 为 9.83% 的模拟样品演化至等效 R_o 为 2.92% 时，每吨样品能生成近 20m³ 烃气。

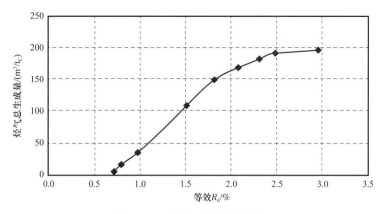

图 3-1-6 烃气总量演化模式

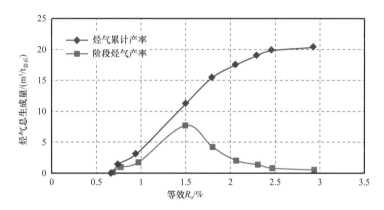

图 3-1-7 烃气阶段产率与累计产率随 R_o 变化曲线

二、龙马溪组页岩气常压形成机制

关于常压页岩气的形成机制，以往研究认为：常压页岩气藏可分为优质页岩缺失/减薄型、早期逸散型、断裂破坏型和残留向斜型四种主要类型，其分布与富集主要受构造作用控制；晚期构造抬升的早晚、多期应力场的叠加改造和高角度裂缝的发育程度是影响页岩气高压甚至超高压后期保持的控制因素；彭水及邻区龙马溪组页岩气现今为常压是晚期遭受构造改造的结果，构造作用是控制页岩气保存和常压形成的关键。本书将从高压甚至超高压形成和释放的主控因素出发，探讨彭水及邻区龙马溪组页岩气常压形成机制。

1. 欠压实高压形成阶段

当沉积速度较小时，埋藏过程中泥岩中的孔隙水排出顺畅，压实与排水作用易于保持平衡，泥岩得以正常压实。在正常压实情况下，泥岩孔隙度将随深度增加而不断降低，密度则相应加大，地层处于正常压力系统。在快速沉积埋藏过程中，厚层泥岩外层排水速度较快，渗透率快速降低，导致泥岩中部的流体排出受阻，出现压实和排水的不平衡。由于孔隙水未能及时排出而阻止泥岩进一步压实，形成欠压实现象。

欠压实与沉积速率关系密切，而且与岩性有关。在相同沉积速率下，泥页岩更容易产生欠压实现象。泥页岩沉积速率越大，形成的压力越高，而且高压形成的起始深度越浅。当沉积速率为50m/Ma时，高压的起始深度为1600～1800m，而当沉积速率为200m/Ma时，在800～1000m深度即可开始形成高压。

PY1井志留纪期间沉积速率为100～200m/Ma，三叠纪期间为10～50m/Ma（图3-1-8）。JY1井志留纪期间沉积速率为70～130m/Ma，三叠纪期间为70～100m/Ma（图3-1-9），均可能产生欠压实高压，但是这种欠压实高压在进一步深埋作用下，可能都已经释放，无论是四川盆地内部还是周缘地区，五峰组—龙马溪组现今不存在欠压实高压。

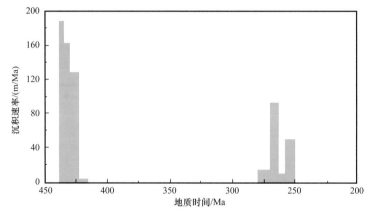

图 3-1-8　PY1 井沉积速率演化史图

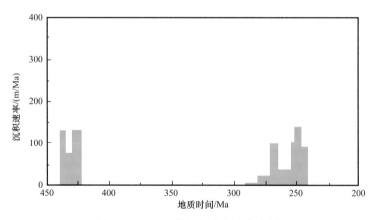

图 3-1-9　JY1 井沉积速率演化史图

2. 生烃高压形成阶段

富有机质泥页岩（烃源岩）随着埋藏深度的增加，温度升高而生烃。烃源岩生烃时相对密度较大的干酪根转化为密度较小的石油和天然气，或者原油裂解生气而使孔隙流体体积膨胀。Ⅱ型干酪根在 R_o 达到 2% 时，生气引起的体积膨胀可达 50%～100%（Ungerer 等，1981；Meissner，1984）。在标准温度、压力条件下，单位体积的标准原油可裂解产生534.3体积的气体。因此，干酪根裂解生气或者原油裂解成气都可以造成孔隙流体压力的急剧增加，导致泥页岩破裂，形成生烃高压裂缝。由生烃作用引起的高压甚至超高压泥岩，可能已达到压实极限，因此密度高、孔隙度低，而与欠压实高压相区别。

成熟烃源岩常常发育平行层面的生烃高压裂缝。因为泥页岩的层理/页理面为力学上的薄弱面，高压优先从层理/页理面释放。还可以见到与层面垂直或斜交的生烃高压裂缝。这种生烃高压裂缝在形态上与欠压实高压裂缝相似，形状不规则，裂缝面不平整，常常中间宽、向两端变细，不穿层。与层面斜交的生烃高压裂缝通常仅见于单层厚度较大的且有机质含量较高的泥页岩中。页理很发育的薄层泥页岩中，由于生烃高压通过泥页岩的页理面优先释放，仅产生顺层的高压裂缝。

生烃史及原油裂解生气史恢复表明，PY1井龙马溪组晚侏罗世末达到最大古埋深（5971m）和最高古地温（204℃），干酪根主生气期为晚三叠世—中侏罗世，液态烃裂解生气期为晚三叠世—晚侏罗世，对应地，生烃高压形成于晚三叠世—晚侏罗世。

3. 断层或高角度构造裂缝导致高压释放

高角度构造裂缝的发育影响保存条件，从而影响页岩气的产能。在焦石坝页岩气田的开发井中，高产井龙马溪组有机碳含量高、含气量高，孔隙度也高。但是，对于中产井和低产井，产量与有机碳含量、含气量和孔隙度之间的相关性不密切，相同产量的气井有机碳含量、含气量和孔隙度变化范围很大，说明有机碳含量、含气量和孔隙度虽然是控制页岩气产量的重要因素，但是，还有其他关键因素影响着页岩气的产量。初步分析认为，裂缝尤其是高角度构造裂缝的发育导致高压甚至超高压释放。无论是井漏、地层压力系数还是页岩气产量，都与高角度裂缝的发育与分布关系明显，进一步表明断层或高角度构造裂缝导致高压甚至超高压释放。焦石坝地区构造内部稳定带为高压区，靠近东南翼断裂区为常压区。靠近东南翼断裂区也正是高角度构造裂缝发育区，这些地区的钻井地层压力系数明显低于构造内部稳定带。高角度裂缝发育区，页岩气保存条件受到影响，水平井无阻流量相对较低。高角度裂缝发育区地层压力系数低，通常为常压，焦石坝地区的高压甚至超高压分布区为裂缝和地层不发育的构造稳定区。

4. 褶皱变形导致高压释放

褶皱变形导致应力场分布发生变化。有限元模拟结果显示，褶皱构造的波峰构造和波谷构造是应变集中区，发育网状缝；斜坡区是应变转换区，顺层缝和切层缝叠置，构成二元结构。在背斜外侧顶部形成张应力集中，而在内侧形成压应力集中。从应力控制裂缝发育性质的角度来讲，在背斜外侧顶部的张应力容易产生张裂缝，而在内侧形成的强挤压力容易形成高角度剪切缝。在波峰与波谷的过渡部位，张应力与压应力并存，并且方向与层理面方向平行或略有斜交，为层间滑移缝与剪切缝的并存地带。

褶皱作用导致地层产状发生变化，倾斜地层在应力作用下更容易发生顺层剪切作用，产生顺层剪切裂缝，导致页岩气顺层散失，从而引起高压甚至超高压释放。通过三轴压缩实验，获得泥页岩盖层的 C、φ 值（表 3-1-3），当最大主应力与层面夹角为 45°-（30°/2）=30° 时，容易发生顺层剪切。

表 3-1-3　彭水地区龙马溪组三轴压缩实验数据表

样品编号	密度/g/cm³	波速/m/s	围压/MPa	温度/℃	峰值强度/MPa	弹性模量/GPa	泊松比	黏聚力C/MPa	摩擦角φ/（°）
1142-3	2.53	3031	1.92	17	38.33	3.54	0.11		
1142-38	2.49	3213	7.65	25	53.36	3.48	0.12		
1142-15	2.50	3317	15.49	35	77.83	5.03	0.2	11.0	30.0
1142-21	2.48	3344	31.06	55	95.29	6.09	0.22		
1142-46	2.50	3510	48.16	75	98.92	5.33	0.29		

PY1 井和 LY1 井龙马溪组最大主应力与泥页岩层理面之间的夹角为 20°～30°，有利于产生顺层剪切裂缝，对页岩气保存有一定影响。而 JY1 井龙马溪组地层倾角为 5°～10°，产状近于水平，泥页岩的层理面与水平应力之间的夹角很小，不容易发生剪切破坏，相反，在一定程度上可以扩大层理裂缝的储集空间。

5. 抬升超高压破裂及裂缝覆压闭合

从抬升卸载过程中 PVT 模拟结果可知，无论是 PY1 井还是 JY1 井，抬升过程中泥页岩都发生了超高压破裂，但是，JY1 井的压力释放不彻底，至今仍能保存一部分高压甚至超高压，而 PY1 井压力释放彻底，游离气大量散失，现今表现为常压。其原因在于，超高压裂缝在上覆地层覆压作用下，将发生覆压闭合，但闭合的程度取决于埋深和泥页岩超固结比（OCR）。

对于天然裂缝的覆压闭合，可以视为水平裂缝的闭合，而不涉及垂直或斜交裂缝的闭合。当岩层产状近于水平时，则主要包括泥页岩裂缝中的顺层裂缝的闭合。也就是说，由于欠压实高压、生烃高压或构造应力作用，泥页岩中产生的顺层裂缝，当造缝因素消失之后，裂缝（主要指水平岩层的顺层裂缝）将在覆压作用下闭合。覆压渗透率测试结果表明，龙马溪组泥页岩覆压在 15～25MPa，产状水平的顺层裂缝在覆压 15～25MPa 发生闭合（图 3-1-10），转换成深度为 1000～1600m。

那么如果地层倾斜，则需要作用于层理面的正应力达到 15～25MPa，也就是垂直有效应力在裂缝面上的分量达到 15～25MPa，即：

$$\rho g h \times \cos\theta \geqslant 15\text{MPa}$$

式中　ρ——上覆地层平均密度，g/cm³；

$\quad\quad g$——重力加速度，m/s²；

$\quad\quad h$——埋深，km；

$\quad\quad \theta$——裂缝倾角，（°）。

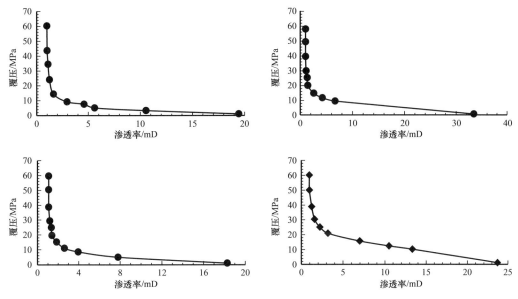

图 3-1-10 泥页岩人造裂缝覆压下渗透率变化图

也就是说，地层倾角 θ 越大，裂缝闭合需要的埋深（h）越大。将式中的倾角 θ 在 $0°\sim90°$ 之间每隔 $10°$ 取一个值，计算相应的深度 h 的值，可得到倾斜地层顺层裂缝覆压闭合深度与地层倾角的关系（图 3-1-11）。如果地层为倾角 $80°$，则埋深需要大于 5000m 顺层裂缝才能发生覆压闭合。

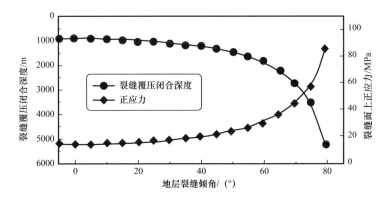

图 3-1-11 倾斜地层顺层裂缝覆压闭合深度 / 地层倾角关系图

对于泥页岩人造裂缝，尽管在覆压作用下会发生闭合，但造缝前后和裂缝闭合前后之间的渗透率依然存在数量级的差别。造缝前后，泥页岩渗透率相差可达 4 个数量级，即使覆压 60MPa 之后，泥页岩的渗透率仍然比造缝前的渗透率高 1 个数量级（图 3-1-12）。

因此，在盖层评价中，如果泥页岩曾经发生破裂形成过裂缝，那么，即使后期的埋深超过 1000m，发生了覆压闭合，但如果该泥页岩处于脆性带时，其封闭能力仍然远不如其未发生过破裂时的封闭能力，高压甚至超高压遭受完全释放。如果处于脆延过渡带或者延性带，则裂缝闭合程度高，对页岩气保存有利，高压甚至超高压免于遭受完全释放（如 JY1 井）。

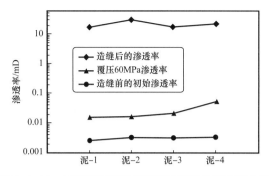

图 3-1-12 泥页岩造缝前后及覆压前后渗透率变化图

总之，彭水及邻区龙马溪组页岩气常压形成机制为：早期深埋高温条件下，干酪根生烃和液态烃裂解生气，产生高压甚至超高压；断裂作用和褶皱变形产生构造裂缝导致页岩气散失，晚期抬升卸载过程中孔隙回弹、温度降低，导致地层压力降低，但封闭条件下的压力系数反而升高，并发生超高压破裂导致页岩气散失。高压降低到一定程度时，裂缝发生覆压闭合，泥页岩超固结比

（*OCR*）影响泥页岩的破坏方式和裂缝闭合程度，从而控制页岩气的散失破坏程度和现今的压力系数。泥页岩 *OCR* 越大，脆性越大，越容易产生裂缝，且裂缝覆压闭合程度低，页岩气散失程度高，趋于转变为常压。相反，页岩气散失程度低，现今仍保持一定程度的高压甚至超高压。

三、常压形成过程中气体散失计算

滞留油裂解气和干酪根裂解气散失主要有两个途径：一是在埋藏沉降阶段排气散失，可以通过计算最大埋深时刻的含气量，结合滞留油裂解气和干酪根裂解气二者之和进行预测；二是在抬升过程中发生的散失，可以结合现今实测含气量和最大埋深时刻总气量进行预测。

滞留油裂解气和干酪根裂解气的总气量可以通过热模拟实验获得的烃气产率曲线计算得到。如 PY1 井优质页岩段平均 TOC 为 3.2%，现今 R_o 为 2.6%，有机碳恢复系数为 2.9，计算得到 PY1 井龙马溪组优质页岩段最大埋深时刻滞留油和干酪根裂解总气量为 16.7m³/t。

JY1 井优质页岩段平均 TOC 为 3.58%，现今 R_o 为 2.65%，有机碳恢复系数为 2.9，计算得到 JY1 井龙马溪组优质页岩段最大埋深时刻滞留油和干酪根裂解总气量为 18.37m³/t。

最大埋深时刻的滞留气量可以通过页岩孔隙空间、天然气相态，结合包裹体古压力预测进行计算。PY1 井在最大埋深时刻（140Ma），压力系数为 1.66，地层压力为 100MPa，计算含气量为 6.5m³/t，可以看出，在沉降阶段，PY1 井演化至最大埋深，排气 61.1%，滞留 38.9%。抬升过程中，滞留在页岩中的天然气进一步发生散失，总含气量逐渐减少，如图 3-1-13 所示，PY1 井包裹体均一温度为 125～140℃，计算包裹体古压力 36.6MPa，结合地温史可知大致对应

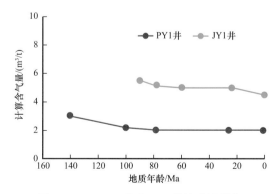

图 3-1-13 PY1 井和 JY1 井抬升过程中总含气量变化

100Ma 左右，计算压力系数为 0.86，推测可能是由于超压破裂导致压力释放，变为常压。随着抬升继续进行，总气量缓慢降低，现今 PY1 井计算含气量 $3.2m^3/t$，总体来看，抬升过程中约有 50.8% 的气体发生散失。

对于 JY1 井来说，最大埋深时刻的孔隙压力约为 110MPa，压力系数为 1.92，计算的含气量为 $7.9m^3/t$，在沉降阶段，JY1 井演化至最大埋深，排气 57%，滞留 43%，与 PY1 井相比，散失量相对较小。抬升过程中，滞留在页岩中的天然气进一步发生散失，抬升至现今，计算得到的含气量为 $5.1m^3/t$，结合最大埋深时的滞留气量，可以计算出，滞留气量散失了 35.4%，同样比彭页 1 井散失要少，反映出保存条件对抬升阶段散失气量具有明显的控制作用。

第二节　常压页岩气富集高产主控因素

从控制页岩气富集和高产的关键因素入手，通过页岩气聚散机理分析，提出了"三因素控藏"认识："深水陆棚相控烃、保存条件控富、地应力场控产"（何希鹏，2018）。其含义为：（1）深水陆棚相有利于生物的生长发育，沉积的优质页岩厚度大、有机质丰度高，具有较强的生气能力，同时生烃过程中产生的有机孔隙为页岩气赋存提供了储集空间和比表面，控制了页岩气富集的资源基础，即"深水陆棚相控烃"；（2）保存条件影响页岩含气量和游离气占比，决定页岩气藏的富集程度，即"保存条件控富"；（3）古应力形成的天然缝改善储集物性，有利于游离气富集，现今适中的地应力有利于压裂改造施工，形成复杂缝网，是高产的关键，即"地应力场控产"。

一、深水陆棚相控烃

四川盆地及周缘五峰组—龙马溪组下部泥页岩形成于深水陆棚亚相沉积环境，沉积时间长，沉积速率中等，上部水体富营养，利于古生物大量繁殖，下部水体安静、强还原，利于古生物死亡后堆积形成的沉积有机质保存（何治亮等，2016）。实验分析表明（表 3-2-1），深水陆棚亚相沉积环境下形成的富有机质泥页岩厚度大、铀钍比较高、有机质丰度高、生物成因硅质含量高、黏土矿物含量较低、热成熟度适中，生烃强度大，为页岩气富集提供了充足的烃源条件，同时厚层富有机质页岩生烃过程中产生的大量有机孔隙为页岩气赋存提供了重要的储集空间和比表面，储层孔隙度大、含气性好，控制了页岩气富集的资源基础（马永生等，2018）。

页岩气具有自生自储特点，具有低孔低渗特征，而 TOC（总有机碳含量）与孔隙度呈明显正相关 [（图 3-2-1（a）]，表明纳米级有机质孔隙是页岩主要的储集空间，为游离气储集提供了主要的场所，同时 TOC 与比表面积呈正相关 [（图 3-2-1（b）]，表明有机质为吸附气吸附提供了主要的比表面。由于有机质孔隙是有机质生烃和沥青、原油裂解成气过程中产生的孔隙，因此优质页岩厚度越大、有机质丰度越高，越利于有机质孔隙发育，亦利于形成良好的储层条件，含气量越高 [（图 3-2-1（c）]。此外，TOC 还与石

英呈正相关 [（图 3-2-1（d）]，表明石英主要来源于有机成因，硅质生物既为页岩提供了重要的沉积有机质，又为页岩岩石格架提供了丰富的有机硅。

表 3-2-1　渝东南地区五峰组—龙马溪组沉积相划分及指标对比表

沉积亚相	沉积微相	厚度 /m	铀 / 钍	TOC/%	硅质含量 /%	黏土矿物含量 /%	孔隙度 /%	含气量 /（m³/t）
浅水陆棚		269～272	0.23～0.48	0.6～1.0	28.5～36.5	50.2～62.5	1.8～2.0	1.0～1.3
半深水陆棚		81～85	0.37～0.56	1.1～1.8	33.4～39.2	43.4～52.3	2.5～2.9	1.9～2.3
深水陆棚	中碳高硅高含笔石硅质页岩相	13～14	0.58～0.76	2.3～2.8	40.5～49.8	32.6～39.4	3.0～3.4	3.6～4.4
	高碳高硅富笔石硅质页岩相	8～9	0.65～0.92	3.0～3.6	42.4～52.3	31.5～37.2	3.1～3.5	4.8～5.4
	高碳富硅富笔石硅质页岩相	5～6	1.10～1.31	3.1～3.5	51.2～57.2	28.9～34.5	3.2～3.8	4.3～5.2
	富碳富硅富笔石硅质页岩相	1～1.5	1.28～1.52	4.0～5.5	55.5～68.5	22.7～30.5	3.1～4.7	5.8～7.8
	富碳富硅富笔石放射虫硅质页岩相	3～5	0.75～0.92	4.0～5.2	45.5～56.5	29.8～40.7	3.5～4.5	5.5～7.2

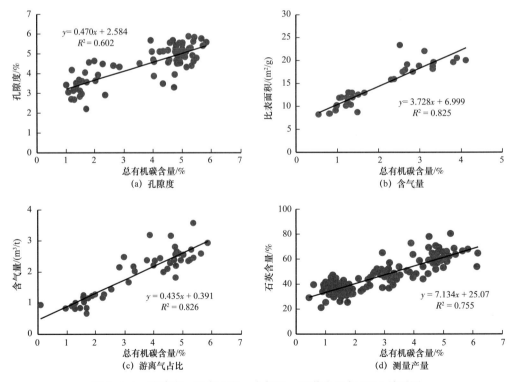

图 3-2-1　孔隙度、比表面积、含气量、石英含量与 TOC 关系图

渝东南构造复杂区处于深水陆棚的东南部，受雪峰古陆的影响，由东向西，深水陆棚亚相持续时间更长，水体更深，形成的富有机质泥页岩厚度增大，生烃能力更强。其中，东部的彭水地区优质页岩厚24～32m，TOC为2.5%～3.5%，R_o（有机质热成熟度）为2.5%～2.6%，石英含量为45%～55%，黏土含量为25%～35%，页岩气资源丰度为（5～7）×10^8m³/km²；中部的武隆地区优质页岩厚32～35m，TOC为4%～5%，R_o为2.6%～2.7%，石英含量为55%～65%，黏土含量为20%～25%，页岩气资源丰度为（7～9）×10^8m³/km²；西部的南川地区优质页岩厚30～35m，TOC为3%～4%，R_o为2.6%～2.7%，石英含量为40%～50%，黏土含量为30%～40%，页岩气资源丰度为（9～12）×10^8m³/km²。

总体上，渝东南构造复杂区五峰组—龙马溪组下部深水陆棚亚相泥页岩生烃强度在（20～30）×10^8m³/km²之间，为页岩气富集提供了充足的气源，同时成岩过程中产生的大量有机质孔隙为页岩气提供了良好的原始储集空间和比表面，利于页岩气储集和吸附，控制了页岩气富集的资源基础。

二、保存条件控富

埋藏史和热史分析表明，渝东南构造复杂区五峰组—龙马溪组于白垩纪不同时期达到最大埋深，干酪根和残留油大量裂解生成干气，原始生气量达到最大，此后构造差异抬升，气藏进入调整破坏阶段。渝东南构造复杂区五峰组—龙马溪组优质页岩普遍具有较好的顶、底板条件，构造改造作用是控制页岩气保存条件优劣的关键因素，构造改造作用越强，将导致游离气大量向剥蚀区、开启性断层和裂缝带等泄压区运移散失，同时由于降压解吸，吸附气转换为游离气并同样发生逸散，致使页岩含气量进一步降低甚至不含气，因此晚期的构造改造作用强弱，控制了保存条件的好坏，影响页岩含气量和游离气占比，决定了页岩气藏的富集程度。

保存条件对页岩气富集的影响，可以用地层压力系数来直观反映。研究区及邻区不同压力系数页岩气井氩离子抛光—扫描电镜观察表明，压力系数越高，作为主要储集空间的有机质孔隙越发育、孔径越大，随着压力系数降低，孔径不断减小，孔隙形态由圆形［图3-2-2（a）］逐步变为椭圆形［图3-2-2（b）］、不规则形［图3-2-2（c）］，最后变形为孔径极小的圆形［图3-2-2（d）］甚至消失，说明超压利于页岩有机孔隙保存。页岩孔隙度、含气量、游离气占比与地层压力系数呈明显的正相关［图3-2-3（a）～图3-2-3（c）］，表明页岩气保存条件越好，压力系数越高，则储层物性越好，先期自生自储的页岩气残留含量和游离气占比越高，越利于获得高产［图3-2-3（d）］。

渝东南构造复杂区经历了多期构造运动强烈改造，受燕山早期北西向挤压隆升和晚期南北向压扭性走滑的影响最为显著，奠定了现今向斜与背斜相间分布的"槽—挡"构造格局，自东向西具有递进变形特征，构造变形程度东强西弱，地层倾角东陡西缓，抬升幅度东高西低，地层剥蚀厚度东大西小（图3-2-4），勘探类型由紧闭向斜过渡为宽缓向斜再到盆缘斜坡和背斜，气藏调整时间东早西晚，页岩气散失时间变短，保存条件逐步变好。根据磷灰石裂变径迹实验、现今构造特征和小型微注压裂测试：东部的桑柘坪

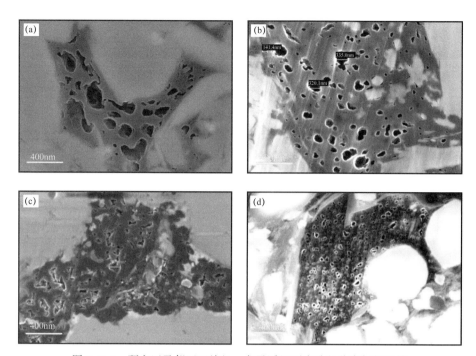

图 3-2-2　研究区及邻区五峰组—龙马溪组页岩孔径分布扫描电镜

（a）A 井，压力系数 1.5，有机孔隙，圆形，孔径 100～800nm；（b）B 井，压力系数 1.3，有机孔隙，圆形—椭圆形，孔径 80～500nm；（c）C 井，压力系数 0.96，有机孔隙，不规则形，孔径 20～100nm；（d）D 井，压力系数 0.92，有机孔隙，圆形，孔径 10～60nm

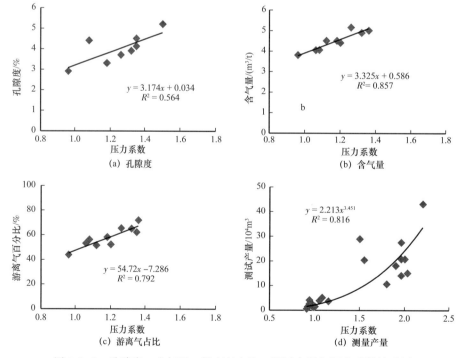

图 3-2-3　孔隙度、含气量、游离气占比、测试产量与压力系数关系图

向斜大约在135Ma开始构造抬升，抬升剥蚀幅度达3500～5000m，相邻背斜抬升剥蚀幅度更是达到6500m以上，五峰组—龙马溪组四周出露地表，页岩气逸散时间长，规模大，保存条件较差，地层压力系数为0.95～1.10，含气量2～4m³/t，页岩气富集程度低；中部的武隆向斜大约在90Ma开始构造抬升，抬升剥蚀幅度为1500～4000m，相邻背斜抬升剥蚀幅度为5000～6000m，五峰组—龙马溪组南北侧出露地表，东西侧分别与湾地向斜、白马向斜相连，页岩气逸散时间较长，规模较大，保存条件一般，地层压力系数为1.0～1.15，含气量4～5m³/t，页岩气富集程度较低；西部的南川地区大约在89Ma开始构造抬升，平桥背斜、东胜背斜等正向构造区抬升剥蚀幅度为2500～3700m，袁家沟向斜、神童坝向斜等负向构造区抬升剥蚀幅度为500～2500m，五峰组—龙马溪组大面积连片分布，仅在南部的斜坡区出露地表，页岩气逸散时间较短，规模较小，保存条件较好，北部的背斜和向斜区地层压力系数为1.30～1.35，含气量5～7m³/t，页岩气富集程度高，南部斜坡区地层压力系数为1.05～1.20，含气量4～6m³/t，页岩气富集程度较高。与研究区相邻的焦石坝构造为典型的高压页岩气区，大约在85Ma开始构造抬升，抬升剥蚀幅度约3500～4000m，五峰组—龙马溪组未出露地表，页岩气逸散时间短，规模小，保存条件好，地层压力系数约为1.55，含气量5～7m³/t，页岩气富集程度高。

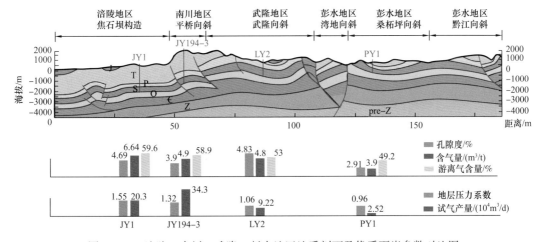

图3-2-4 涪陵—南川—武隆—彭水地区地质剖面及优质页岩参数对比图

综上所述，构造改造作用越弱、气藏抬升调整时间越晚、地层发育越完整、距离开启性断层越远、距离目的层出露区越远、目的层埋深越大，则页岩气保存条件越好，压力系数越大，含气量和游离气占比越高，储层物性越好，页岩气富集程度越高。

三、地应力场控产

渝东南构造复杂区勘探实践揭示不同构造单元、同一构造单元不同部位，单井压裂测试产量差异悬殊，分析认为，在页岩气富集程度相似的条件下，地应力场是决定单井产量高低的关键地质因素。一方面，古地应力场决定天然缝发育程度，在古地应力集中区，页岩挤压破裂形成天然缝网，天然缝越发育，越利于页岩气运移和聚集。另一方面，现今地应力场影响目的层可压性，是决定页岩体积压裂改造效果的关键因素，人工缝与天然缝切割沟通形成网络缝，利于提升单井产能和经济可采储量。

现场压裂实践表明，破裂压力的高低可代表现今地应力的大小，停泵压力的高低可代表压裂改造效果，同时反映出人造缝与天然缝交割沟通程度。现今地应力越大，形成复杂缝网难度增大，在施工参数上表现为破裂压力越大；天然缝越发育，人造缝与天然缝沟通程度越好，则停泵压力越低。破裂压力与无阻流量、单井经济可采储量呈负相关关系［图3-2-5（a）、图3-2-5（b）］，停泵压力与无阻流量、单井经济可采储量呈负相关关系［图3-2-5（c）、图3-2-5（d）］，说明随着地应力增大，页岩的破裂压力、停泵压力增高，压裂改造难度增大，并且单井测试产量、无阻流量和经济可采储量减小，压裂施工效果变差。

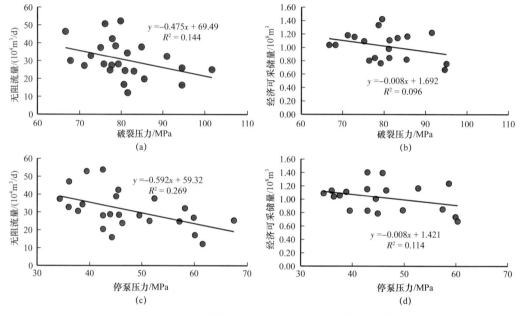

图3-2-5　南川地区压裂施工参数与单井产能关系图

南川区块平桥地区在晚奥陶世—早志留世古地形、水体深度、沉积环境基本一致，页岩厚度、有机地化等参数基本相当，受侏罗纪以来多期构造作用叠加，形成北东走向背斜构造，改造程度基本相当，保存条件较好，地层压力系数为1.3～1.32，该背斜的南部已完钻的30口井，单井测试日产气量（18.4～89.5）×10^4m³，各井产量差异较大，分析认为地应力场是控制同一相带、相同保存条件下单井产量高低的关键因素。背斜轴部地应力集中，裂缝以高角度劈理缝为主，曲率值低（0～20），不利于人造缝横向延伸，压裂试气井表现出体积改造难度大，压裂测试产量相对较低，其破裂压力为70～80MPa，停泵压力为50～60MPa，测试日产气量为（18.4～22.7）×10^4m³，无阻流量和经济可采储量较低。背斜两翼稳定区地应力适中，裂缝以页理缝和层间滑脱缝为主，曲率值中等（0～220），易形成复杂缝网，压裂试气井施工压力较小，改造效果明显变好，其破裂压力为65～75MPa，停泵压力为35～45MPa，测试日产气量为（20.9～48.3）×10^4m³，无阻流量和经济可采储量相对轴部明显增大。背斜翼部断层发育区由于控边逆断层封闭性能好，同时该区地应力释放，伴生形成大量天然缝网，增大了储集空间，改善了储层物性，游离气富集程度高，曲率值中等（0～240），利于压裂形成复杂缝网，压裂试气井施工压力更小，改造效果更好，其破裂压力为 50～65MPa，停泵压力为 30～40MPa，测试日产气量为（25～89.5）×10⁴m³，无阻流量和经济可采储量进一步增大（图 3-2-6）。

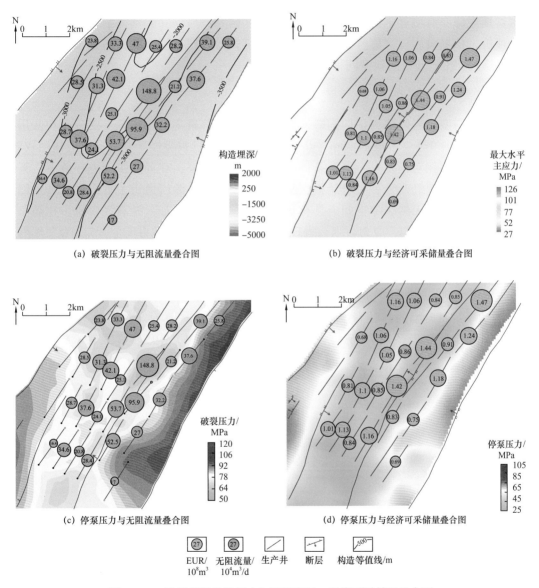

图 3-2-6 平桥背斜破裂压力与无阻流量、经济可采储量叠合图

因此，在保存条件较好的地区，古应力场形成的天然缝沟通页岩基质孔隙，改善页岩储集物性，有利于游离气富集；现今地应力适中的中等曲率带利于压裂施工，同时易形成复杂缝网，提高单井产量和经济可采储量。

第三节　常压页岩气富集模式

研究区先后经历多期构造改造，构造演化与变形程度、地层抬升剥蚀时间与强度、页岩气聚集与逸散等有显著差异。因此，形成的页岩气藏类型丰富多样，不同类型页岩气藏富集规律亦有明显不同。通过对转换带分区研究、典型井解剖，结合压裂实践进行分类评价，依据页岩气聚集、逸散特点和构造样式等，建立了高陡背斜型、单斜型、反向逆断层遮挡型、残留向斜型四种页岩气藏模式。

一、高陡背斜型页岩气藏

高陡背斜型页岩气藏为正向构造，具有短距离运移聚集的特征，主要分布在四川盆地内，埋深一般介于 2500～5000m，盆外背斜目的层多已被剥蚀。背斜型改造作用较弱，内部大规模断裂相对不发育，保存条件较好，压力系数高，在局部张应力环境下，天然微裂缝发育，微裂缝改善了页岩储集空间，提供了良好的渗流通道，页岩气从页岩储层纳米孔中逸出，在天然裂隙空间内具有短距离运移聚集的特征，游离气含量占比高。背斜轴部受纵弯作用影响，应力较强，表现为张性应力场特征，发育向上开口"V"形劈理缝，物性较好，压裂时人造缝纵向延伸范围大，横向延伸范围小，体积改造难度大；背斜翼部发育伴生断裂，地应力得到释放，天然缝发育，压裂时人工缝与天然缝交割沟通，易形成复杂缝网，改造体积大，更易高产。主控因素为断层封闭性、地应力及裂缝特征。

平桥背斜属典型的高陡背斜型页岩气藏（图 3-3-1），具有较好的页岩气富集高产地质条件，地层压力系数为 1.3。钻井表明，背斜轴部的 JY195-5 井发育"V"形劈理

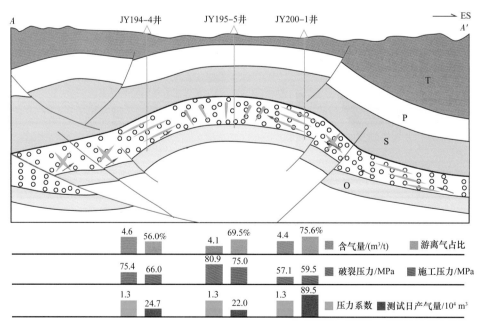

图 3-3-1　高陡背斜型页岩气藏模式图

缝，总含气量和游离气占比较高，压裂产生的横向缝延伸受限，水平井压裂施工中具有射孔压降小（小于10.0MPa）、破裂压力高（平均值为80.9MPa）、施工压力高（平均值为75.0MPa）、停泵压力高（介于50.0～65.0MPa）特征，单井测试日产气量 $22.0 \times 10^4 m^3$；背斜东翼的JY200-1井发育"E"形层间缝，压裂表现为射孔压降大（一般介于10～20MPa）、破裂压力低（平均值为57.1MPa）、施工压力低（平均值为59.5MPa）、停泵压力低（介于26.0～35.0MPa）的特征，表明水力压裂缝延伸范围远，体积改造充分，形成了复杂缝网，单井测试日产气量 $89.5 \times 10^4 m^3$。

二、单斜型页岩气藏

单斜型页岩气藏具有滞留成藏特征，主要分布于盆缘转换带向四川盆地延伸部位，目的层一侧出露地表，另一侧延伸至盆内。页岩水平渗透率是垂直渗透率的几十倍至上百倍，垂直方向具有良好的自封闭性，横向页岩大面积连续分布，有利于气源持续补充，深部位含气量和游离气占比较高，浅部位页岩气逸散加剧，含气量降低。层面滑动发生顺层剪切，发育"E"字形层间缝，利于储集和压裂形成复杂缝网，可获得高产气流。主控因素为离剥蚀区的距离。

东胜南斜坡属典型的单斜型页岩气藏，东胜南斜坡北部通过鞍部与东胜背斜相连，南部向上翘起，目的层出露地表，深部位受储层非均质性等控制，保存相对较好，层面滑动发生顺层剪切，发育层间缝，利于储集和压裂形成复杂网缝，可获得高产气流，SY2井页岩埋深2997m，距离剥蚀边界9.2km，地层压力系数1.2，测试获日产气 $32.8 \times 10^4 m^3$（图3-3-2）；浅部位上覆压力卸载和构造变形产生的构造缝增多，页岩气逸散加剧，产气量降低，SY9-1HF井，页岩埋深2487m，距离剥蚀边界4.1km，地层压力系数1.13，测试获日产气 $10.03 \times 10^4 m^3$。

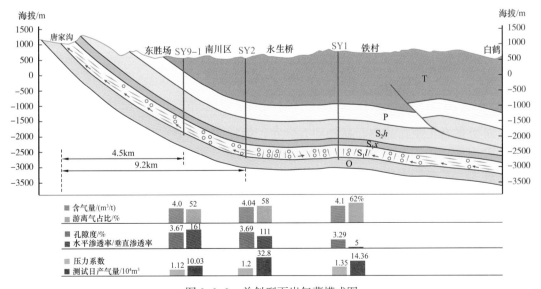

图 3-3-2　单斜型页岩气藏模式图

三、反向逆断层遮挡型页岩气藏

反向逆断层遮挡型页岩气藏具有断层遮挡成藏特征，在盆缘和盆外残留向斜中均有发育，下盘目的层与上盘致密隔层对接，反向逆断层侧向封堵，较大程度上阻止或减缓了主体区页岩气向剥蚀区运移，断裂下盘更利于页岩气滞留，形成良好保存单元；渝东南地区的逆断层断裂下盘经历燕山早期 NW—SE 向挤压和燕山晚期 SN 向走滑作用，形成多期天然缝网交切切割，断层上升盘一般发育共轭张节理，断层下降盘发育"X"形剪节理，易形成天然网状缝，单井产量较高。主控因素为断层封闭性。

平桥南斜坡为典型代表，页岩埋深介于 2000～3400m，受龙凤场断层侧向封堵，页岩气横向运移减弱，滞留成藏。JY10 井位于平桥南斜坡较深部分，页岩埋深 3405m，距离剥蚀边界 8.5km，距离龙凤场断层 6.4km，地层压力系数 1.18，测试日产气 $19.6\times10^4m^3$；JY10-10 井位于平桥南斜坡较浅部分，页岩埋深 2802m，距离剥蚀边界 4.6km，距离龙凤场断层 1.7km，地层压力系数 1.12，测试日产气 $9.01\times10^4m^3$（图 3-3-3）。

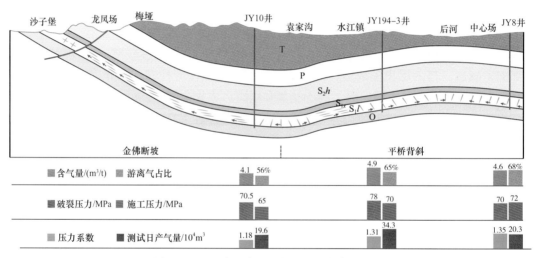

图 3-3-3　反向逆断层遮挡型页岩气藏模式图

四、残留向斜型页岩气藏——中心富集成藏

向斜型页岩气藏在盆内、盆外均有分布，但埋深、物性、保存等地质条件差异大，可分为盆内原地向斜型和盆外残留向斜型两种模式。盆内原地向斜型页岩气藏目的层埋藏深度大，页岩气大部分滞留原地富集，压力系数一般大于1.2；页岩埋深一般超过3500m，地应力集中，储层偏塑性，天然微裂缝发育少；压裂施工压力和停泵压力较高，在目前工艺技术条件下较难形成复杂网缝。盆内广泛分布的深层页岩由于埋深大，面临高温、高地应力、高闭合压力等地质难点，呈现高破裂压力、高施工压力、高停泵压力的"三高特点"，提高深层页岩气压裂工艺技术，实现高产、稳产，是有效动用深层原地型页岩气资源的关键。残留向斜型页岩气藏是渝东南地区页岩气勘探主要类型，分布在盆地外，大多数目的层四周出露地表，页岩气发生较长时期的顺层扩散和渗流，具有向

斜中心富集特点，吸附气比游离气含量高。向斜整体发生过大规模抬升，埋深较盆内浅，由于受挤压应力作用，核部发育向下开口的"A"形天然缝，物性较好，压裂时人造缝横向延伸受限，增大了压裂形成复杂缝网难度；在地层抬升过程中，向斜翼部应力释放，水平缝发育，层理缝开启，页岩气容易逸散；压力系数较低，资源丰度低—中等，单井产量中等。主控因素为地层倾角，距剥蚀边界的距离。

渝东南转换带桑柘坪向斜为典型代表，该向斜由翼部向核部钻探的 3 口井表明，距离出露区越远、埋深越大，单井压力系数越大，测试产量越高，同时压裂施工难度增大，破裂压力和施工压力增高（图 3-3-4）。

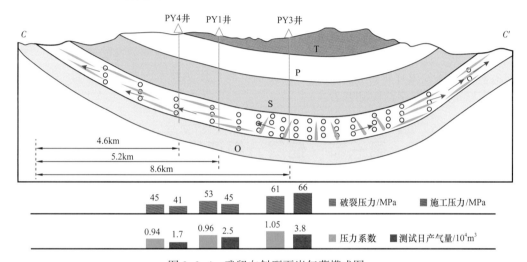

图 3-3-4 残留向斜型页岩气藏模式图

第四章 常压页岩气目标评价技术

页岩气属于典型的自生自储、滞留型气藏，只要富含有机质并达到一定的生烃门限，页岩中就会赋存不同含量的页岩气。然而，北美及我国页岩气成功开发实践揭示，并非所有页岩储层均具有经济开发价值，除满足较厚的页岩厚度、较高的有机质丰度、适中的热演化程度、较好可压裂性外，具备较好的保存条件、地应力适中等也是页岩气富集高产的关键。什么样的页岩储层才能成为有效储层，什么地区更利于常压页岩气富集高产，压力系数、含气量、地应力场等关键参数分布规律如何预测，这就亟须建立一套有效的页岩气储层分级评价标准、目标评价体系、甜点预测技术，来明确页岩气地质甜点特征，指导页岩气有序勘探和开发。

第一节 储层分级评价标准

尽管页岩孔径小（均值多小于 50nm），但孔隙类型多样（包括有机孔、无机孔和微裂缝等），这些孔隙不仅为吸附气和游离气提供了必要的表面积和储集空间，也提供了页岩气渗流的必要通道，使得基质中甲烷气体能够渗流到人工裂缝中被有效采出。页岩孔隙结构（大小、比表面、孔体积、连通性等）的差异是形成不同品质页岩气储层的根本原因，也是指导储层类型划分的最直接指标。本节从页岩孔隙结构入手，划分孔隙类型，分析不同类型孔隙对页岩含气量、渗流能力的差异贡献，进而建立页岩气储层的分级评价标准。

一、页岩孔隙划分标准

1. 页岩孔隙划分

对于页岩孔隙划分，目前普遍采用国际纯粹与应用化学联合会（IUPAC）建立的分类标准（Rouquerol, J., 等，1994），即将孔隙划分为微孔（<2nm）、介孔（2～50nm）和宏孔（>50nm），但该标准针对化学材料制定的，能否适用于页岩储层尚值得商榷；卢双舫等（2018）通过研究发现 IUPAC 分类并不适用于页岩油储层，借助于压汞曲线拐点和分形理论，将页岩油孔隙划分为微孔（<25nm）、小孔（25～100nm）、中孔（100～1000nm）和大孔（>1000nm）；但该方法并不完全适用于更为致密的页岩气储层，因为研究发现页岩气样品的压汞曲线拐点基本重合。分形是研究孔隙自相似性的重要手段，不同类型孔隙的自相似性存在差异，可指导页岩气孔隙划分。本节利用低温氮气吸附和压汞实验结果分别进行分形研究，以指导孔隙划分，其中低温氮气吸附结果分形利用 FHH 模型［式（4-1-1）］（AHMAD A.L., 等，2006），而压汞法分形则采用 Friesen 等建立的进汞体积与压力的双对数方程［式（4-1-2）］（FRIESEN W.I., 等，1987）。

$$\ln\left(\frac{V}{V_{o}}\right) = C + \left(D_{n} - 3\right)\ln\left[\ln\left(\frac{p_{o}}{p}\right)\right] \qquad （4\text{-}1\text{-}1）$$

式中　　V——单层吸附体积，m/t；

　　　　V_{o}——平衡压力吸附体积，m/t；

　　　　C——常数；

　　　　D_{n}——基于氮气吸附的分形维数；

　　　　p_{o}——气体饱和蒸汽压，MPa；

　　　　p——气体平衡压力，MPa。

$$\lg\left(1 - S_{Hg}\right) \propto \left(D_{m} - 3\right)\lg p_{c} \qquad （4\text{-}1\text{-}2）$$

式中　　S_{Hg}——在压力 p_{c} 下的累计进汞饱和度；

　　　　p_{c}——进汞压力，MPa；

　　　　D_{m}——基于高压压汞的分形维数。

　　分形结果显示，低温氮气吸附和压汞数据均呈现三段分形特征（图4-1-1），各段拟合精度均在97%以上。低温氮气吸附实验的分形拐点位于相对压力（p/p_{o}）为0.54和0.92，对应孔隙半径为4.6nm和25.6nm，压汞数据的拐点位于进汞压力（p_{c}）为13.77MPa和62.02MPa，对应孔喉半径为106nm和23.7nm；综合认为，5nm、25nm和100nm作为分界点，将页岩气孔隙划分为微孔（<5nm）、小孔（5~25nm）、中孔（25~100nm）和大孔（>100nm）。

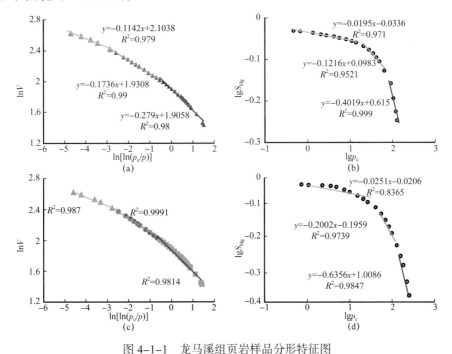

图4-1-1　龙马溪组页岩样品分形特征图

（a）、（b）为低温氮气吸附和压汞数据分形（LY1井，2811.6m）；（c）、（d）为低温氮气吸附和压汞数据分形
（LY1井，2828.68m）

为了分析上述孔隙区间划分的合理性，从不同区间孔隙发育的类型、对储集和渗流能力的贡献特征等方面进行分析和阐述。

2. 不同区间孔隙发育特征

联合低温氮气吸附、高压压汞和核磁共振 T2 谱测试结果，表征不同区间孔隙含量，进而研究孔体积与页岩组分之间的关系，分析不同区间孔隙的主要类型及发育特征。分析样品来自 PY1 井、LY1 井和 JY194-3 井，共计 13 块页岩气样品。通过分析发现如下规律：

微孔（<5nm）和小孔（5~25nm）含量均与 TOC 呈明显正相关（图 4-1-2），高 TOC（>3%）数据点的趋势线明显过原点 [图 4-1-2（a）]，揭示有机孔的主导地位，随 TOC 增大、有机孔越多且占比越大，微孔和小孔含量越多；同时，低 TOC 数据点位于过原点线段上方 [图 4-1-2（a）]，意味着微孔和小孔还受其他类型孔隙影响。孔隙含量与 TOC 之比在一定程度上可消除 TOC 的影响，当黏土含量 >30% 时，该比值随黏土含量增多而快速增大 [图 4-1-2（c）]，表明黏土有关孔也是微孔和小孔的重要组成部分。低温氮气吸附分形维数 DN1（对应微孔区间）的变化范围为 2.6~2.67，随 TOC 增大先变大然后再减小 [图 4-1-3（a）]，说明高 TOC 时，微孔以有机孔为主，孔隙自相似性好，而随着 TOC 降低，黏土有关孔和有机孔共同决定微孔含量，导致自相似性变弱。分形维数 DN2（对应小孔区间）的变化趋势与 DN1 基本相似 [图 4-1-2（b）]。

与小孔相比，中孔（25~100nm）含量与 TOC 间正相关性变弱 [图 4-1-2（b）]，分形维数 DN3（对应中孔区间）随 TOC 增加而逐渐增大 [图 4-1-2（c）]，表明尽管有机孔对中孔起贡献，但其主导地位降低；当黏土含量 >30% 时，中孔含量与 TOC 之比和黏

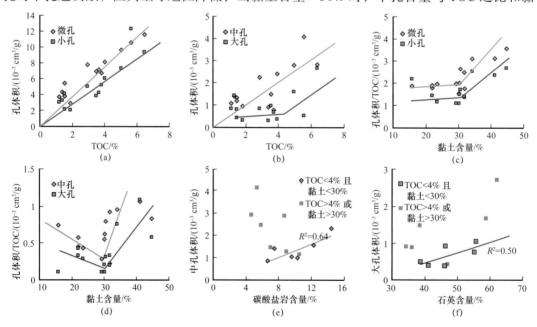

图 4-1-2 不同区间孔隙含量与页岩物质组成关系分析图

（a）TOC 与微孔和小孔含量间关系；（b）TOC 与中孔和大孔含量间关系；（c）黏土含量与微孔和小孔含量 /TOC 间关系；（d）黏土含量与中孔和大孔含量 /TOC 间关系；（e）碳酸盐岩含量与中孔含量间关系；（f）石英含量与大孔含量间关系

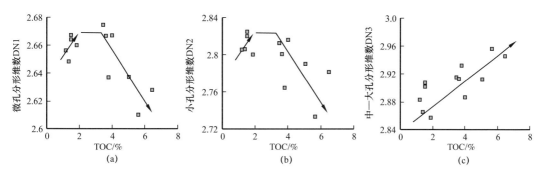

图 4-1-3　低温氮气分形维数与 TOC 间关系图

土含量间呈较弱正相关性［图 4-1-2（d）］，说明除黏土有关孔贡献外，还受其他类型孔隙影响。消除有机孔和黏土有关孔的影响（选取 TOC<4%，且黏土含量<30% 数据点），发现碳酸盐岩含量与中孔呈较明显正相关［图 4-1-2（e）］，说明粒内溶蚀孔也对中孔起贡献。大孔与 TOC 间相关性最弱［图 4-1-2（b）］，仅 TOC>4% 时，呈现一定正相关，说明有机孔对大孔贡献有限，黏土含量和大孔 /TOC 的关系与中孔类似［图 4-1-2（d）］，且石英含量与大孔呈一定正相关［图 4-1-2（f）］，表明黏土有关孔和粒间孔是大孔的主要组成部分。

综上可知，页岩气储层微孔和小孔主要由有机孔和黏土孔构成，中孔由有机孔、黏土层间缝和粒内溶蚀孔共同贡献，而大孔主要由粒间孔和黏土层间缝构成；随 TOC 增大，有机孔在微孔、小孔、中孔中的主导地位逐渐变明显。

3. 对页岩气储集和渗流的贡献

页岩气的赋存形式包括吸附态和游离态，其中吸附气主要分布在吸附质的表面，其含量与介质的比表面积和吸附能力等有关（Ross D.J.，等，2008）。研究发现，微孔（<5nm）与 BET 比表面积的关系最好（相关系数达 0.98），且截距为 $1.8m^2/g$，远小于样品的比表面积均值（图 4-1-4），表明大部分比表面积由微孔贡献，且微孔由有机孔和黏土孔组成，有机质和黏土矿物对甲烷吸附能力较强，所以微孔为吸附气提供了主要的赋存空间；另外，小孔（5～25nm）与比表面积关系中等，但明显好于中孔、大孔，说明小孔也为吸附气提供部分场所。但对于游离气而言，微孔的贡献有限，小孔（5～25nm）的孔体积含量最高，提供主要的储集空间，尽管中—大孔的含量较少（图 4-1-4），但也是游离气储集的重要场所。

基质渗流能力是决定页岩气井产出效率的关键因素，但目前不同类型孔隙对渗流能力的贡献尚不明确。汞为非润湿相流体，退汞相当于润湿相驱替非润湿相，汞从小孔进入较大孔，能反映流体退出时所经历的孔隙网络和路径，为研究页岩样品的渗流通道提供了思路。将进汞和退汞曲线进行标准化（除以最大进汞饱和度），计算相邻压力点之间的进汞或退汞增量，从小孔到大孔逐级累加，得到累计进汞增量和累计退汞增量两条曲线，进而揭示孔隙的连通性（图 4-1-5）。研究发现，在小孔范围内，累计进汞增量达到 62%，而累计退汞增量仅为 25%，意味着小孔中的汞大量滞留；而在中孔范围内，累计进汞增量达到79%，变化幅度为17%，累计退汞增量快速增大为59%，变化幅度为34%，大于进汞变化幅度，这说明小孔范围内的滞留汞在该阶段被排出，指示中孔和小孔相互沟通形成了相对连续的渗流路径。在大孔范围内，进汞变化幅度与退汞变化幅度差异较小，对小孔中流体的流动影响不大。由此可见，中孔和小孔相互沟通形成渗流路径，控制着页岩气的渗流。

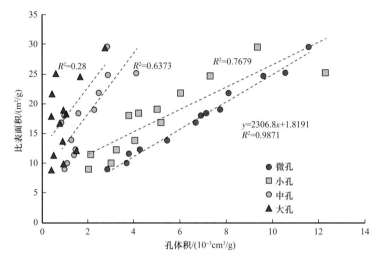

图4-1-4　比表面积和不同区间孔隙含量的关系

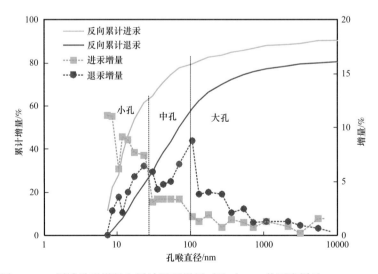

图4-1-5　累计进汞增量和累计退汞增量对比（PY1井页岩样品，2156.9m）

二、储层分级评价

储层分级是页岩油气储层评价的核心内容，目的是建立储层分类评价指标体系，将页岩储层划分为不同类型，各类储层在微观孔隙结构、宏观物性、含气性（赋存状态）、脆性等方面均具有较大差异。目前，储层分级通常包括三类方法：理论分析法、孔喉结构分类和含油气性—产能分析法，其中理论分析法是结合水膜厚度、成藏动力学理论来确定致密（页岩）储层的成储下限和浮力成藏上限（卢双舫等，2018），但对于自生自储、普遍含气的页岩气储层意义有限；孔喉结构分类是在孔喉分区的基础上，根据不同区间孔喉相对含量，结合聚类等数值分析手段实现储层类型划分，该方法能很好地解决孔喉大小分布差异明显、"中大孔越多、储层类型越好"类型的页岩储层（王璟明等，2019），但对于五峰组—龙马溪组这类孔隙大小分布范围相近、"宏观物性与微小孔相关性好"这类储层的适用性较差；含油气性—产能分析法是根据含油气性（或产能）与微观孔喉结构间"拐点"分布（不同类型储层的含油性或产能具有突变性，而非连续变化），实现页岩储层分级评价（卢双舫等，2018）。本节主要利用含气量与孔隙分布间关系，建立龙马溪组页岩气储层分级评价指标，实现页岩气储层分类评价。

1. 页岩气储层分类评价标准

为探讨不同区间孔隙与含气量间的关系，利用测井资料分别计算得到取样点对应的吸附气量、游离气量和总含气量，其中吸附气量是基于 Langmuir 理论计算，考虑温度和含水的影响，游离气量根据 PVT 状态方程求取，其中含水饱和度、孔隙度、TOC 等参数均从测井曲线计算得到，总含气量计算值与恢复后的现场解析气量基本一致。从微孔（<5nm）、小孔（5~25nm）和中—大孔（>25nm）孔体积与含气量间关系（图 4-1-6）可知，中—大孔与吸附气和游离气量关系较弱 [图 4-1-6（c）]，而微孔和小孔与含气量

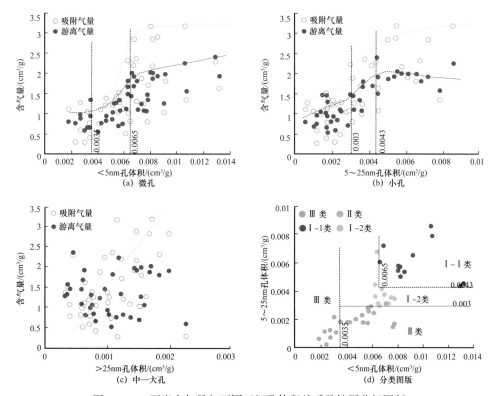

图 4-1-6　页岩含气量与不同区间孔体积关系及储层分级图版

呈明显正相关,其中微孔与吸附气量正相关性最好,小孔与游离气相关性最好。整体上,随微孔和小孔体积增多,游离气和吸附气外包络线均呈现明显拐点变化,一定意义上可指示储层类型的改变,指示页岩气储层类型划分。

具体体现为:

1)微孔与吸附气、游离气量间呈明显三分性关系

当微孔含量较低(<0.0035cm³/g)时,吸附气量和游离气量均较少,且随微孔增多、含气量并没有明显增加,此时游离气量和吸附气量基本相当;当微孔体积中等(0.0035~0.0065cm³/g)时,吸附气量和游离气量均快速增加,游离气量稍大于吸附气量;当微孔含量增大至0.0065cm³/g后,游离气量明显高于吸附气量,且随微孔增加,吸附气量增加趋势变缓,而游离气量外包络线基本保持稳定。由前面分析可知,微孔主要由有机孔和黏土晶间孔组成,它贡献了大部分的比表面,而甲烷主要吸附在孔隙表面上,因此吸附气量主要由微孔体积、吸附质类型(有机质或黏土)、含水量等因素影响。当微孔含量较低时,黏土晶间微孔占比多,而有机孔含量低,同时含水量高,导致页岩吸附能力偏弱,吸附气量多小于1m³/t,且随微孔含量增多,含气量变化不明显;随微孔含量增大,有机微孔占比增多,含水量减小,页岩吸附能力增强,吸附气量快速增加;而当微孔含量较高时,有机微孔占主导,页岩吸附能力增加速率变缓(TOC越高,温度升高时页岩吸附能力降低幅度越大),导致吸附气量随微孔含量增大的幅度变缓,同时微孔中除表面吸附气外,也会储集大量游离气,导致游离气量明显高于吸附气量。因此,根据微孔与吸附气、游离气关系的三分性,可反映含气量及赋存状态的差异,微孔含量越多,含气量越高,含气量随微孔含量的变化受孔隙类型、含水量等因素的影响。

2)小孔与吸附气、游离气含量间关系也呈三分性关系

当小孔含量小于0.003cm³/g时,游离气量稍大于吸附气量,两者均小于1.5m³/t,且随小孔增多,含气量呈现微弱增加;当小孔含量在0.003~0.0043cm³/g时,游离气量、吸附气量均快速增加,且游离气增加速度更快,随小孔增多,游离气含量明显高于吸附气;当小孔含量增大至0.0043cm³/g后,随小孔含量增多,游离气量呈微弱增加,而吸附气量基本保持稳定或下降,游离—吸附气量的差距进一步增大。由此可见,随小孔增多,吸附气和游离气呈不同规律变化,吸附气呈现增加再稳定或缓慢降低趋势,而游离气呈现快速增加再到缓慢增加,整体上游离气增加量高于吸附气量。这因为小孔虽然也能贡献一定比表面积,但对吸附气的贡献有限,它主要储集大量游离气。因此,随小孔含量增多,游离气量增加速率快于吸附气,当小孔含量低于0.003cm³/g时,随小孔增多,微孔含量也快速增加,导致吸附气量和游离气量均增加,但两者差值并没有明显变大。因此,利用小孔与吸附气、游离气含量间三分性,可厘定出游离气量和吸附气量的相对高低,随小孔含量增多,游离气增量更大,更利于页岩气开发。

根据微孔、小孔与含气量间"拐点"关系,结合实际样品数据点分布,在微孔—小孔关系图中,将页岩气储层划分为四类[图4-1-6(d)],Ⅰ-1类、Ⅰ-2类、Ⅱ类和Ⅲ类。具体区间为:Ⅰ-1类对应微孔>0.0065cm³/g且小孔>0.0043cm³/g,而Ⅰ-2类对应微孔>0.0035cm³/g且小孔大于0.003cm³/g;其余部分属于Ⅱ类和Ⅲ类,其中Ⅱ类微孔>

0.0035cm³/g，Ⅲ类微孔＜0.0035cm³/g。将不同类型页岩储层数据点投在孔隙度－TOC交会图中（图4-1-7），可确定孔隙度和TOC的相应界线值：Ⅰ-1类对应孔隙度＞4%、TOC值＞4.8%，Ⅰ-2类对应孔隙度＞3%、TOC值＞3%，Ⅱ类对应孔隙度＞2%、TOC值＞1.3%，剩余部分对应Ⅲ类储层。具体分级见表4-1-1。

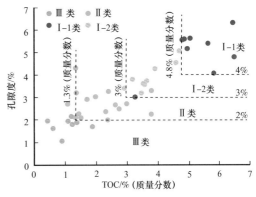

图4-1-7　页岩气储层分级的孔隙度和TOC界线

不同类型储层具有如下特征：

（1）Ⅰ-1类和Ⅰ-2类储层，TOC值大于3%，孔隙度大于3%，具有高TOC、高孔隙度特征；孔隙类型以有机孔为主，有机孔占比大于60%，发育有机孔互连、有机孔—微裂缝连通组合关系，对应较低的孔喉比和较好的连通性。该类储层主要对应硅质页岩，为最有利的储层类型。

表4-1-1　页岩气储层分类评价标准

储层分类	TOC/ %（质量分数）	孔隙度/ %	微孔含量/ cm³/g	小孔含量/ cm³/g	连通孔隙组合类型
Ⅰ-1类	＞4.8	＞4	＞0.0065	＞0.0043	有机孔相互连通、有机孔—微裂缝
Ⅰ-2类	＞3	＞3	＞0.0035	＞0.003	有机孔相互连通、有机孔—微裂缝
Ⅱ类	1.3～3	＞2	＞0.0035	＜0.003	有机孔—黏土孔相互连通、有机孔相互连通
Ⅲ类	＜1.3	＜2	＜0.0035	＜0.003	无机孔—微裂缝连通、无机孔—有机孔沟通

（2）Ⅱ类储层，TOC值介于1.3%～3%，孔隙度大于2%，具有中TOC和中—高孔隙度特征；孔隙类型复杂多样，有机孔占比通常大于45%，还发育黏土有关孔、晶间孔等无机孔隙，连通组合类型以有机孔—黏土孔互连为主，有机孔相互连通、无机孔—微裂缝连通局部发育，对应较差连通性。该类储层主要对应混合质页岩和粉砂质页岩，部分黏土质页岩，为较有利的储层类型。

（3）Ⅲ类储层，TOC值小于1.3%，孔隙度小于2%，具有低TOC和低孔隙度特征；孔隙类型以黏土有关孔、晶间孔为主，有机孔占比低于45%，孔隙组合类型以无机孔—微裂缝为主，对应较差连通性。该类储层主要对应粉砂质页岩和黏土质页岩，局部混合质页岩，为不利的储层类型。

2. 不同类型储层空间分布

根据上述建立的页岩储层分类标准，结合TOC、孔隙度测井评价结果，能够实现不同类型页岩储层垂向及平面分布刻画。图4-1-8展示了PY1、LY1、JY10三口井的识别结果，Ⅰ类储层（Ⅰ-1类和Ⅰ-2类）主要发育在龙马溪组下部的1～4号层内，各井厚

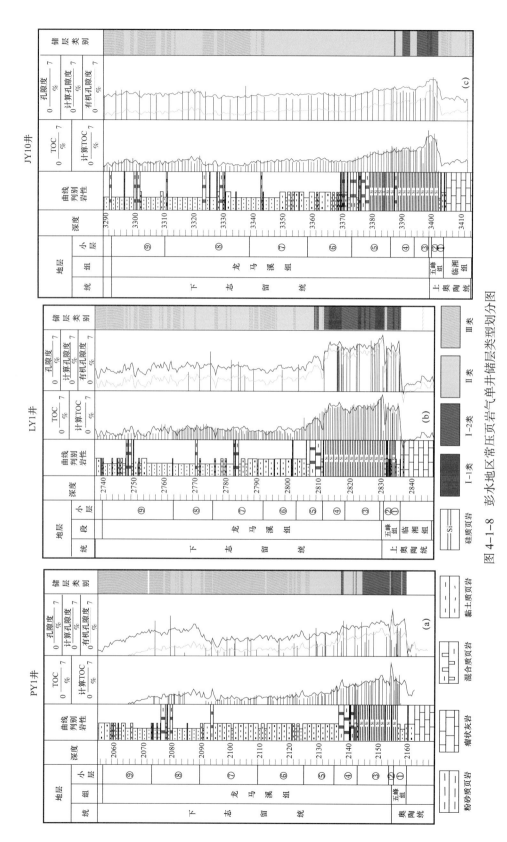

图4-1-8 彭水地区常压页岩气单井储层类型划分图

度差异较大，LY1 井 I 类储层厚度可达 25.37m，其次为 PY1 井，JY10 井 I 类储层厚度最薄，集中在 1～3 号层内；II 类储层主要集中在龙马溪组 4～5 号层和 7～8 号层内，岩性主要对应混合质页岩、黏土质页岩和硅质页岩，JY10 井 II 类储层最发育，其次为 LY1 井，PY1 井 II 类储层厚度较小。

第二节　常压页岩气目标评价体系与标准

页岩气藏属于人工改造气藏，需要在页岩气"甜点"层段实施水平井钻探及压裂技术，才能获得工业产能，因此"甜点"优选是页岩气评价的目标。页岩气"甜点"除需要考虑页岩气储集条件、含气性和可改造性外，对于常压页岩气藏来讲，还需要重点考虑页岩气藏的保存条件，因为保存条件决定了常压页岩气的富集程度。

一、保存条件定量评价方法与指标

根据页岩气保存条件主控因素分析，选取构造作用、盖层及自身封闭性等两大类 13 项参数，建立有利保存单元评价标准：开始隆升时间<100Ma，距开启性断层>2000m、剥蚀边界>4km，埋深>2000m，直接盖层和区域盖层发育，压力系数>1.1（表 4-2-1）。

一类保存单元评价标准：地层压力系数>1.1；构造样式以背斜为主，页岩分布面积>100km²，晚期主体隆升时间<100Ma，断层较少，规模小，无开启性断层，目的层未出露地表，距剥蚀边界距离>4km，页岩埋深>2000m；顶板岩性致密，厚度>100m，封闭性好，区域盖层地层齐全，发育三叠系嘉陵江组或之上地层，底板岩性致密，厚度>20m，封闭性好，目的层厚度>200m，自身封闭性好。

二类保存单元评价标准：地层压力系数 0.9～1.1；构造样式以斜坡、宽缓向斜为主，页岩分布面积 50～100km²，晚期主体隆升时间 100～140Ma，断层较发育，规模小，距开启性断层>1000m，目的层一面或两面出露地表，距剥蚀边界距离 2.0～4.0km，页岩埋深 1500～2000m；顶板岩性较致密，厚度介于 50～100m，封闭性能较好，区域盖层地层较齐全，残留三叠系飞仙关组—二叠系梁山组地层，底板岩性较致密，厚度介于 10～20m，封闭性能较好，目的层厚度介于 100～200m，自身封闭性较好。

三类保存单元评价标准：地层压力系数<0.9；构造样式以紧闭向斜为主，页岩分布面积<50km²，晚期主体隆升时间>140Ma，断层发育，规模大，距开启性断层<1000m，目的层四周出露地表，距剥蚀边界距离<2km，页岩埋深<1500m；顶板岩性较致密，厚度<50m，封闭性能较差，区域盖层地层剥蚀严重，出露志留系地层，底板岩性较致密，厚度<10m，封闭性能较差，目的层厚度<100m，自身封闭性能较差。

二、"甜点"目标定量评价体系及标准

围绕页岩气富集和高产三大主控因素（沉积相、保存条件、地应力场），以突出保存条件下的地层压力系数，有机孔隙发育程度和构造应力场背景下的地应力大小、方

位、裂缝发育程度评价为重点，地质"甜点"与工程"甜点"评价相结合，以提高单井产量和效益为目的，优选 12 项关键指标，建立了定量化"甜点"目标评价体系及标准（表 4-2-2）。一类区标准：优质页岩厚度＞30m，Ⅰ类、Ⅱ类储层占比＞60%，Ⅰ类保存单元，地应力＜80MPa，曲率中等。

表 4-2-1　渝东南地区保存条件评价标准

评价参数		权重	分值		
			一类（0.75, 1]	二类（0.5, 0.75]	三类（0, 0.5]
地层压力系数			＞1.1	0.9～1.1	＜0.9
构造作用	构造样式	0.05	背斜	斜坡、宽缓向斜	紧闭向斜
	页岩分布面积 /km²	0.05	＞100	50～100	＜50
	晚期主体隆升时间 / Ma	0.1	＜100	100～140	＞140
	断层发育程度	0.05	断层较少，规模小	断层较发育，规模小	断层发育，规模大
	开启性断层发育情况	0.1	无开启性断层	距开启性断层 ＞1000m	距开启性断层 ＜1000m
	目的层出露地表程度	0.15	目的层未出露	一面或两面出露	四周出露
	距剥蚀边界距离 /km	0.15	＞4	2.0～4.0	＜2
	页岩埋深	0.2	单斜或残留向斜＞ 2000m； 完整背斜、向斜＞ 1000m	单斜或残留向斜 1500～2000m； 完整背斜、向斜 500～1000m	单斜或残留向斜 ＜1500m； 完整背斜、向斜 ＜500m
盖层及自身封闭性	顶板封闭性	0.03	岩性致密，厚度＞ 100m，封闭性好	岩性较致密，厚度介于 50～100m，封闭性能 较好	岩性较致密，厚度 ＜50m，封闭性能较差
	区域盖层发育情况	0.05	地层齐全，发育三叠系 嘉陵江组或之上地层	地层较齐全，残留三叠 系飞仙关组—二叠系梁 山组地层	地层剥蚀严重，出露志 留系地层
	底板封闭性	0.02	岩性致密，厚度＞ 20m，封闭性好	岩性较致密，厚度介 于 10～20m，封闭性能 较好	岩性较致密，厚度 ＜10m，封闭性能较差
	自身封闭性	0.05	目的层厚度＞200m， 自身封闭性好	目的层厚度介于 100～200m，自身封闭 性较好	目的层厚度＜100m， 自身封闭性较差

表4-2-2 页岩气"甜度"评价标准表

甜点		评价参数	一类（1.0）	二类（0.75）	三类（0.5）
地质甜点（0.7）	物质基础（0.4）	优质页岩厚度/m（0.15）	>30	20~30	<20
		优质页岩分布面积/km²（0.05）	>100	50~100	<50
		储层分级评价（0.15）	好储层	中储层	差储层
		资源丰度/（$10^8m^3/km^2$）（0.05）	>8	4~8	<4
	保存条件（0.3）	保存条件分级评价（0.3）	一类保存单元	二类保存单元	三类保存单元
工程甜点（0.3）	构造应力场（0.3）	地应力/MPa（0.06）	<80	80~95	>95
		应力差异系数（0.04）	<0.2	0.2~0.3	>0.3
		埋深/m（0.04）	2000~3800	1000~2000或3800~4500	<1000或>4500
		层理缝（0.04）	发育	较发育	不发育
		微裂缝（0.02）	发育	较发育	不发育
		硅质含量/%（0.05）	>50	30~50	<30
		曲率（0.05）	中等	大	小

第一步，评价页岩气资源基础。重点落实优质页岩时空展布、分布面积等关键参数，其中优质页岩厚度、优质页岩分布面积、储层分级评价等级、资源丰度是评价页岩气资源基础的关键指标。

第二步，评价页岩气资源富集程度。深化以构造演化改造作用为主线的保存条件研究，重点分析页岩气聚散机理及富集条件，明确研究区页岩气资源富集程度。保存条件分级评价结果是评价页岩气富集程度的关键指标。

第三步，评价控制页岩气高产的构造应力场环境。重点研究应力场大小、方位及压裂形成复杂缝网的机理和条件，为制定在目前工程工艺技术条件下的压裂方案提供依据。地应力、应力差异系数、埋深、层理缝、微裂缝、硅质含量、曲率是评价页岩气高产因素的关键指标。

第三节　常压页岩气"甜点"预测技术

针对常压页岩气地质特征，在"沉积相控烃、保存条件控富、地应力场控产"的地质理论指导下，紧密结合渝东南地区勘探开发生产，充分利用测井、地震、岩心分析化验等资料，开展系统的岩石物理特征研究，建立了页岩储层岩石物理模型，明确了有利储层的敏感弹性参数，在精细构造评价的基础上开展叠后、叠前反演研究，设计渝东南地区页岩储层预测技术思路与流程（图4-3-1），并形成了以地应力场预测为核心的地球物理预测技术，进行有利区优选，指导页岩气水平井的部署和压裂。

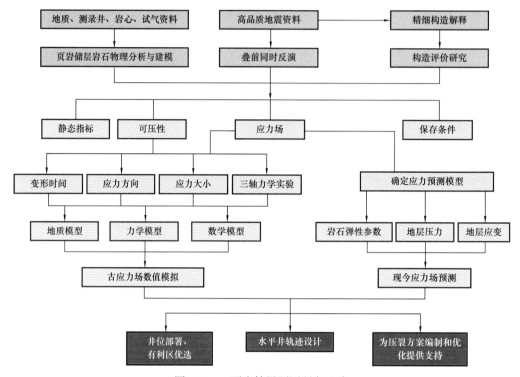

图 4-3-1 页岩储层预测研究思路

页岩"甜点"预测的主要研究内容如下：

（1）页岩储层静态评价指标：在反映物质基础的静态评价指标方面，主要通过属性优选、地震叠前反演预测优质页岩厚度、总有机碳含量等指标；在反映页岩气富集程度的保存条件评价方面，利用神经网络、多属性融合、改进经验公式等方法预测孔隙度、含气量、地层压力系数等三个参数；在影响页岩可压性因素预测方面，采用叠前地震反演技术、叠后地震属性对脆性指数和天然裂缝的分布情况进行了预测。

（2）古构造应力场预测：采用有限元应力场数值模拟技术，通过恢复关键时期古构造建立地质模型、力学模型，采用边界条件优化反演技术确定载荷、位移边界条件，得到特定地质历史时期构造应力场的分布。

（3）现今应力场预测：优选组合弹簧模型应力计算方法，通过地震资料求取弹性参数、高精度速度场求取地层压力、深度域构造数据求取应变张量，实现现今地应力场大小和方向的预测。

一、页岩储层静态指标预测

1. 基于"岩心刻度测井"的页岩储层静态指标预测

页岩气"甜点"中的地质"甜点"是指页岩目标层有利含气富集的面积和厚度，其静态评价内容的核心指标包括优质页岩厚度和总有机碳含量，反映了页岩储层的资源规模大小。

基于岩心刻度测井资料，对目的层进行岩石物理分析，充分挖掘常规和特殊测井资料信息，找到能够识别和区分不同岩性的岩石物理参数，并建立准确的储层参数回归统计关系，较好地预测了页岩储层静态评价参数。研究中，采用叠前同时反演进行优质岩相识别，再进一步结合测井建立 TOC 解释模型，实现储层厚度和 TOC 的量化表征。

1）优质页岩厚度预测

通过岩石物理分析发现，纵横波速度比能有效识别储层优质页岩段，当纵横波速度比小于 1.65 时，能有效识别优质页岩段，采用叠前同时反演获得纵横波速度属性比来预测优质页岩厚度。

叠前反演的理论基础是 Zoeppritz 方程，Fatti 等将 Aki–Richards 方程重新整理得到式（4–3–1）：

$$R(\theta) = \left(1 + \tan^2\theta\right)\frac{\Delta I_\mathrm{P}}{2I_\mathrm{P}} + \left(-8K\sin^2\theta\right)\frac{\Delta I_\mathrm{S}}{2I_\mathrm{S}} + \left(4K\sin^2\theta - \tan^2\theta\right)\frac{\Delta\rho}{2\rho} \qquad （4-3-1）$$

式中　θ——入射角，（°）；

　　　I_P——纵波阻抗，$\mathrm{g \cdot cm^{-3} \cdot m \cdot s^{-1}}$；

　　　I_S——横波阻抗，$\mathrm{g \cdot cm^{-3} \cdot m \cdot s^{-1}}$；

　　　ρ——密度，$\mathrm{g/cm^3}$。

在已知入射角 θ 的情况下，将反射系数表达为纵波阻抗（I_P）、横波阻抗（I_S）和密度（ρ）的函数。在实际预测过程中，叠前同时反演包括层位标定、子波提取、低频模型建立、反演四个步骤。首先对工区内导眼井储层段进行精细标定，然后对角道集数据分析确定五峰组—龙马溪组最大入射角度和最小入射角度，分为近、中、远三个角道集叠加数据，再根据解释层位进行井震标定提取每个子数据体的反演子波，利用钻井资料建立的模型来补充反演结果中缺失的低频信息，最后在道集质量控制、反演子波、井和低频模型约束下，通过反演得到纵波阻抗、横波阻抗和密度数据体及纵横波速度比。

提取纵横波速度比低于 1.65 的时间厚度，利用页岩层的平均速度 4600m/s，将页岩储层的时间厚度与平均速度相乘转化为优质页岩厚度。JY194–3 井预测优质页岩厚度36.4m（实钻 36.5m），相对误差 0.27%。

图 4–3–2 为预测得到的五峰组—龙马溪组优质页岩厚度分布图。从图中可以看出，南川地区优质页岩整体发育，厚度分布在 31～37m 之间，在平桥构造带及东胜构造带局部较厚，其他区域厚度相当。纵横波速度比属性预测优质页岩厚度变化趋势精细，可以刻画优质页岩发育的横向展布特征。

2）TOC 预测

总有机碳含量（TOC）是评价有机质丰度和计算地层含气量的关键参数，高 TOC 页岩自身具备较强的吸附能力，有效保障了吸附气的丰度。在建立渝东南地区页岩储层岩石物理模型以后，采取交会分析求取 TOC 敏感参数，利用岩心实测或测井曲线估算的TOC 与弹性参数拟合，由拟合关系将地震反演属性转换成 TOC 含量的空间分布。

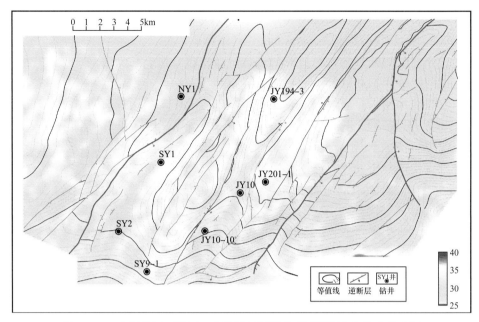

图 4-3-2　南川地区五峰组—龙马溪组预测优质页岩厚度与构造叠合图

选取密度与 TOC 绘制交会分析图（图 4-3-3），从图中可以看出，密度与 TOC 具有明显的相关性。总体上，高有机碳含量对应低密度。通过回归密度与 TOC 关系公式［式（4-3-2）］为：

$$TOC = -17.358 \cdot DEN + 47.488 \qquad (4\text{-}3\text{-}2)$$

式中　DEN——密度，g/cm^3。

两者相关系数为 0.955，获得相关关系后，利用叠前反演获得密度属性，从而对 TOC 进行预测。

从预测结果看，JY194-3 井优质页岩段预测 TOC 为 2.80%（测井解释为 2.81%），相

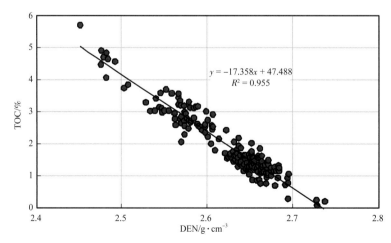

图 4-3-3　密度与 TOC 交会分析图

对误差为 0.46%；图 4-3-4 为反演的五峰组—龙马溪组优质页岩段预测 TOC 与构造叠合图。从图中可看出，TOC 分布在 2.0%～3.1% 之间，东胜构造带及平桥构造带略高，东部略低。

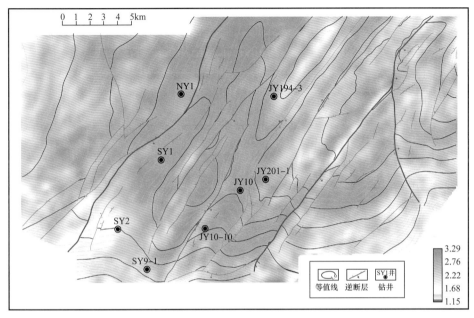

图 4-3-4　南川地区五峰组—龙马溪组优质页岩段预测 TOC 与构造叠合图

2. 基于叠前反演的页岩储层保存条件预测

对页岩气保存条件的研究，多着眼于与构造作用有关的动态条件，常用地层孔隙度、含气性、压力系数来表征。构造改造越弱，页岩气保存条件越好，压力系数越高，储层物性越好，先期自生自储的页岩气残留含量和游离气占比越高，越利于获得高产。

根据渝东南地区多期次构造强烈改造的特点，在预测方法有效性分析的基础上，运用以叠前反演为核心的储层预测技术，结合神经网络、多属性回归分析等方法，探讨该区孔隙度、含气量、地层压力系数等因素的变化趋势，评价分析页岩保存条件。

1）孔隙度预测

孔隙度是储层评价的一个重要评价参数，孔隙度越大，表明页岩储层保存条件越好。井震联合求取孔隙度是刻画孔隙度平面特征的有效手段，主要通过概率神经网络方法。包括以下几个关键步骤：

（1）交叉验证：主要为了确定最优属性的个数。它把所有数据集分为训练数据集和验证数据集，训练数据集包括所有的井，用于导出关系式，而验证数据集为目标井，用来检验最后的预测误差。通过交叉验证分析，获得最优属性个数为 8 个，分别为纵波阻抗、密度、瞬时相位、瞬时频率、杨氏模量、截距、泊松比、梯度属性。

（2）映射效果分析：利用 8 个优选属性建立概率网络神经映射关系，对概率神经网络结果进行质量控制。井点映射关系显示总的相关系数达到 0.9，平均误差为 0.3%，证明映射关系效果较好，输出孔隙度体也更准确。

从预测结果看，纵向上优质页岩段孔隙度较高，往上孔隙度减小。JY194-3井优质页岩段预测孔隙度为3.04%（测井解释为2.93%），相对误差3.75%，整体预测精度较高。图4-3-5为五峰组—龙马溪组优质页岩段孔隙度分布预测平面图。从平面图看出，优质页岩段平均孔隙度分布在2.8%～3.9%之间，平桥构造带孔隙度大于东胜构造带，整体表现出往南埋藏深度变浅，孔隙度逐渐升高的特征，南川地区物性整体较好。

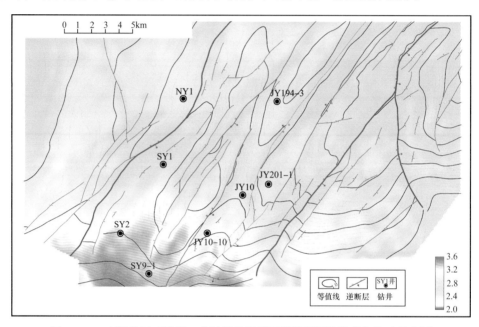

图4-3-5 南川地区五峰组—龙马溪组优质页岩段预测孔隙度与构造叠合图

2）含气量预测

页岩气主要包括吸附气和游离气。理论上，吸附气含量与有机碳含量相关；游离气与页岩的孔隙度和饱和度有关，页岩储层孔隙度较小，孔隙度和饱和度预测较困难。利用地震资料很难将吸附气和游离气分开，只能对总含气量开展预测。含气量预测主要通过计算各类地震属性，优选出与含气量相关性较好的井旁道地震属性；应用数学方法建立地震多属性与含气量的数学模型，并将其关系模型外推到整个研究区。通过对多种属性进行回归分析，发现对渝东南地区页岩储层含气量敏感的地震属性有密度、纵波阻抗、脆性、平均频率，建立这些属性与含气量回归公式如下：

$$\text{Total Gas} = 50.6515 - 18.5543 \cdot \text{DEN} - 6.07878 \cdot \text{BI} - 0.0207 \cdot \text{frequency} + 0.00025 \cdot \text{P\_Imp}$$

$$(4-3-3)$$

式中　DEN——密度，g/cm^3；

　　　BI——脆性指数；

　　　frequency——平均频率，Hz；

　　　P_Imp——纵波阻抗，$g \cdot cm^{-3} \cdot m \cdot s^{-1}$。

从预测结果看，纵向上优质页岩段含气量高，含气量整体大于 4m³/t，往上逐渐降低；JY194-3 井预测含气量为 4.42m³/t（测井解释为 4.45m³/t），相对误差 0.74%。图 4-3-6 为五峰组—龙马溪组优质页岩段含气量分布预测平面图。从图中可以看出，南川地区含气量整体较高，分布在 4.0～4.6m³/t 之间。NY1 井、JY194-3 井周缘含气量较高，局部富集。

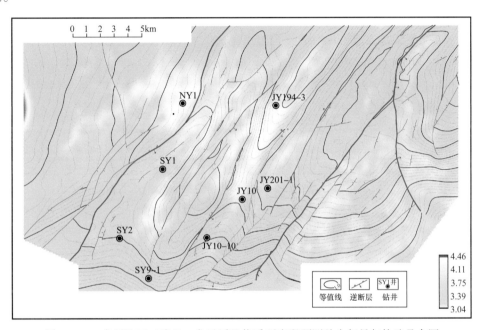

图 4-3-6　南川地区五峰组—龙马溪组优质页岩段预测总含气量与构造叠合图

3）地层压力系数预测

压力系数是反映页岩层保存条件、含气量丰富程度的直接参数，页岩储层的压力预测对于评价保存条件、优选富集高产区有重要意义。本次选择的压力预测技术是基于叠前同时反演层速度的异常地层压力预测方法（Fillippone 公式）。主要分为两个步骤：

（1）建立单井压力模型。对单井的岩性、声波速度、地层压力特征进行分析，采用改进的 Fillippone 法计算单井地层压力，用实测压力数据作为约束，求取公式经验值，A 取 0.068，B 取 6.98×10^{-4}。从而利用公式（4-3-4）计算单井的地层压力系数。

$$p_p = 0.068 \cdot e^{0.000698 \cdot v_i} \cdot p_O \frac{v_{max} - v_i}{v_{max} - v_{min}} \tag{4-3-4}$$

式中　v_{max}——最大速度，m/s；

　　　v_{min}——最小速度，m/s；

　　　v_i——速度，m/s；

　　　p_O——上覆地层压力，MPa。

（2）计算三维地层压力。分析不同来源的层速度精度，依据已钻井的测井曲线、解释成果建立初始模型，基于叠前同时反演求取速度体、密度体，代入改进的 Fillippone 公式计算三维地层压力。

从预测结果看，龙马溪组优质页岩段表现为高压异常，JY194-3 井预测压力系数 1.30（实测 1.32），误差 1.52%，预测精度较高。从五峰组—龙马溪组地层压力系数平面图看（图 4-3-7），南川地区目的层地层压力系数在 1.0～1.6 之间，局部存在异常高压。西北部压力系数较大，往南部出露区趋于正常压力范围。

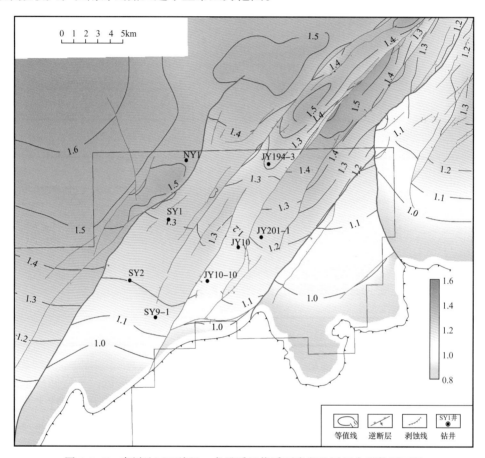

图 4-3-7 南川地区五峰组—龙马溪组优质页岩段地层压力系数平面图

3. 基于岩石物理弹性参数的脆性指数预测

岩石脆性是页岩压裂所考虑的重要岩石力学特征参数之一，与杨氏模量和泊松比有关。杨氏模量反映了页岩被压裂后保持裂缝的能力，泊松比反映了页岩在压力下破裂的能力。Rickman 等介绍了利用杨氏模量和泊松比计算脆性指数的方法，计算公式如下：

$$BI = \frac{YM\_BRIT + PR\_BRIT}{2} \qquad (4-3-5)$$

式中 YM_BRIT——杨氏模量指数；

　　　PR_BRIT——泊松比指数；

　　　BI——脆性指数。

基于地震资料的脆性评价，主要是利用叠前同时反演的结果，从反演中得到纵波速度、横波速度和密度这3个基本的弹性参数，然后基于三参数可以进一步得到更多其他的弹性参数，如泊松比、拉梅系数、杨氏模量、剪切模量、体积模量等。最后利用反演得到的杨氏模量和泊松比，进行弹性参数的脆性预测。

从预测结果看，高脆性页岩主要在下部优质页岩段，脆性指数在60%～72%之间，脆性较好；JY194-3井预测脆性指数62.7%(测井解释63%)，误差0.32%，预测精度较高。从南川地区五峰组—龙马溪组优质页岩脆性指数平面图（图4-3-8）显示，南川地区整体脆性指数较高，大部分地区在63%左右，局部达到65%。

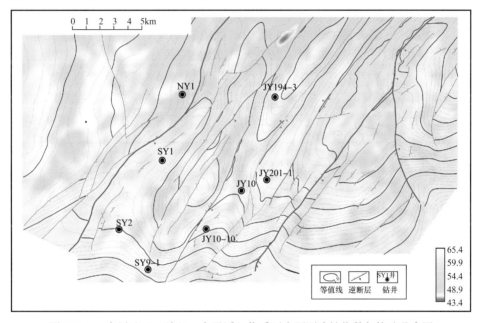

图4-3-8 南川地区五峰组—龙马溪组优质页岩预测脆性指数与构造叠合图

4. 基于宽方位数据的多尺度裂缝预测

裂缝是影响页岩气产量和钻井质量的重要因素之一。根据不同发育规模和延伸尺度可以将裂缝分为三类。

（1）大尺度裂缝沿断裂带分布，走向延伸为几百米到几十千米不等，或错断距离为几十米至几百米，破碎带长。

（2）中尺度裂缝沿裂缝带分布，沿某一主方向延伸很远，走向延伸距离为几十米至上百米。

（3）小尺度裂缝呈网状或定向排列分布，具有一定的方位性，走向延伸距离为几米至十几米。

南川地区三维地震资料覆盖次数达到195次，纵横比达到0.77，能满足不同尺度裂缝预测的要求。

大尺度裂缝预测主要基于地震曲率属性，是一种简单有效的方法。通过对地震同相轴的扭曲和形变进行识别，是用曲率属性进行断裂识别和成像的基础，其结果取决于地震同相轴倾角的扫描精度。中尺度裂缝预测主要基于蚂蚁体属性，通过向地震数据中投放大量的"电子蚂蚁"，电子蚂蚁在寻找裂缝的过程中，蚂蚁沿着可能存在裂缝的方向移动，遇到裂缝则释放信息素，其他蚂蚁体根据这些信息素迅速追踪而来，从而达到快速准确地识别裂缝。小尺度裂缝预测主要利用纵波振幅随方位角变化来估算裂缝的方位和密度。裂缝储层的地震散射理论研究表明，地震频率的衰减和裂缝密度场的空间变化有关。沿裂缝走向方向频率随偏移距衰减慢，而垂直裂缝走向方向频率随偏移距衰减快，裂缝密度越大频率衰减越快。AVAZ 就是利用三维地震资料振幅随偏移距和方位角变化关系来分析裂缝发育特征。AVO 梯度较小的方向是裂缝走向，梯度最大的方向是裂缝法线方向。

从曲率属性看，大尺度裂缝主要发育在南川地区东部，主要是由于受构造改造作用强，平桥背斜大尺度裂缝发育中等，平桥南斜坡较发育，东胜背斜整体较发育，东胜南斜坡大尺度裂缝不发育，龙济桥断层以西大尺度裂缝不发育。从蚂蚁体属性看，中尺度裂缝在南川地区整体均有发育，青龙乡断层以西较发育，平桥构造带与东胜构造带中等发育，盆地内部中等发育。从裂缝密度属性看，微裂缝在平桥东断层以东不发育，在平桥构造带、东胜构造带发育，在龙济桥断层以西盆地内部分区域较发育（图 4-3-9）。

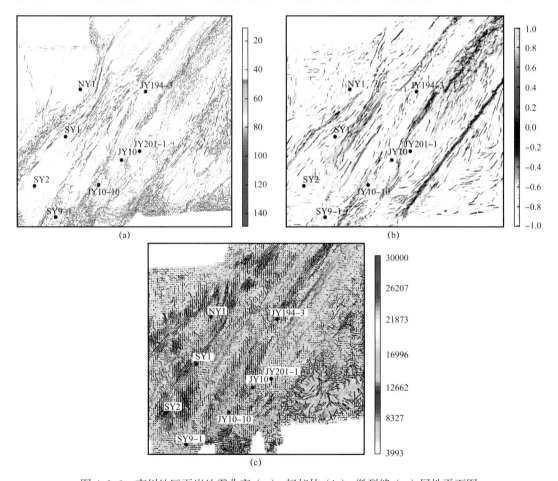

图 4-3-9　南川地区页岩地震曲率（a）、蚂蚁体（b）、微裂缝（c）属性平面图

二、古构造应力场预测

构造应力场通常指导致构造运动的地应力场，或者由于构造运动而产生的地应力场。按时间先后，可分为古构造应力场和现代应力场。古地应力泛指喜马拉雅期运动以前的地应力，有时也特指某一地质时期以前的地应力，控制着天然裂缝的形成、分布及发育程度；现今地应力是目前存在的或正在变化的地应力。

1. 有限元法数值模拟

有限单元法是一种近似求解一般连续问题的数值求解法，基本思路：将一个地质体离散成有限个连续的单元，单元之间以节点相连，将实际的岩石力学参数赋予每个单元，把求解研究区域内的连续场函数转化为求解有限个离散点（节点）处的场函数值，基本变量是应变、应力和位移；根据边界受力条件和节点的平衡条件，建立并求解节点位移或单元内应力未知量，以总体刚度矩阵为系数的联合方程组，用构造插值函数求得每个节点上的位移，进而计算每个单元内应力和应变值；随着剖分单元数量增多，越接近于实际的地质体，则求解越真实。有限元模拟构造应力场分三个步骤：

1）地质模型建立

地质模型是应力场数值模拟的基础，且直接影响着力学模型和数学模型的合理选取及有限单元的边界元和间隙的划分。基于地震资料，解释并绘制出南川区块现今龙马溪组底界构造图，以此为依据，建立基础地质模型。为了使建立的地质模型充分反映研究区的主要地质特征，模型中主要考虑了对构造起控制作用的贯穿性断层，忽略了一些局部的小断层，并对断层做了相应的简化和合并处理。地质资料表明，区内的大断裂包括青龙乡断层、平桥西断层、龙济桥断层、平桥东 1 号断层、大千断层等主干断层，其断至层位一般为寒武系—二叠系，最高向上延伸至地表，向下延伸至前寒武基底，形成了研究区的主体构造。然而断层处的岩石力学参数（杨氏模量、泊松比）一般无法直接获取，现在大多数处理方法都是将断层及其周边区域划分为断裂带，并参考其围岩的岩石力学参数进行调整。

2）力学模型建立

力学模型是采用有限元分析法，把研究区域当成一个理想弹性体，在平面上受到应力作用产生应变的状态下进行的，把每个有限元单元内的应力、应变看成是均匀的。岩石力学参数的合理选取可直接影响数值模拟的准确性，因此，在提供区域的岩石力学参数时考虑了岩系的整体特征。将有限元单元分为断层单元和围岩单元两大类，这两类单元的物理参数取值不同，但各自均被看成各向同性的弹性体。根据研究区龙马溪组的纵波时差、横波时差及密度资料，利用公式计算出该地区的弹性模量和泊松比。结合南川地区龙马溪组的岩心三轴应力实验资料进行校正（表 4-3-1），计算得到南川地区龙马溪组杨氏模量和泊松比的分布情况，拟合结果为差值在可接受范围之内。

表 4-3-1　南川地区志留系龙马溪组力学参数拟合

井名	测试数据		计算结果	
	杨氏模量 /GPa	泊松比	杨氏模量 /GPa	泊松比
SY1	31.5	0.236	31.47	0.22
NY1	32.99	0.195	32.86	0.20

根据杨氏模量和泊松比分布差异，将数值差值较大地区划分开来，计算出不同区域的岩石杨氏模量和等效泊松比均值（表 4-3-2）。断层的岩石力学参数一般选取围岩的杨氏模量的 50%～70%；而断层的泊松比则比正常沉积区的泊松比大一些，通常情况下两者差值在 0.02～0.1 之间，缓冲区域的数值选取一般为模拟区域（除断层区域）的杨氏模量和泊松比的平均值。

表 4-3-2　南川地区应力场模拟力学参数

单元体		杨氏模量 /GPa	泊松比
地层单元	1	27.8	0.237
	2	33.7	0.223
	3	41.7	0.218
断层		21.4	0.276
缓冲区		34.6	0.227

3）模型的网格划分及边界条件的确定

统计南川地区的钻井诱导缝走向，确定了现今最大主应力的方向在南西 60°—南东 65°。先存断层的存在，使得现今地应力在断层区域得到部分应力释放，应力会在断层走向方向产生分力，改变断层及附近区域的应力的方向，与断层走向相交，使局部构造应力状态发生变化。地应力测量的方法较多，例如三轴岩石力学实验、测井资料计算法、水力压裂法、钻孔应力解除法等。南川地区主要是通过测井资料计算区内钻井实测地应力数据，区内最大主应力为 63.3～78.39MPa，最小主应力为 54～68.16MPa。反复模拟实验得出最为合适的施加应力的数值。

经反复模拟之后发现，从边界处施加南西 25°、75MPa 的挤压应力和北西 335°、65MPa 的挤压应力。由于地下应力情况比较复杂，不清楚应力作用于边界的具体方式，采取载荷均匀施加于边界上。为了对模型施加不同方向的力，便于施加对边界的约束，以及为减小边界效应的影响，因此建立外围缓冲区边框，同时将建立好的地质模型始终放在缓冲区域的几何中心。

在 ANSYS 软件中导入建立好的地质模型，并对地质体单元赋予相对应的岩石力学参数。模型将使用 3 节点三角元素进行网格划分，根据有限元划分原理，将断层及其周围区域的网格单元划分得较小，网格密度大，而其他区域的网格规模较大，密度较小。模型的网格划分共计有 59363 个节点，29632 个单元。

2. 古应力预测结果

1）中燕山中期应力场预测结果

中燕山中期为南川地区形成断裂最多的时期，该时期主要受到南东 155° 方向来的挤压应力作用，模拟过程中施加的边界应力大小为 150MPa。

南川地区龙马溪组底界中燕山中期构造应力场模拟结果［图 4-3-10（a）］显示，该时期最大主应力方向为北西—南东向，水平最大主应力方向与该时期形成的断层走向垂直，受断层影响，应力方向在断层附近发生偏转，但偏转幅度不大，统计显示均小于 5°，在断层延伸的端点处，应力方向的偏转幅度相对较大，在 0°～10° 之间。最大主应力大小范围为 135～166MPa，在西部、北部、南部形成围绕背斜的最大主应力高值区，在背斜的核部，应力值相对较低，在断裂带附近也低；在断层的端点处，应力值较为集中，可认为该区域处于将要破裂的状态，但裂缝未完全贯通，为裂缝发育区域；受构造深度影响，最大水平主应力在背斜核部和南东部地层埋深较浅处，应力值较小，同时由东向西，南川地区逐渐向盆内靠近，龙马溪组的埋深变大，应力值整体上逐渐增大，见图 4-3-10（b）。

2）中燕山晚期应力场预测结果

南川地区大型断裂带均在中燕山期结束时基本形成。中燕山晚期形成的断层数量仅次于中燕山中期，该时期主要受到北东东 85° 方向来的挤压应力的作用，模拟过程中施加的边界应力大小为 130MPa。

南川地区龙马溪组底界中燕山晚期的模拟结果显示，最大主应力方向整体为近东西向［图 4-3-11（a）］，约为北东东 85° 方向，应力方向与该时期形成的断层走向（断层走向近南北向）垂直，受到先存断层和该时期产生的断层的影响，在最大应力方向的在断层区域会发生轻微的偏转。南川基本与野外该时期形成的共轭剪节理实测数据吻合，与该地区实测地质点的应力方向数据也较为吻合［图 4-3-11（b）］。

中燕山晚期最大主应力大小范围为 116～147MPa，在断层的端点处应力值较大，受断层的影响，断层附近的区域应力值偏小，背斜核部应力值较小，向两翼逐渐增大，西部盆地内部区域为应力高值区［图 4-3-11（b）］；南川地区龙马溪组最大主应力在全区分布不均匀，区带特征明显，应力场的分布明显受断裂构造的控制，低值区呈条带状展布于断裂带内部及其附近区域。在断层分叉、交汇或断层分布密集处，应力变化梯度大，在断层内部及周围发生改变。断裂力学性质以挤压主应力为主，以拉张主应力为辅。研究区内构造主体部位为主应力和剪应力变化过渡带，是油气从高应力区向低应力区运移、聚集的主要指向区。

三、现今应力场预测

现今应力场不仅影响天然裂缝在地下的赋存状态及有效性，而且控制了人工压裂裂缝的形态和延伸方向。现今地应力预测方法包括测量法、测井计算法、数值模拟法及地

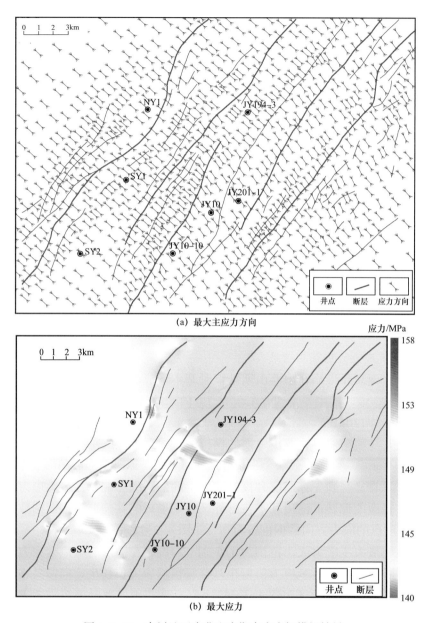

(a) 最大主应力方向

(b) 最大应力

图 4-3-10　南川地区中燕山中期古应力场模拟结果

震预测法。地震预测法在测井计算法的基础上引入地震数据的约束，能更准确地反映井间信息，得到三维区内连续分布的应力数据。本次研究采用的是基于地震、测井、地质资料的地震法预测地应力场分布。

1. 组合弹簧模型

地应力在空间上分为垂向主应力和水平最大主应力及水平最小主应力。垂向主应力是由静岩压力所引起的，可由密度测井资料获得，而两个水平主应力则是由构造运动引

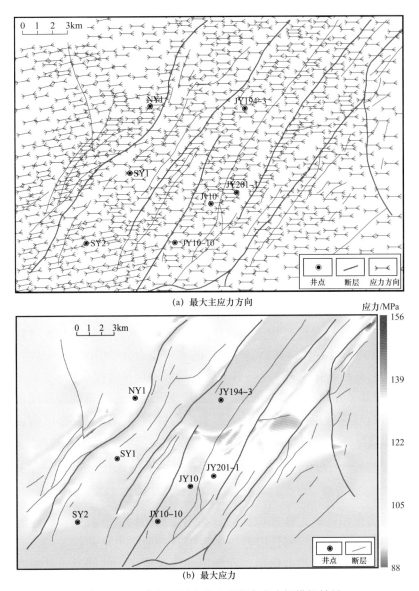

(a) 最大主应力方向

(b) 最大应力

图 4-3-11 南川地区中燕山晚期古应力场模拟结果

起的，与上覆地层的压力、构造应力、孔隙压力有关，地震预测法主要就是基于一些假设条件建立地应力与地层孔隙压力、地层构造应变、地层弹性参数间的关系，进而求取区域地应力，这些关系可以称作地应力计算模型。

南川地区位于四川盆地盆缘转换带，构造特征复杂，地层变形程度强。组合弹簧模型引入了地层弹性参数及水平方向最大、最小应变来进行地应力的计算，通过力学参数和构造应变的双重约束，能适应强烈构造变形区的地应力计算。因此，采用组合弹簧模型开展地应力预测。

该模型可以表示为：

$$\sigma_{h} - \alpha p_{p} = \frac{\nu}{1-\nu}\left(\sigma_{v} - \alpha p_{p}\right) + \frac{E}{1-\nu^{2}}\varepsilon_{h} + \frac{\nu E}{1-\nu^{2}}\varepsilon_{H} \tag{4-3-6}$$

$$\sigma_{H} - \alpha p_{p} = \frac{\nu}{1-\nu}\left(\sigma_{v} - \alpha p_{p}\right) + \frac{E}{1-\nu^{2}}\varepsilon_{H} + \frac{\nu E}{1-\nu^{2}}\varepsilon_{h} \tag{4-3-7}$$

式中 ε_{h}、ε_{H}——岩层在最小和最大水平应力方向的应变；

E——杨氏模量；

ν——泊松比；

p_{p}——地层孔隙压力；

α——Biot 系数。

在同一断块内 ε_{h}、ε_{H} 为常数。此经验关系式的物理基础可以形象地比喻为两个平行板之间的一组弹簧，具有不同刚度的弹簧代表具有不同弹性参数的地层。在 A、B 两板受到力的作用时，只发生横向位移不发生偏转，从而使各弹簧的水平位移相等，刚度大的弹簧将受到较大的应力，即杨氏模量大的地层承受较高的应力。

研究过程中分别采用高精度叠前反演获取岩石弹性参数，采用 Fillippone 法求取地层孔隙压力，基于曲率属性及薄板理论求取地层应变量，然后将获得的各项数据体分别代入组合弹簧模型中进行计算，得到页岩气地层的水平应力分布情况。

基于薄板理论进行研究区应变量估算，先采用地震层位数据求取 x 方向和 y 方向的曲率 K_x 和 K_y，再计算 x 方向和 y 方向的水平构造应变 ε_x 和 ε_y，构造曲面深度可由反演速度体对时间层位进行时深转换得到。另外，针对组合弹簧模型中应变难以确定的问题，利用综合曲率和构造深度曲面计算得到应变大小。当 x 方向水平构造应变小于 y 方向水平构造应变时，x 方向应变为水平最小主应变 ε_h，y 方向应变为水平最大主应变 ε_H，反之亦然。

2. 现今应力预测结果

基于组合弹簧模型的应力场模拟，充分利用储层的构造、岩性、物性等因素，建立了地层孔隙压力、构造形变、弹性参数等多源信息和地应力之间的关系，通过准确求取的地震层速度场来建立深度构造曲面，在利用地层孔隙压力的同时通过构造应变进行约束，获得了既满足地质力学规律，又能够适用于强构造变化的页岩气地应力预测方法，有效地克服了常规求解地应力时的单一考虑构造作用引起的缺陷，多信息融合有效提高了应力预测精度。本书中准确求取了南川工区水平最大主应力、最小主应力及水平应力差异系数，全方位展示了工区应力变化情况。

1）水平最大主应力及方向

从南川地区最大主应力方向预测结果（图 4-3-12）看，南川地区平桥构造带及以东最大主应力方向为北西—南东向与 JY201-1 井、JY10 井及 JY10-10 井实测方向基本一致，平桥构造带以西预测最大主应力方向为北东—南西向，与 SY1 井、SY2 井、NY1 井实测方向一致；在断层附近因为地震资料精度受到的影响较大，预测结果准确度也将会受其制约。南川水平最大主应力方向有较明显的分区特征：平桥构造带水平最大主应力方向比较统一，主要为北西—南东向（方位角为 105°~115°）；在东胜构造带中部，水平最大主应力方向方位角为 100°～110°，其南部、北部的局部水平最大主应力方向比较复杂。其原因可能是南川区所处川东高陡褶皱带，在喜马拉雅期内喜马拉雅山的抬高使得挤压应力进一步增强，这些强挤压应力穿过龙门山到达研究区，研究区所受的挤压应力经川中刚性基底的阻挡、华蓥山等深大断裂的消减及沿途褶皱变形，使得动能转换为势能造成了能量消耗，应力由东至西逐步得到释放，即在受力较强的区域容易产生一个主要的应力方向；在受力较弱的区域应力方向统一性较差，局部扰动因素可能引导改变应力的方向。

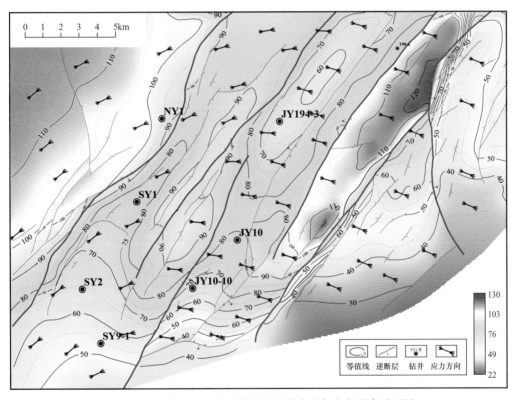

图 4-3-12　南川地区水平最大主应力大小与方向叠合平面图

南川最大水平主应力受构造挤压、抬升影响，平面上呈西高东低、北高南低的趋势。西部盆地内最大主应力能达到 115MPa，东胜构造带最大水平主应力较高，总体为 60～85MPa，且由北至南最大水平主应力有减小的趋势；平桥构造带水平最大主应力总体较低，为 50～70MPa，应力在平桥背斜和南斜坡较低，为 50～65MPa，中间过渡带应力值可达到 75MPa，东部双河口向斜最大主应力达到 120MPa，而青龙乡、大千断层以东由于地层抬升，最大主应力较小，为 40～70MPa。

2）水平最小主应力

南川地区预测水平最小主应力与水平最大主应力趋势相近（图 4-3-13），平桥背斜水平最小主应力在 45～65MPa 之间，东胜背斜水平最小主应力在 56～85MPa 之间。埋深同样是影响水平最小主应力的主要因素。

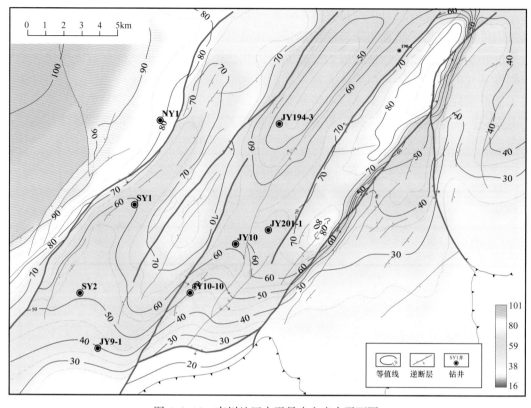

图 4-3-13　南川地区水平最小主应力平面图

3）水平应力差异系数

水平应力差异系数（DHSR，Differential Horizontal Stress Ratio）是页岩储层地应力评价的重要参数，可从应力角度有效判断出压裂有利区，水平应力差异系数 K_h 如下：

$$K_h = \frac{\sigma_H - \sigma_h}{\sigma_H} \qquad (4-3-8)$$

式中　σ_h、σ_H——岩层在最小和最大水平主应力。

研究表明，现今应力在页岩气勘探开发中发挥着重要作用，水平应力方向决定着水平井轨迹的钻进方向，两向应力差异系数影响着压裂施工效果。南川地区整体差异系数为 0.11～0.2，西部龙济桥以西盆地内部差异系数为 0.13～0.15，东胜构造带北部差异系数较大，局部达到 0.2，往南逐渐减小，在胜页 2 井区达到最低 0.11；平桥构造带压力系数整体为 0.14～0.17，相对较稳定。平桥东断层以东差异系数为 0.11～0.16（图 4-3-14）。

通过统计渝东南常压页岩气区水平井轨迹方位与水平最小主应力方向夹角相关关系。工区内水平井方位与预测的水平最小主应力方向夹角最小 3°，最大 80°。当水平井方位与水平最小主应力方位夹角增大时，压裂施工过程中监测到的破裂压力有明显的增加，这一结论也符合岩层受力破裂的力学原理。因此，根据水平井井方位的设计原则，井眼轨迹方向近平行于最小水平主应力方向有利于钻井施工及后期储层改造。

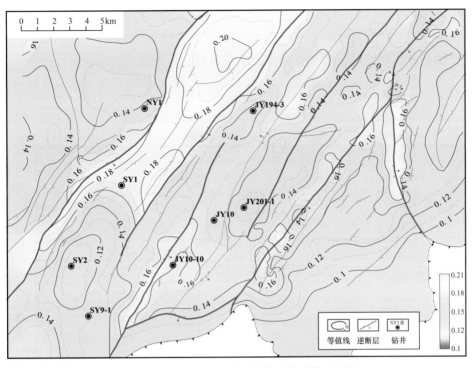

图 4-3-14 南川地区水平应力差异系数平面图

从水平井轨迹方位与水平最小主应力夹角与钻井产能交会图（图 4-3-15）发现，夹角 40° 以上的井产能比夹角小于 40° 的井产能较低，一定程度上说明在地应力影响下水平井方位的选取对页岩气的开发具有重要意义。在兼顾其他工程因素的条件下，水平井轨迹方向设计与最小水平主应力方向夹角最好控制在 30° 以内。因此，水平井平面上应优先设计在构造翼部、裂缝发育区等地应力适中的部位，同时须权衡水平井方位、最小水平主应力方位、地层产状三者关系。

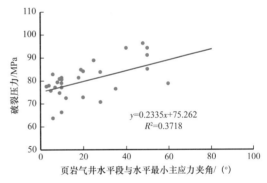

图 4-3-15 南川地区页岩气水平井段与水平最小主应力夹角与破裂压力交会图

4）单井剖面分析

SY1HF 井位于东胜背斜核部，五峰底埋深 3471.2m，试气段埋深 3463～3529m，平均 3496m。试气段长 1700.5m（前 10 段长 724.5m、后 13 段长 976m）。压裂段位于 3584～5284.5m，长 1700.5m，垂深差 65.8m（3463～3528.8m），主体位于③小层，占 91.89%，部分位于①小层和②小层，23 段压裂，生产测井测量井段为 3560～4800m，对应的压裂层段为第 7 段（测试段长 15m）～第 23 段（图 4-3-16）。

SY1HF 井每段数据进行归一化（每 100m），将 23 段按照归一化产气量划分为高产段

（>4000m）、中产段（>1000m）、低产段（<1000m）。高产段6段产气量占比71.99%；中产段5段产气量占比15.99%；低产段12段产气量占比12.02%。

将预测的各压裂段对应的水平应力差异系数与各压裂段产气情况对比分析，产气贡献率与对应的水平应力差异系数有很明显的负相关关系，表明在水平应力差异系数小的段压裂改造效果更好（图4-3-17）。

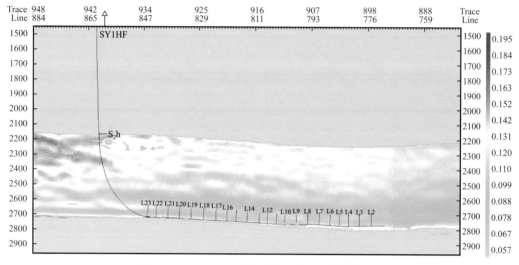

图4-3-16 SY1HF井水平应力差异系数剖面图

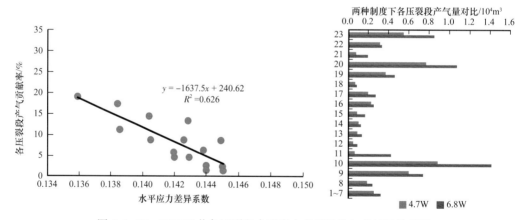

图4-3-17 SY1HF井各压裂段水平应力差异系数与产气量关系图

第四节 常压页岩气有利目标优选

以构造稳定性为核心、静态指标评价为基础，在完善选区评价基础上，地质评价与"甜点段—核心区"技术相结合，对整个渝东南地区页岩气潜在勘探目标进行了系统评价，优选出平桥背斜构造带、东胜构造带、阳春沟南斜坡、武隆向斜、道真向斜、桑柘坪向斜为有利目标。其中，Ⅰ类区分布在平桥构造带、东胜构造带、阳春沟南斜坡、武隆向斜、道真向斜，面积 771.7km²，资源量 6687.24×10⁸m³；Ⅱ类分布在平桥构造带、东胜构造带、阳春沟南斜坡、武隆向斜、道真向斜的部分地区和湾地向斜、桑柘坪向斜，面积 1457.5km²，资源量 7415.5×10⁸m³；Ⅲ类区分布在平桥构造带、东胜构造带、阳春沟南斜坡、武隆向斜、道真向斜、湾地向斜、桑柘坪向斜的邻近出露区或深层（图 4-4-1、图 4-4-2、表 4-4-1）。

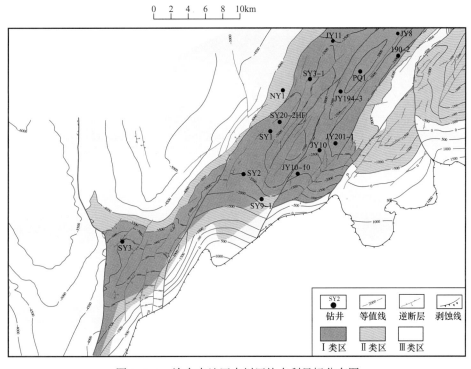

图 4-4-1　渝东南地区南川区块有利目标分布图

表 4-4-1　渝东南地区有利目标面积、资源量统计

构造单元	Ⅰ类有利区			Ⅱ类有利区		
	埋深 /m	面积 /km²	资源量 /10⁸m³	埋深 /m	面积 /km²	资源量 /10⁸m³
平桥构造带	2000～4000	84.89	976.58	1000～2000	58	348
东胜构造带	2000～4000	93.41	1013.06	1000～2000, 4000～4500	31.6	189.6
阳春沟构造带	2000～4000	75.2	752	1000～2000, 4000～4500	38.4	230.4
武隆向斜	2000～4000	357.2	2857.6	1000～2000	484.1	2420.5
道真向斜	2000～4000	161	1288	1000～2000	283	1415
湾地向斜	—	—	—	1000～2000	174.2	871
桑柘坪向斜	—	—	—	1000～2000	388.2	1941
合计		771.7	6687.24		1457.5	7415.5

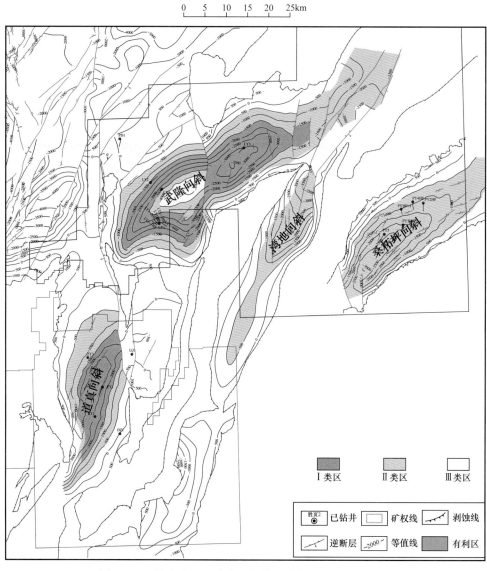

图 4-4-2 渝东南地区武隆—彭水—道真有利目标分布图

一、Ⅰ类有利目标区

Ⅰ类有利目标区主要分布在平桥构造带、东胜构造带、阳春沟构造带、武隆向斜、道真向斜，面积 771.7km²，资源量 6687.24×10⁸m³。

1. 平桥构造带

平桥构造带形成于燕山中期，北部为北东走向长轴断背斜，东西侧被封闭性断层夹持，向北东和南西方向倾伏，南部为斜坡，内部构造简单，断层不发育；优质页岩厚度介于 30～35m，TOC 介于 3.2%～3.9%，孔隙度介于 3.2%～3.5%；页岩气保存条件较好，地层压力系数介于 1.12～1.32，含气量介于 4.1～4.5m³/t；页岩埋深介于 2500～4200m，地应力适中（50～85MPa），构造缝和层理缝发育，硅质矿物含量介于53%～55%，曲率中等。Ⅰ类有利区面积70.9km²，资源量709×10⁸m³。

2. 东胜构造带

东胜构造带形成于燕山中期，地层西陡东缓，中部较窄，北东和南西倾末端构造相对宽缓，地层齐全；优质页岩厚度介于28～32m，TOC介于3.1%～3.4%，孔隙度介于2.6%～5.0%；地层压力系数为1.1～1.3，含气量介于3.0～4.5m³/t，构造缝和层理缝较发育，硅质矿物含量介于42%～48%，曲率中等。Ⅰ类有利区面积100.2km²，资源量1002×10⁸m³。

3. 阳春沟构造带

阳春沟地区受早期挤压、晚期走滑构造运动影响，呈南北向走向，构造较复杂；优质页岩厚度介于28～32m，TOC介于1.1%～8.0%，孔隙度介于1.25%～5.15%；地层压力系数介于1.10～1.20，含气量介于2.5～4.5m³/t；页岩埋深介于2500～4800m，地应力介于50～95MPa，构造缝和层理缝较发育，硅质矿物含量介于43%～51%，曲率中等。Ⅰ类有利区面积75.2km²，资源量752×10⁸m³。

4. 武隆向斜

武隆向斜为四川盆地外第一排构造，具有较好的区域构造背景。构造走向以北东向为主，复向斜与复背斜相间分布，武隆向斜处于盆外第一排利川—武隆复向斜南部，面积较大、构造变形程度较弱、抬升剥蚀程度低、构造稳定、形态完整、地层齐全，区域构造背景有利，宏观构造背景有利。优质页岩厚度介于28～32m，TOC介于1.1%～8.0%，孔隙度介于1.22%～5.0%；地层压力系数介于1.05～1.17，含气量介于2.5～4.5m³/t；页岩埋深介于2500～4800m，地应力介于50～95MPa，构造缝和层理缝较发育，硅质矿物含量介于43%～51%，曲率中等。Ⅰ类有利区面积357.2km²，资源量2857.6×10⁸m³。

5. 道真向斜

道真向斜与武隆向斜同处于利川—武隆复向斜，是一个复向斜中的向斜，具有较好的宏观保存条件，地震解释该构造断裂发育较少，断距较小，目的层同相轴清晰连续，稳定区面积大。优质页岩厚度介于20～40m，TOC介于3.0%～3.5%，压力系数均大于1，局部达到1.15以上，埋深介于500～3500m的页岩分布面积为692km²，勘探面积较大。Ⅰ类有利区面积161km²，资源量1288×10⁸m³。

二、Ⅱ类有利目标区

Ⅱ类有利目标区分布在东胜构造带、阳春沟构造带、武隆向斜、道真向斜埋深1000～2000m的浅埋区和4000～4500m的深层区，以及桑柘坪向斜和湾地向斜埋深大于1000m的目标区，总面积1457.5km²，资源量7415.5×10⁸m³。东胜、阳春沟、武隆、道真埋深1000～2000m的目标区和桑柘坪向斜、湾地向斜埋深大于1000m的目标区大多靠近剥蚀区（3～5km），造成不同程度的气体逸散，保存条件受到不同程度的破坏，地层压力系数介于0.9～1.1，通常小于1.05，优质页岩含气量小于$4m^3/t$，资源丰度（4～8）×$10^8m^3/km^2$，具有中等含气量、中等资源丰度的特点。针对Ⅱ类浅层目标区需要大力开展低成本技术攻关实践，降本增效是有效途径。4000～4500m深层页岩气区具有较好的保存条件，盆缘深层区远离剥蚀区，地层压力系数大于1.1，盆外褶皱区地层压力系数为1.0～1.15，保存条件整体较好，页岩含气量大于$4m^3/t$，资源丰度（8～12）×$10^8m^3/km^2$，具有高含气量、较高资源丰度的特点，但是由于页岩埋深大、地应力较高，通常最大水平主应力大于85MPa，压裂改造难度大，复杂缝网占比低，页岩气单井产量相对较低。深层页岩气具有保存条件好、含气量高、资源丰度高、地应力大的特点。Ⅱ类深层目标区需要开展压裂工艺攻关实践，提高复杂缝网占比，扩大渗流面积，提高单井最终采收率，实现效益开发。

第五章 常压页岩气优快钻完井工程技术

常压页岩气单井产量低，投资回报周期长，钻完井工程提速、提效、降本是降低常压页岩气开发成本、实现效益开发的重要途径。针对制约常压页岩气提速、提效、降本的瓶颈问题，开展了钻井提速技术、固完井工艺技术、工厂化钻井技术等方面的研究。通过地层特性分析、地层压力和井身结构优化方法研究形成了二开制井身结构；通过开展地层可钻性、水力机械联合破岩研究，建立双驱大扭矩螺杆复合钻进破岩比能参数模型，优化配套钻头、螺杆和参数方案形成了强化参数钻井技术；通过地质导向方法分析、导向仪器优选和导向技术研究形成了地质工程一体化导向技术；通过前置液主剂、辅剂、稳定剂的优选，以及冲洗效率和润湿反转能力的评价形成了油基钻井液完井前置液体系；通过室内实验、配方研究和评价、长效密封水泥浆体系研究和工艺配套形成了低密度水泥浆体系；通过新技术、新工艺的实践攻关形成了页岩气优快完井工艺；通过布局和流程优化、经济评价形成了大小钻机组合式工厂化钻井技术（王彦祺等，2021）。在上述关键技术攻关的基础上集成配套应用，实现了常压页岩气井钻井提速、提效、降本的重要突破，对常压页岩气效益开发具有重要的示范引领作用。

第一节 钻井提速技术

一、井身结构优化技术

井身结构优化技术研究是在地层压力、地层漏失规律等地层特性研究的基础上，优选常压页岩气井身结构设计方法，结合前期井身结构实钻应用分析，进而明确井身结构设计的原则、思路，优化必封点、套管下深、井眼与套管间隙等井身结构设计关键参数，最终形成适合常压页岩气不同区块低成本高效钻井的井身结构方案。

1. 地层三压力计算

1）地层孔隙压力

伊顿法（Eaton）是目前比较常用的一种预测地层压力的经验关系法，这种方法考虑了除压实作用以外其他高压形成机制的作用，并总结和参考了钻井实测压力与各种测井信息之间的关系，因而是一种比较实用的方法。其原理是依据地层压实理论、有效应力理论和均衡理论，通过建立正常压实趋势线，并从正常压实出发计算泥岩地层在实际测井数据偏离正常压实趋势线时地层孔隙压力的大小。运用伊顿法时，首先利用测井资料和实测压力之间的关系总结出该区块的地区指数，根据地区指数预测地层压力，其计算公式如下：

$$p_p = p_o - (p_o - p_w)(L/L')^x \qquad (5\text{-}1\text{-}1)$$

式中　p_o——上覆地层压力，MPa；

　　　p_w——地层水静液柱压力，MPa；

　　　x——伊顿指数；

　　　L、L'——所选取的测井或钻井参数，可以为声波时差、电阻率、层速度、d_c 指数等，
　　　　　　且满足 L、$L' < 1$。

当选取的参数随深度的增加而增大时，L、L' 表示实测参数值与标准参数值（计算点深度对应的正常趋势线上的参数值）之比，反之亦反。例如，所选参数为电阻率时，随深度增大地层电阻率增大，L、L' 表示实测地层电阻率与标准电阻率之比；所选参数为声波时差时，随深度增大声波时差值减小，L、L' 则表示标准声波时差与实测声波时差之比。

伊顿法和等效深度法一样也需要绘制正常压实趋势线，根据压实趋势线计算实际深度点的等效深度或标准参数，可以选择声波时差、密度、电阻率等测井数据，也可以选 d_c 指数等钻井参数。应用这两种方法的关键是要获取可靠的钻井、测井参数资料，剔除资料中的异常数据，这样的地层正常压实趋势线才能准确预测地层孔隙压力。

2）地层坍塌压力

在钻井过程中，表现最突出的问题就是井壁稳定性问题。当井内的液柱压力低于地层坍塌压力（$p_m < p_b$）时，井壁岩石将产生剪切破坏。如果是塑性岩石，将向井内产生塑性流动而导致缩径，如果是脆性岩石会引起坍塌掉块而造成井径扩大和卡钻。

地应力是决定井壁稳定的主要因素。假设地层是连续的、井眼周围处于平面应变状态。根据有关弹性力学理论，导出与 σ_1 成 θ 夹角处的井壁上有效径向应力 σ_r'、周向应力 σ_θ' 和垂向应力 σ_z' 的表达式为：

$$\begin{cases} \sigma_r' = p_m - p_p \\ \sigma_\theta' = (\sigma_1 + \sigma_2) - 2(\sigma_1 - \sigma_2)\cos 2\theta - p_m - p_p \\ \sigma_z' = \sigma_3 + 2\mu(\sigma_1 - \sigma_2) - p_p \end{cases} \qquad (5\text{-}1\text{-}2)$$

在 $\theta = 90°$ 或 $\theta = 270°$ 时，周向应力和垂向应力达到最大，即

$$\begin{cases} \sigma_r' = p_m - p_p \\ \sigma_\theta' = 3\sigma_1 - \sigma_2 - p_m - p_p \\ \sigma_z' = \sigma_3 + 2\mu(\sigma_1 - \sigma_2) - p_p \end{cases} \qquad (5\text{-}1\text{-}3)$$

式中　σ_1、σ_2——两个水平主应力，MPa；

　　　σ_3——上覆岩层压力，MPa；

　　　p_m——钻井液柱压力，MPa；

μ——岩石泊松比。

对三个主应力进行分析，找出其中最大主应力、最小主应力，并对其构成的剪切面利用摩尔—库仑剪切破坏准则，求出剪切面上的主应力 σ_n 和剪切应力 σ_s 为：

$$\sigma_n = \frac{\sigma_\theta' + \sigma_r'}{2} - \frac{\sigma_\theta' - \sigma_r'}{2\sin\varphi} ; \quad \sigma_s = \frac{\sigma_\theta' - \sigma_r'}{2\cos\varphi} \qquad (5-1-4)$$

根据摩尔—库仑剪切破坏准则，得到：$\sigma_s = \tau_s + \sigma_n \tan\varphi$，其中 τ_s 为岩石固有剪切强度。令 $p_m = p_b$，黄荣樽提出的地层坍塌压力与地应力和孔隙压力的关系式来计算地层坍塌压力，具体公式为：

$$p_b = \frac{\eta(3\sigma_H - \sigma_h) - 2CK + \alpha p_P(K^2 - 1)}{(K^2 + \eta)} \qquad (5-1-5)$$

其中
$$K = \cot\left(\frac{\pi}{4} - \frac{\varphi}{2}\right)$$

式中 σ_H、σ_h——所研究地层的最大水平主应力和最小水平地应力，MPa；

η——井壁岩石的非线性应力修正系数；

α——有效应力系数，$0 < \alpha < 1$（对于泥页岩地层可取 $\alpha = 0.5 \sim 0.6$，对于砂岩地层可取 $\alpha = 0.7 \sim 0.8$，对高渗地层可取 $\alpha = 1$）；

C——地层强度的黏聚力，MPa。

根据计算出的地层坍塌压力值 p_b，则可计算出坍塌当量钻井液密度 p_{bGM} 值：

$$p_{bGM} = \frac{1000}{9.80665} \times \frac{p_b}{H} \qquad (5-1-6)$$

式中 p_{bGM}——地层坍塌压力的当量钻井液密度，g/cm^3；

H——地层埋藏深度，m；

其余参数意义同上。

3）地层破裂压力

地层破裂压力（p_f）的获取目前有两种途径：一是室内岩石力学实验或油气井现场水力压裂施工；二是从测井资料中提取地层破裂压力。研究采用了一种测井估算地层破裂压力的模型，并重点研究了模型中各参数的提取方法。

有关 p_f 的预测模型已有较多报道，这些模型都有其特定的适用条件，主要适用于砂泥岩地层。例如，国外 Hubbert–Willis 模型（1957）、Matthews–Kelly 模型（1967）、Eaton 模型（1969）和 Andson 模型（1973）及 EXLOG 模型（1980）等，国内冯启宁模型（1983）、黄荣樽模型（1985）、谭廷栋模型（1990）、姜子昂模型（1994）等，这些模型从形式上看可归纳为两大类。

$$p_f = \alpha p_p + \left(\frac{2u}{1-u} + \xi\right) \cdot (p_o - \alpha p_p) + S_t \qquad (5-1-7)$$

$$\begin{cases} p_{\text{fu}} = \dfrac{u}{1-u} p_{\text{o}} + u_{\text{b}} \left(\dfrac{1-2u}{1-u} \right) \cdot \left(1 - \dfrac{C_{\text{ma}}}{C_{\text{b}}} \right) p_{\text{p}} \\[3mm] p_{\text{fd}} = \dfrac{u}{1-u} p_{\text{o}} + \left(\dfrac{1-2u}{1-u} \right) \cdot \left(1 - \dfrac{C_{\text{ma}}}{C_{\text{b}}} \right) p_{\text{p}} \end{cases} \qquad (5\text{-}1\text{-}8)$$

式中　S_{t}——岩石抗拉强度，MPa；

C_{ma}、C_{b}——地层骨架和地层体积压缩系数，1/MPa；

u_{b}——地层水平骨架应力的非平衡因子。

冯氏预测模型（当 $\alpha = 1$ 时为黄氏预测模型），即为谭氏预测模型。从三向地应力模型出发，在对谭氏破裂压力预测公式进行修正完善的基础上，经过一系列推导之后建立了适合于碳酸盐岩地层特点的破裂压力预测模型。

$$p_{\text{f}} = \alpha p_{\text{p}} + u_{\text{b}} \frac{u}{1-u} \left(p_{\text{o}} - \alpha p_{\text{p}} \right) + C_1 \times C_2 \times S_{\text{t}} \qquad (5\text{-}1\text{-}9)$$

该式与上述公式形式上类似，其中第一项反映了地层孔隙压力对破裂压力的影响，第二项反映了由上覆地层压力和地层孔隙压力综合作用的垂直骨架应力对破裂压力的贡献，第三项反映了岩石抗张强度对破裂压力的影响，且 p_{p}、$p_{\text{o}}-\alpha p_{\text{p}}$、$S_{\text{t}}$ 前边的系数项反映了它们对破裂压力所起作用的大小。式中，$C_1 = 1$ 表示非裂缝性地层或孔隙性储层，否则 $C_1 = 0$；$C_2 = 1$ 表示压裂施工时计算的地层破裂压力，$C_2 = 0$ 表示用于钻井中为防止钻井液密度过大压漏地层而需要忽略地层抗张强度时计算的地层自然破裂压力（或漏失压力）。

地层破裂压力与测井响应有着密切的关系。由式（5-1-9）计算地层破裂压力，关键是从测井资料中准确地提取地层破裂压力计算模型中的输入参数，主要包括地层泊松比 u、Biot 弹性系数 α、地层水平骨架应力非平衡因子 u_{b}、抗拉强度 S_{t} 和孔隙压力 p_{p} 等参数。

（1）Biot 系数 α 的确定：α（$0 < \alpha \leqslant 1$）反映地层孔隙压力对骨架应力的影响程度。通常地层破裂压力随地层体积压缩系数 C_{b} 的增大而减小、随骨架体积压缩系数 C_{ma} 的增大而增大，进而随 α 的增大而增大。可由声波、密度测井资料确定 α 值。

$$\alpha = 1 - \frac{C_{\text{b}}}{C_{\text{ma}}} = 1 - \frac{\rho_{\text{b}} \left(3 / \Delta t_{\text{c}}^2 - 4 / \Delta t_{\text{s}}^2 \right)}{\rho_{\text{m}} \left(3 / \Delta t_{\text{mc}}^2 - 4 / \Delta t_{\text{ms}}^2 \right)} \qquad (5\text{-}1\text{-}10)$$

式中　ρ_{b}、ρ_{m}——地层和岩石骨架体积密度，g/cm^3；

Δt_{mc}、Δt_{ms}——岩石骨架的纵波、横波时差，μs/ft。

（2）地层水平骨架应力非平衡因子 u_{b} 的确定：该参数反映了沿 x 轴和 y 轴方向上的两个地应力不相等而导致其水平骨架应力出现非平衡的现象，实际上它包含了地质构造应力系数 ξ 对破裂压力的贡献，可由双井径、声波和密度测井曲线来计算。

$$u_{\text{b}} = 1 + k \left[1 - \left(\frac{D_{\text{min}}}{D_{\text{max}}} \right)^2 \frac{\rho_{\text{b}} \left(1 + u \right) \Delta t_{\text{ms}}^2}{\rho_{\text{m}} \left(1 + u_{\text{m}} \right) \Delta t_{\text{s}}^2} \right] \qquad (5\text{-}1\text{-}11)$$

式中　D_{max}、D_{min}——双井径中的最大、最小值；

u_m——地层骨架的泊松比；

k——经验系数，取值范围为 1～3。

4）地层压力剖面

基于上述模型方法，结合实钻中地层破裂压力实验数据、处理井漏、压井以及测试压力数据，建立了地层压力剖面（图5-1-1）。茅口组以上地层坍塌压力系数为 0.60～1.10，破裂压力系数为 1.57～2.42；栖霞组至龙马溪组地层坍塌压力系数为 0.80～1.25，破裂压力系数为 1.71～2.07，整体分布在 0.95～1.10 之间。武隆区块也是典型的页岩气勘探开发地层，隆页 1HF 井微压测试表明，龙马溪组地层压力系数为 1.08。平桥区块上部地层为常压压力系统，下部页岩气储层段压裂前地层压力系数为 1.25～1.30，压裂后实测地层压力系数为 1.56。

2. 井身结构设计方法优选

1）自下而上设计法

该方法即传统井身结构设计方法，遵循自下而上、自内而外逐层确定每层套管的下入深度，首先是从目的层深度 D 开始，根据上述裸眼井段须满足的约束条件，向上确定出安全裸眼井段的长度 L_1，从而确定出地层技术套管应下入的深度 $D_1 = D-L_1$。从第一层技术套管应下入深度 D_1 开始，按照同样的方法确定出 D_1 上部的安全裸眼井段的长度 L_2，从而确定出第二层技术套管的应下入深度 $D_2 = D_1-L_2$。依此类推，一直到井口，逐层确定出每层套管的下入深度。

具体方法和步骤如下：

（1）利用压力剖面图上最大地层压力梯度求中间套管下入深度假设点 D_{21}（预计要发生井涌时）。

$$\rho_f = \rho_{p_{max}} + S_b + S_f + \frac{D_{p_{max}}}{D_{21}} \times S_k \qquad （5-1-12）$$

式中 ρ_f——地层破裂压力梯度的当量密度，g/cm^3；

$\rho_{p_{max}}$——剖面图中最大地层压力梯度的当量密度，g/cm^3；

S_b——抽吸压力系数（下放钻柱时，由于钻柱向下运动产生的激动压力使井内液柱压力的增加值，用当量密度表示）；

S_f——安全系数（为避免上部套管鞋处裸露地层被压裂的地层破裂压力安全增值，用当量密度表示。安全系数的大小与地层破裂压力的预测精度有关）；

$D_{p_{max}}$——剖面图中最大地层压力梯度点所对应的深度，m。

式（5-1-12）中的 D_{21} 可用试算法求得，试取 D_{21} 的值代入式中，求得 ρ_f，然后在地层破裂压力梯度曲线上求 D_{21} 所对应的地层破裂压力梯度。若计算值 ρ_f 与实际值相差

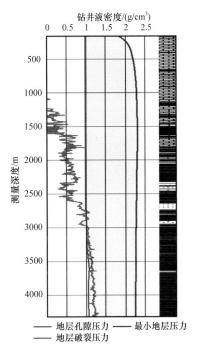

钻井液密度/(g/cm^3)

图 5-1-1 隆页 1HF 井三压力剖面图

—— 地层孔隙压力 —— 最小地层压力
—— 地层破裂压力

不大或略小于实际值，则 D_{21} 即为中间套管下入深度的假定点。否则，另取 D_{21} 值进行计算，直到满足要求为止。

（2）验证中间套管下入深度是否有卡钻危险。

$$\Delta p = 0.00981 \times \left(\rho_{\mathrm{m}} - \rho_{p_{\min}} \right) D_{p_{\min}} \qquad (5\text{-}1\text{-}13)$$

式中　Δp——计算压差，MPa；

　　　ρ_{m}——套管下入深度 D_{21} 时采用的钻井液密度，$\rho_{\mathrm{m}} = \rho_{p_{\max}} + S_{\mathrm{b}}$，g/cm³；

　　　$\rho_{p_{\min}}$——假设点以上该井段内的最小地层压力当量密度，g/cm³；

　　　$D_{p_{\min}}$——最小地层压力点对应的井深，m。

若 $\Delta p \leqslant \Delta p_{\mathrm{N}}$（或 Δp_{A}），则假设中间套管下入深度即为实际中间套管下入深度。

若 $\Delta p > \Delta p_{\mathrm{N}}$（或 Δp_{A}），则中间套管下入假设点有卡钻危险，此时中间套管下入深度应小于假定点深度。该种情况下中间套管的下入深度应采取如下方法解决：

在压差 Δp_{N} 下所允许的最大地层压力为：

$$\rho_{p_{\mathrm{per}}} = \frac{\Delta p_{\mathrm{N}}}{0.00981 D_{\min}} + \rho_{p_{\min}} - S_{\mathrm{b}} \qquad (5\text{-}1\text{-}14)$$

在压力剖面上找出 $\rho_{p_{\mathrm{per}}}$ 值，该值所对应的深度即为中间套管的下入深度 D_{21}。

（3）计算钻井尾管的下入深度的假定点。

若出现压差卡钻，按式（5-1-14）重新计算中间套管下入深度后，还需要解决 D_{21} 到 D_2 间的钻井安全问题。往往需要多下一层套管或尾管，并需要确定尾管的下入深度。

根据中间套管的下入深度 D_2 处的破裂压力梯度 ρ_{f_2}，由式（5-1-15）求得允许的最大地层压力梯度。

$$\rho_{p_{\mathrm{per}}} = \rho_{f_2} - S_{\mathrm{b}} - S_{\mathrm{f}} - \frac{D_{31}}{D_2} \times S_{\mathrm{k}} \qquad (5\text{-}1\text{-}15)$$

式中　D_{31}——钻井尾管下入深度的假定点，m。

（4）校核钻井尾管下到假定深度 D_{31} 处是否会产生压差卡套管。

具体校核方法与步骤（2）相同，压差允许值用 Δp_{A}。

（5）计算表层套管下入深度。

根据中间套管鞋处（D_2）的地层压力梯度，给定井涌条件 S_{k}，用试算法计算表层套管下入深度，每次给定 D_1，并代入式（5-1-16）计算。

$$\rho_{f_{\mathrm{E}}} = \left(\rho_{p_2} + S_{\mathrm{b}} + S_{\mathrm{f}} \right) + \frac{D_2}{D_1} \times S_{\mathrm{k}} \qquad (5\text{-}1\text{-}16)$$

式中　$\rho_{f_{\mathrm{E}}}$——井涌压井时表层套管鞋处承受的压力当量密度，g/cm³；

　　　ρ_{p_2}——中间套管鞋 D_2 处的地层压力当量密度，g/cm³。

试算结果中，若 $\rho_{f_{\mathrm{E}}}$ 接近或小于 D_2 处的破裂压力梯度即为复合设计要求，该深度即为表层套管的下入深度。

采用该方法可使每层套管下入的深度最浅，套管费用最低。但上部套管下入深度的合理性取决于对下步地层特性了解的准确程度和充分程度。该方法主要应用于已探明地区的开发井的井身结构设计比较合理。

2）自上而下设计法

示范区所钻地层跨越的地质年代较多，地层变化大，地质条件（如构造应力、地应力）等变化大，同一井段包括压力梯度相差较大的多压力体系和复杂地质情况等。这些地质因素增加了钻井难度，容易引起井漏、井斜、井壁坍塌和卡钻等事故，特别是在新探区，在地质情况不十分清楚的情况下，常因地质预告不准确而导致井身结构设计不合理，造成钻井过程中复杂情况的发生而延误钻井周期。采用自上而下的设计方法，由外向内，逐层确定每层套管的下入深度。基本依据除了所钻地区的地层特性剖面、地层孔隙压力剖面、地层破裂压力剖面、地区井身结构设计系数及已钻井资料外，还考虑了井壁坍塌压力对井身结构的影响。

具体方法和步骤如下：

首先根据当地地层资料并参考传统设计方法的结果，确定出表层套管的下入深度 H_b。从表层套管下深 H_b 开始，根据裸眼井段须满足的约束条件，向下确定出安全裸眼井段的长度 L_{a_1}，从而确定出第一层技术套管应下入的深度 $H_{f_1}=H_b+L_{a_1}$，然后，再从第一层技术套管应下入的深度 H_{f_1} 开始，按照同样的方法确定出 H_{f_1} 下部的安全裸眼井段的长度 L_{a_2}，从而确定出第二层技术套管的应下入深度 $H_{f_2}=H_{f_2}+L_{a_2}$，依此类推，一直到目的层位，逐层确定出每层套管的下入深度。

（1）裸眼井段必须满足的约束条件。

$$防喷、防漏：\rho_{max}=max\{(\rho_{p_{max}}+S_b+\Delta\rho),\ \rho_{c_{max}}\} \qquad (5-1-17)$$

$$防卡：(\rho_{max}-\rho_{p_i})\times H_i\times0.00981\leqslant\Delta p \qquad (5-1-18)$$

$$防漏：\rho_{max}+S_f+S_k+H_{p_{max}}/H_i\leqslant\rho_{f_i} \qquad (5-1-19)$$

$$关井时防漏：\rho_{max}+S_f+S_g\leqslant\rho_{f_i} \qquad (5-1-20)$$

式中　i——计算点序号，在设计中每米取一个计算点；

ρ_{max}——裸眼井段的最大钻井液密度，g/cm^3；

$\rho_{p_{max}}$——裸眼井段钻遇的最大地层孔隙压力系数，g/cm^3；

S_b——抽吸压力系数，g/cm^3；

$\rho_{c_{max}}$——裸眼井段的最大井壁稳定压力系数，g/cm^3；

ρ_{p_i}——计算点处的地层孔隙压力系数，g/cm^3；

H_i——计算点处的深度，m；

Δp——压差卡钻允许值，MPa；

S_g——激动压力系数，g/cm^3；

S_f——地层破裂压力安全增值，g/cm^3；

ρ_{f_i}——计算点处的地层破裂压力系数，g/cm³；

$H_{p_{\max}}$——裸眼井段最大地层孔隙压力处的井深，m；

S_k——井涌允许量，g/cm³；

$\Delta\rho$——附加钻井液密度，g/cm³。

在以上的裸眼段约束条件中，比传统的设计方法增加了坍塌压力的约束条件，从而使井身结构设计更加趋于合理。

（2）井内液柱压力体系。

静止状态时，井底压力 = 环空静液柱压力。

正常循环时，井底压力 = 环空静液柱压力 + 环空循环压耗。

用旋转防喷器循环时，井底压力 = 环空静液柱压力 + 环空循环压耗 + 旋转防喷器的回压。

循环气涌时，井底压力 = 环空静液柱压力 + 环空循环压耗 + 阻流器（套管压力）。

（3）最大钻井液密度。

某一层套管的钻进井段所用的最大钻井液密度和该井段中的最大地层压力有关，应能保证在起钻时不致产生井涌：

$$\rho_{\max}=\rho_{p_{\max}}+M_d\times S_b/TVD \tag{5-1-21}$$

式中　$\rho_{\max}$——某层套管钻进井段中所用最大钻井液密度，g/cm³；

$\rho_{p_{\max}}$——该井段中的最大地层压力当量钻井液密度，g/cm³；

M_d——该井段地层压力当量钻井液密度最大处的测深，m；

S_b——同地区直井所选用的抽吸压力当量钻井液密度，g/cm³；

TVD——该井段地层压力当量钻井液密度最大处的垂深，m。

（4）井内最大压力梯度 ρ_b。

为了避免将井段内的地层压裂，应求得最大井内压力梯度，在正常作业和井涌压井时，井内压力梯度有所不同。

① 正常作业情况。

最大井内压力梯度发生在下放钻柱时，由于产生激动压力使井内压力升高：

$$\rho_{br}=\rho_{p_{\max}}+M_{d_1}\times S_b/TVD_1 \tag{5-1-22}$$

式中　ρ_{br}——下钻时井内最大压力梯度，g/cm³；

S_b——同地区直井所选用的抽吸压力当量钻井液密度，g/cm³；

M_{d_1}——待确定套管鞋处的测深，m；

TVD_1——待确定套管鞋处的垂深，m。

② 发生井涌压井时。

为了平衡地层压力制止井涌而压井时，也将产生最大井内压力梯度，压井时井内压力增高值以当量密度表示为 S_k，则发生井涌关井时最大井内压力梯度当量密度 ρ_{bk} 为：

$$\rho_{bk}=\rho_{\max}+S_k \tag{5-1-23}$$

式（5-1-23）只适用于发生井涌时最大地层孔隙压力所在垂深 $H_{p_{max}}$ 的井底处。而对井深为 H_2 处则：

$$\rho_{bk} = \rho_{max} + H_{p_{max}} \times S_k / H_2 \qquad (5-1-24)$$

（5）根据钻进时避免套管鞋漏失，求出套管预先下入深度 H_1。

（6）根据井涌压井不压漏地层，求出套管预先下深 H_2；

$$\rho_{f(H_2)} = \rho_{max} + M_d \times S_b / TVD + H_{p_{max}} / H_2 \times S_k + S_f \qquad (5-1-25)$$

$$\rho_{f(H_1)} = \rho_{max} + M_d \times S_b / TVD + M_{d_1} / TVD_1 \times S_g + S_f \qquad (5-1-26)$$

式中 $\rho_{f(H_1)}$ ——H_1 深度处地层破裂压力当量钻井液密度，g/cm^3；

$\quad \rho_{f(H_2)}$ ——H_2 深度处地层破裂压力当量钻井液密度，g/cm^3；

$\quad H_{p_{max}}$ ——裸眼段内地层孔隙压力当量钻井液密度最大处的垂深（$H_{p_{max}} = TVD$），m。

（7）根据避免压差卡套管时最大静压差 Δp_m 为：

$$\Delta p_m = 9.81 \times H_{min} (\rho_{p_{max}} + M_d / TVD \times S_b - \rho_{p_{min}}) \times 0.001 = \Delta p \qquad (5-1-27)$$

（8）各层套管下入深度的确定。

各层套管的下入深度由下面四项数值最小者决定：

① 根据正常钻进时避免套管鞋漏失，求出套管预选下深 H_1；

② 根据井涌压井不压漏地层，求出套管预选下深 H_2；

③ 根据避免压差卡套管求出套管预选下深 H_3；

④ 必封点深度 H_4。

自上而下的设计方法，套管下深根据上部已钻地层的资料确定，不受下部地层的影响，有利于井身结构的动态设计。每层套管下入的深度最深，从而为后续钻进留有足够的套管余量，有利于保证顺利钻达目的层位。

3）自中间向两边设计法

目前，套管层次及下入深度主要依据井眼与地层压力平衡与稳定来确定，这种以井内压力平衡为基础，以压力剖面为依据的计算方法，并没有将井身结构设计的所有因素考虑进来，这些没有包括进来的因素是以必封点的形式引入井身结构中的。必封点深度的选择在井身结构设计中具有重要意义，它不仅是对以压力剖面及设计系数为基础的设计方法的补充和完善，而且也是设计人员对所设计井的认识程度和现场工作经验的检验。

主要必封点原因和类型有：

（1）易坍塌页岩层、塑性泥岩层、盐岩层、岩膏层等。在钻井施工中，它们以坍塌、缩径等形式出现，多数情况下控制这些层位的合理钻井液密度是未知的，而且与地层裸露时间有关。

（2）一般情况下，地层破裂压力剖面没有包括裂缝溶洞型，以及破裂带地层、不整合交界面型漏失，当钻至这些层位时，钻井液液柱压力稍大于地层压力即发生井漏。而且，浅部疏松地层的地层破裂压力预测方法还不完善。

（3）低压油气层的防污染问题。对于一些低压油气层，其顶部往往存在泥页岩易塌层。泥页岩层防坍塌需要高钻井液密度，这与保护产层需要低钻井液密度产生了矛盾，按压力剖面进行设计的结果可能没有充分考虑到低压油气层防污染的需要，或不能有效地解决钻井液密度选择的矛盾。

（4）井眼轨迹控制等施工方面的特殊要求。

（5）表层套管的下入深度要满足相关法律、法规，重视环境保护工作。一般需要封隔浅部疏松层、淡水层，有时还受到浅层气的影响。

（6）在采用欠平衡压力钻井时，为了维持上部井眼的稳定性，通常将技术套管下至产层顶部。

必封点包括工程必封点和地质复杂必封点。工程必封点可根据压力剖面计算出套管的下深位置，作为其深度位置。地质复杂必封点则可根据所钻遇的地层岩性来考虑其位置：

（1）浅部的松软地层是一些未胶结的砂岩层和砾石层，地层特点是疏松易坍塌，钻进时一般采用高黏度钻井液钻穿后下入表层套管封固。

（2）为安全钻入下部高压地层而提前准备一层套管并提高钻井液密度。

（3）封隔复杂膏盐层及高压盐水层，为阻隔目的层做准备。

（4）钻开目的层。

（5）考虑备用一层套管，以应对地质加深的要求和意想不到的复杂情况发生。

自中间向两边的设计方法是根据地层参数和地层压力数据，首先确定必封点的位置，由必封点的数量确定需要下入的技术套管层次，再结合常规设计方法确定技术套管下入深度是否合适，以及表层套管和油层套管的尺寸和下入深度，实现从中间向两边推导的设计方法。

4）设计方法优选

通过现场实践可知，自下而上的设计方法为传统的实际方法，可以确定每层套管的最小下入深度，经济性高，适用于勘探开发程度较高的地区。

自上而下的设计方法为在已确定了表层套管下入深度的基础上，从表层套管鞋处开始向下逐层设计每一层技术套管的下入深度，直至目的层位。有利于保证实现钻探目的，顺利钻达目的层位。

自中间向两边推导的方法尤其适用于高压深气井，首先考虑在高压气层之上套管的抗内压强度，选择合适的技术套管，然后根据地层的各种压力和必封点的情况向两边推导，可以保证钻井过程中发生溢流后压井的安全。

综合上述分析，渝东南武隆、南川地区适用自中间向两边推导的方法，即首先确定必封点的位置，由必封点的数量确定需要下入的技术套管层次，再结合常规设计方法确定技术套管下入深度是否合适，以及表层套管和油层套管的尺寸和下入深度。

3. 二开制井身结构优化设计方案

1）设计原则

（1）符合"安全第一、科学先进、保护环境、实用有效"的原则，满足安全、环境与健康体系的要求。

（2）科学、有效地保护和发现油气层，有利于地质目的的实现。

（3）尽可能避免"漏、喷、卡、塌"等复杂情况产生，为全井顺利钻井、试油（气）、开采创造条件。

（4）钻头、套管及主要工具易配套，有利于生产组织运行。

（5）钻井成本经济、合理。

（6）采用现代钻井工艺、钻井工具，体现井身结构设计的科学性和先进性。

2）设计依据

（1）根据平衡地层压力钻井原则，确定钻井液密度。

（2）钻下部地层采用的钻井液，产生的井内压力不致压破上层套管鞋处地层及裸露的破裂压力系数最低的地层。

（3）下套管过程中，井内钻井液液柱压力与地层压力之差值，不致产生压差卡套管事故。

（4）考虑地层压力设计误差，限定一定的误差增值，井涌压井时，在上层套管鞋处产生的压力不大于该处地层破裂压力。

（5）应依据钻井地质设计和邻井钻井有关资料制定，优化设计时，层次与深度应留有余地。

（6）含硫化氢地层、严重坍塌地层、塑性泥岩层、严重漏失层、盐膏层和暂不能建立压力曲线图的裂隙性地层，均根据实际情况确定各层套管的必封点深度。

（7）根据当前钻井工艺技术水平，同时考虑钻井工具、设备的配套情况，进行综合考虑。

3）整体优化方案

区块前期采用的"导管＋三开"井身结构突出强调了对复杂地层（漏失）的有效全封固，但限制了进一步钻井提速。为进一步提高钻井效率，降低钻井成本，需要对井身结构进行优化，优化综合分析本地区的地质条件和相邻区块已完成井的实践情况，井身结构必封点主要有以下三个：

（1）第一个必封点为浅表溶洞（暗河），导管或表层套管应对其进行封隔。

（2）第二个必封点为三叠系的水层、漏层与二叠系的浅层气，应在揭开浅层气之前下入一层套管，封隔三叠系的水层、漏层。

（3）第三个必封点为龙马溪组之上的易漏、易垮塌地层，钻穿小河坝组之上的易漏、易垮塌地层之后及时下套管进行封隔。

基于该地区地质和钻井复杂情况分析，在区域上提出按照"一区一策"的原则，优化完善，形成了以"二开为主、三开为辅"的井身结构序列；在平台上提出按照"一井一案"的原则，动态调整，优化开次和套管下入深度。

方案一：二开制井身结构。

地表出露为嘉陵江组地层，采用"二开制"井身结构。根据平台第一口井实钻情况，对导管和表层套管下入深度进行优化。

（1）导管：用ϕ406.4mm钻头，采用清水钻井方式钻进，以封隔嘉陵江组地层为原则确定中完深度，导管设计平均下入深度 400m 左右（200～500m），应保证固井质量，水泥返至地面。

（2）表层套管：一开用 ϕ311.2mm 钻头，正常情况下，清水钻至长兴组地层或钻至造斜点后转钻井液钻进，钻至龙马溪组页岩气层顶部，下 ϕ244.5mm 套管固井，封龙马溪组页岩气层之上的易漏、易垮塌地层。水泥返至地面。平台首口井原则上应进入龙马溪组 50m。其他井可根据情况优化调整下入深度。

（3）生产套管及完井方式：二开使用 ϕ215.9mm 钻头、油基钻井液，完成大斜度井段和水平段钻井作业，下入 ϕ139.7mm 套管完井。

"二开制"井身结构在隆页 2HF 井首次成功应用，目前已在焦页 10 井区、胜页 2 平台等得到推广，节省一层 ϕ473.1mm 导管；节省套管费用约 40 万元；节省纯钻时间 3～5d，钻头使用减少 3～5 只，周期减少 9～11d。

方案二：三开制井身结构。

地表为雷口坡组及以上地层，采用"三开制"井身结构。视浅表地层情况决定是否增加或取消导管。根据平台第一口井实钻情况，对井身结构各开次套管下入深度进行优化或缩减开次。对于东胜构造北部侏罗系开孔，工勘显示，可能钻遇多套浅表层溶洞、暗河不规律发育的井，井身结构采用专打专封、动态留有备用的设计方法。

（1）导管：采用 ϕ609.6mm 钻头钻穿雷口坡组进入嘉陵江组 50m 以上，下入 ϕ473.1mm 表层套管，目的是封固雷口坡组漏失层及嘉五段可能存在的角砾岩等复杂井段，固井水泥返至地面，固井后在井口安装防喷器组。

（2）表层套管：一开用 ϕ406.4mm 钻头，采用清水钻井方式钻进，以封隔嘉陵江组地层为原则确定中完深度，表层套管设计平均下深 800m 左右（600～1200m），应保证固井质量，水泥返至地面。

（3）技术套管：二开用 ϕ311.2mm 钻头，正常情况下，清水钻穿茅口组地层或钻至造斜点后转钻井液钻进，钻至龙马溪组页岩气层顶部，下 ϕ244.5mm 套管固井，封隔龙马溪组页岩气层之上的易漏、易垮塌地层。水泥返至地面。首口井原则上应进入龙马溪组 50m，其他井可根据情况优化调整下入深度。出现管柱摩阻大等情况，进行技术评估后确定最优下深。

（4）生产套管及完井方式：三开使用 ϕ215.9mm 钻头、油基钻井液，完成大斜度井段和水平段钻井作业，下入 ϕ139.7mm 套管完井。

方案三：二级井身结构再优化方案。

（1）导眼采用 ϕ406mm 钻头，下入 ϕ339.7mm 导管封隔嘉陵江组上部易漏失地层，建立井口、安装防喷器。

（2）一开采用 ϕ311.15mm 钻头钻进至茅口组，下入 ϕ244.5mm 套管封隔吴家坪组以上易漏失地层。

（3）二开采用 ϕ215.9mm 钻头钻进，下入 ϕ139.7mm 套管固井。二级井身结构取消了一层套管，增加了导管下入深度，大幅提高了上部井段的机械钻速。

隆页 2HF 井一开吴家坪组采用 $12\frac{1}{4}$ in 钻头井段较隆页 1 井采用 16in 钻头提速 94.36%；二开韩家店组采用 $8\frac{1}{2}$ in 钻头井段较隆页 1 井采用 $12\frac{1}{4}$ in 钻头提速 222.46%，较焦页 194-3 井采用 $12\frac{1}{4}$ in 钻头提速 139.7%。

方案四：小井眼井身结构。

针对焦页 203-3HF 井韩家店组、小河坝组地层漏失严重，承压能力弱，先后 21 次堵漏效果均不理想的现状，开展了小井眼井身结构优化先导试验，探索使用 ϕ152.4mm 小井眼配合 ϕ114.3mm 产层套管的井身结构。

（1）采用 ϕ215.9mm 钻头钻穿韩家店组、小河坝组地层，进入龙马溪组，悬挂 ϕ177.8mm 套管。

（2）二开采用 ϕ152.4mm 钻头钻至设计井深，下入 ϕ114.3mm 套管固井。

方案五：丢手工具下技术尾管。

进一步拓展了低成本增加套管开次，应对地质复杂情况的技术手段。针对二叠系地层恶性漏失，在多次堵漏后无效的情况下，使用丢手工具下入技术尾管。其原理为连接技术尾管与钻杆，固井结束后倒扣出钻杆。使用该工艺能够替代悬挂器，节省管材。但存在水泥塞长度控制困难、无法顺利倒扣、无法有效解决水泥倒返、扭矩不易把控等风险。

4. 井身结构优化技术现场应用

1）武隆地区井身结构方案的应用

二开制井身结构方案首次在隆页 2 井与隆页 2HF 井的应用，取得了显著的提速效果（表 5-1-1）。隆页 2 井机械钻速 6.99m/h，机械钻速提高 49.7%；隆页 2HF 井机械钻速 8.14m/h，机械钻速提高 105%。隆页 2HF 井较隆页 1HF 井机械钻速提高 105%，钻完井总周期缩短 25.37%，总成本相比隆页 1HF 井优化 1372 万元。

表 5-1-1 减小井眼尺寸后提速效果显著

井号	层位	钻头尺寸 /in	机械钻速 /m/h	隆页 2 井扭矩降低 /%	隆页 2 井提速 /%
隆页 1 井	吴家坪组	16	2.59		+94.36
隆页 2 井	吴家坪组		5.04	-45.3	
焦页 194-3 井	韩家店组	$12\frac{1}{4}$	6.55		+139.7
隆页 1 井	韩家店组		4.87		+222.46
隆页 2 井	韩家店组	$8\frac{1}{2}$	15.70	-58.4	
焦页 194-3 井	造斜段	$12\frac{1}{4}$	3.77		+37
隆页 1 井	造斜段		1.12		+360
隆页 2 井		$8\frac{1}{2}$	5.16	-58.4	

成功应用二级井身结构，ϕ215.9mm 井眼易于侧钻，隆页 2HF 井一趟钻侧钻成功，较隆页 1HF 井减少两趟钻；减小了井眼尺寸，降低了破岩能量，提速效果显著，有利于实现水平井一趟钻。

直井段提速措施：稳定性 PDC 钻头 +228 射流冲击器、大扭矩直螺杆或弯螺杆；造斜段提速措施：PDC+ 单弯 +LWD；水平段提速措施：PDC+ 旋转导向。

现场取得的亮点：ϕ215.9mmPDC 钻头 +ϕ172mm1.0° 单弯螺杆，进尺 1065m，钻速 11.62m/h，实现了一趟钻钻穿小河坝组；ϕ215.9mmPDC 钻头 + 旋转导向，2960.00～4289.00m，进尺 1329m，钻速 20.3m/h，满足水平井一趟钻的要求。

隆页 2HF 井成功应用的基础在于，二开制井身结构在武隆区块推广应用。隆页 1-1HF 井、隆页 1-2HF 井、隆页 1-3HF 井、隆页 1-4HF 井井身结构设计数据见表 5-1-2。

表 5-1-2　井身结构设计数据

井号	开次	钻头尺寸 / mm	井深 / m	套管层序	套管外径 / mm	套管下深 / m	水泥返深 / m
隆页 1-1HF	导管	406.4	420.00	导管	339.7	419.00	地面
	一开	311.2	1880.00	表层套管	244.5	1878.00	地面
	二开	215.9	4498.00	生产套管	139.7	4494.00	1000
隆页 1-2HF	导管	406.4	420.00	导管	339.7	419.00	地面
	一开	311.2	1864.00	表层套管	244.5	1862.00	地面
	二开	215.9	4517.00	生产套管	139.7	4513.00	1000
隆页 1-3HF	导管	406.4	400.00	导管	339.7	399.00	地面
	一开	311.2	1884.00	表层套管	244.5	1882.00	地面
	二开	215.9	4625.00	生产套管	139.7	4621.00	1000
隆页 1-4HF	导管	406.4	400.00	导管	339.7	399.00	地面
	一开	311.2	2703.00	表层套管	244.5	2701.00	地面
	二开	215.9	4717.00	生产套管	139.7	4713.00	1000

2）平桥构造带井身结构方案的应用

焦页 10 井区：针对新平台第一口井采用三开制（图 5-1-2），技术套管原则上封住二叠系地层，出现管柱摩阻大、漏失等情况，进行技术评估后决定下入深度。

3）东胜构造带井身结构方案的应用

胜页 2 井区：根据区块地层特性，采用二开制井身结构，对导管下入深度由进飞三段优化为进嘉二段（图 5-1-3），缩短大尺寸井眼进尺及管材消耗。

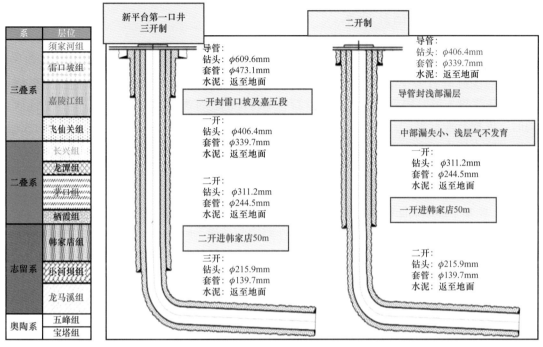

图 5-1-2 焦页 10 井区井身结构方案

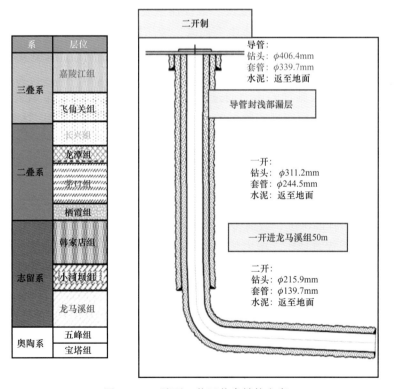

图 5-1-3 胜页 2 井区井身结构方案

二、强化参数钻井技术

1. 地层可钻性研究

按照国际岩石力学学会的标准，对所取岩心在室内进行声学测试、单轴抗压强度、三轴抗压强度实验，得到反映研究区岩石力学特性的特征参数，分析其岩石的力学性质。同时，依据行业标准，开展岩石可钻性级值测试，并根据声波与岩石可钻性级值的相应关系，建立适合研究区的可钻性级值的计算模型；同时，开展塑性系数、硬度等抗钻参数测试，结合测井资料建立塑性系数、硬度等抗钻参数计算模型。实验结果可供最大破岩理论和双驱大扭矩螺杆复合钻进破岩比能参数模型建立使用。

1）岩石可钻性级值和硬度的测定

根据《石油天然气钻井工程岩石可钻性测定与分级》（SY/T 5426—2016）行业标准，采用岩石可钻性测试仪，应用微型牙轮钻头和PDC钻头对现场取得的岩样进行了钻进实验。

测井曲线可以较好地体现岩石的物理特性，其中纵波时差反映了地层的拉伸和压缩变形特性及强度特性，而地层的岩石可钻性反映了岩石抵抗钻头冲击与剪切破坏的能力。因此，岩石的纵波时差必然能够反映地层的岩石可钻性，纵波时差必然与岩石可钻性级值 K_d 之间存在某种内在的联系。

测量硬度所用的仪器为岩石硬度仪。该仪器主要由函数记录仪、载荷传感器、位移传感器和主体组成。岩石硬度仪主体由手摇泵、液压罐、支柱、上板、下板、压模组成，并可固定载荷传感器、位移传感器及岩样，位移传感器的转换器固定在函数记录仪的外罩上。

液压罐的作用是将泵施加的压力通过液缸内的液体推动活塞，带动岩心托盘上的岩样与压模接触、压裂，进而实现实验目的。液压罐主要由液缸、压帽、活塞、活塞压盘、垫块、岩心托盘组成。

压模是由高强度钢制成胚体后镶入硬质合金压头，将硬质合金锥磨成柱体，压头直径 $d=2\text{mm}$。

载荷传感器固定在上板上。位移传感器固定在左支柱上，可上下移动。位移传感器用来测定压模压入岩样的深度，载荷传感器用来测定压模压碎岩样所用的力。

实验时，利用手摇泵加压，压力传递给压模（硬质合金压头），岩样与压头和位移传感器接触后，用手摇泵慢速、均匀加载，压头吃入岩样直至破碎，函数记录仪记录整个过程的载荷与位移值，画出压头压入岩石过程的变形曲线，根据式（5-1-28）计算岩石的硬度：

$$p_y = \frac{P}{S} \qquad\qquad (5-1-28)$$

式中　p_y——岩石的硬度，MPa；

　　　P——岩石破碎时的载荷，N；

S——压模面积，mm^2。

对取自研究地区的 7 块岩心进行了牙轮钻头和 PDC 钻头的岩石可钻性实验和硬度实验，实验结果见表 5-1-3。

表 5-1-3 岩心可钻性和硬度实验

井名	井深 / m	声波时差 / μs/ft	硬度 / MPa	可钻性级值	塑性系数
胜页 1	3326.68	71.41	574.27	5.99	1.39
胜页 1	3401.91	70.23	661.66	6.16	1.41
胜页 1	3437.7	67.22	936.31	6.55	1.55
胜页 1	3462.68	69.03	836.43	6.36	1.49
焦页 195-3	3798.67	64.03	917.58	6.35	1.40
焦页 195-3	3836.73	70.14	764.65	5.56	1.41
焦页 194-30	2632.55	72.74	555.54	5.61	1.35

2）岩石研磨性的确定

用切削具切削岩石时，它必然与岩石发生摩擦。在摩擦过程中，岩石磨损切削具的能力称为岩石的研磨性或磨蚀性。钻头破碎岩石的过程是一个钻头与岩石相互作用的过程。钻头在破碎岩石的同时，必然受到岩石的反作用而磨损。钻头的磨损增加了钻头的消耗，降低了岩石破碎的效率，增加了起下钻作业时间，致使钻井效率大大降低。因此，岩石的研磨性也是反映地层岩石难钻、易钻程度的主要指标之一，可作为钻头选型、设计的基础数据。根据岩石磨损切削具的程度可以将研磨性划分等级，见表 5-1-4。

表 5-1-4 研磨性详细分级

研磨性等级	研磨性程度	研磨性指标 / g/m	代表岩石及矿物
1	极低	<5	石英岩、大理岩、不含石英的软硫化矿（方铅矿、闪锌矿、磁黄铁矿），以及磷灰岩、岩盐、叶岩
2	低	5～10	硫化矿及重晶石硫化矿、黏土、软的片岩（碳质、泥质、绿泥质、绿泥板状的）
3	中下	10～18	碧玉岩、角岩（含矿及不含矿的）、石英硫化矿石、细粒岩浆岩、石英及长石细粒砂岩、铁矿石、矽化石灰岩
4	中	18～30	石英及长石细粒砂岩、辉绿岩、粗粒黄铁矿、砷黄铁矿、脉石英，以及石英硫化矿石、细粒岩浆岩、矽化灰岩、碧玉铁质岩
5	中上	30～45	石英及长石中粗粒砂岩、斜长花岗岩、霞石正长岩、细粒花岗岩及闪长岩、玢岩、云英岩、辉长岩、片麻岩、矽卡岩（含矿及不含矿的）、黄铁长英岩、滑石菱镁片岩

续表

研磨性等级	研磨性程度	研磨性指标/g/m	代表岩石及矿物
6	较高	45～65	花岗岩、闪长岩、花岗闪长岩、花岗正长岩、玢岩、霞石正长岩、角闪石斑岩、辉岩、二长岩、闪岩、石英及矽化灰岩、片麻岩
7	高	65～90	玢岩、闪长岩、花岗岩、花岗霞石正长岩
8	极高	>90	含刚玉岩石

本节在前人对研磨性研究工作的基础上，结合研究区的地层特点，优化确定了研究区地层岩石研磨性的计算模型。

$$K_c = -0.015\Delta t^2 + 0.858\Delta t + 45.093 \qquad (5-1-29)$$

式中　K_c——岩石研磨性级值；

　　　Δt——声波速度，μs/ft。

3）岩石力学参数及抗钻特征参数的计算及规律分析

结合测井资料，对研究区的焦页 194-3 井、焦页 195-2 井、焦页 195-5 井、胜页1 井的岩石力学参数进行了计算，见表 5-1-5～表 5-1-7，同时结合地质数据，建立了平桥南区块岩石可钻性级值纵向剖面图版及龙马溪组可钻性三维空间图，如图 5-1-4、图 5-1-5 所示。

从总体趋势上看，梁山组以上地层各特征参数波动较大，说明地层非均质性明显；下部地层变化较为平缓。

表 5-1-5　各层位抗压强度分布　　　　　　　　单位：MPa

地层	焦页 194-3	焦页 195-2	焦页 195-3	胜页 1
飞仙关组	38.85～57.98	21.23～31.39		103.74～143.11
长兴组	43.58～59.51	28.29～34.89		93.41～126.69
龙潭组	26.65～52.32	17.48～44.71		80.45～141.75
茅口组	41.35～63.63	36.96～50.28		124.68～156.77
栖霞组	37.56～55.46	35.75～47.69		93.00～140.35
梁山组	24.15～38.80	25.62～36.73		42.04～60.11
韩家店组	14.95～29.96	16.38～24.53		49.83～84.12
小河坝组	25.64～35.63	19.59～26.66	10.28～23.87	81.59～101.11
龙马溪组三段	17.85～22.93			61.21～75.6
龙马溪组二段	12.6～20.12	20.2～24.87	23.08～39.06	44.38～69.58
龙马溪组一段	12.89～23.05			39.51～70.59

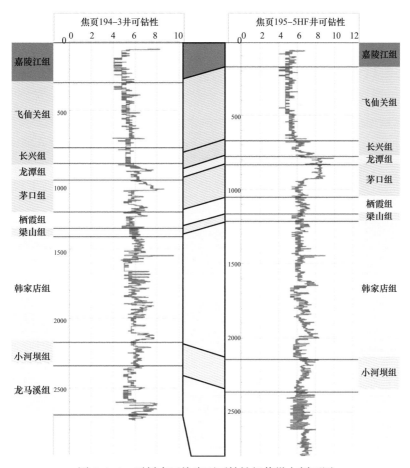

图 5-1-4　平桥南区块岩石可钻性级值纵向剖面图

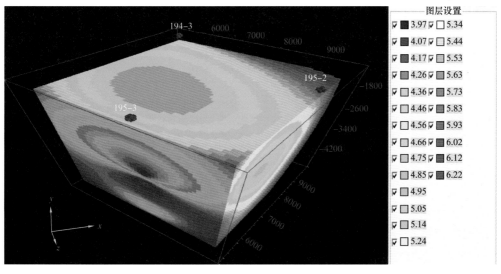

图 5-1-5　平桥南区块龙马溪组地层岩石可钻性级值三维空间剖面图

表 5-1-6 各层位可钻性级值分布

地层	焦页 194-3	焦页 195-2	焦页 195-3	胜页 1
飞仙关组	6.70～7.39	5.68～6.3		6.95～7.85
长兴组	6.89～7.44	6.1～6.45		6.68～7.54
龙潭组	5.92～7.22	5.25～6.8		6.25～7.79
茅口组	6.68～7.53	6.41～6.93		7.47～8.05
栖霞组	6.66～7.33	6.44～6.89		6.73～7.84
梁山组	5.73～6.58	5.73～6.35		4.66～5.61
韩家店组	5.05～6.27	5.23～5.82		4.99～6.27
小河坝组	5.93～6.53	5.44～5.90	4.97～6.56	6.14～6.71
龙马溪组三段	5.27～5.71			5.35～5.87
龙马溪组二段	4.29～4.64	5.48～5.78	5.53～6.43	4.58～5.82
龙马溪组一段	4.37～4.78			4.37～5.8

表 5-1-7 各层位硬度分布 单位：MPa

地层	焦页 194-3	焦页 195-2	焦页 195-3	胜页 1
飞仙关组	2328.63～3273.96	1314.73～1842.53		2091.78～2801.02
长兴组	2581.38～3358.63	1675.23～2005.31		1924.50～2529.89
龙潭组	1637.55～3008.67	1058.96～2419.39		1677.95～2749.27
茅口组	2422.11～3496.87	2021.18～2598.48		2484.68～2984.27
栖霞组	2301.17～3183.21	2009.35～2446.16		1976.42～2792.60
梁山组	1362.97～2146.97	1361.52～1883.64		785.32～1206.31
韩家店组	840.65～1808.39	950.50～1384.71		909.21～1601.29
小河坝组	1494.47～2087.91	1108.91～1452.4	869.41～2129.27	1516.24～1891.41
龙马溪组三段	972.63～1285.29			1078.42～1354.61
龙马溪组二段	498.58～676.96	1114.78～1346.40	1178.21～1981.68	739.52～1327.52
龙马溪组一段	522.57～710.34			654.52～1314.96

2.强化参数钻井方案

1）基于最大破岩能量的提速理论

（1）机械破岩。

目前，PDC 钻头是石油钻井首选的破岩工具，钻头扭矩或水平切削载荷是 PDC 钻头破岩的主要能量来源，钻井过程中切削齿载荷和钻头扭矩是波动而非恒定的，而且其波动是不确定、非理想的。切削齿载荷和钻头扭矩表示如下：

$$P_{bit}=P_m+A\sin（wt）\tag{5-1-30}$$

式中　P_{bit}——切削齿破岩时产生的切削载荷，N；

　　　P_m——切削齿的平均切削载荷，N；

　　　A——波动幅度或振幅，N；

　　　w——振动角频率，rad/s；

　　　t——时间，s；

① 增大能量供应。

提高钻头破岩能量供应，可以改善底部钻具组合的稳定性、拓宽 PDC 钻头的使用范围。需要研发和优化大功率辅助破岩工具，如大功率螺杆和冲击类工具，增大工作扭矩、冲击力，优化冲击频率与冲击速度。岩石破碎存在扭矩、动静载荷的门限条件，硬地层钻井要求强化钻井参数，下一步要朝着增大钻压、钻头扭矩、冲击力、冲击速度和冲击频率的方向试验，同时增强钻头的抗破坏能力、钻柱的刚度与稳定性，强化水力能量，降低钻头转速，为硬地层强化钻井参数创造有利条件。

② 减少能量损耗。

最大限度地提高钻井系统的能量利用率、降低破岩所需的钻压与扭矩等门限参数，是拓宽 PDC 钻头使用范围、新型钻头和辅助破岩工具研发的关键技术之一。研发能量自动储放提速工具、隔震器、减震稳扭工具、低摩阻稳定器等提速工具，进一步降低钻柱传递和钻头工作过程中的能量损耗；应用随钻井下动态参数检测系统，实时监测和优化井下钻井参数，完善钻柱结构与钻井参数优化方法，推广"减震、扶正 + 稳扭"钻具组合，加强钻头平稳工作与能量利用率。

③ 合理分配破岩能量。

扭矩是钻头外锥部位的主要破岩能量，而钻压是内锥部位的主要破岩能量。当前解决硬地层钻头破岩扭矩供应不足的手段有限，一方面需要将紧缺的破岩扭矩分配到高效破岩的钻头外锥部位，可以使用大扭矩弯螺杆增大外锥部位的切削工作量，实现不平衡切削；另一方面就需要在内锥部位应用圆锥形齿、斧式齿等非平面 PDC 切削齿，尽可能地采用冲击、压碎等破岩方式发挥钻压破岩的作用。

（2）水力破岩。

在机械、水力联合破岩过程中，井底岩石受到刀齿和高压射流的双重破碎作用。其过程大体可分为两步：首先，在刀齿压力、切割力及高压射流冲击力的作用下，岩石表面产生大量的裂纹及局部破碎；其次，在刀齿进一步作用和高压射流液压楔的作用下，岩石裂纹不断延伸、扩展和交叉，最终导致岩石发生大块的体积破碎。水力参数的选择在石油钻井中的作用是十分重要的，传统的水力参数的计算已经比较成熟，在复合钻井中由于使用了井下动力钻具，使得循环压耗的计算与传统的钻井中压耗的计算有所不同，同时循环压耗的计算在复合钻进中尤其重要，它不但影响水力能量的应用，还对井底动力钻具的发挥有着重要的影响，尤其是目前使用的大扭矩螺杆。因此，循环压耗的精确计算对应用井下动力钻具的复合钻进来讲显得更加重要。

① 泵缸套的选择。

钻井泵的每一级缸套都有一个额定的排量，在所选的缸套的额定排量大于最小携岩排量的前提下，尽量选择小尺寸的缸套。这是以前在钻井泵的功率不够大，为了得到较高的泵压时而采取的措施。现在，随着泵功率的提高，由于受到管汇、钻杆等设备的限制，钻井泵的泵压不能达到其额定泵压，这样再按照先前的选择缸套的方法，就不能充分发挥泵的功率。因此，需要建立在设备承压能力下的缸套选择即水力参数优选的方法。

② 钻井泵的工作状态。

随着排量的变化，可以将钻井泵的工作分为两种工作状态：当 $Q<Q_r$ 时，由于泵压受到缸套允许压力的限制，即泵压最大只能等于额定泵压，因此泵的功率要小于额定泵功率。随着排量的减小，泵功率将下降。泵的这种工作状态称之为额定泵压工作状态。当 $Q>Q_r$ 时，由于泵功率受到额定泵功率的限制，即泵的最大功率只能等于额定泵功率，因此泵压要小于额定泵压。随着排量的增大，泵的实际工作压力要降低。泵的这种工作状态称之为额定功率工作状态。

（3）复合钻进时钻进参数优选。

目前，对于应用螺杆钻具进行复合钻进的钻井参数方面的研究还很少，如何提高应用井下动力钻具时的水力能量，对于更好地发挥复合钻进提高钻速的效果具有十分重要的意义。

螺杆钻具的应用越来越广泛，但是对于应用螺杆钻具的复合钻进进行钻井参数优化还不多。根据传统的水力学研究方法，泵压等于循环系统的压耗加上钻头压降，但是在复合钻进时，循环系统的压耗还包括螺杆钻具的压降，螺杆钻具的压降在排量一定的情况下，随钻压的变化而变化。因此，复合钻进时的水力参数计算与传统方法存在不同。

（4）基于破岩比能的复合钻井参数优选方法。

机械比能理论作为一种用来描述钻头性能的概念被提出的，它提供了一种实时评价钻井性能的工具。开展机械比能的研究对随钻监测井下工作状态，提前预测而避免发生钻井事故，及时作出合理的钻进参数调整，提高钻井效率，降低钻井成本等方面都具有重要意义。在国外，机械比能理论已广泛应用于钻进过程监测与预测、钻井工程设计优化、钻井技术经济评价分析与决策、钻井方法评价、评价新型钻具及评价地层岩石力学特性等方面，并取得了很好的应用效果。国内对机械比能的研究相对较少，主要应用于钻头选型、监测钻头磨损、钻井效率的随钻监测与评价等。近年来，随着欠平衡井、深井、超深井、水平井、大斜度井和大位移井在油气勘探开发中所占的比重越来越大，井下事故、钻井效率、钻井成本等问题逐年凸出，对机械比能的研究提出了更高的要求。

钻进过程中，钻压作用于钻头的切削齿使其切入岩石，利用钻头旋转产生的横向运动粉碎岩石，实现破岩。典型的机械比能和机械钻速的关系曲线如图 5-1-6 所示。段 1 表示钻压过低，钻头切屑齿切入地层的深度浅，能量不足，导致钻头破岩效率低，机械钻速较低。进入段 2，随着钻压的提高，钻头切屑齿切入足够深，钻头输出能量稳定，比能和机械钻速成正比例线性关系，破岩能量充分应用。随后进入段 3，受井下各种因素的影响，钻井过程中的不稳定点出现，钻速不再同机械比能成线性关系，不稳定点处已经接近当前钻井系统可能获得的最高钻速。

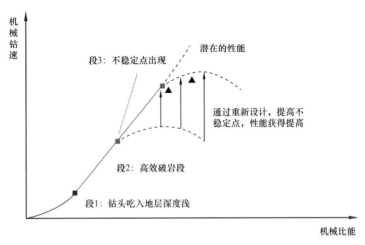

图 5-1-6　机械比能与机械钻速的关系

段 3 中导致不稳定点出现的因素主要包括钻头泥包、井底泥包及钻具振动。钻头泥包和井底泥包阻碍了机械能量的有效传输，尽管消耗的破碎比能很大，但破岩效率降低，机械钻速低。钻进过程中若出现不稳定点，在设备允许的情况下，为进一步提高钻速，需要重新设计和优化钻井参数，提高不稳定点位置。钻井过程中无法彻底消除不稳定点的出现，只能尽可能延迟不稳定点的出现。

现有的机械比能模型可分为机械比能、钻进比能和水力机械比能。很多学者做了大量的科学实验，经过对实验数据的分析提出了相应的机械比能模型。一种完善的机械比能模型应具备的条件是：

① 在岩性不同的地层内钻进，最小机械比能值应该约等于岩石的抗压强度。

② 模型参数易于测量与计算。

③ 适用范围广，能很好地适用于各类钻头与各种井型。

Teale 模型参数少、易于计算。在机械比能计算中，钻压是通过地面测量工具进行测量的，目前在工程上钻头扭矩还无法像钻压、转速这些钻井参数一样通过地面仪器进行测量，实际计算所得的机械比能值并非为钻头的机械比能值，因而 Teale 模型的很多应用只停留于定性分析的层面。

Pessier 模型分别给出了钻头扭矩的简便计算方法，进而对 Teale 机械比能模型进行了优化，优化后的模型参数在地面都易于求得，计算精度也有了一定的提高，因而在钻井行业中被广泛应用。但钻头扭矩回归数据和滑动摩擦系数因钻头类型和地层岩性不同，也有一定的差异，且其钻头钻压在地面测得，因此优化后的模型在计算时也存在一定的误差。

孟英峰模型将机械能量与水力能量两者结合起来，用有效钻压代替原来的钻压，形成井底真实钻进条件下的水力机械比能，描述了挖开单位体积的岩石所需的实际能量。但在常规钻井中，一般水力能量的辅助破岩效果很微弱，因此这类模型更适用于高压及超高压喷射钻井。

复合钻井是指在井下钻具组合中加入井下动力钻具，将钻井液循环时的水力能量转换为钻头的机械能，从而破岩钻进，其转速可以通过钻井液流量的变化在一定范围内进行调整。在复合钻进过程中，钻头的驱动由地面驱动（转盘或顶驱）和地下驱动（一般为螺杆钻具）组成，其中地下驱动作为钻头的主要动力。

螺杆钻具（动力钻具）的主要性能参数是扭矩和转速，螺杆的理论转速只与流经钻具的流量和钻具每转排量有关，而与工况（钻压、扭矩等）无关。据此，可以将转速和扭矩分为地面转速／扭矩＋螺杆理论转速／扭矩，建立以下比能模型：

比能基线是优化钻井过程中所能达到的最高破岩效率的对照线，是观测比能曲线的基准线，将其与实际钻井过程中的比能曲线进行对比，就可以知道钻井参数优化的效果，实际比能曲线与比能基线偏离越大，说明破岩效率越低，须对钻井参数进行调整。根据 Teale 模型的实验结果，理想情况下的比能应该与岩石强度相等，因而可利用围压下岩石强度作为参照，对比分析实际比能，确定破岩效率的高低。目前，钻井工程主要利用现场测井资料，并结合室内单轴抗压实验得到的经验公式，来连续评价地层无围压条件下的岩石强度分布情况，该方法只适用于清水钻进的渗透性地层（无滤饼形成），仅代表了钻井施工的一部分情况。当渗透性地层用钻井液钻进和地层为非渗透性岩石时，必须选择合理的岩石强度模型。之前的岩石可钻性研究正为比能基线的确定提供了基础。

在保证井眼净化效果的基础上，首先优化水力参数，再考虑水力能量在破岩方面的辅助作用。计算发现，钻头压降为 0.1～0.4MPa 时，在所有破岩能量中，水力能量可以忽略不计，即在目前排量条件下，水力能量基本不参与直接破岩，因而排量只需要满足携岩要求即可。实时优化钻井参数的原则是，在合理范围内，先调钻压、后调转速。基本思路是采用钻压先降后升＋转速先降后升的方法。只要钻井参数改变后得到的比能接近或等于比能基线，就说明优化后的钻井参数满足需要，否则钻井参数就恢复原值。钻压和转速的变化范围原则上不能超过 10%。

2）强化参数钻井方案

试验方案主要包括参数方案、设备配套方案、工具配套方案三部分。

（1）参数方案。

水力参数和机械破岩参数较现有水平提高 20% 及以上，部分参数接近先进水平，见表 5–1–8。

（2）工具配套方案。

配套引进高扭矩大功率螺杆，引进高幅高频水力振荡器，优选地质导向仪器，优选高效长寿命钻头，现场组织与决策。以引进高功率大扭矩螺杆和优选高效长寿命 PDC 钻头为主，重点满足机械破岩参数。

表 5-1-8 水力参数优选表

开次	排量 / L/s		泵压 / MPa		钻头压降 / MPa		钻头水功率 / kW		射流冲击力 / N		射流速度 / m/s		喷嘴过流面积 / cm²	
	试验方案	现有水平	试验方案	现有水平	试验方案	现有水平	试验方案	现有水平	试验方案	现有水平	试验方案	现有水平	试验方案	现有水平
导管	60	50	17.83	14.19	2.22	1.11	133.55	59.08	4578.6	2871.0	52.63	37.13	11.401	14.366
一开	60	50	30.54	19.71	8.44	1.92	506.32	105.79	8915.0	3901.5	102.47	48.92	5.855	11.242
二开	34	28	32.66	27.25	4.29	2.22	117.51	74.19	4311.4	2543.7	74.03	52.63	4.570	6.334

注：条件允许的情况下，尽可能提高扭矩、钻压，正常钻进时的扭矩与钻压在现有基础上提高20%。

（3）设备配套方案。

配套2台52MPa F1600钻井泵（改造）、高压立管、水龙带（升级改造）、四级固控设备（升级改造）、自动送钻装置、4000m一级 $5\frac{1}{2}$in 钻杆。设备配套以现有设备升级改造为主，重点满足钻井水力参数。

3.强化参数钻井关键配套工具优选研制

1）高效 PDC 钻头选型

钻头选型的实质是在地层和钻头之间根据钻头使用效果建立对应关系，国内外学者在钻头选型方面已进行了大量研究，提出的常用方法有：

以钻头的每米钻井成本作为钻头选型的依据，每米钻井成本计算模型为：

$$C = \frac{(T_{\mathrm{T}} + T)(C_{\mathrm{p}} + C_{\mathrm{r}}) + C_{\mathrm{b}}}{F} \tag{5-1-31}$$

式中 F——钻头总进尺，m；

T_{T}——起下钻、循环钻井液及接单根时间（钻井辅助时间），h；

T——钻头纯钻时间，h；

C_{p}——现场作业人员费用，元 /h；

C_{r}——钻机作业费及钻井平台使用费（钻井设备作业费），元 /h；

C_{b}——钻头费用，元 / 只；

C——每米钻井成本，元 /m。

每米钻井成本越低，钻头使用效果越好。该方法有以下不足：

（1）没有考虑钻头的最终磨损情况；

（2）起下钻时间不易确定；

（3）没有考虑地层岩石力学性质的影响。

由于影响钻井成本的因素并不都与钻头选择有关，因而成本分析法不能直接反映钻头方案的好坏。

比能是移除单位体积岩石所做的功，计算模型为：

$$S_e = k \frac{WN}{DR} \qquad (5-1-32)$$

式中　S_e——比能，MJ/m^3；

　　　k——常数；

　　　N——转速，r/min；

　　　D——钻头直径，mm；

　　　v——机械钻速，m/h；

　　　W——施加在钻头上的钻压，kN。

该方法将比能作为衡量钻头钻进效果的指标。钻头比能越低，破岩效率越高，钻头使用效果越好。该方法原理简单，不需要考虑钻机成本和起下钻时间等其他因素。

该方法综合考虑钻头成本、机械钻速和钻头进尺等因素来评价钻头的使用效果，它与每米钻井成本评价方法是一致的。钻头效益指数模型为：

$$E_b = \alpha \frac{Fv}{C_b} \qquad (5-1-33)$$

式中　F——钻头进尺，m；

　　　v——钻头机械钻速，m/h；

　　　C_b——钻头成本，元；

　　　α——方程系数；

　　　E_b——钻头效益指数，$m \cdot m/$（元·h）。

E_b 越高，钻头使用效果越好。

应用该模型，可以建立某一地区钻头的优选系列，为新井钻头优选提供指导。该方法没有考虑钻头最终的磨损情况及钻头的使用条件（钻进参数、水力参数）的影响。

该方法综合考虑机械钻速和钻头进尺等因素来评价钻头的使用效果，技术效益指数模型为：

$$T_{BI} = Fv \qquad (5-1-34)$$

式中　F——钻头进尺，m；

　　　v——钻头机械钻速，m/h；

　　　T_{BI}——技术效益指数，$m \cdot m/h$。

T_{BI} 越高，钻头使用效果越好，应用该模型，可以依据相对比较准确的实钻数据来分析钻头使用效果。

主成分分析法（综合指数法）根据钻头的使用效果（机械钻速、牙齿磨损量、轴承磨损量、钻头进尺、钻头工作时间）和使用条件（钻压、转速、泵压、泵排量、井深）等多项指标，提出了如下模型：

$$E = a_1 R + a_2 (1 - H_f) + a_3 (1 - B_f) + a_4 F + a_5 T + \frac{a_6}{W} + \frac{a_7}{N} + \frac{a_8}{p_m} + \frac{a_9}{Q} + a_{10} H \quad (5-1-35)$$

式中　R——机械钻速，m/h；

　　　H_f——牙齿磨损量；

　　　B——轴承磨损量；

　　　F——钻头进尺，m；

　　　T——钻头工作时间，h；

　　　W——钻压，kN；

　　　N——转速，r/min；

　　　p_m——立管压力，MPa；

　　　Q——钻井泵排量，L/s；

　　　H——钻头初始井深，m；

　　　a_1，a_2，…，a_{10}——方程系数（由回归分析得到）。

E 越大，钻头使用效果越好。该方法综合考虑了钻头的使用效果和使用条件，解决了钻头指标无可比性的问题。由于没有考虑地质因素对钻头机械钻速的影响，该方法在不同地区使用时，须重新确定表达式中各系数。

嘉陵江组地层岩性以灰岩、白云岩互层为主，飞仙关组地层岩性以灰岩夹泥岩为主。从地层岩石抗钻特征参数剖面图可以看出，飞仙关组地层岩石可钻性级值主要在 5～6，硬度在 2300～3200MPa，研磨性指数在 40～50，塑性系数在 1.05～1.27，总体上看，一开钻进时钻遇的地层总体上属于研磨性较高的高脆性低塑性—硬地层。

该层段主体岩层为灰岩与白云岩互层、灰质泥岩，地层岩石总体硬度偏高，脆性和研磨性程度都较强。根据以上分析，结合复合钻井方式，考虑地层特性，该段地层 PDC 钻头关键结构如下：

（1）具有较好的抗震、保径性能。

（2）刀翼数：6～7。

（3）切削齿：16mm。

（4）较高的布齿密度。

长兴组地层岩性以灰岩为主；龙潭组地层岩性以灰岩为主，夹杂煤层；茅口组地层和栖霞组地层岩性以灰岩为主；梁山组地层岩性以页岩夹煤线为主；韩家店组地层岩性以砂岩为主；小河坝组地层岩性以粉砂夹页岩为主。

从该段地层岩石抗钻特征参数剖面图可以看出，二开各地层岩石可钻性级值主要在4～7，硬度在 1000～3000MPa，研磨性指数在 30～50，塑性系数在 1.04～1.68；从各参数分布规律上看，栖霞组以上地层较下部地层抗钻特征更强。综上所述，二开钻进时钻遇的地层总体上属于研磨性较高的高脆性低塑性中硬地层。

该段地层长兴组至茅口组中部岩性以灰岩、泥质灰岩为主，茅口组至韩家店上部岩性以灰岩、泥岩互层为主，韩家店组至龙马溪组上部地层岩性以灰色泥岩、深灰色粉砂质泥岩为主。地层总体较硬，特别是长兴组、龙潭组、小河坝组地层岩性较致密，研磨性强，地层非均质性较强。根据以上分析，结合复合钻进方式，考虑地层特性，推荐适合该段地层 PDC 钻头关键结构如下：

（1）短抛物线冠型，配合高密度布齿长寿命设计。

（2）16mm 切削齿，6 刀翼，双排齿，切削深度控制。

（3）心部加强减震设计，提升钻头稳定性。

（4）深宽水槽，水力优化 6 喷嘴设计。

龙马溪组地层岩性以页岩为主。从地层岩石抗钻特征参数剖面图可以看出，龙马溪组地层岩石可钻性级值主要在 4~5，硬度在 600~1500MPa，研磨性指数在 15~40，塑性系数在 1.24~1.54。综上所述，三开钻进时钻遇的地层总体上属于中等研磨性高脆性低塑性—硬地层。

该段地层主要是龙马溪组，上部岩性以泥岩为主，下部岩性以黑色页岩为主。地层总体上属于中等研磨性的中—中硬地层。根据以上分析，结合动力钻进方式，考虑地层特性，设计适合三开地层的钻头功能特点为：

（1）具有较好的耐磨性、保径性能。

（2）浅内锥设计，定向稳定。

（3）刀翼数：5~6。

（4）切削齿：13~16mm。

（5）水力设计利于井底清洗。

龙潭—小河坝组地层井段长约 1127m，岩性复杂，发育燧石条带、致密砂岩，地层软硬交错（60~200MPa）、可钻性级值 4~7，钻头震动剧烈、钻速低、周期长，约占二开的 74%，急需稳定性和抗冲击性的 φ311.2mm PDC 钻头。

根据工区长兴组—小河坝地层特点，在前期使用钻头钻进特性分析、磨损特征分析和地层力学、可钻性的研究的基础上，抗冲击 PDC 钻头剖面轮廓采用等磨损原则进行设计，最终确定钻头冠部剖面轮廓采用四段制（直线—圆弧—圆弧—直线）剖面。这种"直线—圆弧—圆弧—直线"轮廓剖面设计不仅可以保证足够的布齿和排屑空间，而且还可以避免过渡段切削齿的应力过于集中，最大限度地保证了切削齿磨损的均匀程度，降低钻头在软硬交错地层钻进中的磨损程度，延长钻头的使用寿命。

PDC 钻头布齿设计是决定钻头使用性能的关键设计，布齿设计应结合钻头的具体使用工况，从切削齿尺寸优选等 4 个方面统筹考虑，平衡机械钻速和使用寿命。

同等磨损条件下，切削齿的直径越大，其磨损面积越大，长兴组—小河坝组整体可钻性在 PDC 钻头可钻范围内，切削齿大小选用 φ16.0mm 复合片，以寻求较高使用寿命，并兼顾机械钻速。

采用 φ16.0mm 切削齿 51 个，密度等级为 3，属于中—高密度布齿范围。复合片平均间距为 3.1mm，符合机加工要求。

切削齿后倾角对 PDC 钻头的破岩效率有直接影响。切削齿后倾角设计偏大，会导致切削齿不能有效吃入岩石，在同等钻压和转速条件下，破岩效率低，为提高钻速，现场使用时，会提高钻压和转速，导致井身质量难以控制等问题；切削齿后倾角设计偏小，会导致切削齿与岩石接触面偏小，钻进过程中，尤其是当钻压加载较大或钻压波动较大时，复合片容易因过载切削，造成热磨损或因冲击造成破碎，降低了钻头的整体使用寿命。因此，切削齿后倾角设计因综合考虑寿命和钻进速度，根据地层可钻性等参数确定。所研制 PDC 钻头最终采用后倾角设计值为 20°～24°。

设计 PDC 钻头切削齿布置采用等磨损原则。其中，径向布齿是沿钻头冠部轮廓布置切削齿，确保切削齿能有效切削井底岩石，以提高切削齿的切削效率，使得位于不同位置的切削齿磨损程度相当、相对均匀。

根据等磨损原则，径向布齿公式如下：

$$R_{c_{i+1}} = \frac{R_{c_i}}{2} + \frac{1}{2}\sqrt{R_{c_i}^2 + \frac{8r_s r_c}{f_d}} \quad (i=1, 2, K, N-1) \quad （5-1-36）$$

$$f_d = \frac{2(N-1)r_c}{L_c} \quad （5-1-37）$$

式中　R_{c_i}、$R_{c_{i+1}}$——第 i、$i+1$ 颗切削齿中心点与钻头中轴线的距离，mm；

　　　r_s——锥顶与钻头中心轴线的距离，mm；

　　　r_c——切削齿尺寸 /2，mm；

　　　f_d——切削齿密度系数；

　　　N——切削齿总个数；

　　　L_c——切削齿中心点沿冠部轮廓连线弧长，mm。

采用上述公式，计算出 PDC 钻头切削齿在钻头冠部轮廓线上的径向位置，保证了钻头切削齿井底覆盖性。

周向布置是在与钻头中心轴线垂直的水平面内布置切削齿。周向布齿公式如下：

$$\theta_{c_i} = \frac{R_{c_i} - R_{c_1}}{R_{c_N} - R_{c_1}}\theta_s + \theta_m \quad i \in [1, N], m \in [1, N] \quad （5-1-38）$$

式中　θ_{c_i}——第 m 条螺旋线上第 i 齿的周向位置角，（°）；

　　　θ_s——保径齿和中心齿处的极角差；

　　　θ_m——第 m 条螺旋线的初始极角；

　　　R_{c_1}、R_{c_i}、R_{c_N}——中心齿中心点、第 i 齿中心点、保径齿中心点距钻头中心轴线的距离 mm；

　　　N、m——切削齿总个数、螺旋线总条数。

利用上述公式计算出各切削齿的周向位置角，保证了切削齿周向分布合理，再结合径向布齿设计初步形成钻头布齿方案。

研制 PDC 钻头的平均接触角为 46.1°。从计算数据来看，前 13 号齿为心部磨损不严重部位，接触角可以大一些，对于磨损严重的 14～51 号齿，外圆弧和保径齿接触角小一些，有利于增强近保径抗磨损性能，提高使用寿命。

对于给定的钻头每转进尺，计算每个切削齿在工作过程中的切削断面的面积和每转一圈切削井底岩石的体积。

从切削面积和体积计算结果可以看出在整个钻进过程中 14～30 号齿为主要承担切削

的工作齿，该部位布齿密度的高低直接反映钻头寿命的长短。

计算钻头工作扭矩和各切削齿的切削功率，以及钻头切除单位体积岩石所消耗的切削功率，显示切削功率在钻头上的分布情况，见表5-1-9～表5-1-11，钻头总的工作扭矩：5762N·m；钻头总的切削功率：60.3kW；钻头的单位体积破碎功：244.54J/cm³。

表 5-1-9　单齿接触角　　　　单位：（°）

齿号	内端角	外端角	接触角	齿号	内端角	外端角	接触角
1	0.00	35.4	35.4	27	−27.8	33.8	61.5
2	−41.8	33.3	75.0	28	−17.5	25.7	43.2
3	−40.0	31.4	71.4	29	−26.1	31.7	57.8
4	−38.2	29.7	67.9	30	−15.9	25.2	41.1
5	−37.1	29.7	66.9	31	−24.3	29.5	53.8
6	−37.1	28.8	66.0	32	−15.2	23.9	39.1
7	−36.1	27.6	63.6	33	−21.2	25.0	46.2
8	−35.7	31.2	66.9	34	−15.0	21.8	36.9
9	−38.3	29.4	67.6	35	−17.4	20	37.4
10	−36.6	26.7	63.3	36	−9.8	20	29.8
11	−36.6	41.1	77.7	37	−12.0	20	32.0
12	−22.3	32.0	54.3	38	−8.3	20	28.3
13	−32.1	41.8	73.9	39	−7.4	20	27.4
14	−21.1	31.5	52.7	40	−5.6	20	25.6
15	−31.9	42.0	73.9	41	−5.5	20	25.5
16	−19.7	31.6	51.2	42	−1.6	20	21.6
17	−31.6	41.9	73.4	43	−2.0	20	22.0
18	−19.3	30.7	50.2	44	−0.1	20	20.1
19	−31.6	40.5	72.1	45	3.0	20	17.0
20	−19.3	29.8	49.1	46	2.7	20	17.3
21	−31.2	38.6	69.8	47	5.1	20	14.9
22	−18.4	29.7	48.1	48	5.4	20	14.6
23	−30.9	37.0	67.8	49	9.5	20	10.5
24	−17.9	28.3	46.2	50	8.3	20	11.7
25	−30.2	35.1	65.2	51	−33.3	−33.3	0.0
26	−17.9	27.1	44.6				

表 5-1-10 单齿切削面积和切削体积

齿号	切削面积 / mm²	切削体积 / mm³	齿号	切削面积 / mm²	切削体积 / mm³
1	7.67	504.7	27	6.63	5495.0
2	15.27	1552.6	28	3.61	3052.1
3	14.19	2102.1	29	5.64	4850.3
4	13.10	2504.5	30	3.29	2880.5
5	12.82	2974.5	31	4.60	4080.6
6	12.44	3381.7	32	2.92	2621.9
7	11.59	3590.3	33	3.53	3206.2
8	12.85	4473.3	34	2.39	2192.9
9	13.00	5057.4	35	2.54	2349.5
10	11.26	4809.6	36	1.93	1803.8
11	13.89	6486.0	37	2.21	2076.4
12	7.03	3514.6	38	1.69	1596.3
13	11.84	6270.5	39	1.63	1550.4
14	5.98	3330.5	40	1.38	1322.4
15	10.86	6334.9	41	1.40	1347.7
16	4.92	2991.1	42	1.00	963.9
17	10.15	6384.6	43	1.08	1043.2
18	4.77	3112.6	44	0.88	857.9
19	9.72	6549.2	45	0.63	615.9
20	4.58	3189.5	46	0.65	632.4
21	9.09	6507.6	47	0.50	485.9
22	4.44	3277.1	48	0.48	469.2
23	8.41	6359.9	49	0.25	249.8
24	4.13	3206.9	50	0.13	132.1
25	7.63	6059.6	51	0.00	0.00
26	3.91	3177.5			

表 5-1-11　单齿工作扭矩和切削功率

齿号	工作扭矩 / N·m	切削功率 / W	齿号	工作扭矩 / N·m	切削功率 / W
1	15.56	163.0	27	204.80	2144.6
2	56.71	593.8	28	121.72	1274.7
3	75.03	785.7	29	181.15	1897.0
4	84.35	883.3	30	110.94	1161.7
5	99.02	1037.0	31	153.68	1609.4
6	112.42	1177.3	32	96.39	1009.4
7	120.40	1260.8	33	120.63	1263.2
8	145.96	1528.5	34	83.56	875.1
9	164.83	1726.1	35	83.66	876.1
10	161.05	1686.5	36	67.07	702.4
11	213.87	2239.7	37	68.61	718.5
12	135.16	1415.4	38	60.64	635.0
13	215.75	2259.3	39	56.17	588.2
14	137.27	1437.5	40	54.59	571.7
15	228.46	2392.4	41	51.00	534.0
16	136.31	1427.5	42	44.59	467.0
17	237.14	2483.3	43	42.96	449.8
18	139.23	1458.0	44	40.44	423.5
19	242.72	2541.7	45	30.39	318.2
20	140.45	1470.8	46	34.09	357.0
21	240.77	2521.3	47	25.20	263.9
22	140.38	1470.1	48	26.66	279.1
23	236.03	2471.7	49	15.63	163.6
24	134.76	1411.2	50	20.09	210.4
25	224.90	2355.1	51	00.00	00.0
26	128.79	1348.6			

对于给定的岩石性质参数和钻头每转进尺，计算钻头各切削齿的轴向力、切向力、径向力、合成力，以及全钻头的钻压、横向不平衡力的大小及方向、钻头弯矩及方向等，并显示各切削力沿钻头半径的分布图。

该部分设计主要计算钻头横向力与钻压的比，这一径向不平衡力的数值，直接影响钻头使用时的稳定性，常规六刀翼钻头设计要求在 10% 以内。为了保证钻头的稳定性，设计时将横向力与钻压的比调整到了 5.1%，有效地控制了钻头切削岩石的震动，提高了钻头的稳定性，减少了切削齿的先期损坏，进而保证了钻头的使用寿命。

最后通过三维造型软件，建立钻头实体模型，如图 5-1-7 所示。

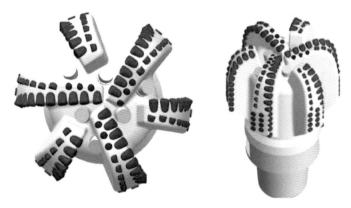

图 5-1-7　钻头三维实体模型图

2）螺杆选型

在上述理论分析的基础上，优选了 BICO 大扭矩螺杆（表 5-1-12）。其中，ϕ244.5mm 螺杆最大工作扭矩为 40650lb·ft，是国产同类螺杆的 1 倍以上，大幅度提升了 PDC 钻头的工作扭矩，满足高效破岩的基本要求。

表 5-1-12　BICO 螺杆关键参数对比

螺杆型号		额定排量 / gal/min	转速范围 / r/min	最大工作压差 / psi	最大工作扭矩 / lb·ft	速比 / r/gal	推荐功率 / hp
BICO	$9\frac{5}{8}$ SSS100	600~1200	63~126	1550	40650	0.105	750
NOV	$9\frac{5}{8}$in-7/8-4.8	600~1200	66~132	1090	26160	0.11	687

4. 强化参数钻井提速技术现场应用

1）优选钻头序列的现场应用

（1）全井段优选钻头推荐使用。

重点针对难钻地层和深部造斜段水平段，以及已用钻头结构参数法（自主）开展研究。重点优化了钻头类型、布齿结构、复合片、定向能力。技术套管下至龙马溪组达到"142"水平，技术套管下至韩家店组达到"133"水平。

（2）自主研发钻头应用效果。

① HD616Y 钻头在焦页 10 井的应用。

HD616Y 钻头已在焦页 10 井 311.2 井段（茅口组）完成入井试验。单只钻头进尺 376.28m（1648～2024.28m），平均机械钻速 7.89m/h，单只钻头钻穿茅口组，机械钻速指标提高 29.1%。

② HD616Y2 钻头在焦页 199-1HF 井的应用。

HD616Y2 型钻头在焦页 199-1HF 井成功应用（表 5-1-13），进尺 635m，机械钻速 12.5m/h，创工区同井段单只钻头进尺最多、单日进尺最多、机械最快三项纪录，钻速达工区平均水平的 1.83 倍。

表 5-1-13　HD616Y2 分层钻速

地质分层	地层岩性	井段 /m	进尺 /m	纯钻时间 /h	机械钻速 /（m/h）
飞仙关组	泥晶灰岩、灰质泥岩	1213～1515	302	18	16.7
长兴组	深灰色块状灰岩	1515～1705	190	16	11.9
龙潭组	深灰色灰岩	1705～1848	143	16.8	8.5

2）优选螺杆的现场应用

按照"强化参数"的思路，重点围绕扭矩特性，开展螺杆优选，优选出 BICO 大扭矩螺杆，见表 5-1-14。

表 5-1-14　优选大扭矩螺杆推荐使用表

螺杆型号		头数	级数	额定排量 / gal/min	转速范围 / r/min	最大工作压差 / psi	最大工作扭矩 / lb·ft	速比 / r/gal	推荐功率 / hp
BICO	$9\frac{5}{8}$ SSS100	7～8	4.8	600～1200	63～126	1550	40650	0.105	750
NOV	$9\frac{5}{8}$in-7/8-4.8	7～8	4.8	600～1200	66～132	1090	26160	0.11	687
国产	H7LZ216×7.0-3.8DW	7～8	3.8	554～872	94～147	1102	20400		155

（1）焦页 203 平台应用。

在焦页 10 井区 203 平台开展了现场试验（表 5-1-15），焦页 203-3HF 井导管和一开井段相比同平台试验井焦页 203-2HF 井机械钻速提高 100.7%，相比焦页 203-1HF 井提高 50.3%。

表 5-1-15 激进钻井试验参数对比

地层	焦页 203-3HF 井			试验井：焦页 203-2HF 井（BICO）				试验井：焦页 203-1HF 井（NOV）			
	厚度 / m	钻时 / h	机械钻速 / m/h	厚度 / m	钻时 / h	机械钻速 / m/h	提速比例 / %	厚度 / m	钻时 / h	机械钻速 / m/h	提速比例 / %
第四系	5	0.37	4.12	5	0.72	6.98	69.42	5	1.01	4.95	20.15
嘉陵江组	1437	152.8	9.4	1437	75.18	19.11	103.30	1520	91.51	16.61	76.70
飞仙关组	569	50.48	11.27	572	18.77	30.47	170.36	531	46.05	11.53	2.31
长兴组	119	19.95	5.96	114	5.62	20.3	240.60	104	9.50	10.95	83.72
龙潭组	59	14.43	4.09	68	14.42	4.72	15.40	69	13.94	4.95	21.03
茅口组	297	45.82	6.48	290	26.63	10.89	68.06	291	29.63	9.82	51.54
栖霞组	109	10.43	10.45	108	5.37	20.12	92.54	100	6.38	15.67	49.95
梁山组	12	1.02	11.8	12	0.38	31.3	165.25	12	0.45	26.67	126.02
韩家店组	23	1.63	14.08	678	90.45	7.5		705	136.63	5.16	

（2）隆页 1-3HF 井的应用。

隆页 1-3HF 井采用强化参数钻井模式，配套 ϕ244.5mmBICO 大扭矩螺杆及高效 PDC 钻头（表 5-1-16）。螺杆累计入井两次（由于钻时升高，起钻更换钻头一次），累计进尺 1562m，纯钻时间 94.87h，平均机械钻速 16.46m/h；螺杆累计纯钻 181.77h；第一趟钻使用井段 403～1420m，地层：嘉陵江组—茅口组（进茅口组 68m），进尺 1017m，纯钻时间 59.07h，平均机械钻速 17.15m/h；第二趟钻使用井段 1420～1965m，地层：茅口组—韩家店组（进韩家店组 41m），进尺 545m，纯钻时间 35.8h，平均机械钻速 15.00m/h。

钻井参数：钻压 18～20t（滑动 16～18t），排量 59～65L/s，转速 30～60r/min。

表 5-1-16 激进钻井试验参数对比

地层	钻进井段 / m	进尺 / m	纯钻时间 / h	机械钻速 / m/h	平均机械钻速 / m/h	螺杆使用时间 / h
嘉陵江组	403～677	274	10.84	25.32		
飞仙关组	677～1128	451	20.02	22.55		
长兴组	1128～1257	129	8.20	15.70	17.15	纯钻 59.07h 入井 85h
吴家坪组	1257～1352	95	6.72	14.12		
茅口组	1352～1420	68	13.29	5.11		

续表

地层	钻进井段/m	进尺/m	纯钻时间/h	机械钻速/m/h	平均机械钻速/m/h	螺杆使用时间/h
茅口组	1420～1816	396	26.56	15.00	15.00	入井35.80h；使用：65h
栖霞组	1816～1913	97	7.01	13.95		
梁山组	1913～1924	11	0.69	15.78		
韩家店组	1924～1965	41	1.54	26.09		

效果评价："BICO 大扭矩螺杆 + 高效 PDC 钻头"配合强化钻井参数在本井应用提速效果显著，在 7d 之内通过两趟钻钻至 1965m（二开中完井深）。本井突破性地将钻压加至 18～20t，排量提至 59～65L/s，发挥了 BICO 螺杆大扭矩、运行平稳的优势；采用双二维井身结构设计，井斜方位控制较好；优选格瑞特钻头，在吴家坪组、茅口组实现了较快的机械钻速，发挥了该钻头在吴家坪组、茅口组的优势。

3）强化参数综合配套试验

隆页 1 平台试验井组单井平均钻井周期 38.4d，平均完井时间 3.43d，平均完井周期 41.83d。隆页 1–2HF 井钻井周期仅为 22.22d、完井周期 26.33d。

4）推广应用效果

钻井提速提效集成技术应用在整个华东页岩气工区获得推广，目前平均井深 5329m，平均钻井周期 63.75d，完井时间 5.62d，完井周期 69.37d，较 2018 年分别缩短 25.98%、57.03%、30.08%；机械钻速 9.14m/h，日有效进尺 82.33m，较 2019 年分别提高 16.73%、48.77%。

三、地质工程一体化导向技术

1. 地质导向方法分析

要实现页岩气水平井随钻地质导向，必须充分利用随钻测量、测井和录井等资料进行实时岩性识别，从已钻邻井测井资料解释结果中归纳总结出目标目的层的测井地质特征，作为比对参照模式建立地质导向参数预测模型，提供可靠的岩性解释依据。通过对比分析来确定钻进过程中钻头上行下行钻进方向及在目标层中的位置，从而实时调整井眼轨迹，使其在页岩层物性较好的层位钻进。

页岩气水平井施工中通常将目的层上下岩性、目的层伽马值、电阻率及气测值等作为判断钻头上、下倾钻进的依据，并实时监控钻头是否在目标层中穿行。标志层可通过邻近直井、已施工的水平井随钻跟踪曲线进行地层响应对比来合理地选取导向标志层，同时钻进过程中要结合返出钻屑、钻时变化、综合录井等相关参数分析决策井眼轨迹控制。准确的地质剖面参数（地层产状、岩性、物性和流体性质）和一些必要的工程参数（地层压力），能够更准确地实时监测和跟踪地质目标，并在三维地质环境中调整或修正井眼轨迹，使钻头沿着页岩层物性较好的层位钻进。同时，可避免或减少钻进过程中由于岩性解释判断误差而导致某一井段大幅度修正井眼轨迹引起的井下垮塌等复杂事故，降低风险成本。

对彭水区块前期水平井的地质导向施工过程中存在的问题进行总结和分析，发现彭水区块水平井地质导向测井资料的采集要求与通常情况有所区别。该区块目的层附近电阻率变化较其他区块更不明显，单纯依靠电阻率、随钻 GR 难以精确追踪目标层。主要是因为目的层电阻率的细小变化在水平井中被成倍拉长和放大，导致本来就不具明显特征的电阻率更加不易被察觉和分辨，这就需要引入其他更多的参数来综合判断和分析地层标志特征的变化。通过彭页 2HF 井、彭页 3HF 井、彭页 4HF 井等的现场试验，对彭水区块页岩气水平井地质导向参数进行了优化改进，由以往采用 GR、电阻率进行地质跟踪优化为采用 GR、气测及钻时等参数综合判断分析，不仅提高了目的层的识别度，而且降低了电阻率的采集成本，缩短了钻头与参数间的距离。

图 5-1-8 为改进后的适合于彭水区块的页岩气水平井井眼轨迹控制综合分析流程图。

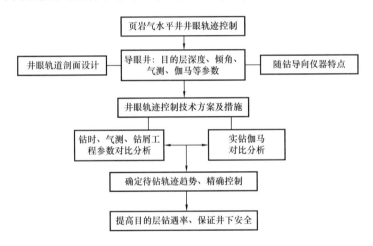

图 5-1-8 页岩气水平井井眼轨迹控制综合分析流程

在水平段储层跟踪钻进过程中，钻前地质模型一般不可能完全准确，需要综合利用随钻测井资料、录井资料、工程参数等识别地层界面、计算地层倾角及计算井眼与层界面距离，判断钻头上下行方向，同时将地质模型随着认识的不断深入而实时更新。

（1）钻头在储层中位置判断。通过随钻测井曲线对比特征、井眼距离层界面计算、随钻测井仪器径向探测深度计算、沉积微相等方法进行判断或计算。

（2）地层倾角计算。计算方法主要有随钻测井资料镜像重复计算法、地震资料层位解释计算法、构造图计算法、井旁构造解释计算法、井间平均地层倾角计算法等，实际应用中需要采用多种方法进行计算以验证倾角计算的正确性，从而判断钻头与地层的相对关系。

（3）实时储层识别。通过随钻 GR 曲线特征、录井岩屑识别、气测显示等实时判别储层，分析井眼轨迹是否在目标储层中穿行。

（4）根据前段储层钻遇情况，预测后续钻进地层，并进行风险预判。

2. 近钻头地质导向

与常规 LWD 对比，近钻头测量工具测点距钻头 0.5～0.8m，能够实时动态测量井底轨迹参数，提前预知井下轨迹走向，以便进行微调，确保控制轨迹平滑。同时，也能够提前预判地层产状变化，有效调整轨迹，确保优质储层钻遇率。

通过对近钻头工具实钻统计，优选工区内评价较高的斯伦贝谢仪器，能够满足"一趟钻"技术对测量工具稳定性的要求。针对常压页岩气储层薄、产层钻遇率要求高的现状，近钻头地质导向工具在井身质量控制、地层预测方面，近钻头导向优于常规 LWD，能够更好地满足地质要求。

3. 旋转导向

1）旋转导向

旋转导向是目前水平段最有效的提速手段，为解决常规 M/LWD + 螺杆导向存在测量盲区大、不能实时反映井底数据，井眼轨迹不平滑、不能及时地修正井眼轨迹，导致钻遇率低、钻井周期长等问题，引入旋转导向工具，由于旋转导向在工区应用较少，为了充分挖掘工具优势，需要在仪器选型、定向选井的原则等问题上开展研究。

2）仪器选型

斯伦贝谢、哈里伯顿、贝克休斯旋转导向仪器参数对比见表 5-1-17。仅从仪器参数来看，斯伦贝谢旋转导向仪器适用于断层较多、造斜率高的井，哈里伯顿旋转导向仪器适用于相对稳定、造斜率较高的井，也适用于超长水平井需要长距离稳斜的井；但哈里伯顿旋转导向仪器除了造斜率偏低外，在钻头、近钻头测量盲区、曲线质量、钻井液性能要求偏低等方面均有优势，因此综合来看，选择哈里伯顿旋转导向仪器更为合适，结合工区已钻井钻头应用情况，考虑到① 小层顶部观音桥段介壳灰岩可钻性差，钻头易磨损和崩齿，在钻头选型方面应挑选耐磨性和抗震动钻头，故选用 SFE55D PDC 钻头（双排齿）；③ 小层可选用攻击性强的 SPE55 PDC 钻头（单排齿）。

表 5-1-17　旋转导向仪器主要参数对比

公司	仪器类型	钻头选型	造斜率/（°）/30m	压耗/MPa	传输速度/B/s	近钻头伽马零长/m	对钻井液要求
斯伦贝谢	PowerDrive Archer	史密斯钻头（1.5 排）	0～15	0.5	0.5～12	3.27	含砂＜0.2%；堵漏粒径＜1.5mm
哈里伯顿	Geopilot-7600Dirigo	SFE55（单排）/SFD55D（双排）	0～15（实际 0～5）	1	≥5	1.2	含砂＜0.2%；堵漏粒径＜2mm
	Geopilot-7600Hybird	SFE55（单排）/SFD55D（双排）	0～15（实际 0～7）	1	≥5	1.2	含砂＜0.2%；堵漏粒径＜2mm
贝克休斯	AUTOTrack系列	DPD505S	0～15	—	—	3.74～5.54	仪器故障率较高，机械钻速偏低，只有近伽马

3）定向仪器选井原则

结合工区地质情况、强化参数钻井技术和成本分析，在实践基础上，制定了旋转导向、近钻头和常规 LWD 选井原则。三开段定向仪器选择建议见表 5-1-18。

表 5-1-18　三开段定向仪器选择建议

适应条件	常规 LWD	旋转导向		近钻头
		斯伦贝谢	哈里伯顿	
水平段>2000m		√	√	
短半径水平井、双二维水平井		√	√	
构造复杂，产状变化大		√	√	
构造边缘井，缺少地震资料		√	√	
油基泥浆性能较差	√		√	
构造简单，地层平缓，水平段<2000m	√			
二维井，定向施工难度小	√			√

对于水平段长度大于 2000m，区块构造复杂、断层发育的水平井，或者埋深较深、轨迹调整频繁、处于构造边缘的井，常规定向工具预计三开钻井周期超过 30d 的水平井，可优先选择旋转导向工具施工。对于钻井工况较复杂、甲方要求近钻头进行导向的井，可选用近钻头导向工具施工。对于钻井工况极其复杂，如容易垮塌、遇卡等，严禁使用近钻头类导向工具；对于气侵严重，容易发生溢流、井涌等复杂井，经过论证后再决定是否使用近钻头类导向工具。

4. 地质导向技术

1）最佳穿行层段优选

地质导向施工前应认真研究邻井地质资料，根据地层变化规律制定相应的技术措施和施工计划。区域实钻资料显示，① 小层厚度一般为 5.0～6.0m，针对五峰组页岩储层岩性复杂，储层薄导向易出层、钻井可钻性差等困难，从岩性、电性、含气性、可压性综合评价。

电性特征：较高伽马，伽马值一般在 160～200API，地质导向标志为三凹三尖。

结合钻头选型结果，应尽量避开五峰组可钻性差的层段，提高钻井速度，其中最佳穿行层段可选取① 小层中下部。

2）轨迹控制与优化

地质导向在实现地质目的的基础上，充分考虑钻井轨迹的实现。综合利用地层产状变化规律，尽量减少井斜波动范围，降低钻井摩阻和扭矩，严格控制导向轨迹，保证储层钻遇率。按照施工顺序，采取以下措施：

（1）施工前，根据邻井资料、地震资料、设计资料做好地质建模、导向施工方案。

（2）二开段，提前介入导向，持续关注层位变化，与钻井配合，及时修正轨迹，尽量节约钻井时间，避免钻井进尺浪费。

（3）三开段，实时跟踪层位变化，入靶前控制轨迹圆滑，控制平均造斜率小于0.12°/m，尽量小夹角入A靶上靶框，水平段轨迹控制遵循尽量用合适的井斜角匹配地层倾角，减少停等和轨迹调整频次，轨迹调整应做到"勤微调、少大调、勤预测"，以降低钻井扭矩和摩阻；对于多靶点长水平段，研究控制点的变化规律，预留地质风险空间，由被动调整改为主动调整。

对于有短半径中靶要求入靶的，应合理分配靶前距，分段控制造斜率。以合适的井斜和位移入靶，控制好入靶方式：上倾地层入上靶框，下倾地层入下靶框（图5-1-9）。

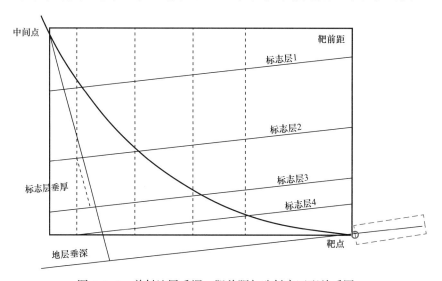

图5-1-9　单斜地层垂深、靶前距与造斜率匹配关系图

通过地质上物探预测、伽马实测、倾角预判、工程辅助判断，工程施工中采用6项技术准备、精准执行、轨迹预判及工程参数准确反馈，实现常规LWD导向替代旋转导向，目前已导向18口，油层钻遇率96.8%；复合滑动比最高达88%。

第二节　固完井工艺技术

一、前置液体系研究

油基钻井液有利于套管的下入，降低套管下入阻力，增强润滑效果。但是，由于油基钻井液混入的油相存在差异，其在井壁上形成的泥饼特性也存在一定差异，通常乳化矿物油不会在井壁形成油膜或结蜡，而原油或柴油容易在井壁上形成油膜，会严重影响水泥环的界面胶结强度，进而影响固井质量。示范区龙马溪组水平段钻井主要使用的是柴油基钻井液，因而有必要开展油膜型混油钻井液冲洗液研究，确保将井筒和套管上残留的油膜清除，为固井质量提升奠定有利基础。

1. 前置液主剂优选

前置液主剂的优选主要应该考虑以下几个方面：

（1）污染物移除：清洗剂去除油脂、油、黏土、污垢的能力；

（2）物质材料的相容性：不可以降解清洗系统中的材料或者加速套管表面腐蚀；

（3）毒性：化合物不应该对人员的健康或环境造成严重后果。

1）驱动油主剂的初步优选与评价

阳离子表面活性剂，是其分子溶于水发生电离后，与亲油基相连的亲水基带阳电荷的面活性剂。亲油基一般是长碳链烃基。亲水基绝大多数为含氮原子的阳离子，少数为含硫原子或磷原子的阳离子。分子中的阴离子不具有表面活性，通常是单个原子或基团，如氯离子、溴离子、醋酸根离子等。阳离子表面活性剂带有正电荷，与阴离子表面活性剂所带的电荷相反，两者配合使用一般会形成沉淀，丧失表面活性。它能和非离子表面活性剂配合使用。因为一般基质的表面带有负离子，当带正电的阳离子表面活性剂与基质接触时就会与其表面的污物结合，而不去溶解污物所以驱油效果较差。

阴离子表面活性剂在水中解离后，生成憎水性阴离子。如脂肪醇硫酸钠在水分子的包围下，即解离为 $ROSO_2\text{-}O^-$ 和 Na^+ 两部分，带负电荷的 $ROSO_2\text{-}O^-$，具有表面活性。阴离子表面活性剂分为羧酸盐、硫酸酯盐、磺酸盐和磷酸酯盐四大类，具有较好的去污、发泡、分散、乳化、润湿等特性。广泛用作洗涤剂、起泡剂、润湿剂、乳化剂和分散剂。

两性型表面活性剂是指同时具有两种离子性质的表面活性剂。然而，通常所说的两面型表面活性剂，系指由阴离子和阳离子所组成的表面活性剂，即在疏水基一端既能有阳离子，又能有阴离子，是二者结合在一起的表面活性剂。

通过比对实验（表 5-2-1～表 5-2-4），由于 ZJ1 型驱油主剂受泥浆电荷影响，表面活性剂稳定性受到影响，出现絮状和增稠现象，且驱油效果差。ZJ2 对两类泥浆驱替效果较差；ZJ3 与前两类相比，驱油效果明显，但是受到配浆水 pH 值影响，且对混油泥浆具有一定的选择性。相比前三类主剂，ZJ4 驱油效果明显，因此为开发广谱型冲洗液。

2）驱动油主剂冲洗效率评价与加量敏感性分析

通过对上述 4 类 120 个样品的驱油主剂的初步评价与分析，最终选定 ZJ4 类开展分析，并对性能较好的 ZJ4-1、ZJ4-2、ZJ4-3、ZJ4-4 开展冲洗效果评价，ZJ4-1 在相同加量和相同冲洗时间条件下，性能明显优于 ZJ4-2、ZJ4-3、ZJ4-4，在短冲洗时间条件下，由于 ZJ4-1 具有良好的乳化和分散性能，冲洗效率明显高于其他表面活性剂，且在 10min 的冲洗时间下，单独加量在 8% 以上时，能够保证冲洗效率达到 96% 以上。

表 5-2-1　ZJ1 型主剂评价与优选

编号	类型	驱油效果初评价 （7min×200r/min）	抗水硬性 （NaCl，MgCl$_2$）	备注
ZJ1-1	杂环类阳离子	30%	差	仍能见明显油膜
ZJ1-2	杂环类阳离子	25%	好	无清洗效果
ZJ1-3	杂环类阳离子	35%	差	仍能见明显油膜
ZJ1-4	铵盐	40%	好	明显增稠
ZJ1-5	铵盐	—	好	明显增稠
ZJ1-6	季铵盐	—	好	增稠

表 5-2-2　ZJ2 型主剂评价与优选

编号	类型	驱油效果初评价 （7min×200r/min）	抗水硬性 （NaCl，MgCl$_2$）	备注
ZJ2-1	脂肪酸盐类	—	差	仍能见明显油膜
ZJ2-2	磺酸盐	60%	好	仍能见明显油膜
ZJ2-3	硫酸酯盐	70%	好	仍能见明显油膜
ZJ2-4	磷酸酯盐	75%	好	仍能见明显油膜

表 5-2-3　ZJ3 型主剂评价与优选

编号	类型	驱油效果初评价 （7min×200r/min）	抗水硬性 （NaCl，MgCl$_2$）	备注
ZJ3-1	两性离子	95%	良好	对柴油好，对原油差
ZJ3-2	两性离子	90%	好	受到 pH 值影响
ZJ3-3	两性离子	96%	好	有絮凝现象
ZJ3-4	两性离子	75%	好	仍能见明显油膜

表 5-2-4　ZJ4 型主剂评价与优选

编号	类型	驱油效果初评价 （7min×200r/min）	抗水硬性 （NaCl，MgCl$_2$）	备注
ZJ4-1	非离子型	96%	好	未见明显油膜
ZJ4-2	非离子型	93%	好	未见明显油膜
ZJ4-3	非离子型	90%	好	未见明显油膜
ZJ4-4	非离子型	72%	好	未见明显油膜

2. 驱油辅剂优选与加量敏感性分析

驱油辅剂的作用是实现润湿反转，辅助主剂进一步清洗井壁，使井壁和套管表面的油润湿特性改变为水润湿特性。本节主要通过优选合理的非离子型表面活性剂（保证与主剂、地层、泥浆相容），有效降低油水界面表面张力，改变润湿角来实现润湿反转功能。通过对 4 大类 45 组辅剂的优选，形成了由表 5-2-5 所示的几组性能良好的辅剂，通过润湿点测试，FJ1-3 能达到 28%，与国外同类产品性能接近。依据评价实验可知，在加量超过 4% 以后，辅剂对润湿性能改善不明显。

表 5-2-5　ZJ4 型主剂评价与优选

配方	辅剂类型	润湿点
8%ZJ4-1+1%FJ1-1	非硅类	40%
8%ZJ4-1+2%FJ1-1	非硅类	36%
8%ZJ4-1+4%FJ1-1	非硅类	34%
8%ZJ4-1+8%FJ1-1	非硅类	34%
8%ZJ4-1+1%FJ1-1	硅类	75%
8%ZJ4-1+2%FJ1-2	硅类	60%
8%ZJ4-1+4%FJ1-2	硅类	50%
8%ZJ4-1+8%FJ1-2	硅类	50%
8%ZJ4-1+1%FJ1-3	非硅类	40%
8%ZJ4-1+2%FJ1-3	非硅类	35%
8%ZJ4-1+4%FJ1-3	非硅类	30%
8%ZJ4-1+8%FJ1-3	非硅类	28%

3. 前置液稳定剂优选

由于大部分主剂和辅剂在高温和酸、碱条件下稳定性差，但是 ZJ4-1 和 FJ1-3 在稳定剂作用下，它的稳定性高，不易受强电解质存在的影响，也不易受酸、碱的影响。主剂和辅剂的耐盐能力随温度的升高而降低，这是因为随着温度的升高，非离子型表面活性剂的亲水基团如 $-OH$、$-CH_2CH_2O-$ 等与水分子形成的氢键减弱，表面活性剂的亲水性能下降，耐盐能力降低。通过优选系列稳定剂（SCW-WD），其离子基团的亲水性随温度升高而增强，有利于耐盐能力的提高，由于温度升高引起上述两种主—定剂表面活性剂的非离子基团亲水性下降，与阴离子基团亲水性增加可部分抵消，从而导致表面活性剂的性质对温度的变化不敏感，表现出优异的耐温性能。通过对三个类型稳定剂优选后（表 5-2-6），可以发现，SCW-WD1 在高温条件下，能够保证主剂和辅剂不产生分解和发生絮凝现象，保证了冲洗的高温稳定性。

表 5-2-6 前置液稳定剂优选

温度 /℃	配方	六速旋转黏度计读数 $\phi_{600}/\phi_{300}/\phi_{200}/\phi_{100}/\phi_6/\phi_3$	备注
28	8%ZJ4-1+4%FJ1-3	42/25/20/16/6/5	白色乳液
93	8%ZJ4-1+4%FJ1-3	18/10/6/4/1/1	见白色油状漂浮
93	8%ZJ4-1+4%FJ1-3+0.5%SCW-WD1	40/24/20/15/5/5	白色乳液
93	8%ZJ4-1+4%FJ1-3+1%SCW-WD1	41/24/22/16/6/5	白色乳液
93	8%ZJ4-1+4%FJ1-3+0.5%SCW-WD2	18/10/6/4/1/1	见白色絮状
93	8%ZJ4-1+4%FJ1-3+1%SCW-WD2	18/9/6/5/1/1	见白色絮状
93	8%ZJ4-1+4%FJ1-3+0.5%SCW-WD3	22/14/10/5/1/1	白色乳液
93	8%ZJ4-1+4%FJ1-3+1%SCW-WD3	23/13/11/6/2/5	白色乳液

4. 前置液体系的评价

1）冲洗液冲洗效率评价

通过上节冲洗主剂、辅剂的优选，ZJ4-1 和 FJ1-3 作为冲洗液的主要外加剂，利用正交实验，评价不同加量条件下的冲洗效率（评价方法采用外筒旋转外贴油膜滤饼）。由实验结果可以发现：配方③和④清洗效果最高。如图 5-2-1 所示为 200r/min 条件下，不同时间的顶替效率，配方④在 2min 内冲洗效率达到 80%。图 5-2-2 为在 7min 冲洗时间内，不同转速对清洗效果的影响评价，配方④在 7min 内 100r/min 条件下，冲洗效率能够达到 90%，在 200r/min 条件下达到 95%，10min 内顶替效率达到 100%。

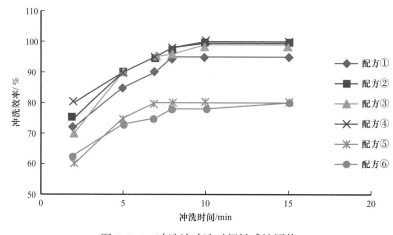

图 5-2-1 冲洗液冲洗时间敏感性评价

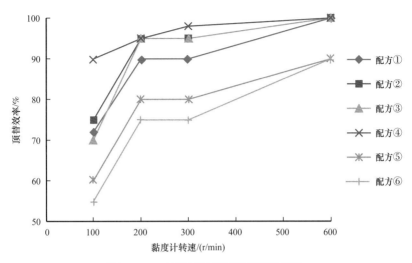

图 5-2-2　冲洗液冲洗速度敏感性评价

配方如下：

① 10%ZJ4-1+1%FJ1-3+1%SCW-3。

② 10%ZJ4-1+2%FJ1-3+1%SCW-3。

③ 8%ZJ4-1+2%FJ1-3+1%SCW-3。

④ 8%ZJ4-1+4%FJ1-3+1%SCW-3。

⑤ 4%ZJ4-1+4%FJ1-3+1%SCW-3。

⑥ 2%ZJ4-1+6%FJ1-3+1%SCW-3。

2）冲洗液润湿反转能力评价

冲洗液除能清除井壁泥浆外，还必须对井壁油润湿界面改善为水润湿界面。评价冲洗液润湿反转能力主要通过两种评价方法：润湿角测试和润湿点测试。

（1）润湿角测试。

通常当润湿角＜90°时，液体在固体表面上扩展，即液体润湿固体；当润湿角＞90°时，液体表面收缩而不扩展，液体不润湿固体，简称不润湿；当润湿角＝180°时，称为完全不润湿。利用 OCA20 滴外形界面流变测定仪来测定①冲洗液清洗后的滤饼，如图 5-2-3、图 5-2-4 所示，能明显见油膜，相变角为65°～67°；图 5-2-5 是将冲洗后的滤饼用清水清洗后，可以看到没有油膜。图 5-2-6 是利用 OCA20 滴外形界面流变测定仪来测定清洗后的滤饼相变角为33°～38°。相变角变化大小反映了固体表面润湿铺展性能，相变角越小，表明水滴在固体表面的润湿性越好。

（2）润湿点测试。

乳化后的混油泥浆导点率较低，通过往混油泥浆中混冲洗液，实现逆乳化，实现对油膜的清除。配方③和配方④润湿点分别为 23% 和 21%，接近国际同类产品的 15% 水平。完全润湿恢复能力 ±30%，表现出较好的润湿能力。

（3）冲洗液抗盐性能评价。

由于冲洗液容易受到离子影响，尤其是泥浆中混有大量的钙离子、镁离子和氯离子，各类盐对冲洗液的影响主要表现为黏度降低和冲洗能力下降。由表5-2-7可知，在冲洗液中混入10%不同类型的盐，评价冲洗液流变性和冲洗效率，未发现明显异常。

图5-2-3　配方①冲洗后油膜图

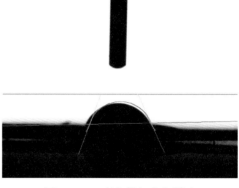

图5-2-4　配方①相变角测试

图5-2-5　配方④冲洗后油膜

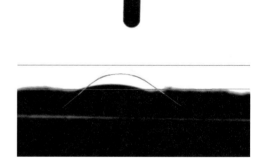

图5-2-6　配方④相变角测试

表5-2-7　前置抗盐性能评价

盐含量	类型	六速旋转黏度计读数 $\phi_{600}/\phi_{300}/\phi_{200}/\phi_{100}/\phi_6/\phi_3$	7min，200r/min 冲洗效率
无盐	无	42/25/20/16/6/5	95%
10%	NaCl	36/22/18/15/5/4	90%
10%	KCl	38/23/18/16/5/5	91%
10%	$CaCl_2$	46/28/20/17/6/5	95%

（4）冲洗液相容性能评价。

混油泥浆冲洗液中的表面活性剂成分提高了界面的润湿性能，即水泥浆与界面的亲和能力，从而增强了水泥石与界面的胶结强度。其与钻井液、水泥浆的相容性良好，见表5-2-8。

表 5-2-8　冲洗液与混油钻井液、水泥浆的相容性实验

钻井液与冲洗液		冲洗液与领浆	
配浆比例	六速旋转黏度计读数 $\phi_{600}/\phi_{300}/\phi_{200}/\phi_{100}/\phi_6/\phi_3$	配浆比例	六速旋转黏度计读数 $\phi_{600}/\phi_{300}/\phi_{200}/\phi_{100}/\phi_6/\phi_3$
100% 混油钻井液	111/67/50/30/4/3	100% 冲洗液	32/20/14/10/4/2
75% 混油钻井液 +25% 冲洗液	173/107/76/44/11/8	75% 冲洗液 +25%SFP 水泥浆	60/40/31/19/5/4
50% 混油钻井液 +50% 冲洗液	103/63/45/25/4/2	50% 冲洗液 +50%SFP 水泥浆	76/46/35/22/3/2
25% 混油钻井液 +75% 冲洗液	78/47/35/21/3/1	25% 冲洗液 +75%SFP 水泥浆	121/71/51/28/5/4
100% 冲洗液	72/44/34/23/4/2	100%SFP 水泥浆	147/80/64/46/14/12

注:(1)相容性流变性能实验条件为 75℃,20min;
　　(2)冲洗液配方为 8%ZJ4-1+4%FJ1-3+1%SCW-WD1+水,冲洗液密度 1.03g/cm³。

二、低密度水泥浆体系研究

1. 漂珠—硅复合低密度水泥浆

借鉴颗粒级配原理,选择漂珠—硅复合材料。由于漂珠颗粒密度只有 0.7g/cm³ 左右,颗粒直径大(平均粒径 150~250μm),在水泥浆中会产生大于自身重力的浮力而上浮,使水泥浆体系失稳产生分层,固井时会造成封固段上部封固不良。微硅的平均颗粒直径 0.15μm,远比水泥和漂珠小,所以微硅有巨大的比表面积(15~25m²/g),因而与水泥混合时需要大量的水来润湿其表面,对水灰比的敏感性较强,加量与降低密度的效率也受到限制。采用微硅、漂珠复合低密度体系正是利用漂珠和微硅各自的优点,而且又能互相克服对方的缺点,微硅颗粒小能够充填在漂珠和水泥颗粒之间的空隙中,正好符合颗粒级配原理。

选用非渗透防气窜降失水剂 FSAM、早强剂 DZC 与 SY、分散剂 DZS、膨胀剂 DZP 及缓凝剂 DZH,具体性能见表 5-2-9。

表 5-2-9　漂珠低密度水泥浆综合性能

序号	实验温度 / ℃	密度 / g/cm³	六速旋转黏度计读数 $\phi_{600}/\phi_{300}/\phi_{200}/\phi_{100}/\phi_6/\phi_3$	48h 抗压强度 / MPa	稠化(过渡) 时间 /min	API 失水 / mL
1	80	1.31	155/89/60/38/11/9	19.8	98(6)	27
2	80	1.37	133/78/54/31/7/6	18.5	101(9)	11
3	80	1.45	146/82/56/32/14/12	17.7	126(8)	9
4	80	1.47	90/55/44/31/19/16	16.9	171(12)	21
5	80	1.55	59/29/21/14/5/4	16.6	219(11)	18
6	80	1.65	140/81/58/34/6/4	18.4	421(11)	39

水泥浆性能评价：

（1）低密度水泥浆体系的密度可控制在 1.30～1.65g/cm³。

（2）抗压强度高，48h 抗压强度＞16MPa，早强剂 DZC 与 SY 复合使用效果更佳。

（3）能有效控制失水，FSAM 掺量在 6%～8%（BWOC）之间，使水泥浆 API 失水控制在 50mL 以内。

2. 高性能中空微珠低密度水泥浆

该水泥浆的设计方法与漂—硅低密度水泥浆相同，选用 3M 高抗挤空心玻璃微珠作减轻剂。

选用抗高温降失水剂 DZJ-Y，早强剂 DZC、分散剂 DZS、膨胀剂 DZP 及缓凝剂 DZH，具体性能见表 5-2-10。

表 5-2-10　高抗挤超低密度水泥浆综合性能

序号	密度 / g/cm³	温度 / ℃	六速旋转黏度计读数 $\phi_{600}/\phi_{300}/\phi_{200}/\phi_{100}/\phi_6/\phi_3$	135℃强度 24h/MPa	稠化（过渡）时间 / min	析水 / mL	API 失水 / mL
1	1.21	93	145/83/57/30/3/2	13.7	242（9）	0	52
2	1.25	93	265/155/110/57/5/4	18.9	302（8）	0	42
3	1.30	93	288/179/136/82/10/7	17.2	276（6）	0	44
4	1.35	93	176/100/73/40/3/2	14.8	326（5）	0	54
5	1.45	93	243/142/104/58/4/3	22.5	220（8）	0	36

水泥浆性能评价：

（1）3M 高抗挤微珠承压能力达到 124MPa 且性能稳定。

（2）具有零析水，低失水，在高温高压下 API 失水小于 50mL。

（3）具有较高的抗压强度，抗压强度大于 14MPa。

3. DFS 新型复合低密度水泥浆

漂珠—硅低密度水泥浆体系仅能适合井底压力在 60MPa 以内中深井固井应用，井底压力超过 60MPa 后，可采用高性能中空微珠低密度，但该体系使用了 3M 中空微珠，水泥浆成本高，在个别井（特殊井）中可采用，不适合推广应用。

粉煤灰作为减轻剂在低密度水泥浆中应用，已经得到证实，而且粉煤灰低密度水泥浆不受井下压力的影响，密度能够保持恒定。但是，由于粉煤灰降低水泥浆密度主要是依靠增加水灰比来实现的，已有研究证明，粉煤灰能够降低水泥浆密度的极限是 1.60g/cm³。为了提高粉煤灰低密度水泥浆的密度应用范围，研究出密度更低、性能更好的水泥浆体系，需要对粉煤灰进行改性、分级等处理。

粉煤灰的细度是影响粉煤灰水化活性的一个至关重要的因素，已有研究结果表明，小于 10μm 的粉煤灰颗粒对水泥强度有积极贡献，而大于 10μm 的粉煤灰颗粒对水泥强度不利。粉煤灰中 10～20μm 颗粒含量与水泥强度的关联度最大，而大于 30μm 颗粒与水泥强度负相关。

随着粉煤灰颗粒尺寸的减小，SiO_2 和 Fe_2O_3 的含量明显降低，CaO 的含量显著增加。与此同时，细颗粒的 SO_3 和碱（K_2O 和 Na_2O）的含量高于粗颗粒粉煤灰。细颗粒粉煤灰中存在大量未燃烧的碳，最细颗粒粉煤灰的烧失量约为最粗颗粒粉煤灰的 3 倍，而未燃烧的碳对强度发展有着不良影响。粗颗粒粉煤灰中粉煤灰球形玻璃体含量较少，随着粉煤灰颗粒尺寸的减小，玻璃相含量逐渐增加，粉煤灰中的无定形的玻璃体是火山灰反应的主要反应物。

为此，优选了以微硅、粉煤灰、煅烧蛭石等减轻材料，并将粉煤灰、蛭石进行了研磨，使粉煤灰细度更加均匀，性能更加稳定，并按照不同的粒径和加量配比进行复合，研制开发了新型复合低密度减轻剂 DFS。通过开展室内广泛细致的实验，首次优选出了新型复合低密度水泥浆体系，可将水泥浆密度降低至 1.45g/cm³，新型复合低密度体系不含空心漂珠等材料，其密度不受压力变化的影响，可适合深井超深井低密度固井应用。新型复合低密度水泥浆性能见表 5-2-11。

表 5-2-11　新型复合低密度水泥浆综合性能

序号	密度 / g/cm³	温度 / ℃	稠化（过渡）时间 /min	游离液 / mL	API 失水 / mL	抗压强度 /MPa		
						93℃ ×24h	93℃ ×48h	130℃ ×24h
1	1.65	130	335	0	28	13	17.2	20.6
2	1.55	115	309（9）	0	58	11.4	15.2	19.1
3	1.50	115	284（9）	0	48	7.5	11.2	19.6
4	1.45	115	244（13）	0	54	6.1	9.3	17.3
5	1.45	115	178（11）	0	32	9.8	11.8	18.2

水泥浆性能评价：

复合低密度水泥浆具有较高的抗压强度，在满足固井施工安全的条件下，水泥浆顶部温度 93℃条件下，24h 强度可达 8MPa 以上，48h 强度也在 12MPa 以上，甚至达到 15MPa，底部温度 130℃条件下，24h 强度可达 14MPa 以上，API 失水、稠化时间、流变性能等可用外加剂进行调节。

4. 不同低密度水泥浆体系承压能力评价

研究了不同低密度水泥浆体系的承压能力，为方便现场应用提供依据。

实验方法：用4000r/min的转速配制水泥浆，测量水泥浆初始密度，然后将水泥浆放置于高温高压稠化仪内加热、加置预定压力，稳定压力1h，卸压后取出水泥浆再测量密度值，求取水泥浆承压前后密度变化情况。

（1）漂珠—硅复合低密度水泥浆。

漂珠—硅复合低密度水泥浆承压性能见表5-2-12。

表5-2-12 漂珠—硅复合低密度水泥浆承压性能

序号	密度 / （g/cm³）						
	0MPa	15MPa	30MPa	45MPa	60MPa	75MPa	90MPa
1	1.490	1.495	1.520	1.540	1.580	1.610	1.710
	差值 0.005	0.030	0.050	0.900	0.120	0.210	
2	1.410	1.420	1.445	1.465	1.495	1.59	1.685
	差值 0.010	0.035	0.055	0.085	0.18	0.275	
3	1.315	1.330	1.370	1.480	1.520	1.580	1.620
	差值 0.015	0.055	0.165	0.205	0.265	0.305	

由表5-2-12可以看出，随着压力的增加，水泥浆密度也相应增大，压力在60MPa以上时，水泥浆密度增大幅度更大，为此，漂珠不适合用于压井下力大于60MPa以上的井。水泥浆密度随压力变化规律如图5-2-7所示。

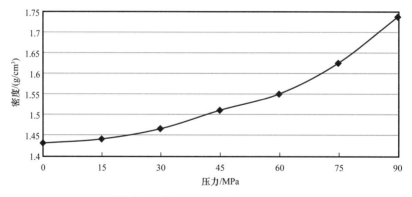

图5-2-7 压力变化对漂珠—微硅超低密度水泥浆密度影响规律

（2）高性能中空微珠低密度水泥浆。

高性能中空微珠低密度水泥浆承压性能见表5-2-13。

由表5-2-13可知，随着压力的增大，3M高抗挤微珠低密度水泥浆密度略有增大，但增大幅度在控制范围之内，120MPa压力下，水泥浆密度变化小于0.03g/cm³，因此，3M高抗挤微珠具有很高的承压能力，可达120MPa，适合于井底压力大于60MPa的低密度固井。

（3）DFS 新型复合低密度水泥浆。

DFS 新型复合低密度水泥浆承压性能见表 5-2-14。

表 5-2-13 高性能中空微珠低密度水泥浆承压性能

序号	密度 /（g/cm³）			
	0MPa	60MPa	90MPa	120MPa
1	1.260	1.265	1.275	1.290
	差值	0.005	0.015	0.030
2	1.340	1.340	1.345	1.365
	差值	0	0.005	0.025
3	1.450	1.450	1.465	1.470
	差值	0	0.015	0.025

表 5-2-14 DFS 新型复合低密度水泥浆承压性能

序号	密度 /（g/cm³）			
	0MPa	60MPa	90MPa	120MPa
1	1.45	1.45	1.45	1.45
	差值	0	0	0
2	1.55	1.55	1.55	1.55
	差值	0	0	0
3	1.60	1.60	1.60	1.60
	差值	0	0	0

由表 5-2-14 可以看出，DFS 新型复合低密度水泥浆的密度不受井下压力变化的影响，可以使用在深井、超深井中。

5. 泡沫低密度水泥浆

发泡剂：目前，用于泡沫水泥的发泡剂一般为两大类：表面活性剂类和蛋白质类。表面活性剂类的发泡剂包括：SDBS、SDS 和 X-320；蛋白质类的发泡剂包括：XA-1 和 HT-1。对发泡剂生成泡沫的发泡倍数、沉陷距、泌水量、pH 值、泡沫液的表面张力进行室内测试，测试结果见表 5-2-15。

表 5-2-15　发泡剂性能评价

发泡剂品种与浓度	SDBS		SDS		X-320		XA-1		HT-1	
	0.5%	1%	0.5%	1%	3%	6%	3%	6%	3%	6%
发泡倍数	27	32	28	30	25	28	23	26	25	28
1h 泌水量 /mL	130	110	150	140	120	100	80	60	70	50
1h 沉陷距 /mm	50	38	100	80	38	33	25	20	23	19
pH 值	10		6		6~7		6~7		7	
表面张力 /（mN/m）	30.2	29.5	29.5	28.1	33.0	32.3	18.8	17.8	32.6	30.3

　　发泡剂的发泡倍数、沉陷距和泌水量等性能是衡量泡沫性能的重要指标，通常认为，最理想的发泡剂应是沉陷距和泌水量最小（即持久性最好）、发泡倍数最大的。通过实验发现：蛋白质类的发泡剂各方面性能要优于表面活性剂类的发泡液，所生成的泡沫稳定性好，泡沫壁厚，在水泥浆中能较好地形成稳定的气泡，从经济的角度出发，在满足同样的要求下，HT-1 要优于 XA-1。

　　稳泡剂：通过添加瓜尔胶、CMC、HYJ 与蛋白质类发泡剂 HT-1 复配来改善发泡剂的泡沫稳定性，稳泡剂及其掺量对发泡剂泡沫稳定性产生影响，测试结果见表 5-2-16。

表 5-2-16　发泡剂 HT-1（6%）稳泡剂的性能

项目	空白样			瓜尔胶			中黏 CMC			HYJ		
	0.2%	0.4%	0.6%	0.2%	0.4%	0.6%	0.2%	0.4%	0.6%	0.2%	0.4%	0.6%
发泡倍数	30	28	27	25	23	20	23	20	18	20	18	15
1h 泌水量 /mL	45	35	28	30	27	20	27	24	20	27	23	20
1h 沉陷距 /mm	15	14	15	12	10	10	12	9	10	13	10	10

　　HT-1 蛋白质类发泡剂作为泡沫水泥浆的发泡剂，但就发泡剂的性能指标而言，除了发泡倍数满足要求之外，其泡沫稳定性指标都是比较差的，一般来讲，泡沫的自身稳定性取决于液体析出的快慢和液体的强度，而增大溶液的黏度恰恰可以解决这两方面的问题。如果液体本身的黏度较大，则液膜中的液体不易排出，液膜厚度变小的速度较慢，因而延缓了液膜破裂的时间，增加了泡沫的稳定性，同时也使泡沫具有一定的"弹性"，测试结果见表 5-2-17。

　　实验发现，不同的稳泡剂形成泡沫的半衰期各不相同，加有稳泡剂的泡沫的半衰期明显要长于空白样的泡沫。不加稳泡剂泡沫的半衰期为 218s 左右，加有 HYJ 的泡沫半衰期则延长到 1977s，稳泡效果 HYJ 优于中黏 CMC，中黏 CMC 优于瓜胶，选择加入稳泡剂 HYJ，以解决泡沫的稳定性较差的问题。

表 5-2-17　稳泡剂与泡沫半衰期之间的关系

项目	泡沫和液面总高度 / mm	泡沫最高时的高度 / mm	泡沫半衰时的高度 / mm	半衰期 / s
空白样	223	198.6	99.3	218.05
瓜尔胶	230	220.2	110	528.9
中黏 CMC	242.6	220.1	110	1802.3
HYJ	250	220.1	110	1977.5

降滤失剂：目前，国内降滤失剂研究的重点是共聚物类型和非渗透类的降滤失剂，并取得了良好的应用效果。作为与泡沫水泥浆的基浆配伍的降滤失剂，要求实验温度在 55～110℃，API 滤失小于 50mL，且其对泡沫的稳定性又没有破坏作用，由于 FSAM 配浆时起泡严重，考虑到泡沫水泥不能加消泡剂，所测的水泥基浆密度偏低，从以上实验可以看出，DZJ-Y、FSAM 两种体系作为基浆，其各项性能均能满足固井技术要求，综合对比，FSAM 具有一定的提黏和稳泡作用，更适合在泡沫水泥中应用，但在高温的情况下，DZJ-Y 能有效地控制滤失，保证施工安全，针对不同的井深可以设计相应的泡沫水泥浆体系，实验情况见表 5-2-18。

表 5-2-18　水泥基浆体系性能

配方	密度 / g/cm³	温度 / ℃	六速旋转黏度计读数 $\phi_{600}\phi_{300}/\phi_{200}/\phi_{100}/\phi_{6}/\phi_{3}$	稠化时间（过渡）/ min	API 滤失 / mL	抗压强度 / MPa	SPN 值
1	1.88		280/164/114/63/6/4	235（13）	32	20.8	2.44
2	1.88	55	291/170/118/67/8/6	180（8）	34	32.3	1.88
3	1.78		89/51/35/22/9/8	165（10）	24	22.5	1.51
4	1.78		119/70/49/28/10/8	137（9）	28	25.3	1.93

注：配方 1：水泥 +6%DZJ-Y+44%H₂O；
　　配方 2：水泥 +6%DZJ-Y+0.1%DZH+44%H₂O；
　　配方 3：水泥 +6%FSAM+1.0%DZS+0.15%DZH+44%H₂O；
　　配方 4：水泥 +6%FSAM+1.0%DZS+0.15%DZH+2%DZC+44%H₂O。

缓凝剂：泡沫水泥石强度与水泥水化程度有直接关系，水化越彻底，水泥石的强度越高，泡沫水泥内部气泡阻碍了水泥的进一步水化，因此，泡沫水泥石的强度较普通水泥石低，如何优选合适的缓凝剂而不影响泡沫水泥石强度至关重要。缓凝剂可分为低温型、高温型、复合型三类，实验结果见表 5-2-19。

表 5-2-19　不同缓凝剂对泡沫水泥浆的强度影响

缓凝剂	密度 / (g/cm³)	强度 /MPa
低温	1.2	5.88
	1.2 (带压)	10.65
高温	1.2	5.56
	1.2 (带压)	8.9
复合型	1.2	7.05
	1.2 (带压)	14.8

注：实验条件：55℃ ×0.1MPa（带压 2MPa）×48h。

水泥浆配方：G 级水泥 +6% 降滤失剂 +1.0% 分散剂 +0.5% 缓凝剂 +44% 水 +5% 泡沫。通过优选实验，采用复合型缓凝剂，复合型缓凝剂以低温型和高温型缓凝剂以一定的比例组成，通过对泡沫水泥石强度进行测定发现：复合型缓凝剂体系形成的泡沫水泥石强度比在不带压和带压的养护条件下形成的强度分别大 2MPa 和 4MPa，复合型缓凝剂不会影响水泥石的强度，因此泡沫水泥浆浆体系选择复合型缓凝剂。

基浆综合性能优选：对泡沫水泥浆基浆进行优选，包括适应温度段、流变、滤失和抗压强度等，能够满足：浆体不能过于稀和过于黏稠，保证泡沫能均匀混合且能在浆体内稳定存在，滤失能达到 API 规范要求，后期 24h 水泥石抗压强度要大于 14MPa。通过实验：优选了两套满足低温和高温要求的水泥浆体系分别为配方 2 和配方 5，这两套体系的水泥浆流变性能基本能满足设计要求，n 值都在 0.25～0.4 之间。API 滤失都在 30mL 左右，水泥石的抗压强度分别为 16MPa 和 18.3MPa，稠化时间和过渡时间均满足设计要求，实验结果见表 5-2-20。

泡沫水泥浆密度控制：实验室内泡沫水泥浆密度的控制主要是通过改变发泡剂、稳泡剂与水泥浆的比例，当水泥浆的质量一定时，随着发泡剂和稳泡剂质量的增加，泡沫水泥浆密度随之降低。

1）泡沫水泥浆流变实验

泡沫水泥浆流变性能：泡沫水泥浆中含有大量泡沫，在常压情况下养护，随着温度的升高，泡沫有少量溢出，由于泡沫水泥浆中的气泡非常细小，并且比较稳定，所以采用范氏旋转黏度计来测定泡沫水泥浆的流变特性参数还是具有一定的参考价值，在某种程度上能较间接地反映泡沫水泥浆的流变特性。

在同种泡沫水泥浆体系中，随着泡沫含量的增加，流型指数逐渐下降，密度与流变参数不成直线关系，表观黏度随气体含量的增加而增大，随着温度增加而降低。由此可知，在泵入排量合适的情况下，泡沫水泥浆在注水泥施工时是易于泵送的。分析实验测定数据和结果可得出：由于水泥浆中气体的混入，导致泡沫水泥浆的黏度增大；泡沫水泥浆和纯水泥浆很相似，近似于假塑性流体。为了更直观地反映泡沫水泥浆在不同温度条件下的稳定性，在常压情况下，将泡沫水泥浆进行养护，观察其密度的变化情况，见表 5-2-21。

表 5-2-20 泡沫水泥浆基浆优选

水泥浆配方	实验温度 / ℃	六速旋转黏度计读数 $\phi_{600}/\phi_{300}/\phi_{200}/\phi_{100}/\phi_6/\phi_3$	API 滤失 / mL	24h 抗压强度 / MPa	稠化时间（过渡时间）/ min
1	55	220/178/112/22/17	44	18.7	120（22）
2	55	256/221/154/121/35/28	34	16	180（21）
3	55	300+/285/231/169/92/66	24	14.4	233（18）
4	90	192/166/98/65/12/11	35	21	118（9）
5	90	232/188/108/76/33/31	28	18.3	191（8）
6	90	300+/288/212/166/88/67	20	16	245（8）

注：配方 1：G 级水泥 +5%FSAM+1.0%DZS+0.3%DZH+44% 水；

配方 2：G 级水泥 +6%FSAM+1.0%DZS+0.5%DZH+44% 水；

配方 3：G 级水泥 +7%FSAM+1.0%DZS+0.7%DZH+44% 水；

配方 4：G 级水泥 +5%DZJ-Y+1.0%DZS+0.3%DZH+44% 水；

配方 5：G 级水泥 +6%DZJ-Y+1.0%DZS+0.5%DZH+44% 水；

配方 6：G 级水泥 +7%DZJ-Y+1.0%DZS+0.7%DZH+44% 水。

表 5-2-21 泡沫水泥浆在常压状态下养护 20min 不同密度的泡沫水泥浆的变化情况

配方	温度 / ℃	48h 抗压强度 / MPa	养护前密度 / g/cm^3	养护后密度 / g/cm^3	密度差 / g/cm^3
JHG+44%	55	22	1.88	1.88	0
JHG+44%+2% 泡沫	55	8.2	1.45	1.50	0.05
JHG+44%+6% 泡沫	55	5.8	1.24	1.32	0.08
6%FSAM+0.5%DZS+2% 泡沫	55	8.8	1.41	1.43	0.02
8%FSAM+0.5%DZS+5% 泡沫	55	7.1	1.34	1.47	0.03
10%FSAM+0.5%DZS+6% 泡沫	55	5.6	1.22	1.24	0.02
6%DZJ-Y+2% 泡沫	55	12.8	1.50	1.53	0.03
6%DZJ-Y+5% 泡沫	55	7.8	1.30	1.35	0.05
7%DZJ-Y+6% 泡沫	55	5.0	1.16	1.23	0.07
8%DZJ-Y+8% 泡沫	55	1.5	1.0	1.08	0.08
8%FSAM+0.5%DZS+5% 泡沫	35	3.2	1.2	1.21	0.01
8%FSAM+0.5%DZS+5% 泡沫	55	4.2	1.2	1.23	0.03

从表 5-2-21 中可以看出，加入 FSAM、DZJ 的泡沫水泥浆，稳定性好坏顺序为 FSAM＞DZJ-Y＞原浆。在低温养护下，其养护前后密度变化比较小，比较稳定，但随温度增加，泡沫水泥浆稳定性略有下降，气泡有溢出的现象，导致密度差增大。

泡沫水泥浆微流变学实验：泡沫和水泥浆均匀混合的前提条件是水泥浆的流变能满足一定的黏度，浆体太稀，泡沫容易破，浆体太黏，泡沫水泥浆的流动性较差，因此需要对原浆进行流变学方面的定性实验。采用微流变仪对原浆进行相关实验。实验基于读取水泥水化颗粒在一定范围内的布朗运动情况，通过归纳分析绘制如图 5-2-8 所示的均平方位移曲线（MSD），而流变学方面的分析则是分析一定时间范围内均平方位移曲线的斜率大小，实验中对不同流变状态的基浆进行混泡实验，混合均匀后取样放入微流变测试玻璃管内，进行数据采集分析。通过对不同基浆形成的泡沫水泥浆的 MSD 进行分析，得到泡沫水泥浆在候凝阶段浆体微观转变趋势，相关参数包括弹性指数、黏性指数、流动指数、颗粒扩散系数和弹性模量。

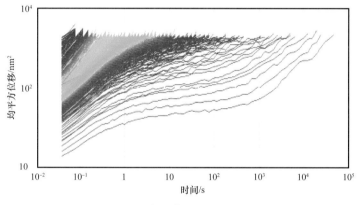

图 5-2-8　水泥浆均平方位移曲线

如图 5-2-9 所示，水泥浆的稳定性可以由 MSD 斜率变化达到 1 来表示，即浆体内颗粒的重力和粒子之间相互运动的阻力达到平衡。FSAM 水泥浆体系形成的泡沫水泥浆为蓝色曲线，DZJ-Y 水泥浆体系为黑色曲线。实验发现：两者 MSD 斜率达到 1 的时间相差不大，但 FSAM 水泥浆体系形成的泡沫水泥浆在水化后期，MSD 斜率有增大且大于 1 的趋势，因为泡沫水泥浆内过多的气泡在水化作用过程中，有上浮的现象，导致颗粒的重力大于粒子间布朗运动的阻力，因此水化前期 DZJ-Y 水泥浆体系形成的泡沫水泥浆较稳定。

浆体的稳定性决定着水泥流动指数、黏性指数的大小，如图 5-2-10、图 5-2-11 所示，FSAM 水泥浆体系形成的泡沫水泥浆流动指数较小，黏性指数较大，反映了基浆较黏稠，相反 DZJ-Y 水泥浆体系形成的泡沫水泥浆则较稀。

如图 5-2-12、图 5-2-13 所示，不同基浆流变状态不一样，导致泡沫水泥浆的弹性指数和弹性模型不一致，发现：在水泥水化初期，FSAM 泡沫水泥浆体系的弹性指数和弹性模量较 DZJ-Y 水泥浆体系黏稠，泡沫在浆体内移动的阻力较大，气泡不容易聚集破碎，整个泡沫水泥具有很好的可压缩性，微观上反映是弹性指数和宏观弹性模量较大，

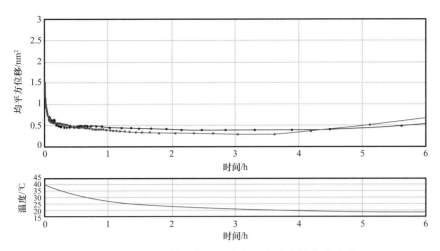

图 5-2-9 不同基浆形成的泡沫水泥浆稳定性实验曲线

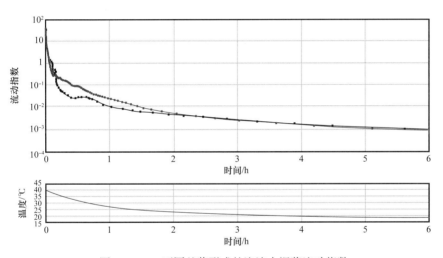

图 5-2-10 不同基浆形成的泡沫水泥浆流动指数

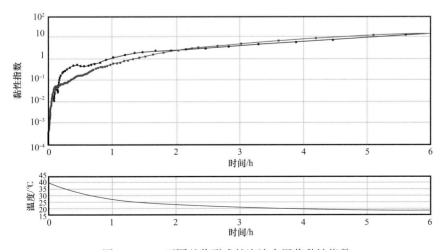

图 5-2-11 不同基浆形成的泡沫水泥浆黏性指数

最终形成的水泥石孔结构均匀而致密，形成的水泥石具有很好的弹塑性。因此，在选择基浆时，应对流变学性能进行实验，选择如 FSAM 水泥浆体系的浆体较好。

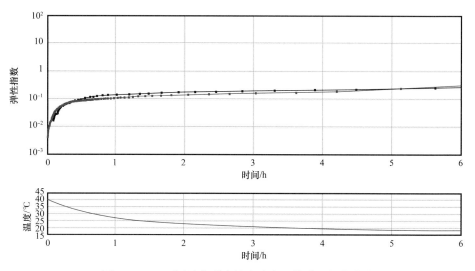

图 5-2-12　不同基浆形成的泡沫水泥浆弹性指数曲线

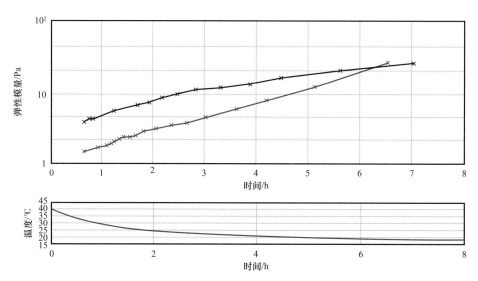

图 5-2-13　不同基浆形成的泡沫水泥浆弹性模量

2）泡沫水泥浆滤失性能实验

泡沫水泥浆所用的外加剂，除发泡剂和稳泡剂外，其他外加剂与常规水泥浆相同，而且泡沫水泥浆性能要满足现场固井施工要求，因此，泡沫水泥浆滤失性能要求与常规水泥浆基本相同。由于注水泥过程中泡沫水泥浆是随着压力增加，泡沫水泥浆被不断压缩，为了更真实地进行失水评价，使用了带有活塞的失水仪，从活塞顶部对水泥浆加压，随着泡沫水泥浆的压缩，活塞在浆杯内可以向下移动。其滤失对比见表 5-2-22。

表 5-2-22 不同密度条件下泡沫水泥浆滤失量变化情况

配方	温度 /℃	密度 / (g/cm^3)	滤失量 /mL	
			不带压	带压
8.5%FSAM+0.6%DZS+44% 水	55	1.9	30	50
8.5%FSAM+0.6%DZS+44% 水 +3% 泡沫	55	1.5	32	44
8.5%FSAM+0.6%DZS+44% 水 +4% 泡沫	55	1.3	28	42
8.5%FSAM+0.6%DZS+44% 水 +6% 泡沫	55	1.1	26	26
8.5%FSAM+0.6%DZS+44% 水 +8% 泡沫	55	1.0	15	23
8.5%FSAM+0.6%DZS+44% 水 +10% 泡沫	55	0.8	13	22

从表 5-2-22 数据可以看出：API 滤失量随密度降低而降低，滤失量大小取决于所选择的降滤失剂，泡沫不影响滤失。这是由于水泥浆中混入气体后，由于气体阻力和气泡胶膜对水的吸附，使得滤失量明显减少；随着气体含量的增大，泡沫水泥浆密度下降，其对应的滤失速度呈下降趋势，滤失量明显减少，由于滤失现象主要是在气泡周围进行的，密度越低，空气含量越多，气泡所占据的表面积越大，滤液离开浆体所经过的路径也越长，滤失量也自然降低，这也说明了在泡沫水泥浆中，由于气相介质的存在，使得通过孔隙介质的滤液流量大大减少。泡沫水泥浆的滤失量随密度的降低而下降。利用防窜滤失仪测定的泡沫水泥浆滤失略大于常规滤失仪的失水量，但滤失指标均能满足固井要求。

3）泡沫水泥石性能评价

泡沫水泥石强度实验：泡沫水泥在较低密度下仍能保持较高的抗压强度，主要是由于气体的密度比水要低得多。对于单位体积的水泥而言，要降低到同样的水泥浆密度时，用气体比水所引起的体积变化要小，同时由于没有这些多余的起"稀释"作用的体积，水泥凝结后必然更加牢固可靠，因此在相等的低密度条件下，泡沫水泥抗压强度比常规的低密度水泥高。

（1）水灰比对泡沫水泥石抗压强度的影响。一般水泥强度取决于水泥的水灰比和水泥的水化程度，水灰比越小，水泥石中的孔体积越小，强度越高，但当水灰比过小时，水泥水化所需要的水不足，水化反应不彻底。但泡沫水泥的孔结构受水灰比与气泡引入量决定，一方面，水灰比的减少能减少空洞，提高强度；另一方面，气泡引入量的增加，增加了水泥中的空洞，降低强度。在配制相同密度的泡沫水泥时，根据配制计算公式，降低水灰比就要提高发泡剂的掺入量，水灰比的降低引起的密实度的提高，被多混入的气所削弱，泡沫水泥石和漂珠水泥石的微观结构分别如图 5-2-14、图 5-2-15 所示。

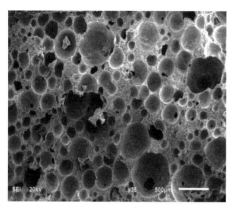

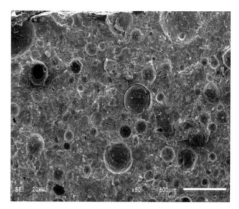

图 5-2-14　泡沫水泥石　　　　　　　图 5-2-15　漂珠低密度水泥石微观结构

（2）常压情况下温度对泡沫水泥浆强度的影响。考查在常压条件下实验温度对泡沫水泥浆强度的影响规律，实验情况见表 5-2-23。

表 5-2-23　常压情况下温度对泡沫水泥浆强度的影响

密度 /（g/cm³）	24h 强度 /MPa					
	30℃	45℃	55℃	65℃	75℃	90℃
1.5	3.5	5.6	7.4	6.8	5.2	3.8
1.3	2.9	3.8	6.2	6.5	4.0	2.2
1.2	2.6	3.5	5.5	4.6	2.5	1.1
1.1	1.2	2.9	4.6	3.7	2.1	–
0.9	0.9	2.0	2.5	2.3	1.3	–
0.8	0.6	1.5	2	1.8	1.1	–

从表 5-2-23 的实验结果可以看出，常压条件下，温度小于 55℃时，水泥浆强度随温度增加而增加，当温度大于 55℃时，水泥浆强度随温度升高而降低。

4）泡沫水泥浆稳定性评价

可以采用传统的密度差测试法，也可以采用专家型泡沫稳定性测试仪。通过实验发现，初始密度为 1.22g/cm³ 带压养护后，水泥石的密度差小于 0.03g/cm³，而泡沫水泥浆通过稳定性测试仪得到稳定系数。

（1）压力对泡沫水泥浆强度的影响。水泥浆密度的下降必然会影响固化后水泥石的抗压强度。与其他低密度水泥浆相比，泡沫水泥浆对形成的水泥石的抗压强度要求更为严格。由于泡沫高温下会膨胀破裂，因此在泡沫水泥石养护实验过程中应全程带压操作，所以，常规的水泥石养护不适合泡沫水泥浆体系，为此，需要研制专门进行泡沫水泥石养护的装置。具体是将制备完成的泡沫水泥浆倒入特制的养护浆杯中；再将该浆杯装入实验室的养护釜中，通过对养护浆杯活塞的加压，调整压力和温度数据，使泡沫水泥浆体积减小，从而达到实验所要求的条件。养护结束后，取出浆杯和试件，测定泡沫水泥石的抗压强度和其他性能，以及不同压力、不同温度条件下泡沫水泥石强度，测试结果见表5-2-24、表5-2-25。

表5-2-24　不同压力条件下泡沫水泥浆的强度变化

密度/（g/cm³）	24h强度/MPa（55℃）					
	0MPa	0.5MPa	1.0MPa	2.0MPa	3.0MPa	10.0MPa
1.2	5.5	7.8	9.9	10.8	11.6	12.4

表5-2-25　不同温度条件下泡沫水泥浆的强度变化

密度/（g/cm³）	24h强度/MPa（1.5MPa）				
	35℃	45℃	55℃	65℃	80℃
1.2	4.6	6.9	10.1	13.9	16.5

从表5-2-24、表5-2-25中可以看出，随着加压，泡沫水泥石强度逐渐增加，当压力加至2MPa后，强度增加幅度变小，符合压—度变化规律；在一定加压条件下，随温度增加，强度呈递增趋势。

（2）温度恒定条件下密度与强度的关系。可以看出，随密度增加，强度与密度呈正比线性增长趋势，密度越高，水泥石内固相含量越好，对于整个骨架的支撑能力也越高，表现为水泥石的抗压强度大。

5）泡沫水泥石渗透率实验

为了评价泡沫水泥石的渗透性，利用COME LAB渗透仪测定了不同密度条件下泡沫水泥石的渗透率，测试结果见图5-2-16、表5-2-26。

由表5-2-26可知，随密度增加，泡沫水泥石的渗透率逐渐降低，同样密度，加压条件下的水泥石渗透率低于常压条件下的泡沫水泥石渗透率。

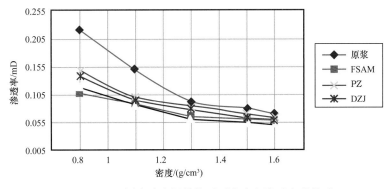

图5-2-16　不同泡沫水泥浆体系下密度与渗透率的关系

表 5-2-26　不同密度条件下的渗透率

泡沫水泥浆	密度 / (g/cm³)	渗透率 /mD
原浆 + 泡沫	1.6	0.07
	1.5	0.08
	1.3	0.092
	1.1	0.15
	0.9	0.22
	0.8	0.25
DZJ-Y 水泥浆 + 泡沫	1.6	0.06
	1.5	0.061
	1.3	0.077
	1.1	0.095
	0.9	0.14
	0.8	0.16
FSAM 水泥浆 + 泡沫	1.6	0.055
	1.5	0.058
	1.3	0.065
	1.1	0.088
	0.9	0.11
	0.8	0.14
PZ 水泥浆 + 泡沫	1.6	0.063
	1.5	0.07
	1.3	0.084
	1.1	0.099
	0.9	0.15
	0.8	0.16

6）泡沫水泥石导热系数

不同的水泥基浆下形成的泡沫水泥块的导热系数都很低，一般水泥浆的导热系数在 0.8～1.0W/（m·K），而泡沫水泥石的导热系数都低于 0.25W/（m·K），由此可见，泡沫水泥石具有良好的隔热保温的作用。实验数据见表 5-2-27。

表 5-2-27　不同泡沫水泥块导热系数

水泥基浆	密度 /（g/cm³）	导热系数 /［W/（m·K）］
常规低密度	1.2	0.252
FSAM	1.2	0.232
DZJ-Y	1.2	0.196

7）泡沫水泥石弹塑性实验

参照建筑上对混凝土的评价方法，室内应用 Griffith 准则来对水泥石的强度和断裂韧性进行评价。Griffith 准则就是通过抗压强度 / 抗折强度之比来判断材料的脆性。这一比值越大，材料的脆性越大，反之表现出柔性性质，即断裂韧性较好。脆性最大岩石抗压 / 抗折强度之比为 15～20，混合岩强度之比为 11～21。通常认为：水泥石的抗压 / 抗折（GF）强度之比 ≤10，表明水泥石具有较好的韧性，测试结果见表 5-2-28、表 5-2-29。

表 5-2-28　泡沫水泥石韧性实验（T=55℃）

密度 /（g/cm³）	0.8		1.1		1.3		1.5		1.7	
水泥浆	泡沫	漂珠	泡沫	漂珠	泡沫	漂珠	泡沫	漂珠	泡沫	漂珠
常压抗压强度 /MPa	2.0	—	4.6	3.8	6.2	6.8	7.4	11.3	—	16.6
常压抗折强度 /MPa	0.36	—	0.81	0.45	1.08	0.69	1.09	1.15	—	1.83
GF 值	5.56		5.68	8.44	5.71	9.85	6.76	9.82		9.07

表 5-2-29　泡沫水泥浆弹性模量测试实验（T=55℃）

水泥浆	密度 / g/cm³	压缩传递速率 / mc/in	剪切传递速率 / mc/in	剪切模量 / GPa	剪切模量 / GPa	泊松比	杨氏模量 / GPa
泡沫水泥浆	1.5	49224.3	29653.2	1.63	1.14	0.35	7.37
漂珠	1.5	55468.8	29649.3	2.88	1.32	0.25	11.54

对比泡沫水泥石和漂珠低密度水泥石韧性和弹性模量实验可以看到：泡沫水泥浆的 GF 值和杨氏模量都要小于漂珠低密度水泥浆的 GF 值和杨氏模量，GF 值越小，水泥石的韧性越好，杨氏模量越小，水泥石的弹塑性越好，因此相同密度下的泡沫水泥浆的韧性和弹塑性要优于漂珠低密度水泥石的相关性能。

8）水泥浆凝结时间

由于泡沫水泥浆可压缩性大，从目前水泥浆稠化时间浆杯的设计和操作安全考虑，泡沫水泥浆稠化时间难以按 API 标准直接测试，国外文献资料表明，气泡对水泥浆稠化时间具有延缓作用，但影响不大，为此，采用不加发泡剂的水泥浆进行间接稠化时间评价。泡沫水泥稠化时间的复杂性在于，即使在高稳定性的泡沫体系内，一旦水泥浆开始稠化，若加以机械搅拌就会破坏泡沫结构，形成大而不稳定的气泡，所以泡沫水泥浆在开始稠化之前，即处于候凝状态时，要求在环空内应是静止的。同时，相关实验证实，充气量对泡沫水泥浆的稠化时间并无影响，所以可采用非泡沫水泥浆做稠化时间实验。为了定性评价泡沫水泥浆的稠化时间，采用常压测静态凝结时间来间接评价泡沫水泥浆的稠化时间，测试结果见表5-2-30、图5-2-17。

表 5-2-30 不同温度、密度条件下的泡沫水泥浆凝结时间

配方	温度 /℃	密度 / (g/cm³)	凝结时间 /min
6.0%FSAM+0.6%DZS+44% 水	30	1.9	235
6.0%FSAM+0.6%DZS+44% 水 +2.5% 泡沫	30	1.6	248
6.0%FSAM+0.6%DZS+44% 水 +3% 泡沫	30	1.5	261
6.0%FSAM+0.6%DZS+44% 水 +4.5% 泡沫	30	1.3	287
6.0%FSAM+0.6%DZS+44% 水 +5% 泡沫	30	1.2	291
6.0%FSAM+0.6%DZS+44% 水 +8% 泡沫	30	1	312
6.0%FSAM+0.6%DZS+44% 水 +10% 泡沫	30	0.8	333
6.0%FSAM+0.6%DZS+44% 水	55	1.9	95
6.0%FSAM+0.6%DZS+44% 水 +2.5% 泡沫	55	1.6	121
6.0%FSAM+0.6%DZS+44% 水 +3% 泡沫	55	1.5	139
6.0%FSAM+0.6%DZS+44% 水 +4.5% 泡沫	55	1.3	166
6.0%FSAM+0.6%DZS+44% 水 +5% 泡沫	55	1.2	179
6.0%FSAM+0.6%DZS+44% 水 +8% 泡沫	55	1	212
6.0%FSAM+0.6%DZS+44% 水 +10% 泡沫	55	0.8	233

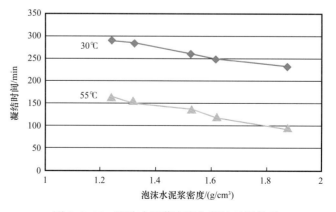

图 5-2-17 泡沫水泥浆密度与凝结时间关系

从表 5–2–30 和图 5–2–17 可以看出，随着泡沫量的增加，泡沫水泥浆密度降低，凝结时间延长，且成较好的线性关系。

9）泡沫水泥浆防气窜性能及膨胀性能

泡沫水泥浆因自身的空隙结构较多，在水泥水化过程中，自身的孔隙压力变化比较缓慢，能长时间保持静液柱压力不损失，具有很好的防气窜性能。实验发现：泡沫水泥浆孔隙压力的变化非常缓慢，孔隙压力下降的时间越长，水泥浆孔隙压力小于模拟地层孔隙压力时气窜流量值小于 1mL/min 时的水泥浆体系具有较好的防气窜性能，测试结果见表 5–2–31。

表 5–2–31　泡沫水泥浆防气窜性能

实验温度 /℃	密度 / (g/cm³)	失重时间 /min	气窜流量 / (mL/min)
55	1.2	978	0.09
55	1.88	291	0.21
90	1.2	688	0.15
90	1.88	188	0.29

在实验温度为 55℃时，水泥浆孔隙压力小于模拟地层孔隙压力的时间分别为 978min（$\rho = 0.8\text{g/cm}^3$）和 1530min（$\rho = 1.6\text{g/cm}^3$），当水泥浆孔隙压力小于模拟地层孔隙压力时气窜流量分别为 0.09mL/min 和 0.05mL/min，在实验温度为 90℃时，水泥浆孔隙压力小于模拟地层孔隙压力的时间分别为：188min（$\rho = 0.8\text{g/cm}^3$）和 291min（$\rho = 1.6\text{g/cm}^3$），气窜流量分别为 1.01mL/min 和 0.07mL/min，模拟地层压力下流体基本没有窜入水泥浆内，泡沫水泥浆在高温的情况下较中低温时的气窜流量变化不大，由此可以推断泡沫水泥浆具有很好的防气窜作用。

泡沫水泥浆膨胀性能：泡沫水泥浆具有防止体积收缩的特性。判断水泥石膨胀还是收缩，主要评价晶格膨胀是否能抵消化学体积收缩。实验发现：当实验温度为 55℃时，泡沫水泥浆在整个水化及候凝过程中，收缩率和体积收缩量都基本为 0。实验温度为 90℃时，泡沫水泥浆在整个水化及候凝过程中，收缩率和体积收缩量分别为 1.1% 和 2.05mL，常规密度水泥浆体系的收缩率大于 5% 和收缩量大于 12mL，验证了泡沫水泥浆具有膨胀的特性，测试结果见表 5–2–32。

表 5–2–32　泡沫水泥浆膨胀实验数据

实验温度 /℃	密度 / (g/cm³)	收缩率 /%	收缩量 /mL
55	1.2	0.29	0.54
55	1.88	2	3.7
90	1.2	1.1	2.05
90	1.88	6.6	12.29

小结：泡沫水泥浆的抗压强度随着密度的增加，强度随之增加，基本上满足线性关系。泡沫水泥浆地面最低密度达 0.8g/cm³，水泥浆滤失小于 50mL，井底泡沫水泥石 48h 抗压强度大于 14MPa，气体渗透率小于 0.15mD，综合性能测试结果见表 5-2-33。

表 5-2-33　泡沫水泥浆综合性能汇总

密度 / g/cm³	泡沫体积分数	带压压力 / MPa	实验温度 / ℃	API 滤失 / mL	常压强度 / MPa	带压强度 / MPa	渗透率 / mD
0.8	0.57	0.4	55	22	2.2	7	0.06
0.9	0.52	0.4	55	26	3.5	7.7	0.11
1.0	0.47	0.4	55	33	4.7	8	0.13
1.2	0.36	0.4	55	38	6.7	12	0.15
1.4	0.25	0.4	55	40	11.5	14.4	0.18
1.6	0.15	0.4	55	48	14.2	16	0.25

通过进行泡沫水泥浆综合性能评价实验得出：

（1）泡沫水泥浆密度可调范围大，最大的优点是该泡沫水泥浆的密度操作简单可控。

（2）具有良好的支撑性能和防气窜性能，泡沫水泥不需要通过加水来降低体系密度，同时由于使用空气作为减轻剂，使用表面活性剂来发起和稳定泡沫对水泥基浆的影响较小。

（3）在较高压力下，泡沫水泥浆在水化中期液泡转变为孔结构，与环境中的水进行体积置换，最终形成的水泥石强度较高，水泥石的渗透率较低。

（4）在低压情况下，泡沫水泥浆水化后期，泡沫以气泡的形式填充在水泥中，空气的绝热性能良好，使得泡沫水泥具有一定的保温性能，可以用来解决稠油热采中的热量散失问题。

（5）泡沫水泥以气体作为减轻剂，由于气体具有可压缩性，浆体内的气泡具有一定的预应力，可有效防止油、气、水窜。

第三节　工厂化钻井技术

"井工厂"钻井技术具有减少征地面积、提高钻机使用效率、降低作业成本、提高材料综合利用等诸多优势。围绕渝东南地区山地地表特点及页岩气开发钻井工程技术特征，在借鉴和学习国内外"井工厂"钻井技术先进经验的基础上，通过山地"井工厂"钻井平台布井方案优化、"井工厂"钻机设备的研发与配套及"井工厂"钻井作业流程设计等研究，并通过现场试验与推广应用，形成了一套适用于渝东南山地特点的"井工厂"高效钻井技术。

一、"井工厂"布局和工艺流程优化

"井工厂"钻井模式在地面布置丛式井组，利用最小的井场面积使开发井网覆盖区域最大化，为后期的批量化钻井作业、压裂施工奠定基础。既简化了地面采油采气工艺的流程，又充分发挥地面工程及基础设施集中使用的高效性，同时也方便了地面施工集中管理，有利于钻井及压裂施工"工厂化"作业。通过国内外"井工厂"钻井地面布局调研分析，结合页岩气钻井、压裂及生产特点，优化了页岩气"井工厂"钻井地面布局参数，提出了"井工厂"钻井地面布局设计方案。

1. 井口布局参数优化

1）井口距离选择

为满足当年完成钻井、压裂试气、投产的要求，钻井作业完成后移交试气投产工序。根据天然气井地面井口安全井距的要求，地面井距不小于 10m，钻井与压裂同步作业最小井口距 25m，钻井与试气同步作业最小井口距 12m。

2）钻机间距选择

经调研，加拿大 Dalight 公司钻机间距为 50m，中国石油苏里格地区钻机间距为70m，参考石油行业标准中钻机间距的相关规定，优选钻机间距为 50m。

2. 地面布局方案设计

在井口距离和钻机间距优选的基础上，优化提出了四套用于六井式"井工厂"钻井的地面布局方案、三套用于四井式"井工厂"钻井的地面布局方案。

（1）方案 1：单排井单钻机方案，该方案采用 1 台纵向移动电动钻机（图 5-3-1）。

（2）方案 2：单排井双钻机方案，该方案采用 2 台纵向移动钻机，钻机纵向排列（图 5-3-2）。

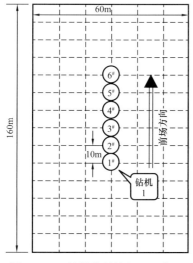

图 5-3-1　单排井单钻机地面布局

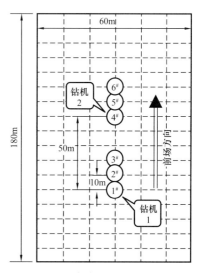

图 5-3-2　单排井双钻机地面布局

（3）方案3：双排井双钻机方案，该方案采用双排井井口布局方式，采用两台纵向移动电动钻机（图5-3-3）。

（4）方案4：双排井双钻机方案，该方案采用双排井井口布局方式，采用两台横向移动电动钻机（图5-3-4）。

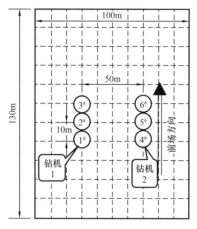

图5-3-3　双排井双钻机地面布局

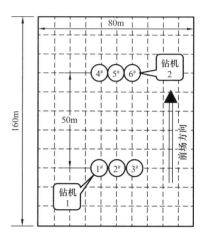

图5-3-4　双排井双钻机地面布局

3. 钻井"井工厂"模式优选

按钻机与作业流程的组合，可分为整拖式的钻井"井工厂"、批量式的钻井"井工厂"、流水式的钻井"井工厂"。

1）整拖式的钻井"井工厂"作业模式

主要特点：钻完一口井后，采用底部能移动的钻机移至下一口井施工，井架底座一起移动，钻井泵、泥浆罐、SCR房无须搬动。

优点：节省大量的钻机搬迁安装时间。

缺点：钻机配套要求高，时间节约仅限于井间搬迁安装，未能有效发挥高速移动钻机的优势。

国内常用钻机整体运移方式主要有四种：拖拉机整拖式运移方式、地锚式钻机整体运移方式、轨道整体运移方式、轮胎牵引式整体运移方式。考虑到安全性、可靠性和先进性，不推荐采用拖拉机整拖运移方式和地锚式钻机整体运移方式，而轮胎牵引式整体运移方式仅适用于戈壁或者沙漠等开阔地区施工。

2）批量式的钻井"井工厂"作业模式

主要特点：采用底部能移动的钻机，依次一开，依次固井，依次二开，再依次固完井。

优点：钻井、固井、测井设备无停待；一个平台的多口井各开次钻井液体系相同，可以重复利用，特别是油基钻井液的重复利用大大降低了钻井液的成本。

3）流水式的钻井"井工厂"作业模式

主要特点：采用大、小钻机配合流水线作业，小钻机钻浅部地层，大钻机钻深部地层。

优点：最大限度发挥钻机能力，减少钻机综合费用。

缺点：井场配套要求较高，大、小钻机均采用整体运移的方式，由于钻机尺寸不同从而滑轨的宽度不同，这就造成了在井场上需要布置两套甚至多套滑轨，从而引发了一些问题：一是增加了滑轨用量，不经济；二是多套滑轨同在井场布置，造成井场凌乱，影响其他设备的摆放；三是由于不同型号的钻机分属不同的导轨，大、小钻机配合时井口对中存在一定的难度。

按钻机要求、地面条件、设备配套工作量、设备配套费用、周期、优势等综合对比分析评定：整拖式的钻井"井工厂"作业模式类比丛式井作业模式，已在工区获得成熟应用；批量式的钻井"井工厂"作业模式要求钻机能够实现井间快速移动，需要对设备配套和流程进行再造，以实现钻井液的重复利用，钻井、固井、测井设备无停待等；流水式的钻井"井工厂"作业模式作为批量式的钻井"井工厂"作业模式升级版，能够最大限度地发挥大钻机能力，进一步节省成本（表5-3-1）。

表5-3-1　钻井"井工厂"作业模式评选

对比项目	"井工厂"作业模式		
	整拖式	批量式	流水式
方案要点	钻完一口井后钻下一口井	依次一开，依次固井，依次二开，再依次固完井	大、小钻机配合的流水线作业，小钻机钻浅部地层，大钻机钻深部地层
钻机要求	井间快速搬迁安装	高速移动钻机	高速移动钻机
地面条件	无要求	滑轨	多套滑轨或大小滑轨配套
设备配套工作量	小	大	大
设备配套费用	低	较高	高
周期	节省搬迁安装时间	井间快速移动，作业流程无缝对接	井间快速移动，大、小钻机两次搬迁安装
优势	成熟、现成、易组织	钻井液的重复利用，钻井、固井、测井设备无停待	最大限度发挥大钻机能力

二、常压页岩气"井工厂"经济性评价

示范区位于重庆山地地区，建造平台受到诸多约束，页岩气丛式井工程投资巨大。由于山区地势崎岖，合适的建造平台场地较少，因此合理地选择平台位置就可以有效地降低钻井费用和施工难度。在井网部署方式确定以后，所面临的关键问题之一为钻井平台布井数量的优化，考虑到区块地形情况、钻前工程难度等，形成了山地特点"井工厂"平台地面布局方案，具有节省井场占地面积、实现资源共享、钻井液重复利用、固井候凝时间充分利用等优势。

1. 页岩气"井工厂"钻井技术经济性分析

1）"井工厂"钻前成本分析

"井工厂"钻井采用集中布井的方式，每个平台布井数量一般为4～32口，国外列间距为2.5m，行间距为3m；国内列间距为20m，行间距为10m。参照中华人民共和国石油天然气行业标准《丛式井平台布置》（SY/T 5505—2006）相关规定，采用"工厂化"作业方式在节约用地方面具有非常显著的效果，并且采用"井工厂"作业模式每个平台只需要修建一条进场公路，从而大大降低了钻前修路费用。根据中国石化钻前工程定额，丛式井井场每增加一口井钻前费用增加10%测算。

2）钻机日费

钻机日费主要是指与钻机日费有关的费用，包括人工、油料、折旧、小材料、运输费、设备修理费、钻井工具修理费、保温费、钻机设备保险费等与建井周期有关的费用。建井周期是决定钻井工程造价高低的关键数据，在"井工厂"钻井过程中采用钻机整拖、批量化作业及大钻机和小钻机配合的流水线作业等施工作业方式，通过在井间铺设轨道使钻机快速移动，从而大大节约钻机搬迁时间，同时还可节约固井作业、水泥候凝、测井占用的钻机时间。与常规钻井模式相比，采用"井工厂"钻井作业可降低完井周期超过20%。以JY30号平台"井工厂"钻井为例，通过采用"井工厂"钻井模式后，建井周期缩短34.35%，搬迁时间同比缩短61.42%，中完作业时间同比缩短55.51%。

3）套管费用

页岩气开发为保证单井控制储量，各井水平段之间要有一定间距，且为满足大型压裂要求，水平段钻井方位要垂直或近似垂直于最大主应力方向，而"井工厂"又要求地面井口集中布置，因此页岩气"井工厂"需要进行大偏移距三维井眼轨道设计。随着"井工厂"平台井数增加，横向偏移距变大，套管用量也随之增大，且平台布井数越大，平均单井增加的套管费用增加也越多。

4）定向费用

随着"井工厂"平台井数增加，横向偏移距变大，定向工作量和费用也随之增加，且平台布井数量越大，平均单井增加的定向工作和费用增加也越多。

5）钻井液费用

在"井工厂"钻井作业模式下，同一开次的钻井液体系相同，完全可以循环利用，不仅减少对资源的消耗，又能实现绿色施工。

6）钻机移动装置改造费用

"井工厂"钻井建立在钻机快速移动的基础之上，目前钻机要实现其快速移动，需要配置滑轨、电缆转接房，并且需要添置放喷管线、延长高架槽等设备，从而增加了一定费用。

2. "井工厂"钻井经济性评价模型

研究与应用"井工厂"技术的最终目标是降低工程费用，缩短工程周期，"井工厂"

优化设计就是如何在地表和地下井距已知的条件下通过优化"井工厂"平台的布井数量、"井工厂"钻机选型、"井工厂"施工流程等参数，使得页岩气开发工程成本达到最低。因此，建立"井工厂"技术经济评价模型的目的和经济评价模型的内容主要是：计算评价不同井距（300m、600m 和 900m）、不同"井工厂"作业模式、不同平台布井数量（2，4，6，…，20）的平均单井费用增减量，优选出最优平台布井数量和最优"井工厂"作业方案。

为满足"井工厂"技术经济性评价需要，建立了页岩气"井工厂"工程成本增减模型：

$$\begin{cases} Q = \Delta Q_{ZQ} + \Delta Q_{DR} + \Delta Q_{FR} - \Delta Q_{RQ} \\ \Delta Q_{ZQ} = \Delta Q_{ZD} + \Delta Q_{L} + \Delta Q_{G} \\ \Delta Q_{DR} = \Delta Q_{R} + \Delta Q_{M} + \Delta Q_{C} + \Delta Q_{D} \\ \Delta Q_{FR} = \Delta Q_{S} + \Delta Q_{DF} + \Delta Q_{ZS} \end{cases} \quad （5-3-1）$$

式中 Q——"井工厂"模式下工程费用增减量，万元；

ΔQ_{ZQ}——钻前费用增减量，万元；

ΔQ_{DR}——钻井费用增减量，万元；

ΔQ_{FR}——压裂费用增减量，万元；

ΔQ_{RQ}——设备升级改造费用增加量，万元；

ΔQ_{ZD}——征地费用增减量，万元；

ΔQ_{L}——井场道路修建费用增减量，万元；

ΔQ_{G}——压裂供水管线建设费用增减量，万元；

ΔQ_{R}——钻井日费增减量，万元；

ΔQ_{M}——钻井液费用增减量，万元；

ΔQ_{C}——套管费用增减量，万元；

ΔQ_{D}——定向费用增减量，万元；

ΔQ_{S}——压裂施工费用增加减量，万元；

ΔQ_{DF}——压裂动复员费用增减量，万元；

ΔQ_{ZS}——钻塞动复员费用增减量，万元。

其中，各分项的计算公式如下。

（1）钻前费用增减量计算公式为：

$$\Delta Q_{ZQ} = q_{ZQ}\left(1 - \frac{1}{N-1}1.1^{N-1}\right) \quad （5-3-2）$$

（2）钻井日费增减量与建井周期缩短量密切相关，其计算公式为：

$$\Delta Q_{R} = f_{R}\left(\Delta T\right) = \sum_{i=0}^{k}\left(C_{iR} \times \Delta T_{i}\right) \quad （5-3-3）$$

式中 C_{iR}——第 i 开次所用钻机日费，万元 /d；

ΔT_i——第 i 开次建井周期的缩短量，d；

N——钻井总开次；

i——开钻次序，一开、二开等；

k——单井总开次。

（3）考虑钻井液循环利用后，"井工厂"平均单井钻井液费用增减量的计算公式为：

$$\Delta Q_{\mathrm{M}} = f_{\mathrm{M}}\left(\Delta q\right) = \sum_{i=0}^{k}\left(C_{i\mathrm{M}} \times q_i\right) \tag{5-3-4}$$

式中　$C_{i\mathrm{M}}$——第 i 开次钻井液费用，万元 $/\mathrm{m}^3$；

Δq_i——第 i 开次重复利用钻井液量，m^3。

（4）套管费用增加量计算公式为：

$$\Delta Q_{\mathrm{C}} = f_{\mathrm{C}}\left(\Delta M\right) = \sum_{i=0}^{k}\left(C_{i\mathrm{C}} \times \Delta L_i \times q_i\right) \tag{5-3-5}$$

式中　$C_{i\mathrm{C}}$——第 i 开次套管价格，万元 $/\mathrm{t}$；

ΔL_i——第 i 开次增加的套管长度，m；

q_i——第 i 开次套管的线重，$\mathrm{t/m}$。

（5）定向费用增加量与增加的定向作业时间成正比，其计算公式为：

$$\Delta Q_{\mathrm{D}} = f_{\mathrm{D}}\left(\Delta T\right) = \sum_{i=0}^{k}\left(C_{i\mathrm{D}}\Delta T_i\right) \tag{5-3-6}$$

式中　$C_{i\mathrm{D}}$——第 i 开次定向施工日费，万元 $/\mathrm{d}$；

ΔT_i——第 i 开次增加的定向施工时间，d。

（6）"井工厂"设备改造与升级费用，其计算公式为：

$$\Delta Q_{\mathrm{RQ}} = \frac{1}{N}Q_{\mathrm{RQ}} \tag{5-3-7}$$

式中　Q_{RQ}——"井工厂"设备升级与改造总费用，万元 $/\mathrm{d}$。

（7）"井工厂"压裂施工费用增减量计算公式为：

$$\Delta Q_{\mathrm{FR}} = f_{\mathrm{FR}}\left(\Delta T\right) = \sum_{i=0}^{N}\left(C_{i\mathrm{FR}}\Delta T_i\right) \tag{5-3-8}$$

式中　$C_{i\mathrm{FR}}$——第 i 口井的压裂施工费用，万元 $/\mathrm{d}$；

ΔT_i——第 i 口井节约的压裂施工时间，d；

i——"井工厂"平台井次序；

D——"井工厂"平台布井数量。

（8）"井工厂"压裂和钻塞动复员费用增减量的计算公式分别为：

$$\Delta Q_{\mathrm{DF}} = \frac{1}{N}Q_{\mathrm{DF}} \qquad \Delta Q_{\mathrm{ZS}} = \frac{1}{N}Q_{\mathrm{ZS}} \tag{5-3-9}$$

式中 Q_{DF}——单井的压裂动复员费用，万元；

$\quad\quad Q_{ZS}$——单井的钻塞动复员费用，万元。

3. 常压页岩气"井工厂"技术经济性评价

根据常压页岩气区块钻前、钻井和压裂等成本构成，建立了该地区工厂化最优经济性布井数量评价模型，根据模型计算，最优经济布井数量为6~8井/平台。

考虑到地形、钻前工程难度等，优化提出了两种布局方案：3井式平台采用单钻机单排井布井方式、6井式平台采用双钻机双排井布井方式；井口间距为5~10m、排间距为30~50m；配置1~2台带有滑动轨道的钻机；轨道设计3~6口井，各井水平段平行设计。

三、大、小钻机组合式"井工厂"钻井

组合钻机工厂化模式的特点为：采用小钻机批量钻浅部地层，大钻机批量钻深部地层；可减少钻机综合费用；可解放大型钻机紧缺的压力。探索实践了两种组合型钻机工厂化钻井模式，分别为"车载钻机 + 大型钻机"组合作业模式和"ZJ40 型 +ZJ50 型"组合作业模式。

1."车载钻机 + 大型钻机"组合作业模式

该模式施工工序为：采用车载钻机打导管，采用大型钻机打后续井段。降本理念：与钻前同步进行、车载钻机动迁费用低、钻进日费低。车载钻机设备配套见表5-3-2。

表 5-3-2 车载钻机工具设备

序号	名称	规格型号	数量	单位	生产厂家
1	车载钻机	SCHRAMM T-30	1	台	美国 SCHRAMM（雪姆）公司
2	空压机	1150XH	1	台	美国 SYLLAIR（寿力）公司
3	正循环潜孔锤	ϕ311mm	1	套	美国 NUMA（录玛）公司
4	正循环钻铤	ϕ178mm	2	根	江苏曙光能源装备有限公司
5	正循环钻铤	ϕ159mm	6	根	江苏曙光能源装备有限公司
6	正循环钻杆	ϕ127mm	63	根	江苏曙光能源装备有限公司
7	牙轮钻头	ϕ444.5mm	1	个	江汉石油钻头股份有限公司
8	PDC 钻头	ϕ311mm	1	个	江汉石油钻头股份有限公司
9	发电机组	6135	1	台	济南柴油机股份有限公司
10	反循环钻铤	ϕ228mm	4	根	河北石探机械制造有限责任公司
11	反循环钻杆	ϕ168mm	69	根	河北石探机械制造有限责任公司

续表

序号	名称	规格型号	数量	单位	生产厂家
12	反循环扶正器	ϕ400mm	2	根	河北石探机械制造有限责任公司
13	阻风环	ϕ406mm	1	件	河北石探机械制造有限责任公司
14	气盒子	内管内径ϕ81mm	1	件	河北石探机械制造有限责任公司
15	变径接头	反循环钻具用	2	件	河北石探机械制造有限责任公司
16	潜孔锤	ϕ444.5mm	1	套	长沙黑金刚实业有限公司
17	正循环潜孔锤	ϕ406.4mm	2	套	长沙黑金刚实业有限公司
18	反循环潜孔锤	ϕ406.4mm	2	套	长沙黑金刚实业有限公司
19	潜孔锤拆卸台		1	套	长沙黑金刚实业有限公司
20	刮刀钻头	ϕ465mm	1	个	南川机械厂
21	方井支撑架		2	个	遵义力合机修厂
22	空压机	XHP1250D	1	台	柳工压缩机有限公司
23	空压机	1070XH	2	台	美国SYLLAIR（寿力）公司
24	空压机	PD3825/3525	1	台	柳工压缩机有限公司
25	增压机	JY-500	1	台	登福机械（上海）有限公司
26	增压机	SF1.2/24-150	2	台	安瑞科（蚌埠）压缩机有限公司

该模式在焦页10井区210平台进行了试验，采用SCHRAMM T-30型车载钻机。

在钻前施工阶段，采用车载空气钻，获得了钻时5～6min/m的效果，但由于地层出水量大，空气钻井实施效果不理想。实施过程：

（1）焦页210-4井井深238m，井筒出水量200m³/h，平移。

（2）焦页210-3井井深232.82m，井筒出水量200m³/h，平移。

（3）焦页210-2井井深229.34m，井筒出水量200m³/h，平移。

（4）焦页210-1井目前井深361.89m，采用双壁钻杆简易反循环工艺。

后期将试验井下作业钻机车载750型并进行浅层导管作业，实现导管低成本施工。

2."中型钻机+大型钻机"组合作业模式

该模式施工工序为：采用中型ZJ40钻机打导管、一开（水基钻井液），大型ZJ50钻机打二开/三开（油基钻井液）（图5-3-5）。其降本理念：中型钻机动迁费用低、钻进日费低、可提高大型钻机运行效率。

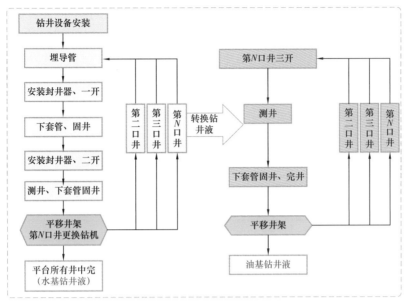

图 5-3-5 大、小钻机组合钻井施工流程图

该模式在胜页 2 平台进行了现场应用（图 5-3-6）。采用 ZJ40 钻机分别实施胜页 2-7HF 井、胜页 2-2HF 井及胜页 2-8HF 井导管、一开作业，取得了较好的提速和降本效果。

图 5-3-6 胜页 2 平台钻机

1）成本分析

胜页 2 平台一开中完井深约 2700m，分别对比了两种钻机在平台井数分别为 1～10 口井时钻进费用差值，即单井节约费用（已考虑 ZJ40 钻机搬迁费用），平台井数在 6 口井以上节约费用趋于稳定，如图 5-3-7 所示。

胜页 2 平台采用组合模型单井节约 135 万元，同井段相比 ZJ50 钻机可节约 18.78%。

2）时效分析

胜页 2-7 井是本平台 40ZJ 施工的第一口井（图 5-3-8），设计周期 28.5d，施工总时间为 50.5d，比设计多出 22d。累计额外工作量 19.7d，实际周期 30.5d，超设计 2d，去掉 ϕ311.2mm 井眼与 ϕ215.9mm 井眼 900m 周期误差 4d，提前 2d 完成。其中，ϕ215.9mm 井眼钻井周期 5.75d，钻井井段 1830～2691m，进尺 861m，纯钻时间 98.5h，机械钻速 8.73m/h。

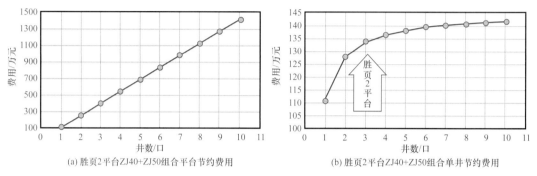

(a) 胜页2平台ZJ40+ZJ50组合平台节约费用　　(b) 胜页2平台ZJ40+ZJ50组合单井节约费用

图 5-3-7　胜页 2 平台钻井成本分析

胜页 2-2HF 井是本平台施工的第二口井，设计周期 28d。根据第一口井的施工情况优化了钻头选型，以及进行了技术措施的调整。仅用两只 PDC 钻头便由飞仙关 790.55m 钻至龙马溪组，全井施工周期 28.94d，去掉额外周期 4d，实际周期 24.94d，较设计提速 14.2%。

胜页 2-8HF 井是本平台施工的第三口井，目前一开钻进结束。机械钻速又较胜页 2-7HF 井提速 53%，较胜页 2-2HF 井提速 14.6%。

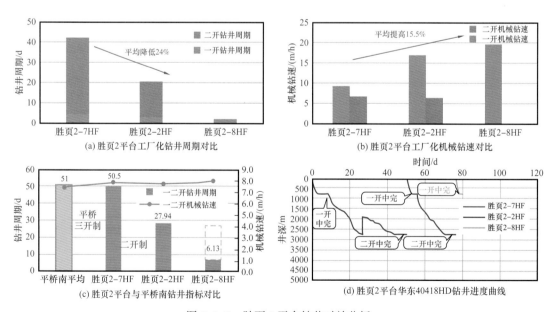

(a) 胜页2平台工厂化钻井周期对比　　(b) 胜页2平台工厂化机械钻速对比

(c) 胜页2平台与平桥南钻井指标对比　　(d) 胜页2平台华东40418HD钻井进度曲线

图 5-3-8　胜页 2 平台钻井时效分析

实践表明，中型钻机施工中，浅层井段效率不逊于大型钻机，产生的经济效益显著。

第六章　常压页岩气高效压裂技术

与超压页岩气相比，常压页岩气含气量相对较低，导致压后产气效果一般相对偏低。同时，渝东南常压页岩气储层存在水平应力差大、高角度裂缝发育等地质特点，导致难以形成复杂缝网体系，进而难以实现经济开发。为了实现常压页岩气的高效开发，达到降本增效的目的，需要从多方面进行优化。本章从多簇密切割体积压裂技术、高效压裂材料体系和压裂降本配套工艺三个方面入手，对压裂分段参数、改造规模、连续加砂工艺和段内暂堵转向等关键技术进行不断优化，从而提高裂缝的复杂程度，增大单段改造体积，形成大型复杂缝网。

第一节　多簇密切割体积压裂技术

一、段簇参数优化

分段分簇是常压页岩气井实现体积压裂改造的重要环节。目前，国外页岩气水平井的段内簇数多达 12～16 簇，与国外相比，由于上覆应力与最小主应力的差值相对较小，国内常压页岩气的缝高在其他施工参数一定的前提下，都会不同程度地小于国外。因此，在段内射孔簇数大幅增加的情况下，每簇裂缝缝高会相应地大幅降低，因此，裂缝的改造体积是否随着簇数的增加而同步增加，需要根据工程地质条件，进行针对性的分析研究。

1.段簇位置优选

对于常压页岩气压裂而言，为了最大限度地实现降本增效，段簇位置的精细优选及页岩的可压裂性都至关重要。显然，在最可能出气的段簇位置上，研究论证该处复杂缝网裂缝形成的可能性，是常压页岩气压裂设计及施工之前必须要回答的首要问题。常规的页岩气一般采用"甜点"评价技术进行水平井段簇位置的优选。而对常压页岩气而言，由于含气丰度普遍较低，常规的"甜点"评价技术已不适应，必须采用新的评价方法。

1）"甜度"评价技术

目前，页岩气的地质"甜点"与工程"甜点"的评价方法有许多种，地质"甜点"的评价参数主要包括有机碳含量（TOC）、热成熟度（R_o）、含气量、孔隙度、天然裂缝特性参数及孔隙压力等；工程"甜点"的指标主要包括岩石矿物组分及岩石力学参数等。尤其是工程"甜点"的评价方法有 20 种之多。

但地质"甜点"与工程"甜点"的评价主要存在以下问题：

（1）不管是地质"甜点"还是工程"甜点"，参与计算的参数的独立性问题都有待商权。如天然裂缝的发育程度与石英矿物含量有一定的关系。把有关联性的参数都放进模型中甚至会使计算结果出现偏差或震荡。

（2）地质"甜点"或工程"甜点"中，"甜点"的概念都有些泛，虽然也计算了不同的"甜点值"，且该值一般介于 0 和 1 之间，但该值与压后产量的相关性不强。换言之，"甜点"的程度没有进一步界定，如同样都是"甜点"，有的程度高，有的程度低。因此，提出用"甜度"的概念来表征"甜点"的程度大小。如果该"甜度"的指标与压后产量直接相关，则用于水平井分段压裂射孔段、簇位置的选择就更有依据和针对性。

（3）地质"甜点"与工程"甜点"的权重计算方法有待改进。以往大多采用对等的权重分配来计算总的"甜点"指标，而没有从压后产量的关联性来寻求地质"甜点"与工程"甜点"的权重分配。

（4）工程"甜点"的计算包括近井"甜点"及远井"甜点"，有时简单地按 30∶70 的方法，即近井占 30%，远井占 70%，两种工程"甜点"间的权重分配缺乏可信的依据。

综上所述，以往地质"甜点"及工程"甜点"的计算方法及评价指标，都有必要进行改进，以增加水平井分段压裂段、簇位置选择的科学性和指导性，更好地实现页岩气开发的"降本增效"目标。

为此，提出了页岩"甜度"的概念（蒋廷学等，2016），计算页岩"甜度"的总体思路如下：

与页岩"甜点"类似，将"甜度"划分为地质"甜度"和工程"甜度"两类。在精细评价页岩地层的各项地质参数及工程参数的基础上，严格分析各参数的相关性，把相关性较差的参数作为独立参数参与模型的计算。收集现场大量的页岩气井压后产量数据，计算压后产量与上述入选的地质参数与工程参数间的灰色关联度，以灰色关联度为基础计算各参数的权重分配。

关于地质"甜度"的计算，首先选择理想条件下的页岩地质参数为参照值，该理想地质条件应主要参照该地区各项地质指标的最大值组合，作为假设的理想页岩模型。然后计算某井页岩地质参数组合与理想页岩的欧式贴进度，以欧式贴进度结果作为地质"甜度"指标。

工程"甜度"的计算同样以理想的页岩模型为基础，也以该地区所有工程参数的最大值的组合为基准，同样以计算的欧式贴进度来表征工程"甜度"。近井工程"甜度"以破裂压力曲线进行计算，远井工程"甜度"以等效的综合含砂比来计算。近井与远井的权重，可由压后三年累计产量与近井及远井"甜度"的灰色关联度来确定；最终"甜度"指标的计算，仍以压后产量与地质"甜度"及工程"甜度"的灰色关联度来计算权重分配，最终得到综合的"甜度"指标。

上述"甜度"与常规"甜点"指标相比，主要的差异包括：

（1）模型的参数种类不同。"甜度"涵盖的种类可以更多，可将许多定量及定性的参数都纳入其中。

（2）各参数的权重考虑程度不同。对"甜度"模型而言，可以不考虑各参数的权重，而"甜点"模型则必须考虑，看似"甜点"模型考虑权重更科学，但由于各参数权重的确定方法及结果都具有不确定性，因此，反而是"甜度"模型因不考虑权重而更具合理性，也更具现场可操作性。

（3）对压后效果的相关性系数不同。经压后产气剖面结果验证，"甜度"指标与压后产气效果的相关性系数更高。

2）"甜度"计算流程

以页岩地质"甜度"为例，其计算流程及方法如下：

（1）页岩关键地质参数评价。

与地质"甜度"关联的表征低渗透生烃能力、储层储集性能、力学性质及传导性能的各项参数，主要包括厚度、有机碳含量、孔隙度、含气量、矿物含量、杨氏模量、泊松比、基质渗透率等。评价方法包括岩心测试、测井及录井等方法，在此不赘述。但应注意动态、静态参数的转换。

（2）计算页岩地质"甜度"。

理想的地质条件是上述参数都取最佳值（地质参数可根据所评价储层类型和区域进行增减及调整，且最佳值不一定是最大值），然后，按欧式贴进度的计算方法，计算某一井层地质参数与上述最佳地质条件的欧式贴进度值作为地质"甜度"指标。具体计算方法如下：

设 A 为由 $n-1$ 个待选的井层 A_1，A_2，A_3，$\cdots$，A_{n-1} 及理想的地质条件井层 A_n^* 组成的集合，P 是对应于待选井层 A_1，A_2，A_3，$\cdots$，A_{n-1} 及理想的地质条件井层 A_n^* 的 m 个特征参数 P_1，P_2，$\cdots$，P_m 组成的集合。由集合 A 到集合 P 的一个贴近度记为 R，因 A、P 都为有限论域，故 R 可用矩阵表示为：

$$\begin{cases} R = \left[r_{ij} \right]_{n \times m} & i=1, 2, \cdots, n; \ j=1, 2, \cdots, m \\ r_{ij} \in \left[0 \ 1 \right] \end{cases} \quad (6-1-1)$$

式中 r_{ij}——待选井层或理想的地质条件 A_i 具有参数 P_j 特征的隶属度。

综合考虑各项参数，找出集合 $\{A_i, i=1, 2, \cdots, n-1\}$ 中最大限度、最接近 A_n^* 中所有对应参照指标的井层，就最适合与理想地层条件的井层选用相近的压裂工艺技术，再通过多个理想井层的横向比较，最终选定最适合的工艺，从而取得较好的压裂施工效果。

按最大最小法求集合 A 到集合 P 之间的贴近度 R：

$$r_{ij} = \mu(x) = \begin{cases} 0 & x \leqslant a_1 \\ (x - a_1) / (a_2 - a_1) & a_1 < x < a_2 \\ 1 & x \geqslant a_2 \end{cases} \quad (6-1-2)$$

式中 x——待选井层或理想地质条件井层的任一特征参数；

a_1——待选井层或理想地质条件井层的任一特征参数的最小值；

a_2——待选井层或理想地质条件井层的任一特征参数的最大值。

将贴近度矩阵 R 划分为 n 个次级贴近度矩阵 R_1，R_2，$\cdots$，R_{n-1} 及 R_n^*，分别表示待选井层及理想地质条件井层与其各自特征参数间的模糊关系。现采用贴近度计算 R_j（$j=1$，

$2, \cdots, n-1$）与 R_n^* 的接近程度。R_j 与 R_n^* 的贴近度的计算公式如下：

$$\rho\left(R_j, R_n^*\right) = 1 - \sqrt{\frac{1}{m}\sum_{i=1}^{m}\left[R_j\left(P_i\right) - R_n^*\left(P_i\right)\right]^2} \qquad (6\text{-}1\text{-}3)$$

式中　R_j——理想地质条件井层；

　　　R_n^*——待选井层；

　　　P_i——储层特征参数。

（3）计算页岩工程"甜度"。

常规方法采用脆性矿物含量或岩石力学参数的方法，在本方法的关键地质参数中已包含了。此处工程参数的计算包括近井计算及远井计算。

① 近井工程"甜度"计算：计算方法主要基于压裂施工破裂压力曲线形态进行。破裂压力曲线特征可精细刻画岩石脆性在宏观上的表现。只要压裂液性质及排量稳定，井口压力在破裂压力峰值后出现不同程度的下降。压力下降越快，说明页岩的脆性特征越强，下降越慢，说明页岩的塑性特征越强。可取破裂压力峰值至压力降落平稳时的时间区间为界，施工压力曲线包络的面积（压力曲线对时间进行积分）与排量（破裂期间排量认为是恒定的）的乘积，即页岩破裂期间消耗的功。

② 远井工程"甜度"计算：以折算的总加砂量（折算为40/70目主体支撑剂，按平均粒径比值进行折算）与总的入井压裂液量（折算为滑溜水体积，胶液的体积按黏度比进行折算）的比值即为综合含砂比（单位为小数）。机理在于不管在哪注入压裂液，目的都是为了加进支撑剂。显然，该值反映远井地带的页岩可压性大小（工程"甜点"）。该值越大，裂缝导流能力维持时间越长，压后的累计产量应越高。

③ 近井与远井工程"甜度"的权重分配：近井工程"甜度"更多与压后初期产量相关，远井工程"甜度"更多与压后长时间的累计产量有关。相对而言，压后的累计产量更为重要，因此，可参照灰色关联度的计算方法，计算压后三年的累计产量与近井工程"甜度"及远井工程"甜度"的灰色关联度，再按灰色关联度的计算结果进行归一化处理，最终获得近井与远井工程"甜度"的权重分配结果。

④ 工程"甜度"的计算：按①～③方法，可计算综合的工程"甜度"。然后，取最大的近井"甜度"及最大的远井"甜度"的组合，再进行同样的计算。再按欧式贴进度的计算方法计算某井层的工程"甜度"与假设的理想井层的欧式贴进度，即为工程"甜度"的结果。

（4）地质"甜度"与工程"甜度"的权重分配：上述（2）～（3）的结果，可取压后三年的累计产量为依据，计算其与地质"甜度"与工程"甜度"的灰色关联度，再由灰色关联度结果进行归一化处理，得地质"甜度"与工程"甜度"的权重分配。

（5）综合"甜度"指标计算：由（2）～（4）的结果进行计算，最终可得综合地质"甜度"与工程"甜度"的总的"甜度"指标。

（6）"甜度"指标的验证与修正：由（5）的"甜度"指标计算结果，结合现场页岩气水平井分段压裂后的产气剖面测试结果进行验证，由验证结果进行修正，由此建立目标区块页岩气的"甜度"指标规范，以指导后续的水平井分段压裂段、簇位置优选，从而最大限度地实现"降本增效"的目标。

页岩"甜度"评价标准见表 6-1-1，按照综合"甜度"大于 0.5 进行射孔簇位置选择，可以提高各压裂段簇产气贡献的均匀程度。

表 6-1-1　页岩"甜度"评价标准

层位	较差	中等	优异
综合"甜度"	＜0.35	0.35-0.5	＞0.5

图 6-1-1 为示例井单段产量与计算的综合"甜点"和综合"甜度"的交会图，由图可知，综合"甜度"与产量的正相关性更强，图 6-1-2 的产剖结果显示，低效段簇占比为 13%～20%，与前期监测结果低效段簇占比平均 33% 相比，利用综合"甜度"进行压前评价，可以在产量不降的前提下，将段数减少 2～3 段，解决了压后产量与"甜点"相关性程度不高的难题，单井成本可降低 15% 以上。

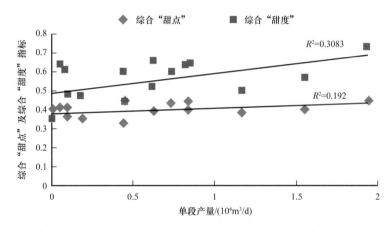

图 6-1-1　部分页岩气井单段产量与"甜点"和"甜度"关系图

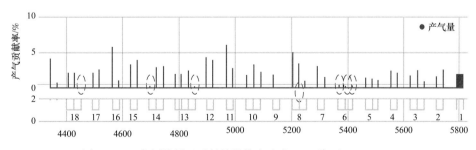

图 6-1-2　产剖结果显示低效段簇占比由 33% 降至 13%～20%

2. 段簇间距优化

由于常压页岩气的含气性普遍偏差，导致压后效果一般相对偏低。因此，如何大幅降低压裂成本，是目前业界关注的焦点。

1）常压页岩气压裂地质模型的建立

常压页岩气压裂产量预测的地质模型主要包括基质孔隙的压力、渗透率、饱和度、有效厚度、气体黏度、水平层理缝及高角度天然裂缝发育情况等的纵向和横向展布。

简单的地质建模就是上述参数的均质化模型，相当于等效的地质模型，但与实际地质情况的差异可能相对较大，因此，预测的压后产量与实际效果也可能有较大的出入。为此，应当利用各种资料，建立精细地质模型，才能最大限度地提高压后产量预测的精度。如借助于商业地质建模软件（如 PETREL），需要用到地震资料、测井资料及取心井的井点测试数据。

常规的气藏数值模型采用质量守恒方程、气体运动方程及等温吸附方程联立求解气、水两相流的压力分布和饱和度分布，然后模拟预测压后的产量动态及压力变化。页岩气井压裂后形成的裂缝体系及两相渗流机理均较为复杂，为了尽可能准确地模拟页岩气水平井多段压裂施工后的生产过程，进行不同天然裂缝及层/纹理缝特征下的裂缝参数优化设计研究，充分挖掘 Eclipse 模拟器的功能进行精细建模：

（1）采用双重介质模型给页岩的基质系统和天然裂缝系统分别赋值，包括孔渗饱、相对渗透率等；应用 Langmuir 曲线表征页岩气的解吸附过程。

（2）天然裂缝及层/纹理缝等复杂裂缝的设置：总的思路按"等效导流能力"设置，即放大裂缝宽度，裂缝内渗透率按比例缩小，使它们的乘积即裂缝的导流能力保持不变。该方法经过常规油气藏的多年验证，不但模拟精度不降低，还可减少代数方程组的"奇异"性，增加收敛速度，减少运算时间。此外，网络裂缝的设置，采用相互连通的天然裂缝及层/纹理缝与主裂缝沟通，次生裂缝的导流能力与主裂缝相比，按 1:10~1:5 比例设置。

考虑到压裂大多以单井为对象，因此，有时只需要建立单井的地质模型即可。对裂缝模型而言，可采用"等效导流能力"的方法设置不同的裂缝。所谓"等效导流能力"，就是指为减少模拟计算的工作量，将裂缝长度保持不变，裂缝宽度放大一定倍数后，按比例缩小裂缝内支撑剂的渗透率，使二者的乘积即裂缝导流能力保持不变。实践已经证明，上述"等效导流能力"的设置方法，在不降低压后产量预测精度的前提下，可大幅降低计算网格的数量及模拟工作量，也可在很大程度上降低代数方程组的病态，利于数值计算的收敛性及稳定性。

上述"等效导流能力"模拟水力支撑裂缝的方法，不但适用于主裂缝，也适用于复杂裂缝系统中的支裂缝及微裂缝。只不过裂缝宽度的放大值不同，如主裂缝最大宽度可放大到 0.1~0.5m，支裂缝可放大到 0.05~0.2m，微裂缝可放大到 0.02~0.1m，而长度等则维持不变。

2）常压页岩气产量影响因素分析

鉴于目标页岩气井层的地质参数已不可改变，唯一可变的就是裂缝参数，如缝长、导流能力、缝间距及裂缝复杂性指数等。值得指出的是，上述缝长及导流能力一般指的是主裂缝、支裂缝及微裂缝这三级裂缝的缝长及导流能力，而不仅仅指主裂缝。

以某口典型的常压页岩气井地质参数为依据，按正交设计方法模拟不同裂缝参数条件下的产量动态，参数见表 6-1-2，压裂井气藏地质模型如图 6-1-3 所示，模拟的结果如图 6-1-4 所示。

表 6-1-2 某口典型的常压页岩气井地质参数

参数	数值	参数	数值
气藏大小 /km²	3.35	水平段长 /m	1500
网格数量	最大 1211×119×6	缝间距 /m	5～25
有效厚度 /m	36	单一裂缝半长 /m	300
平均渗透率 /nD	0.00003	裂缝导流能力 /D·cm	5
平均孔隙度 /%	4.95	模拟注入量 /m³	30000
含气饱和度	0.35, 0.65, 0.9	压裂液黏度 /mPa·s	4
压力系数	1（常压），1.5（高压）	破胶液黏度 /mPa·s	0.5

由上述模拟结果可见，高压页岩气压后产量是常压页岩气压后产量的 3.6～8.3 倍。这与涪陵主体区高压页岩气及边部常压区块的压后实际产量对比情况是非常吻合的。这主要是常压页岩气的含气性较大幅的降低导致的。

在常压页岩气的含气性大幅降低的前提下，常压页岩气压裂增产还有无潜力可挖？通过适当提高裂缝的密度即簇间距及单缝的复杂性等，压后产量还有多少提升空间？为此，进行了相关的数值模拟分析。

不同簇间距条件下的压后产量模拟对比情况如图 6-1-5 所示。

图 6-1-3 压裂井数值模拟模型

由图 6-1-5 可见，在簇间距由目前的 20～25m 降低到 10m 时，压后初期产量可提高 50% 左右，压后 3 年的累计产量可增加 70% 以上，增产潜力巨大。如参照国外的标准，将簇间距进一步降低到 5m，则与 10m 簇间距相比，压后初期产量及 3 年的累计产量的增加幅度进一步增大。换言之，常压页岩气 5～10m 的簇间距的压后产量，与高压页岩气 20～25m 的簇间距的压后产量几乎相当。

此外，继续模拟不同裂缝复杂性下的压后产量变化。不同裂缝复杂性的示意图如图 6-1-6 所示，按裂缝复杂性从弱到强划分为 0 级至 4 级。不同裂缝复杂性条件下对长期产量的影响如图 6-1-7 所示，可知，簇间形成相互连通的裂缝网络，可使压后三年累计产量增加 8%～17%。

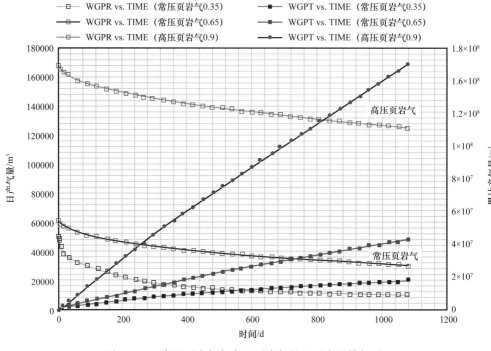

图 6-1-4 常压页岩气与高压页岩气的压后产量模拟对比

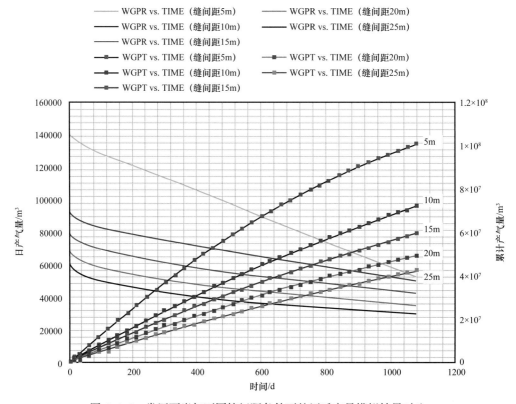

图 6-1-5 常压页岩气不同簇间距条件下的压后产量模拟结果对比

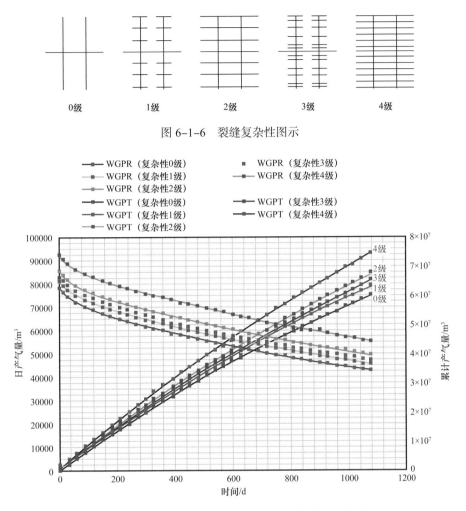

图 6-1-6 裂缝复杂性图示

图 6-1-7 不同裂缝复杂性条件下对长期产量的影响

对于常压页岩气而言，模拟缝间距 15m 和缝间距 20m 的条件下，裂缝复杂性对长期产量的影响，结果如图 6-1-8 所示。当缝间距为 15m 时，不同裂缝复杂性条件下的产量高低：复杂性 4 级＞复杂性 2 级＞复杂性 3 级＞复杂性 1 级＞复杂性 0 级；当缝间距为 10m 时，不同裂缝复杂性条件下的产量高低：复杂性 4 级稍大。因此，簇间距降低，裂缝复杂性影响降低。

因此，在建立上述"基质—裂缝—井底—井口"气、水两相数值模型的基础上，揭示了地层压力系数和簇间距是影响产量的主控因素。模拟结果显示，常压页岩气井最优簇间距为 5～10m（超压页岩气为 10～15m）、每级簇数为 6～10 簇。图 6-1-9 为压裂井不同簇间距与测试产量的关系，将簇间距由 16.1m 缩小至 5～7m，单井测试产量可提高 20% 以上。所有模拟是按常压页岩气目的层有效厚度 36m 左右全部压开为前提条件的，但考虑到常压页岩气最小主应力梯度更大，导致上覆应力与最小水平应力差更小的实际情况，水平层理缝更易张开和延伸，因此，缝高会受到很大的限制，如垂向缝高只压开了一部分，则压后效果会按压开比例降低。

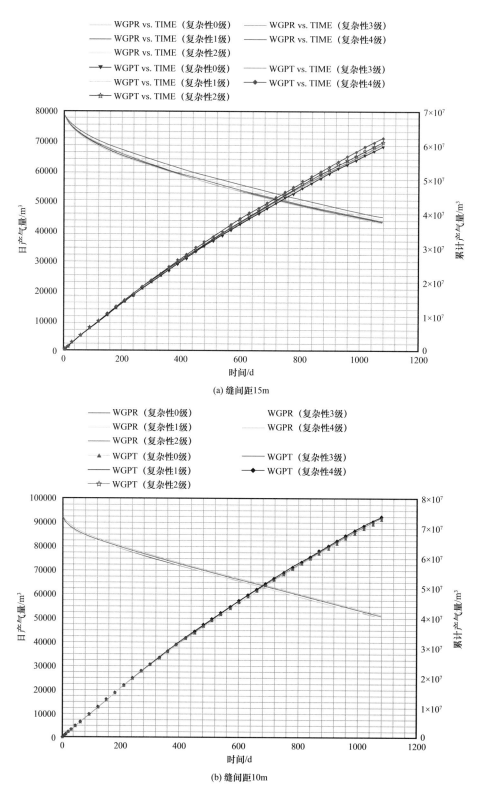

(a) 缝间距15m

(b) 缝间距10m

图 6-1-8　常压页岩气复杂性模拟

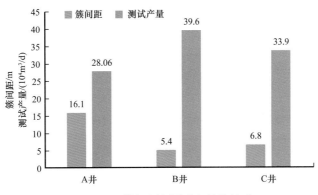

图 6-1-9 簇间距与测试产量的关系

二、暂堵工艺技术

为了增加每簇裂缝的缝高，也为了促进各簇裂缝都能正常起裂与延伸，可采用投封堵射孔眼暂堵球的技术。该技术就是在先压裂一段时间后，投入一定数量的射孔眼暂堵球，封堵已压开的裂缝。随着注入的持续进行，水平井筒内的压力会持续增加，从而迫使其他未起裂或虽起裂但延伸不充分的射孔簇继续起裂与延伸新裂缝。

值得指出的是，由于目前的暂堵球密度一般为 $1.3 \sim 1.7 \mathrm{g/cm^3}$，比压裂液的密度（一般为 $1.01 \sim 1.03 \mathrm{g/cm^3}$）大得多，因此，其与压裂液的流动跟随性相对较差，现场各种测试资料也证实，靠近 A 靶点射孔簇裂缝延伸得相对更充分，尤其需要暂堵球优先封堵，但实际模拟计算结果表明，暂堵球大部分封堵的是靠近 B 靶点的射孔簇裂缝，这与预期的结果正好背道而驰。此外，正因为暂堵球密度相对较高，其在重力作用下易于沉降，因此，在水平井筒中从射孔簇中部到顶部的孔眼大多很难被有效封堵住。除非采用比压裂液密度低的暂堵球封堵上部射孔眼，同时采用比压裂液密度大的暂堵球封堵下部射孔眼。

为了增加常压页岩气段内多簇射孔裂缝的均匀延伸，现场往往采用暂堵球封堵射孔眼的方法，因此，有必要研究低密度高强度暂堵球，及其在水平井筒各射孔簇处的运动规律。

1. 高效暂堵球研制

采用水溶性高分子材料，要求其在 120℃温度下能封堵 10mm 射孔孔眼，且注入井内的暂堵球必须在井下环境于特定时间内完全降解。其主要特征有：

（1）满足转向封堵压力要求。

（2）产品可成型，根据需求可加工成一定球形外观，直径为 15～25mm，同时根据纤维编织工艺可调节自身产品密度。

（3）在地层环境下必须具有一定变形，但变形后有一定强度，具有塑性特征，以便在封堵时发挥更好的裂缝封堵、升压效果。

（4）压裂结束后，在排液过程中（短时间内），暂堵剂易溶解，能够快速排出。

采用改性聚对苯二甲酸己二酸丁二醇酯（PBAT）来进行暂堵球的制备，其主要是采用己二酸、丁二醇及对苯二甲酸二甲酯及相关的助剂进行少批量制备，通过调控材料的组分及控制其结晶程度，制备出具有良好降解性的 PBAT 母粒，并与聚乳酸进行熔融混合造粒，得到纺丝材料。其兼具 PBA 和 PBT 的特性，既有较好的延展性和断裂伸长率，又有较好的耐热性和冲击性能；此外，还具有优良的生物降解性，是生物降解塑料研究中非常活跃和市场应用最好的降解材料之一。改性的 PBAT 材料具有高于 18MPa 的拉伸强度与 480% 以上的断裂伸长率，适合采用熔融纺丝技术成型，并进行适当的绳线编织与球体缠绕编织。

1）暂堵球承压性能测试

采用立式注塑设备制备了直径分别为 5mm、8mm、12mm、15mm 的圆球，如图 6-1-10 所示。其中，5～12mm 的圆球可用作纤维编织式暂堵球的核心球，以提高纤维编织暂堵球的耐压强度，而 15mm 的圆球可单独作为水溶性高分子材料暂堵球应用。

测试表明，PBAT 实心暂堵球的耐压效果表现佳，其耐压强度完全达到甚至超过项目研究目标。PVA 材料本身脆性较大，耐压强度较低，PVA 材料则存在强度不高、耐温性偏差的缺点，尤其是高温下容易变软，其耐压超过 40MPa 即发生球体破碎，不宜单独作为本书中研究制备的暂堵球材料，但可与 PBAT 材料复合使用，以便调控材料的耐压和水溶性特征。

实验结论：PBAT 材料作为圆球形暂堵球的应用可实现研究目标（图 6-1-11）。

图 6-1-10　本书研究中所采用的注塑模具及注塑样品

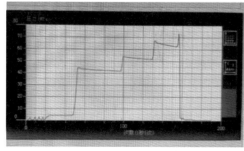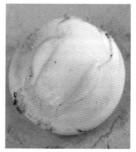

PBAT实心球耐压曲线（＞74 MPa）　　　　　实验后

图 6-1-11　改性 PBAT 材料注塑成型的暂堵球样品，成功耐压 70MPa 以上

2）球体溶解性能测试

通过用纤维编织成暂堵球进行溶解测试，测试环境为 120MPa 清水，暂堵球球体直径为 15mm，采用电控恒温恒压测试装置（图 6-1-12）。

图 6-1-12　球体溶解性能装置

实验发现，浸泡 24h，暂堵球整体失去强度，当继续浸泡 96h 后，材料溶解成少量碎末（图 6-1-13）。

(a) 溶解前球体　　　　　　　(b) 溶解24h后　　　　　　　(c) 溶解96h后

图 6-1-13　球体溶解情况

2. 投球暂堵控制技术

采用比射孔眼直径大 1～2mm 的封堵球，在高黏度携带液及低排量注入模式下，可以促使段内多簇裂缝接近均匀延伸。在 ANSYS 平台上选用 Fluent 模块，建立水平井筒多簇射孔物理模型，选用 DPM 模型，模拟有限个暂堵球在井筒内的封堵规律，基于分析，采用低排量、高黏携带液的方法，可以有效改进暂堵球在各簇位置的封堵效果，如图 6-1-14、图 6-1-15 所示。

但由于封堵球的密度一般比压裂液要大，因此，在水平井筒中，中上部的射孔眼由于要克服重力的作用，封堵效率会有所降低，如图 6-1-16 所示。

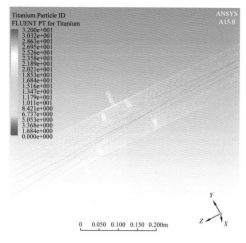

图 6-1-14　暂堵球在井筒中的运移轨迹模拟

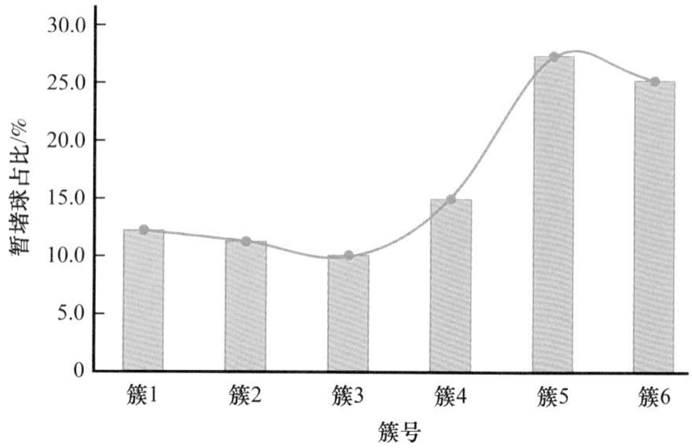

图 6-1-15　暂堵球沿井筒方向的数量分布百分比

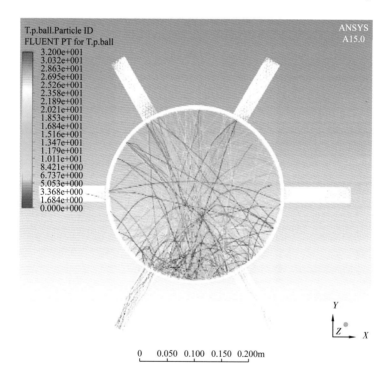

图 6-1-16　重力作用使暂堵球更容易封堵底部孔眼

　　排量变化对暂堵球的封堵效果影响，如图 6-1-17 所示。由模拟结果可见，排量降低后，靠近趾部的射孔簇孔眼封堵效率有所降低，这对提高各簇孔眼封堵的均匀性有一定的促进作用。

　　暂堵球的密度对各簇射孔封堵效果的影响，如图 6-1-18 所示。由模拟结果可见，暂堵球密度降低后，除了趾部的射孔簇外，其他射孔簇的封堵均匀性有一定程度的改善。

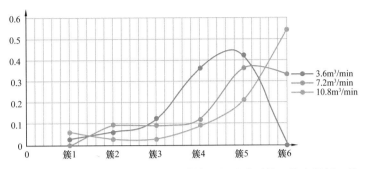

图 6-1-17 暂堵球的携带排量对不同簇孔眼封堵效果的影响（簇 1 代表跟部，簇 6 代表趾部）

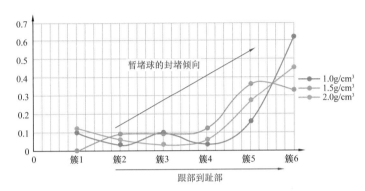

图 6-1-18 暂堵球的密度对各簇射孔封堵效果的影响

基于研制的高强度低密度暂堵球，形成了精准投球暂堵控制方法：（1）投球时，采用 5～7m³/min 的中低排量，可以提高跟部射孔簇封堵效果（占比 29.7%），优于高排量（占比 12.1%）。（2）采用低密度暂堵球，以提高顶部射孔簇封堵效果（占比 23.8%），高于中密和高密暂堵球（16.6% 和 9.1%）。因此，采用低密度暂堵球（1.0～1.1g/cm³）、中低排量（5～7m³/min）进行投球转向，封堵优势造缝通道，可将裂缝均衡延伸程度提高 20% 以上，压后效果显著提升（图 6-1-19）。

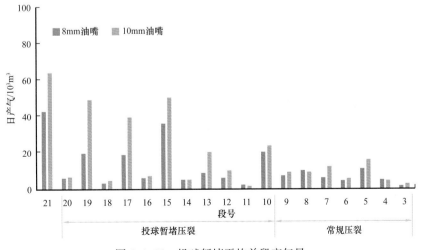

图 6-1-19 投球暂堵平均单段产气量

三、压裂参数优化

降低成本是常压页岩气压裂规模优化时必须考虑的重要问题（蒋廷学等，2019）。为此，须对常压页岩气裂缝扩展规律进行精细模拟分析。常压页岩气的压裂施工模式及参数优化与控制是最重要的环节，它直接决定了常压页岩气是否具有经济开发价值。需要优化与控制的主要参数包括射孔参数、压裂施工参数及返排参数等，下面分别进行论述。

1. 射孔参数优化

主要是螺旋式射孔与平面射孔两种方式下的成本有较大差异。一般采用平面射孔方式的降本效果显著，主要原因在于：

（1）平面射孔的破裂压力可大幅降低。室内大尺寸岩心的破裂压力实验结果显示，可比常规的螺旋式射孔方式降低 30%～50%。因为平面射孔的所有孔眼进液都在一条主裂缝中，而螺旋式射孔各孔眼都独自起裂与延伸裂缝。因此，压裂井口抗压级别及成本都可相应降低。

平面射孔与常规的螺旋式射孔的对比示意图如图 6-1-20 所示。

实际射孔时，围绕平面圆心位置，交错分布射孔弹，可以实现图 6-1-21 所示的平面射孔。

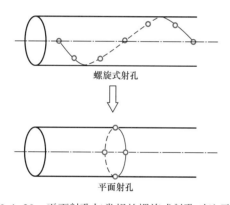

图 6-1-20　平面射孔与常规的螺旋式射孔对比示意图　　图 6-1-21　平面射孔模型结构图

为模拟平面射孔对套管强度的影响，模拟的输入参数见表 6-1-3，通过 Mises 应力云图模拟，结果如图 6-1-22 所示。

表 6-1-3　平面射孔对套管强度影响的模拟输入参数

项目		单簇 3 孔	单簇 10 孔	单簇 15 孔
屈服半径范围 /mm	螺旋射孔	—	9.89	8.22
	平面射孔	10.09	7.72	7.32
射孔范围平均 Mises 应力 /MPa	螺旋射孔	412	657	747
	平面射孔	489	737	929

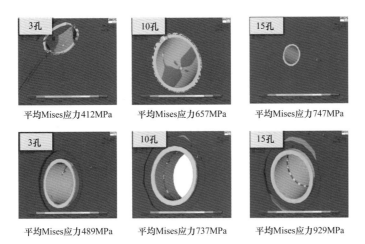

图 6-1-22　平面射孔下的模拟的套管 Mises 应力云图

考虑压裂对射孔套管的屈服极限，建议孔密在 3 孔 / 周至 10 孔 / 周之间。在平面射孔条件下，模拟了单孔流量下的缝宽、单段裂缝改造体积（SRV）及摩阻的变化，从中优化的单孔流量为 $0.4 \sim 0.6 \mathrm{m^3/min}$。模拟结果分别如图 6-1-23、图 6-1-24 所示。

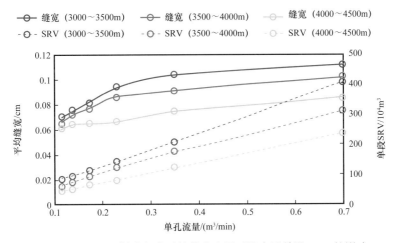

图 6-1-23　平面射孔方式下的单孔流量对缝宽及单段 SRV 的影响

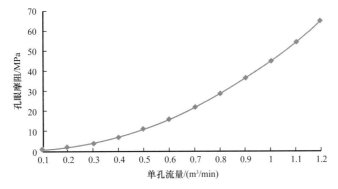

图 6-1-24　平面射孔方式下的单孔流量对孔眼摩阻的影响

（2）平面射孔的造缝效率高，一个射孔簇所有的压裂液及支撑剂都进入一条裂缝中，而在螺旋方式下，射孔簇内有多个裂缝起裂与延伸，压裂液及支撑剂在簇内不同的裂缝中都有分布，且相邻裂缝的距离非常小，导致渗流干扰效应增加，换言之，螺旋式射孔的压裂模式，低效施工占比相对较大，这对压裂液及支撑剂而言，有相当一部分是浪费掉了。

（3）模拟条件：排量为 12m³/min，每段 3 簇射孔，螺旋射孔的孔密为 20 孔/m，平面射孔为 6 孔/周。平面射孔方式下，可使缝高提高 20%，缝宽提高 19%，缝长提高 36%。裂缝延伸得更为充分，尤其是缝高延伸相对较大（图 6-1-25），诱导应力也相对较大（图 6-1-26，图中所谓的周向就是平面方向），在同等施工规模条件下，压后产量相对较高（图 6-1-27）。因此，单位产气的成本有较大幅的降低。

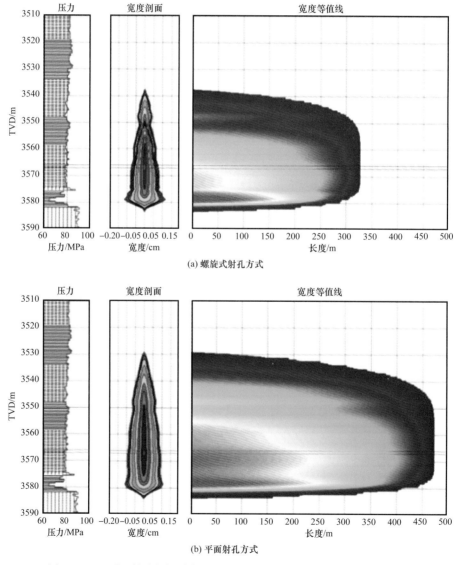

图 6-1-25　平面射孔与螺旋射孔在相同施工规模下的裂缝几何尺寸对比

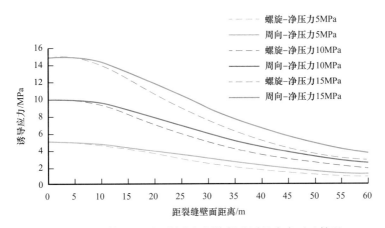

图 6-1-26 模拟的平面射孔与螺旋射孔诱导应力对比情况

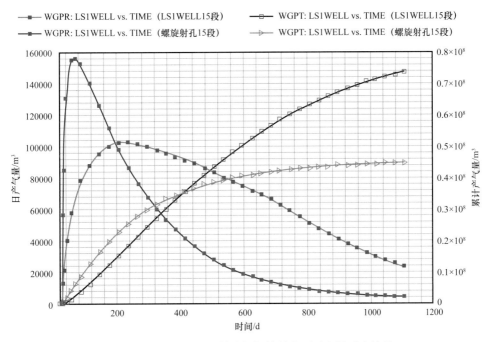

图 6-1-27 模拟的平面射孔与螺旋射孔压后产量对比情况

2. 注入模式优化

所谓压裂注入模式主要是指不同压裂液类型与黏度的注入顺序，以及对应的不同支撑剂类型及粒径的注入顺序，而不牵涉具体参数的优化。显然，压裂注入模式的优化是极其重要的，在不同的注入模式下，即使采用的总压裂液量及总支撑剂量相同，形成的裂缝复杂性及改造体积也可能千差万别。

如高黏度的胶液到底用不用，在什么时候用，怎么用（如大段注入，还是分段与低黏度滑溜水交替注入），胶液的黏度多少更合适，抑或采用变黏度的胶液，上述不同的选择都可能导致完全不同的结果。

众所周知，胶液具有相对高的黏度，采用胶液后的造缝效率更高，携带支撑剂的砂液比也相对更高。尤其重要的是，如胶液前置造缝，可大幅提高主裂缝的垂向缝高，这对常压页岩气而言，尤其重要（高构造应力引起的高闭合应力，导致上覆应力与最小应力的差值较小，易引发水平层理缝的大幅张开，缝高因此会大幅受限，前面已多次论述该观点）。缝高大幅提高后，裂缝的过流面积大幅增加，不会导致裂缝过早的流动阻滞或砂堵的出现。

但对深层常压页岩气而言，前置胶液的黏度及用量也不是越大越好。过高的黏度及用量，反而可能会导致破裂压力高乃至超过井口限压的现象（图6-1-28），即使在井口限压下破裂，也难以正常延伸。有时现场存在高黏度压裂液的液堵现象，即高黏度压裂液推不动，造成裂缝内的憋压效应。压力持续维持在限压下很小的压力窗口内，会无法进行有效的后续注入，更别提支撑剂的有效携带和运移到裂缝端部了。

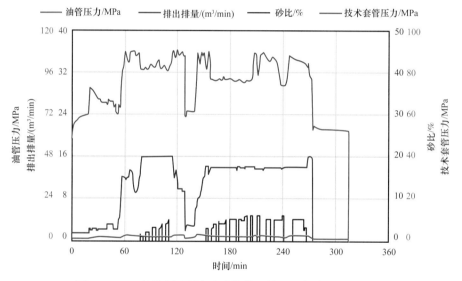

图6-1-28 高黏度压裂液造成的井口憋压现象（60～75min）

因此，要针对常压页岩气目的层的应力等特性，优选最佳的胶液黏度。而胶液的注入模式及体积优化也非常关键。如采用胶液及滑溜水的一段式注入，则不管是胶液前置还是后置，水力主缝肯定是形成了，但滑溜水形成的复杂裂缝只能在主裂缝的局部位置分布。因此，必须是高黏度的胶液与低黏度的滑溜水交替注入，且胶液必须前置注入，一是便于在近井筒处形成简单的裂缝形态，进而有利于主导裂缝的充分延伸，也有利于实现常压页岩气控近扩远的目标。二是可利于形成因胶液与滑溜水黏度差导致的黏滞指进效应，低黏度滑溜水可快速指进到高黏度胶液的造缝前缘，继续沟通与延伸小微尺度的裂缝系统。等下一个胶液与滑溜水的循环交替注入时，再次利用高黏度胶液的低滤失性及进入小微尺度裂缝系统阻力大的优势，进一步拓展主导裂缝的长度，并再次利用低黏度滑溜水黏滞指进特性（由于主裂缝内流动阻力最小，绝大部分滑溜水在主裂缝前缘指进并就地继续沟通与延伸小微尺度的裂缝系统）。最终通过上述多次循环交替注入，实现主导裂缝的充分延伸和复杂裂缝的大范围形成，不仅在近井附近，在中井及远井附近，都应有广泛分布的小微尺度裂缝系统。最终形成的裂缝复杂性及改造体积是最佳的，基本可满足多尺度复杂缝网的改造目标。

值得指出的是，上述胶液与滑溜水的多级循环交替注入技术，从理论上而言，在总的滑溜水及胶液体积一定的前提下，循环的级数越多，每次阶段注入的液量越小，则裂缝的复杂性分布范围越广泛，越有利于压后产量及稳产效果的提升。但过多的循环注入级数也不现实，因为页岩气的注入排量动辄 20m³/min 以上，过小的滑溜水及胶液体积，注入的阶段时间可能只有短短的几分钟甚至一分钟以内，显然在现场可操作性上存在严重问题，因为需要现场技术人员频繁倒换液罐闸门。

具体模拟的目标函数可设置为裂缝三维几何尺寸的最大化，以此确定胶液及滑溜水的最优比例，且在最优比例确定之后，多级循环注入方式下的造缝效率也应相对最高。

3. 注入参数优化

在注入模式确定后，具体的注入参数主要包括每个循环注入阶段的压裂液类型与黏度、体积、排量、支撑剂类型与粒径、施工砂液比等。

在此基础上，压裂液及支撑剂规模的优化是实现降本的主要手段。主要优化的目标函数应是最大限度地降低低效施工。换言之，根据裂缝三维几何尺寸扩展的速度不同，从施工的时间先后顺序，可基本分为早期的快速扩展、中期的较快扩展和后期的缓慢扩展三个阶段（图 6-1-29）。

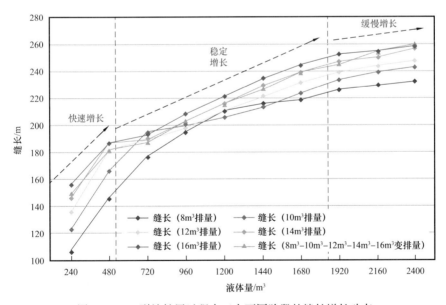

图 6-1-29 裂缝扩展过程中三个不同阶段的缝长增长动态

由上述模拟结果可见，当注入的压裂液量达到总液量的 20%～30% 时，裂缝的几何尺寸尤其是缝长已达最终缝长的 60%～70%，而把总液量降低 20%～30% 后，损失的裂缝长度在 5% 以下，这对压后效果的影响几乎可忽略不计，但压裂液成本却可降低

20%～30%。

这三个阶段也很好理解，原因在于早期的裂缝三维几何尺寸相对较小，在同样的压裂液量、排量及黏度组合施工条件下，裂缝扩展速度很快。但随着裂缝三维几何尺寸的继续增加，同样的压裂液量、排量及黏度组合施工条件下，加上裂缝内摩阻的增加，裂缝前端的造缝能量是逐渐削弱的。

考虑到需要优化的参数比较多，可采用正交设计方法，每项参数取 3 个水平值，优化的目标函数应是实现优化的裂缝参数结果（包括缝长、导流能力、簇间距等）。可应用成熟的页岩气裂缝扩展模拟商业软件进行上述模拟优化工作。

值得指出的是，为了精细模拟施工参数以获得最优的裂缝几何尺寸及导流能力的合理分布，对各施工参数可进行分阶段优化，且每个阶段的施工参数组合是不同的。如起始阶段更倾向于高黏度与低排量的组合，施工中后期更倾向于低黏度与高排量的组合。对每个砂液比注入而言，可以精细计算地面注入的砂液比段进入裂缝后直到停泵与裂缝闭合等时刻的支撑剂分布形态及支撑浓度剖面。理论上而言，导流能力剖面从缝端到缝口，应是逐渐增加的，即形成所谓的楔形剖面（图 6-1-30）。另外，所有施工参数优化的目标函数应在保证上述优化的裂缝支撑浓度剖面的基础上，总的压裂液量及支撑剂量最少，成本也最低（牵涉压裂液配方中各种添加剂浓度的优化）。

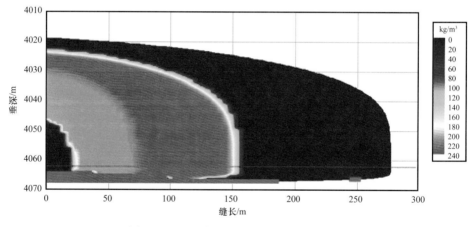

图 6-1-30　示例的裂缝导流能力模拟剖面

上述模拟是极为复杂的，如支撑剂加入程序的优化，先模拟第一级支撑剂进入裂缝后直到闭合时的支撑剂分布形态及导流能力剖面。在模拟这段支撑剂分布规律时，其他段的注入，不论是支撑剂还是中顶液，都假设为纯的压裂液，这样就能精准计算该段支撑剂的真实分布情况。而中顶液对上述支撑剂分布形态及导流能力的影响，也可按上述方法进行模拟。类似地，第二段支撑剂及其紧邻的中顶液注入后，到裂缝闭合时的分布形态及导流能力也可模拟。相当于把支撑剂携砂液及中顶液作为一个子系统进行模拟。每个子系统模拟获得的支撑剂分布形态及导流能力可以合并叠置。最终得到一个在主裂缝不同位置处支撑剂的形态及导流能力的整体分布情况。

值得指出的是，不同粒径支撑剂在主裂缝中的分布形态及导流能力，只能在多尺度复杂裂缝支撑剂运移物模实验中获得，目前的商业软件还难以准确模拟，即使模拟，结果也不足信。理论上而言，目前压裂施工中常用的三种粒径支撑剂，应各自全部分布在与其粒径匹配的三级裂缝系统中，即小粒径支撑剂全部进入尺度最小的微裂缝中，中粒径支撑剂全部进入尺度中等的支裂缝中，大粒径支撑剂全部进入最大尺度的主裂缝中。但由于三级裂缝系统本身能否实现及实现的程度，都具有很大的不确定性，因此，三种粒径支撑剂的比例选择同样具有不确定性，一般在不同尺度的裂缝中，三种粒径的支撑剂都可能有所分布（图6-1-31）。但即使如此，因三种粒径支撑剂一般是按粒径从小到大的先后顺序进行注入的，退一步讲，即使最终只形成了一条主裂缝，裂缝内从缝端到缝口，支撑剂分布基本是小粒径、中粒径及大粒径，且各种粒径支撑剂间的接触界面虽不是那么截然分明，仍基本上不影响主裂缝的优化的导流能力剖面。除非在裂缝的底部，可能有不同粒径支撑剂的混杂分布，那就会影响裂缝底部的导流能力。考虑到常压页岩气的水平层理缝相对发育，且越往有利目标层的深部，水平层理缝越发育。因此，从裂缝底部往裂缝中流动的页岩气产量基本可忽略。大部分页岩气应沿水平层理缝方向流入垂直的人工裂缝中。因此，裂缝底部因不同粒径支撑剂的混杂导致的导流能力降低效应对最终的压后产量影响不大。

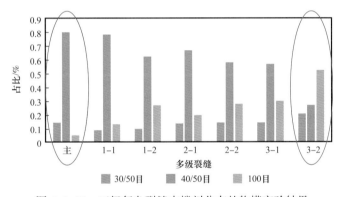

图6-1-31　三级复杂裂缝支撑剂分布的物模实验结果

当前的绝大多数裂缝模拟商业软件，支撑剂的分布只能模拟主裂缝，次级裂缝如支裂缝难以模拟，三级微裂缝系统更难模拟，这也是今后裂缝模拟软件需要进一步发展的方向之一。

4. 拉链式布缝优化

考虑到国内常压页岩气一般分布在山地，井场面积有限，一般难以应用两套车组的同步压裂技术，而只能应用一套压裂车组的拉链式压裂技术。不管是同步压裂还是拉链式压裂，都追求地下多井多裂缝间诱导应力的叠加效应及裂缝复杂性指数与改造体积的最大化。同时，通过地面征地面积的多井共用及各种流程的无缝衔接，以及压裂返排液的重复利用等，大幅提高压裂施工效率及节约费用。

在山地"井工厂"压裂参数设计时，要综合考虑天然裂缝发育情况、地应力分布状况，以立体布缝为目标，最大限度地挖掘山地"井工厂"压裂模式下的降本增效潜力。

天然裂缝的作用非常重要，它关系到复杂缝网能否形成。立体布缝示意图如图 6-1-32 所示。

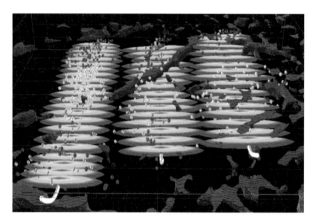

图 6-1-32　示例的山地"井工厂"立体布缝示意图

更为重要的是，与单井压裂相比，拉链式压裂在同等施工参数条件下的单井日产量也有一定幅度的提升，进而导致单位产气费用的降低。这也是一种降本的措施。

实际应用结果表明，考虑多因素约束，以平台投入产出比为目标，压裂施工周期缩短 30%～40%，平均单井产量同比提高 16.8%。

5. 压后返排参数优化

主要包括返排时机及返排制度等。关于返排时机，一直有两派争论，一是压后立即返排，二是压后适当焖井。实际上，当最后一段压裂施工结束后，第一段压裂裂缝可能已经历了 10d 甚至更多天的焖井了。因此，即使压后立即返排，对先前已压裂段而言，都不属于立即返排的范畴了。考虑到常压页岩气的岩石中石英矿物的含量都相对较高，压后利用缝内净压力还可能继续延伸，导致裂缝内支撑剂的二次运移及导流能力剖面不理想，因此，从理论上而言，应提倡压后立即返排，以利用裂缝还未闭合的时机，通过返排将进入缝口内部的支撑剂重新回流到近井筒裂缝处。

至于返排制度，总体上在自喷返排期应以压后不出砂为目的。考虑到主裂缝中的压裂返排液流动速度最大，且主裂缝的宽度最大，容纳的支撑剂量也最多，因此，主裂缝中最容易出砂。相对而言，支裂缝及微裂缝中的支撑剂就难以流出来，但即使流出来，最终也表现为主裂缝的出砂（一般以小粒径支撑剂居多）。这可通过现场不断调换油嘴或针形阀尺寸来获取特定区块的井的返排经验。

而在抽汲期，裂缝都早已闭合，可适当放大抽汲制度，但要结合页岩的应力敏感性特征及具体岩样的实验结果，抽汲制度的确定应以不产生应力敏感性伤害为目标，或通过支撑剂循环应力加载下的导流能力实验结果，以导流能力保持率最大化为目标。在制定具体的抽汲制度时，还应结合动液面的变化情况随时调整，如动液面变化慢，可尽快抽汲，否则，要放慢抽汲制度，以免造成循环应力载荷效应，加快裂缝导流能力的递减。

第二节 高效压裂材料体系

除了少数天然裂缝十分发育的页岩气藏外，几乎所有的页岩气藏都需要经过压裂才有商业价值，与超压页岩气相比，常压页岩气需要更高的裂缝复杂性和改造体积，但是无限制增大压裂规模又会带来成本的巨大压力，对于低成本高效材料的需求愈加迫切。因此，针对渝东南常压页岩气地面井场面积小、地下构造复杂的特点，发展低成本压裂材料技术，包括免混配变黏一体化滑溜水、以砂代陶技术并制定应用规范等，进一步助推渝东南常压页岩气高效开发。

一、变黏一体化降阻水体系

过去，页岩气普遍使用低黏的滑溜水进行压裂。采用这些滑溜水进行压裂具有一定的优势，但也存在一些挑战，包括液体黏度单一、支撑剂的输送能力比较差、支撑剂容易发生沉积出现砂堵、支撑剂分布效果不好等。而变黏一体化滑溜水体系能改善支撑剂的输送能力，由于增加了液体的携砂量，从而减少了压裂用水，同时省去了混配车的使用，进一步降低了成本。

1. 低伤害高降阻滑溜水体系添加剂

滑溜水压裂液中 98.0%～99.5% 是水，添加剂一般占滑溜水总体积的 0.5%～2.0%，包括降阻剂、助排剂（表面活性剂）、黏土稳定剂及杀菌剂等。

1）降阻剂

降阻剂是滑溜水压裂液的核心添加剂，丙烯酰胺类聚合物、聚氧化乙烯（PEO）、瓜胶及其衍生物、纤维素衍生物及黏弹性表面活性剂等均可作为降阻剂使用。聚丙烯酰胺具有优异的降阻性能且成本较低，是现场使用最多的降阻剂，可变黏降阻剂采用的聚合物乳液制备方式，通过液氮低温研磨技术，制备聚丙烯酰—油悬浮液，聚丙烯酰胺采用水相工艺制备而成，在结构设计、单体选择、相对分子质量控制等方面灵活，固含量 50%，有效含量 46.5% 以上，能够满足高矿化度配液水（返排液）施工的需求，同时在同等黏度要求下，单位产品起黏效率更高，用量少，能够实现低—中—高黏流体的灵活切换，从而满足页岩气压裂低黏减阻水、中黏胶液、高黏冻胶不同作业场景的需要。

2）助排剂

由于页岩储层具有低孔、特低渗等特点，在现场压裂施工作业过程中，侵入储层的滑溜水由于滞留效应或液相的聚集效应造成返排缓慢或返排困难，加重储层的伤害。需要降低滑溜水压裂液的表面张力、改变储层的润湿性，有助于压后返排，从而降低对储层的伤害。助排剂的使用主要是为了防止滑溜水压裂液在地层中滞留，产生液堵储层伤害。在压裂施工中，滑溜水压裂液沿缝壁渗滤入地层，改变了地层中原始油水饱和度分布，使水的饱和度增加，并产生两相流动，流动阻力加大。毛细管力的作用致使压裂后返排困难和流体流动阻力增加。如果地层压力不能克服升高的毛细管力，水被束缚在地层中，则出现严重和持久的水锁。所以，为了减少压裂液在地层中的停留时间，就必须降低压裂流体的表面张力，必须使用助排剂。

3）黏土稳定剂

使用滑溜水压裂液施工时，溶液以小分子水溶性滤液进入孔隙，水溶性介质对储集层黏土矿物潜在膨胀、分散和运移，以及对堵塞油层有很大的影响。在地层中呈层状的黏土微粒当正电（铝）与负电（氧）间的电荷平衡因阳粒子置换或颗粒中断而遭到破坏时，产生带负电荷的粒子。液体中阳离子包围了黏土粒子并且形成带正电的电子云。这样，颗粒相互排斥易于运移。如果不采取黏土稳定措施，将导致储集层渗透率不可逆转的下降。

无机盐防膨剂主要使用 KCl，其使用量为 1.0% 时，防膨率就可以达到 80% 以上。这是因为氯化钾不仅提供了充分的阳离子浓度防止阳离子交换，压缩使黏土膨胀的扩散双电层，防止黏土膨胀、分散、运移，而且钾离子的直径（0.266nm）与黏土表面由 6 个氧原子围成的内切直径 0.28nm 的空间相匹配，使它容易进入此空间而不易从此间释出，有效地减少黏土表面的负电性。

有机防膨剂主要是阳离子化合物，其作用原理是提供阳离子浓度防止阳离子交换，并且黏土粒子吸附后，在表面展开形成一层保护膜防止黏土粒子与外来液相接触。而 KCl 是一种非永久性防膨剂，当其浓度减少到一定程度时，它的防膨作用就会消失。因此，我们采用有机防膨剂，以期达到更好的防膨效果。

2. 低伤害高降阻滑溜水体系性能

页岩气压裂用滑溜水基本性能需要满足以下 12 项技术要求（表 6-2-1），其中最主要的性能有溶胀时间、表观黏度、耐盐性、耐剪切性表面张力（含界面张力）、防膨率、降阻率、伤害性等。

表 6-2-1　页岩气可变黏滑溜水性能指标要求

项目	指标	备注
外观	均匀液体	
pH 值	5.5～7.5	
水溶性	与水互溶	
溶胀时间 /s	≤60	
黏度 /mPa·s（清水）	≥9	0.1% 可变黏降阻剂
	≥12	0.15% 可变黏降阻剂
	≥18	0.2% 可变黏降阻剂

续表

项目	指标	备注
黏度 /（mPa·s）（清水）	≥24	0.3% 可变黏降阻剂
	≥33	0.4% 可变黏降阻剂
	≥40	0.5% 可变黏降阻剂
黏度 /mPa·s（盐水，矿化度≥20000mg/L）	≥8	0.15% 可变黏降阻剂
防膨率 /%	≥60	0.1% 可变黏降阻剂 +0.3% 防膨剂
表面张力（25℃）/（mN/m）	≤28	0.1% 可变黏降阻剂 +0.3% 助排剂
破胶液黏度 /（mPa·s）	≤3	0.5% 可变黏降阻剂 +200mg/kg 过硫酸铵
与酸液配伍性		无絮凝、无沉淀、无分层
盐水降阻率（矿化度≥20000mg/L）	≥60%	0.1% 可变黏降阻剂
清水降阻率	≥65%	0.1% 可变黏降阻剂

1）溶胀时间

为了确保滑溜水的降阻效果，目前使用的降阻剂通常为高分子聚合物，而聚合物在水中具有一定的溶胀时间。为了满足滑溜水在线配液的现场需求，要求使用的降阻剂的溶胀时间尽可能缩短，页岩气可变黏滑溜水压裂液溶胀时间见表 6-2-2。

表 6-2-2　页岩气可变黏滑溜水溶胀时间

时间 /s	10	15	20	25	30	40	50	60	备注
表观黏度 /mPa·s	3.5	6	6.4	7.5	9	9.3	9.5	9.5	0.1% 可变黏滑溜水

2）表观黏度

在降阻剂达到溶胀时间后，温度25℃下，用品氏毛细管黏度计测定滑溜水的表观黏度，其不同浓度的黏度见表 6-2-3。

表 6-2-3　页岩气可变黏滑溜水在清水中不同浓度表观黏度

浓度 /%	0.1	0.15	0.2	0.3	0.4	0.5	0.6	1
表观黏度 /mPa·s	10	12	18	27	36	45	54	80

常压页岩气压裂后返排率高，返排液大，为实现返排液 100% 的重复利用，在施工中须混合 20% 以上比例的返排液进行压裂，室内测试利用混合 50% 返排液（矿化度 20000mg/L）配制滑溜水时的表观黏度，见表 6-2-4。

表 6-2-4　页岩气变黏滑溜水在盐水中不同浓度表观黏度

浓度 /%	0.1	0.15	0.2	0.3	0.4	0.5	0.6	1
表观黏度 /mPa·s	6	9	12	18	24	30	36	70

3）降阻性能

降阻率是滑溜水压裂液最主要的性能指标，采用管路摩阻仪对滑溜水的降阻性能进行测试：

（1）管路摩阻测量仪或同类产品选择内径为 8～20mm、长 4～10m 的管道进行测试。

（2）将清水装入管路摩阻测量仪或同类产品的基液罐中。

（3）按配方要求的浓度配制滑溜水溶液，保证降阻剂和其他添加剂溶解充分、均匀，倒入配液罐中。

（4）选择测试管径，并按照流量大小选择泵及流量表。

（5）启动螺杆泵，待流量稳定后，记录差压传感器显示的各段压差值和流量表显示的流量值。

（6）启动循环泵，将已配制好的待测液体注入配液罐中。

（7）按照流量从低到高依次测不同流量下的压差值及实际流量值。

（8）分别测定在内径为 8～20mm、平均流速为 1.0～10.0m/s（或 200～12000s^{-1} 剪切速率）条件下清水通过管路时的稳定压差，记录在每种流速下的平均压降。

（9）称取适量无水 $CaCl_2$（A.R.）、$MgSO_4 \cdot 7H_2O$（A.R.）、$NaCl$（A.R.）加入基液罐中，配制 Ca^{2+} 浓度为 1200mg/L、Mg^{2+} 浓度为 100mg/L，总矿化度为 20000mg/L 的盐水。

（10）分别测定在内径为 8～20mm、平均流速为 1.0～10.0m/s（或 200～12000s^{-1} 剪切速率）条件下降阻水流经管路时的稳定压差，记录在每种流速下的平均压降。

（11）按公式（6-2-1）计算降阻水在不同管径、温度及流速条件下的降阻率。

$$\eta = \frac{\Delta p_1 - \Delta p_2}{\Delta p_1} \times 100\% \qquad （6-2-1）$$

式中　η——与清水同一测量条件下抗盐降阻水相对清水的降阻率，%；

　　　Δp_1——清水流经管路时的稳定压差，Pa；

　　　Δp_2——与清水在同一测量条件下降阻水流经管路时的稳定压差，Pa。

滑溜水体系的配方为：0.1% 降阻剂 +0.1% 助排剂 +0.3% 黏土稳定剂。

从图 6-2-1 可以看出，在同一浓度下，随着剪切速率的增加，降阻效果明显。在 0.1% 使用浓度下，最高降阻率达到了 67.4%，这是由于聚合物大分子的加入，大分子线性基团在管道流体中伸展使得流体内部的紊动阻力下降，抑制了径向的湍流扰动，使更多作用力作用在沿着流动方向的轴向上，同时吸收能量，干扰薄层间的水分子从缓冲区进入湍流核心，从而阻止或者减轻湍流，湍流越大，抑制效果越明显，表现出的降阻效果越好。

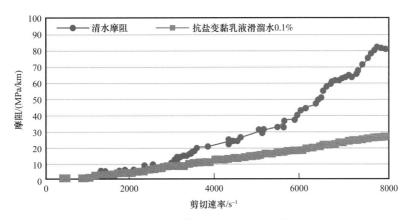

图 6-2-1　滑溜水在不同流速下的降阻率

4）携砂性能评价

可以用单颗粒陶粒的沉砂速度评价，也可以按照携砂浓度的陶粒沉砂速度评价。取单颗粒的低密度支撑剂，加入 100mL 配制的滑溜水中，用秒表测量单颗粒支撑剂在 100mL 量筒中完全沉底的时间。对于滑溜水体系，支撑剂沉降时间随降阻剂浓度的增大而缓慢增加，携砂能力与黏度成正比关系。滑溜水体系静态悬砂实验结果见表 6-2-5。

表 6-2-5　滑溜水体系静态悬砂实验结果

浓度 /%	0.1	0.15	0.2	0.3	0.4	0.5
沉降时间 /s	11	22	73	540	2160	5880

通过可变黏滑溜水性能研究，得到滑溜水压裂液的基本配方：

前置液：高黏液体及高排量组合利于缝高延伸和穿过小层界面，提高改造体积，设计使用 0.3% 滑溜水体系。

携砂液：低黏液体更容易促进微裂缝延展，低砂比阶段（＜10%）使用 0.1% 滑溜水体系，高砂比阶段（≥10%）使用 0.15% 滑溜水体系。

3. 可变黏滑溜水现场应用情况

可变黏滑溜水在渝东南的南川、武隆常压页岩气中获得应用，单井最高砂比由常规粉剂的 18% 提升至 24%，平均综合砂液比由常规粉剂的 4%～6% 提升至 8%～11%，平台液罐用量由原来的 1500m³ 降低至 250m³，单段综合液体及施工费用减少 31%，见表 6-2-6。

表 6-2-6　常规粉剂与可变黏滑溜工艺参数对比

项目	最高砂比 /%	综合砂比 /%	液罐用量 /m³
粉剂	18	6	1500
可变黏	24	11	250

以隆页 X 井为例，该井位于渝东南利川—武隆复向斜武隆向斜团堡次凹北翼，埋深 4060～4369m，试气段长 1800m，分 25 段压裂，设计液量 66039m³，通过采用可变黏滑溜水进行施工，平均砂液比达到 8.02%，平均单段液量 1932m³，单段砂量 147m³，实际总用液量较设计减少 27%，以第 24 段为例，最高砂液比 24%，综合砂液比 12%（图 6-2-2）。

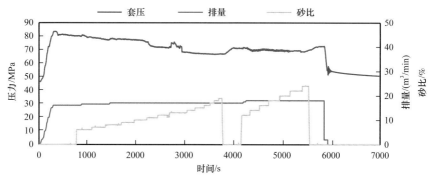

图 6-2-2　隆页 X 井第 24 段压裂施工曲线

二、组合支撑剂体系

1. 页岩裂缝导流能力需求

水力裂缝的导流能力是影响页岩气储层压后产量的重要因素之一。一般而言，在储层基质渗透率较低时，人工裂缝在较低的导流能力下就可实现较好的改造效果，地层内气体的渗流也达到了较为标准的双线性流动状态；而在储层基质渗透率较高时，则需要大幅提高人工裂缝导流能力才能满足此种状态。

1）导流能力分析

利用数值模拟方法，对生产所需的人工裂缝导流能力进行分析。选用商业化油藏模拟软件，采用块中心网格建立单井数值模型，平面上采用 10m×10m 的网格，为模拟压裂缝形态，在生产井及压裂缝周围对网格进行加密，裂缝所在网格宽度加密至 5mm 左右，达到实际压裂缝宽的水平。

这里以某个计算实例进行举例说明，模拟假设裂缝形态呈现缝网状态，主裂缝间距 15m，分支裂缝间距 15m，水平段长度 1500m，储层厚度 30m，主裂缝长度 100m，压力系数 1.2，基质渗透率分别为 $1.0×10^{-4}$mD、$2.4×10^{-4}$mD、$6.0×10^{-4}$mD。模拟结果表明，裂缝导流能力增加到一定值后，当主裂缝导流能力为 0.8～1.0D·cm（图 6-2-3）时，分支裂缝导流能力为 0.05～0.10D·cm（图 6-2-4），累计产气量增幅变缓。

2）压后裂缝导流能力

常压页岩气压裂改造工艺相对较为稳定，基本原则为低伤害、密切割、造复杂网络缝，工艺措施为大液量、大排量、高强度加砂的大规模压裂工艺，压裂液采用低黏滑溜水压裂液。

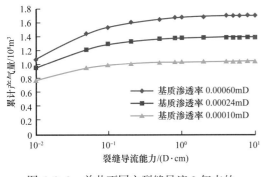
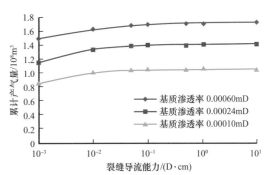

图 6-2-3 单井不同主裂缝导流 3 年末的 图 6-2-4 单井不同分支裂缝导流 3 年末的
累计产气量图   累计产气量图

常压页岩气储层压裂以往使用可在高闭合压力下保持高导流能力的 40/70 目陶粒作为主要的支撑剂，达到保持裂缝通道长期有效的作用，实现单井增产。

从压后关井压力恢复试井分析结果看，此前压裂措施形成的人工裂缝导流能力达到了 40mD·cm 左右，同时用量大，单井的材料成本偏高。结合上述分析，裂缝导流能力还存在降低空间，这也为石英砂的应用提供了前提条件。

2. 组合支撑剂实验方案

1) 有效应力计算

加载在支撑剂上的有效应力和孔隙压力有关，对于主裂缝垂直于最小主应力方向的情况，加载在主裂缝支撑剂上的有效应力为闭合压力（理论上与最小主应力相等）与孔隙压力的差值，生产过程中孔隙压力逐渐降低，因而作用在支撑剂上的有效应力随之增加，即

$$p_a = \sigma_{min} - p_w \qquad (6-2-2)$$

式中 p_a——作用在支撑剂上的有效应力，MPa；

σ_{min}——最小主应力，MPa；

p_w——井底流压力（近似孔隙压力），MPa。

以南川区块常压页岩为例，储层闭合压力较高（储层埋深 2000~3500m、压力 44~68MPa），假设气井废弃压力为 3MPa，则作用在支撑剂上的最大有效应力为 41~65MPa，因而实验分析评价支撑剂在该区间的导流能力。

2) 实验方案及实验材料

（1）实验方案。

按《压裂支撑剂导流能力测试方法》（SY/T 6302—2019），使用 FCES-100 裂缝导流仪进行导流能力测试。其中，测试介质为清水，实验温度为室温，测试流量为 5mL/min，支撑剂铺砂浓度为 5kg/m²（体积比不同有略微差异），其他按 API 要求完成。

实验方案设计：参照实际压裂支撑剂泵注模式，主要研究支撑剂（石英砂与陶粒）不同铺砂方式，开展石英砂与陶粒不同比例组合下的导流能力实验。

内容包括：在闭合应力分别为 10MPa、30MPa、40MPa、5MPa、60MPa、70MPa 条件下，对比石英砂与陶粒不同比例组合下的导流能力，石英砂与陶粒按体积比 1∶0、2∶1、1∶1、1∶2、0∶1 先后铺置及石英砂与陶粒按体积比 1∶1 均匀混合支撑剂导流能力对比，见表 6-2-7。

表 6-2-7　实验方案

样本	支撑剂体积比	铺砂浓度 / kg/m²	流量 / cm³/min	测试液体	闭合压力 / MPa
	（石英砂∶陶粒）				
1	1∶0				
2	2∶1				
3	1∶1	5	5	清水	10、30、40、50、60、70
4	1∶1（*）				
5	1∶2				
6	0∶1				

注：1∶1（*）为石英砂与陶粒按体积比 1∶1 均匀混合方式。

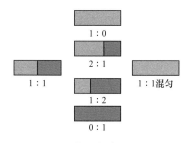

图 6-2-5　石英砂与陶粒铺砂示意图

导流室内铺砂示意图，如图 6-2-5 所示。

（2）实验原理。

实验方案按线性流设计，确保液体在层流状态下渗流通过支撑剂充填层。根据达西定律可得到支撑剂充填层渗透率计算公式：

$$K = 9.87 \times 10^{-3} \frac{q\mu l}{A\Delta p} = 9.87 \times 10^{-3} \frac{q\mu l}{WW_f \Delta p} \quad (6-2-3)$$

式中　W——导流室宽度，取 3.81cm；

　　　　l——测压孔间距，取 12.7cm；

　　　　K——支撑剂充填层渗透率，D；

　　　　q——裂缝内流量，cm³/s；

　　　　μ——实验流体黏度，mPa·s；

　　　　W_f——支撑裂缝宽度，由实验测得，cm；

　　　　Δp——测试段两端压差，kPa。

将导流室尺寸代入式（6-2-4），整理得到支撑剂充填层导流能力计算公式：

$$KW_f = 3.29 \times 10^{-2} \frac{q\mu}{\Delta p} \quad (6-2-4)$$

（3）实验材料。

实验所用石英砂、陶粒现场取样，其性能参数见表 6-2-8。

表 6-2-8　实验所用陶粒及石英砂基本参数

项目		技术要求	40/70 目石英砂	40/70 目陶粒	20/40 目陶粒
粒径分布	规格范围内样品百分含量 /%	≥90	92	93	98.76
	顶筛上样品百分含量 /%	≤0.1	0.09	0.08	0
	系列底筛上样品百分含量 /%	≤1.0	0.85	0.1	0.08
球度		≥0.7	0.7	0.7	0.86
圆度		≥0.7	0.7	0.7	0.87
酸溶解度 /%		≤7.0	4.8	4.5	6.49
视密度 / (g/cm³)		≤2.70	2.6	2.61	3.27
体积密度 / (g/cm³)		≤1.60	1.54	1.56	1.78
浊度 /FTU		≤100	88	83	37.7

3. 组合支撑剂实验结果

1）不同体积比下的支撑剂组合破碎率对比

支撑剂的强度是支撑剂颗粒最重要的指标，而支撑剂的强度测试就是测定支撑剂能否在一定闭合压力下达到有效支撑裂缝的目的。将一定量的支撑剂加入破碎室中进行额定闭合压力下的承压测试，测试其破碎率的大小，破碎率越高，证明该支撑剂的抗破碎能力越低，反之，破碎率越低，则证明该支撑剂的抗破碎能力越强。

通过实验得到的破碎率数据，见表 6-2-9。

表 6-2-9　不同体积比下支撑剂组合的破碎率　　　　　　单位：%

闭合压力 /MPa 体积比例	30	40	50	60	70
1 : 0	3.04	8.05	10.59	15.65	19.43
2 : 1	2.95	5.53	8.45	12.34	16.60
1 : 1	1.95	4.67	6.49	9.83	12.20
1 : 2	1.06	2.76	5.11	7.61	11.61
0 : 1	0.10	0.23	0.56	1.01	1.85

将数据生成图 6-2-6，可进行直观对比。

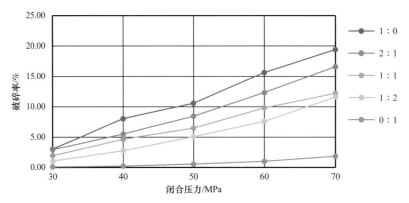

图 6-2-6　不同体积比下支撑剂组合（石英砂与陶粒）破碎率

2）不同体积比下的支撑剂组合导流能力对比

通过实验得到的导流能力数据，见表 6-2-10。

表 6-2-10　支撑剂的组合导流能力　　　　　　　　　　　单位：$\mu m^2 \cdot cm$

组合比例 闭合压力 /MPa	1：0	2：1	1：1	1：2	0：1
10	33.32	43.32	46.92	49.02	51
30	10.12	17.29	22.9	29.88	41.28
40	6.32	11.71	15.58	20.85	33.95
50	4.44	8.37	11.11	14.86	25.34
60	3.35	6.56	8.32	10.28	18.83
70	2.85	5.11	6.46	8.02	13.06

将数据生成图 6-2-7，可进行直观对比。

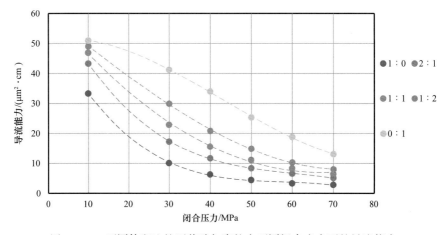

图 6-2-7　不同体积比的石英砂与陶粒在不同闭合应力下的导流能力

4. 导流能力相关性分析

1）纯石英砂与纯陶粒导流能力

从图中1号（石英砂：陶粒为1：0）和6号（石英砂：陶粒为0：1）样本的导流能力曲线可看出，同一闭合应力下，纯石英砂的导流能力远低于纯陶粒。随闭合应力增加，石英砂和陶粒导流能力均会降低；石英砂在闭合应力>30MPa后，破碎程度增大，其导流能力降到很低，而陶粒在闭合应力>30MPa与闭合应力<30MPa相较下，导流能力的下降率相当。

伴随闭合应力增大，支撑剂所受上覆压力增加，破碎程度增大，破碎支撑剂填充在颗粒之间，导致流动能力变差，充填层渗透率降低；石英砂抗压能力低于陶粒，在高闭合应力下破碎得更多，当闭合应力为50MPa时，陶粒的导流能力约为石英砂的5.5倍。

2）不同体积比的石英砂与陶粒的导流能力

从图6-2-7中2号（石英砂：陶粒为2：1）和5号（石英砂：陶粒为1：2）样本的导流能力曲线可看出不同体积比的石英砂、陶粒在不同闭合应力下导流能力实验结果。随闭合应力增大，导流能力逐渐减小，因为支撑剂的破碎量随闭合应力增大而增多。陶粒占比越大，支撑剂导流能力越高，原因在于陶粒越多，支撑剂抗破碎能力越大；在10～30MPa时，组合支撑剂的导流能力下降较快，这与石英砂抗压能力有关，闭合应力逐渐提高，石英砂占比越大，破碎量增多，其导流能力越低。

不同石英砂占比和单一石英砂在不同闭合应力下导流能力跨度较大。闭合应力40MPa，石英砂占比2：1、1：1、1：2时的导流能力与单一石英砂相比，分别提高了14.7%、46.5%、129.9%，表明在较高的闭合应力下，提高支撑剂组合中陶粒配比较单一石英砂具有明显优势。

3）不同铺砂方式下相同体积比的支撑剂性能对比

（1）相同体积比的支撑剂组合不同铺砂方式破碎率。

分别选择40/70目石英砂与40/70目陶粒开展1：1比例组合下石英砂与陶粒混合铺置与先加石英砂再加陶粒铺置方式下的破碎率实验。实验结果表明，混合铺砂方式下的破碎率较先加石英砂再加陶粒铺砂方式更低，见表6-2-11。究其原因是因为陶粒粒径和抗挤压能力大于石英砂，在混合方式下陶粒的支撑作用使得石英砂的破碎率降低。因此，从获得更强的导流能力角度考虑，混合的铺砂方式比先加石英砂再加陶粒的铺砂方式更好。

表6-2-11　相同体积比的支撑剂组合的破碎率　　　　　　单位：%

铺砂方式 \ 闭合压力/MPa	30	40	50	60	70
混合	1.95	4.67	6.49	9.83	12.20
前后	2.60	4.62	7.28	10.46	11.24

将数据生成图6-2-8，可进行直观对比。

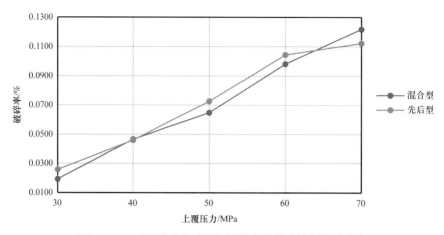

图 6-2-8　不同铺砂方式下相同体积比的支撑剂的破碎率

（2）相同体积比的支撑剂组合不同铺砂方式导流能力。

图 6-2-9 中对比了体积比均为 1∶1，石英砂和陶粒混合均匀后与石英砂陶粒前后铺置时的导流能力。可以看出，在 40～50MPa 时，两种铺砂方式的导流能力有了交叉点，闭合应力小于 50MPa，混合型导流能力大于前后型，闭合应力较低时差距最大；闭合应力大于 50MPa 下，支撑剂前后型的导流能力大于混合型。

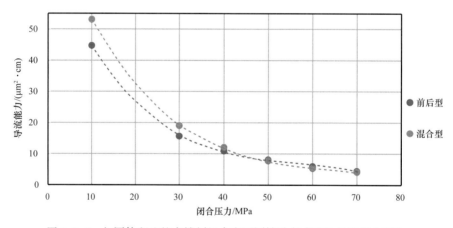

图 6-2-9　相同体积比的支撑剂组合在不同铺砂方式下的导流能力对比

分析认为：混合型中陶粒和石英砂均匀分布，在低闭合压力区，陶粒均匀分布后占到 50% 的支撑面，陶粒能够支撑较高的闭合应力，分担了直接作用在石英砂上的压力，石英砂受到陶粒保护，石英砂的破碎量减少，从而维持较高的导流能力；而在高压力区，石英砂受到远高于自身抗压强度的闭合应力，球度和圆度较差的先破碎，然后石英砂整体性破碎，最后是圆度、球度不好的陶粒破碎，破碎量较多造成导流能力要低于前后铺置型。

考虑油气井实际生产过程中，由于井底存在流动阻力、流压变化，近井地带有效闭合应力更大，石英砂陶粒组合支撑剂采取前后型铺砂优势将更明显，更有效保持缝口长期导流能力。

4）实验数据相关性分析

对支撑剂组合中陶粒占比、支撑剂的导流能力、闭合应力三因素进行实验数据分析，将闭合压力值作为定值条件，挖掘支撑剂组合中陶粒占比与导流能力之间的关系，实验数据散点图 6-2-10 揭示了在某一压力条件下，导流能力与支撑剂组合比例的潜在规律。通过对实验中数据进行拟合得出了定值闭合压力条件下适用的二次多项式方程，且 R^2 较接近 1，表明数据拟合效果很好，可用度高。

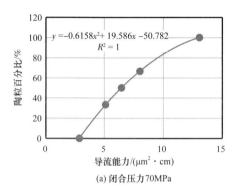 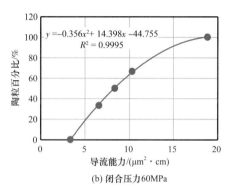

图 6-2-10　不同压力条件下支撑剂导流能力与其组合中陶粒占比的关系

图中曲线描述了在某一定值压力条件下，横坐标代表导流能力，与纵坐标支撑剂组合陶粒的占比的对应关系。

举例说明：如在闭合压力 60MPa 的条件下，导流能力需求为 $5\mu m^2 \cdot cm$ 时，将横坐标导流能力 $5\mu m^2 \cdot cm$ 代入闭合压力为 60MPa 的二次多项式方程中，得出纵坐标支撑剂组合陶粒的占比值为 20%，即陶粒与石英砂占比为 1:4 时，能满足闭合压力 60MPa 条件下支撑层的导流能力为 $5\mu m^2 \cdot cm$ 的需求。

通过不同压力的图版可以方便地得出在不同导流能力需求下的支撑剂组合陶粒的占比，进而可科学合理地减少压裂支撑剂中陶粒的使用比例，降低压裂材料成本。

5. 组合支撑剂应用推荐

1）组合支撑剂经济性评价

从提高裂缝导流能力、降低材料成本的角度出发，优化确定支撑剂的最佳组合比例。不同铺砂浓度下组合支撑剂导流能力的室内实验结果表明：在相同闭合压力条件下，随着石英砂比例的增加，裂缝的导流能力逐渐降低；同时，随着闭合压力增大，裂缝导流能力也逐渐降低。

40/70 目与 70/140 目的石英砂支撑剂每立方米的价格相近，40/70 目与 70/140 目的陶粒支撑剂每立方米的价格相差大，费用降低 20% 以上。前置液阶段采用 100 目石英砂进行打磨，中砂阶段采用 40/70 目石英砂 + 陶粒进行混合加砂，可有效降低支撑剂成本。

实际设计中优选支撑剂类型时，根据地层有效闭合应力和需要导流能力大小（根据地层渗透性和产能测试），结合实验数据提供参考依据，在人工裂缝维持导流能力 $10\mu m^2 \cdot cm$ 的条件下，优选最经济且能够有效支撑的支撑剂组合比例（表 6-2-12）。

表 6-2-12　现场支撑剂组合优化应用

导流能力 / μm²·cm	压后停泵 30min 压力 / MPa	主体支撑剂组合 石英砂与陶粒体积比	节省成本（与全陶粒相较）	备注
10	<30	1 : 0	63%	以单井压裂 20 段，单段支撑剂用量 90m³
	30～40	2 : 1	43%	
	40～50	1 : 1	32%	
	50～60	1 : 2	21%	
	60～70	1 : 4	13%	
	>70	0 : 1		

2）组合支撑剂应用推荐

经过常压区块的页岩气井的压裂实践，综合压后评价，形成了适用于常压区块支撑剂混合使用推荐，推荐应用如下：

（1）埋深不大于 3000m，或实际施工停泵 30min 后压力小于 40MPa，采用 70/140 目石英砂 +40/70 目石英砂 +30/50 目石英砂。

（2）埋深大于 3000m，但不大于 3500m，或实际施工停泵 30min 后压力在 40～50MPa 之间，采用 70/140 目陶粒 +40/70 目石英砂和陶粒混合 +30/50 目石英砂和陶粒混合方式加砂，单段总计石英砂与陶粒使用体积比例为 2：1。

（3）埋深大于 3500m，但不大于 3800m，或实际施工停泵 30min 后压力在 50～60MPa 之间，采用 70/140 目陶粒 +40/70 目石英砂和陶粒混合 +30/50 目石英砂和陶粒混合方式加砂，单段总计石英砂与陶粒使用体积比例为 1：1。

（4）埋深大于 3800m，或实际施工停泵 30min 后压力在 60～70MPa 之间，采用 70/140 目陶粒 +40/70 目陶粒 +30/50 目陶粒作为支撑剂。

第三节　分段压裂降本配套技术

渝东南页岩气藏属于常压页岩气，具有资源广、地层能量弱、单井产量低的特点。常压页岩气实现商业化持续开发也对成套电动压裂装备、提速提效分段压裂工具及节能环保提出了更高的要求。本节主要从电动压裂泵压裂在能效、排放和经济方面进行总结，配合无限级滑套压裂实现 24h 连续快速施工，同时介绍了压裂返排液处理的主要技术，集成的压裂降本配套技术适应渝东南页岩气低成本开发需要。

一、全电动压裂施工

电动压裂设备指的是以电力驱动的成套压裂施工设备，除电动压裂泵外，还包含电动混砂、电动混配、地面管汇、电动供砂供液和集成控制系统等辅助装备。电动压裂设备具备节能、高效率和安全的特点，与常规压裂机组相比，使用维护成本下降30%以上，成为压裂装备的重要发展方向。

1. 全电动压裂设备构成

全电动压裂成套设备分为主压裂设备和压裂辅助设备。主压裂设备包括电动压裂泵组及其配套配电控制设备；压裂辅助设备则包含混砂、混配、泵注、地面管汇、供砂供液和仪表控制等辅助装备。全电动装备的成套应用会带来更大收益，尤其是整套机组的集中控制能够更好地保证作业安全。以南川地区近期页岩气开发情况为例，在施工排量18m³/min、110MPa下全电动压裂机组与常规柴油压裂车组配置见表6-3-1。

表6-3-1 压裂设备配置

厂商	压裂设备配备方案	数量/台（套）
中石化石油机械股份有限公司（全电动）	SYL6000型压裂泵橇	10～12
	2500型压裂车	—
	HS40电动混砂橇	1
	PY16电动配液橇	1
	ZB1000钻塞泵注	1
	VFD变频控制房	5～6
	35kV移动式变电站	1～2
	油电混控仪表车	1
	远程关断管汇橇	1
宏华公司（全电动）	HH6000电动压裂泵	10～12
	HSQ130电动混砂橇	1
	HHAT60电动供液橇	1
	HPQ720电动混配橇	1
	CSG120输砂储砂装置	1
	SHG210电控柔性罐组	8～10
	HHDV-3控制中心	1
	140MPa高低压管汇橇	1
中石化石油机械股份有限公司（压裂车）	2500型压裂车	30

续表

厂商	压裂设备配备方案	数量/台（套）
中石化石油机械股份有限公司 （压裂车）	混砂橇	2
	仪表车	1～2
	配液橇	2
	100m³ 砂罐	2
	140MPa 高低压管汇橇	1

1）全电动压裂主要设备

采用电网或燃气发电进行供电，包括移动式变电站、多台电动压裂橇及 VFD 变频控制房。

（1）35kV/10kV 移动式变电站。

电动压裂装备全部采用 10kV 输入电压，当井场规划电压为 35kV 时，需要配置 35kV 移动式变电站，用于将井场 35kV 降压至电动压裂橇所需的 10kV 电压，主变设计容量能够满足整个压裂施工主、辅装备的供配电。为满足道路运输，变电站采取模块化橇装结构，以 12500kV·A 为组合单位，采取多模块组合方式。

10kV 移动变电站为压裂前端电源配电装置，给电动压裂系统各用电单元分配电源。同样采用模块化、橇装化设计，移运、存储方便。变电站主要技术参数见表 6-3-2。

表 6-3-2　变电站技术参数

项目	中石化石油机械股份有限公司	宏华公司
35kV 主变	主变 12.5MV·A，安装在橇底座	主变 12.5MV·A，预装式模块化变电站
35kV 进出线	单母线，1 进 1 出	单母线，1 进 1 出
	35kV 固定式气体绝缘开关柜	35kV 抽出式空气绝缘柜
10kV 进出线	单母线，1 进 4 出	单母线，2 进 10 出
	10kV 固定式固体绝缘开关柜	10kV 固定式固体绝缘开关柜
控制系统	二次设备配置，集中组屏安装	带电指示、微机综合保护器、多功能数显仪表等

（2）VFD 变频控制房。

VFD 变频控制房用于电动压裂泵或辅助装备电机的变频调速及控制，实现不同排量输出。单台宏华 VFD 变频控制房具备两套完全独立的变频驱动系统，能够独立控制 2 台电动压裂泵橇。该 VFD 变频控制房采用 36 脉波整流技术，从而能够保障装备的谐波满足电网接入要求；采用二极管整流输入、9 电平相对相输出的多电平无熔断器设计（VSI-MF）的电压源型逆变器，结合防电弧设计及快速故障消除功能，可确保人员安全；采用多电平拓扑结构，能很好地兼容标准电机；采用先进的数据算法，控制精度高，能够满足施工中高压力重载启动的需要，能够实现单泵之间的无扰动排量切换，具体参数见表6-3-3。

表6-3-3　宏华电气VFD变频房参数

项目	参数
输入电压	10kV 3AC±5%
输入频率	50Hz
输出频率	0～86Hz
额定输出电压	6000V
额定输出功率	4500kW×2
质量	≤32t
外形尺寸	10800mm×2900mm×3000mm

（3）电动压裂泵。

电动压裂泵是电动压裂施工中的核心装备，用于将携砂液等高压流体泵入地层，目前现场应用较多的为中国石化机械公司研制的5000型电泵和宏华电气研制的6000型电泵，参数对比见表6-3-4。中国石化机械公司研制的5000型电动泵最大输出水功率4410kW，采用单机双泵结构，配置2台SQP3300型五缸压裂泵、1台多相异步变频调速电机及2套液压离合器，设计有效冲次87～126min^{-1}（相当于压裂车Ⅱ～Ⅳ挡）。宏华6000型电动泵采用单机单泵，电机顶置直驱方式，配置1台HH6000型五缸压裂泵，1台自主研发的6000kV异步变频电机，常用冲次100～160min^{-1}，对应4.5in柱塞排量为1.5～2.5m^3/min。

表6-3-4　两种主流电动橇对比

参数	中石化石油机械股份有限公司	宏华公司
最大输出功率/hp	5000	6000
最高工作压力/MPa	140	140
质量/t	40（模块拆装）	35（超重运输）
布置方式	单机双泵	单机单泵
满功率最低冲次/min^{-1}	102	178
平均负荷率/%	65～68	48.6～66.7

电动压裂装备有双泵结构模式和单泵结构模式，其性能参数对比见表6-3-5。双泵结

构由于采用了 2 台压裂泵，相同功率下压裂泵冲次更低。以满功率最小冲次为例，双泵结构满功率冲次为 87min⁻¹，是单泵结构冲次的 48.9%，能够有效延长泵头体、阀及阀座等易损件寿命，减少现场检泵频率。两种结构的电动压裂泵冲程相差不大，但单泵结构集成化程度高，尺寸更小。

表 6-3-5　不同结构电动压裂橇参数对比

性能指标	双泵电动压裂橇	单泵电动压裂橇
压裂泵	SQP3300×2	HH6000
最高压力 /MPa	138	130
满功率冲次 /min⁻¹	87	178
冲程长度 /mm	279.4	304.8
外形尺寸 /m	9.50×2.45×2.70	5.80×2.60×3.00

从工程适应性角度出发，在工程需求冲次下需要更大的有效功率。目前，国际主流电动压裂泵结构为双泵结构，可以减少设备失效对系统的影响，单泵结构需要解决易损件寿命和检泵周期短的问题。

2）全电动压裂辅助设备

全电动压裂辅助设备是指除主泵注设备外的其他压裂施工配套设备。

（1）集成控制指挥中心。

集成控制指挥中心是压裂作业的智能"指挥官"，包含对所有设备的集成控制，包括电动压裂泵、电动混砂橇、电动供液（酸）橇、电动混配橇、自动输砂装置、柔性水罐、高低压管汇等。

以目前在南川地区多个平台投入使用的宏华集成控制指挥中心（表 6-3-6）为例，介绍集成控制系统的特点及优势。该设备的集成控制，是在成套压裂装备包括泵注、混砂、混配、高低压管汇系统和输砂供液等装置全部电动化的基础上，采用自动化控制程序进行远程操控压裂施工。

该系统同时具有高度自动化、信息化、智能化的特点，能够实时采集、显示、记录压裂作业全过程的数据；具备数据处理、存储和打印输出等功能，并能对整个压裂施工井场及关键装备等进行实时视频监控，确保压裂作业施工安全。

表 6-3-6　宏华集控系统

型号	HHDV3
压裂泵控制台数	16
混砂橇控制台数	2
物理数据通道	30
压裂泵健康监视系统	HealthScan

续表

型号	HHDV3
局域电网管理	iPowerMonitor
压裂泵控制系统	iFrac.PC
混砂控制系统	iFrac.BC
压裂数据采集	iFrac.View
集中控制系统	iFracOPS
工控机台数	7
触摸屏数目	3
显示器数目	4×65in 高清显示器，单屏支持 4 画面显示
打印机	2
供电	220V/50Hz、6kVA UPS
通信系统	1 套摩托罗拉防爆对讲系统
视频	1 套网络摄像机系统
尺寸	10000mm×3000mm×3000mm
质量	12t

现有的集成控制系统——对应不同设备的网络控制及采集系统，覆盖配电—变频—控制—执行反馈工作流程，可准确读取所有信号单元，操作简单便捷，控制水平智能精确，数据采集准确，反馈及时，安全装置规范，安全系数高，详见表 6-3-7。

表 6-3-7 集成控制系统优势功能表

设备	内容	优势
电动泵	精确启动控制	远程辅助设备的启动 / 停止、远程分 / 合闸
	排量控制	单台电动泵排量给定输出
		调整幅度宽，控制精度高，低频高扭优势突出
		响应速度快，理论可定排量值 0.01，灵活操控
		泵组功能自动分配（设备编组，自动分配排量）
		单泵和泵组组合控制（根据设备状况，单台泵进行作业调整）
	限压控制	电动泵同压裂泵车一样均有可靠的两套超压保护装置，一套为压力传感器，另外一套为变频系统安全设置，可确保在异常情况下自动停机，实现智能保护

续表

设备	内容	优势
电动泵	系统急停	紧急停泵机制，可实现一键急停
	参数控制	实时校正参数
	报警监控	实时报警触发
	参数监视	监视吸压、温度等综合运行参数
混砂橇	启停控制	远程一键启停设备
	供液控制	远程设置排出压力，保持压力稳定，排出排量跟随
	液位控制	远程设置液位，自动 PID 控制，维持液位稳定
	输砂控制	根据用户习惯，支持输砂砂比和砂浓度切换
		远程给定砂比，自动绞龙输砂
		可根据输砂类型，切换绞龙运行
		建立与砂罐通信，根据输砂类型选择开关阀门，执行原则为先开后关
	干添控制	远程设定浓度，单路独立控制
		支持两路干添控制
	液添控制	远程设定浓度，单路独立控制
		支持四路液添控制
砂罐	砂阀控制	储砂阀门就地控制
		出砂控制权由混砂橇控制
	余量监控	远程监视每个储砂罐的砂量
供液橇	供液控制	远程设备变频启动、停止
		远程设置供液压力（自动压力控制，排量跟随）
柔性罐	进出液控制	支持四种液体类型编号
		自动模式下，通过切换液体类型实现进、出液阀门自动切换，如供液选择滑溜水，则编组为滑溜水的液罐自动打开出液阀门，其他关闭出液阀门，执行原则先开后关；储液选择滑溜水，则编组为滑溜水的液罐自动打开进液阀门，其他关闭进液阀门，执行原则先关后开
	余量监控	远程监视每个液罐的液量、液体类型、剩余余量
	阀门控制	实时监视控制每一个阀门开关状态

续表

设备	内容	优势
混配橇	设备启停	选定设备一键启停
		启停顺序由设备控制逻辑自动确认完成
	配液参数控制	可预设四种配液参数，选择执行并实时修改参数
	运行状态监控	以工艺流程的形式，监控每个环节的运行参数、阀门状态、设备状态等
二级供水	远程启停	远程启动或停止变频器
	液位监控	远程设置液位，自动液位控制
	参数控制	参数数字、曲线监控

压裂设备集控系统针对压裂现场的主要设备和协助设备，集成了包括电动压裂泵、电动混砂装置、电动输砂装置、电动混配装置和柔性电控水罐及三级自动供水系统等，通过建立局域网络形成设备互联，利用指挥控制中心，实现远程设备控制集中化，极大地精简了作业人员数量（表6-3-8），提高了作业效率。同时，有完善的视频监控系统，对现场施工作业过程中人员、设备的安全能够进行有效的管理。

表6-3-8 集成控制系统现场作业人员分布

操作工位	人员数量	地点
压裂泵操作	1	仪控中心
混砂输砂操作	1	仪控中心
供液橇、水罐、混配橇、二级供水	1	仪控中心
仪表记录	1	仪控中心
砂罐加砂	视现场情况决定	现场
干添、液添物料补充	视现场情况决定	现场

（2）电动混砂设备。

电动混砂设备用于支撑剂添加作业，利用电机替代柴油机，有更好的动态调节性能及工作稳定性。中石化石油机械股份有限公司研制的HS40电动混砂装置采用双混双排的模式，配置2套相互独立的混排系统，可互为备用，设计整机最大排量40m³/min，能替代现有的2台混砂车作业。宏华公司BPM130混砂橇，采用变频直驱，自动控制系统iFrac.BC采用变频调速及PLC网络控制技术，反应速度快，控制精准，设计整机最大排量20m³/min（表6-3-9）。

表6-3-9　中石化石油机械股份有限公司和宏华公司电动混砂设备技术参数

参数	中石化石油机械股份有限公司	宏华公司
最大排量	$2 \times 20m^3/min$	$20m^3/min$
最高工作压力	0.7MPa	0.7MPa
额定功率	900kW	770kW
输砂量	$0 \sim 13000kg/min$	$0 \sim 12000kg/min$
电压	输入10kV，工作电压380V	输入电压380V/50Hz

　　3）电动混配设备

　　针对原有柴油混配设备排量小，无法精准设定排量，噪声大，维护困难等问题，中国石化机械公司和四川宏华公司分别研制出了电动混配装置。中国石化机械公司电动混配橇采用双混合器配置，一备一用，分体式结构混配装置最大混配量$20m^3/min$，通过一套混配，另一套加粉的循环使用，可实现长时间连续混配。四川宏华公司电机设备主体有混配泵、稀释泵、排出泵，工作电压380V，由变频电力驱动控制，额定转速1750 r/min，可以$12m^3/min$的排量配制浓度0.15%的滑溜水，工作压力0.5MPa，清水排量达到$18m^3/min$。

　　4）电动柔性水罐

　　电动柔性水罐指的是可以远程控制阀门开关和液量实时监测的存放压裂液的柔性罐体。以宏华公司柔性水罐为例，该装置由骨架和水囊构成，单只水罐容量$210m^3$，可以通过每个罐上的触摸屏查看液体状态、电动阀状态，人为操作底部阀门开关。也可以通过远程控制系统实现单罐控制或多罐联动。相比于传统刚性液罐，柔性水罐智能化程度高，布置方便，容量大，优势明显。中国石化华东油气分公司于2019年11月在东胜地区多个平台投入使用，使用效果良好（图6-3-1、表6-3-10）。

表6-3-10　电动柔性水罐技术参数

项目	参数
容积	$210m^3$
出水口通径	$4 \times 4in$（DN100，PN1.0蝶阀）
占地面积	$33m^2$
运输外形尺寸	$13m \times 2.8m \times 2.9m$
工作外形尺寸	$13m \times 2.8m \times 9.8m$
质量	22t
比压（容水后）	≤0.2MPa（容水后对地面的压强）

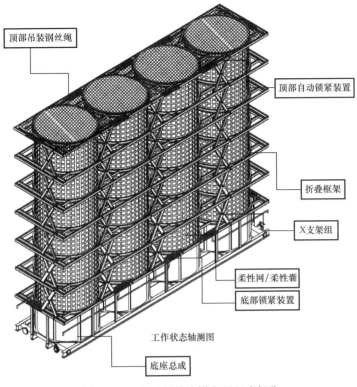

顶部吊装钢丝绳

顶部自动锁紧装置

折叠框架

X支架组

柔性网/柔性囊

底部锁紧装置

工作状态轴测图

底座总成

图 6-3-1 电动柔性水罐主要组成部分

5）自动输砂装置

目前，主流的自动输砂概念包括绞龙输砂和风送输砂两种，相比于传统砂塔＋吊砂的工作模式，输砂自动化装置能够实现远程操作，输砂精度更高，通过密闭式压裂支撑剂的管理方式，杜绝了石子、雨水污染支撑剂，避免了粉尘外漏。同时，减少操作工位，仅需一人即可完成所有操作，将人员从高空吊装作业中解放，彻底消除了高空作业安全隐患。其中，绞龙自动输砂装置于 2020 年 1 月在东胜区块进行了矿场试验并进行了优化，通过模块化拼接设计，拆除混砂橇砂斗，在输砂装置底部加装小角度绞龙出砂装置，与混砂车搅拌罐组合使用，从而实现了砂罐的远程控制。该绞龙输砂装置可完成支撑剂的在线切换，配合自动卸砂装置使用，每分钟加砂量可达 2m³，满足规模推广应用需求。风送输砂装置仍在现场试验中，目前还存在输砂速度慢、风送电机工作不稳定等问题，仍需要进一步优化改进（表 6-3-11）。

表 6-3-11 绞龙自动输砂储砂系统技术参数

最大储砂量	116m³
运输单元	4 个
料仓	4 个
最大输砂高度	7.5m

续表

最高输砂量	60m³/h
最大出砂量	4m³/min
运输尺寸	10m×2.8m×3m
出口闸门	电控

6）供水自动化

远程自动供水装置通过变频柜 + 控制柜（PCR 控制柜）+ 水泵组合进行远程操作与控制，结合储液罐液位计液位监控，实现了远程自动供水。操作便捷，既节省了人力成本，也提高了安全系数。

2. 全电动压裂现场应用

南川地区常压页岩气累计完成电动泵压裂 85 井次 1940 段，平均单井注入液量45007m³，砂量 2115m³，施工排量 18m³/min，平均单井日压裂 3～4 段，平台井平均日压裂 4～6 段，电动泵单井压裂施工费用较常规压裂机组节省 332 万元。

1）施工井场面积

由于单机功率的提升，减少了压裂工程作业装备的数量。在不考虑辅助装备的情况下，以配置 44100kW 常规压裂机组和电动压裂机组对，24 台 2500 型压裂车布置井场占地 1365m²，10 台 YL6000 型电动压裂泵橇组和控制房占地 9452m²，井场占地减少 30%（未考虑电动设备安全防护距离的特殊性）。

2）装备购置成本

以配置 44100kW 机组为例，电动橇装压裂机组（含压裂装置、混砂装置、配液装置及泵注装置）购置费较常规 2500 型压裂车组的购置费下降 50% 左右，购置费用的降低主要在于压裂泵功率的提升，所需装备配置数量的减少。

3）施工使用成本

全电动压裂施工（10 台电动压裂泵）比常规压裂机组（20 台 2500 压裂车）使用成本可下降 35%，采用混动压裂机组（4 台电动压裂泵 +12 台压裂车）比常规压裂机组使用成本下降 14%。以南川工区 85 口井为例，采用全电动压裂机组施工预期累计节约 2.8 亿元。

4）节能减排

电动压裂装备的应用实现了页岩气的绿色开发。常规柴油压裂机组单井 CO_2、NO_x排放 760t，采用电动泵单段可减排标准煤 1.66t，南川地区采用电动泵累计减排 $3.38×10^4$t CO_2。电动压裂机组实现零排放。现场施工噪声由 115dB 下降至 95dB，下降率为17.4%。

二、无限级滑套

页岩气水平井分段压裂一般配套桥塞多簇射孔压裂，来提高单井的 SRV。而通过大量的产剖结果显示，单井产量靠三分之一的射孔簇来维持，多簇射孔存在明显改造不均匀的情况。国内页岩气技术人员一方面优化压裂工艺，采用密切割、暂堵转向等手段提高储层的改造程度；另一方面从压裂工具着手，优选了全通径无限级滑套高效分段压裂工具。能够实现单井精细改造，提高施工效率，近年来在常压页岩气中逐步受到青睐。

1. 工作原理

无限级全通径滑套完井工具主要由滑套、夹筒、可溶球三部分组成。

第一步：完钻后，滑套随套管串下井，定位于压裂设计地层深度固定（表 6-3-12、图 6-3-2）

表 6-3-12　设备参数表

名称	深度 / m	长度 / m	外径 / mm	内径 / mm	阀开启压力（可调）/MPa	耐温 / ℃	承受压差 / MPa
浮鞋	××××.00	—		—	—		
浮箍	××××.00	—	153.67	—	—		
破碎阀 / 压差阀	××××.00	—	193.8	—	—		
DSS 阀 #1	××××.00	1.16	165.1	109.52	6～12	177	70～100
DSS 阀 #2	××××.00	1.16	165.1	109.52	6～12	177	70～100
DSS 阀 #×	××××.00	1.16	165.1	109.52	6～12	177	70～100
DSS 阀 #×+1	××××.00	1.16	165.1	109.52	6～12	177	70～100

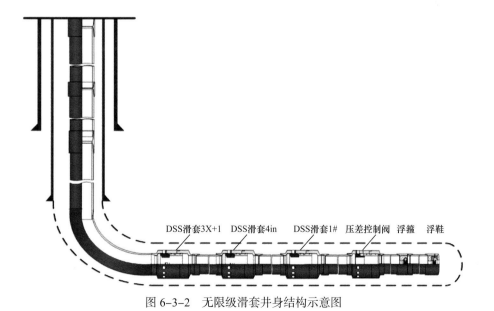

DSS滑套3X+1　DSS滑套4in　DSS滑套1#　压差控制阀　浮箍　浮鞋

图 6-3-2　无限级滑套井身结构示意图

第二步：压裂时，将夹筒和可溶球投入，泵送至滑套位置，与滑套内工作筒完成卡封，继续打压，可溶球和夹筒推动滑套内工作筒继续向下运动，打开滑套孔道，同时依靠瞬时高压击碎套管外水泥环，联通套管和地层，即可立即实施压裂施工（图 6-3-3）。

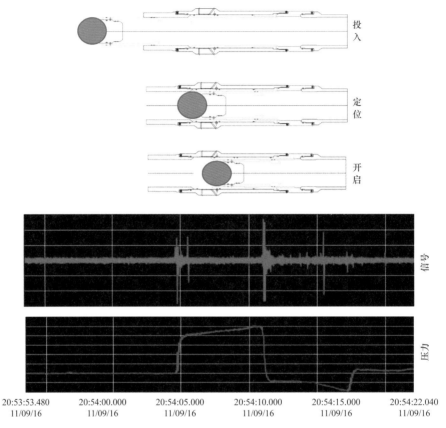

图 6-3-3　夹筒到位时压力显示及滑套打开时压力显示

压裂完成后，可溶球在井筒内溶解形成产气通道。

2.技术优势

（1）不射孔：压裂时，不需要射孔打通套管和地层。泵送夹筒和可溶球到位、打开滑套一般只需 15～20min，随即实施压裂，施工间隔时间短，施工效率极高。

（2）不钻塞：压裂完成后，可溶球在短时间内会全部自行溶解，球溶解后，留下的夹筒有 103mm 左右的内通径，基本能满足其他工具的下井要求，无须打捞和钻除，可直接投产。如后续工序有更大的通径要求，也可用专用工具将夹筒打捞出来，形成 115mm 左右的更大通径。

（3）不限级数：夹筒外径一致，依靠型面不同，和滑套形成一一对应关系，夹筒在经过与自己不匹配的滑套时会顺利通过，不会卡封，因而工具使用级数可以不受限制。

（4）不缩径：滑套及夹筒通径一致、没有级差，内径大，可为压裂营造更好的排量空间，提升压裂效果。

（5）开关自如：在将井内夹筒打捞出后，利用专用工具可对滑套进行关闭和二次打开操作，用于后期关闭封隔出水层及地层二次压裂改造，可实现重复压裂。

3. 适用条件及特殊应用

DSS完井工具对于多数地层和直井、斜井及水平井都有很强的适用性，并通过与其他工艺配合，实现完井压裂的完美解决方案。

（1）国内页岩产层相较于国外普遍埋藏深，破裂压力高，塑性矿物（如泥质）含量相对较高，地层裂缝延伸不易。对于此类井，可采取滑套结合前置酸的工艺降低施工压力。

（2）兼具笼统压裂和定点压裂需求的井：DSS滑套工具由于下井后定位于地层某一深度，适合定点压裂。如果单井内不同层位有笼统压裂改造需求，可采取射孔辅助DSS复合式完井工艺，利用滑套的封隔作用和自带的压裂孔眼，加上射孔孔眼，实现增强型笼统压裂改造。

4. 无限级滑套现场应用

DSS全通径无限级滑套累计完成5口井136段，滑套打开率100%，其中胜页2-11HF井下入1支趾端+42支无限级滑套，更是创下国内页岩气单井单日12段的压裂施工纪录，单井施工曲线如图6-3-4所示。

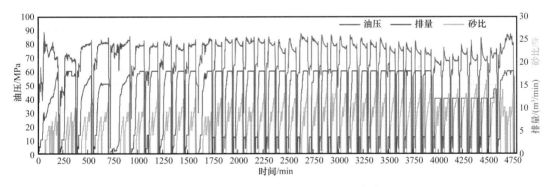

图6-3-4　胜页2-11HF井压裂施工曲线

滑套压裂单簇流量大、净压力高，有利于突破高应力差，有利于提供综合砂液比，降低单井用液量，进一步提升裂缝横向波及范围和裂缝复杂程度，复杂缝网占比较邻井提高了33%；同时，滑套打开时间仅为20min，压裂效率高、无连油作业，初期压力14MPa，产量$12×10^4m^3$，相比邻井增加21%。通过提高时效和综合砂液比，节省施工费用、节省连油作业费用每米压裂费用降低15.6%，同时无限级滑套规避了泵送桥塞作业等相关施工风险，具有较好的应用前景。

三、返排液的处理与利用

我国页岩气可采资源量为$25×10^{12}m^3$，已在川渝地区实现了规模化开发，产能突破$100×10^8m^3/a$，未来开发前景广阔。水力压裂是页岩气开发的关键技术，国内外压裂用水

强度为 $2×10^4$~$5×10^4m^3$/ 井，10%~80% 的压裂液会在后期返回地表成为采出水（包括初期返排水和采气废水），我国川渝地区初期返排率为 5%~30%，其成分不仅来源于压裂液，也包括地层卤水成分，其盐度高，溶解性总固体（TDS）浓度可达海水的 5~7 倍，且含有有机物。由于采出水成分复杂，且采出水在页岩气井测试阶段的返排液量大和采气阶段持续返出的原因，目前尚未有成熟的处理工艺技术体系。采出水的存放与处理严重制约着压裂试气施工和采气生产，不利于环境保护和清洁生产。因此，采出水的处理和利用是目前常压页岩气勘探开发亟待解决的问题。

在南川、武隆和彭水工区常压页岩气勘探开发过程中，中国石化重庆页岩气有限公司以页岩气采出水为研究对象，从污染物特征分析、室内实验评价、高效处理工艺研究和现场应用示范四个方面着手，研究形成了以"压裂回用为主，达标排放为辅"的采出水高效处理工艺体系，已投入现场实际应用中，有效地解决了现场采出水的处理与利用问题，节约了大量水资源，降低了生产成本，减少了外排污水总量，有利于页岩气的可持续发展。

1. 采出水压裂回用处理技术

1）回用处理影响因素分析

（1）瓜尔胶：在压裂液配制中，须投加瓜尔胶作为稠化剂，瓜尔胶在返排过程中大量带出，不作破胶处理，将严重影响污水与处理药剂的反应，导致处理药剂用量剧增。因此，在正常物化处理前须破胶预处理。

（2）起泡剂：起泡剂的主要成分为表面活性剂，在压裂液返排过程中投加，以提高页岩气的产量。但起泡剂不完全处理掉，会造成污水中泡沫成堆，无法正常观察，影响视野从而影响员工作业。因此，在前端投加消泡剂，以整条处理系统不见泡沫为止。

（3）pH 值：返排液中 pH 值通常稳定呈中性，但偶有压裂异常时可能出现返排液 pH 值低，此时须投加碱调节到中性，以保证混凝反应的正常进行，也满足回用水配液的 pH 值要求。

2）单元处理技术

页岩气采出水压裂回用处理技术通过统一建设的采出水输送管线将南川页岩气田各平台井的采出水集中输至采出水回用处理点污水调节池，用潜水泵将调节池内采出水的原液打入脱稳搅拌罐内。根据当前水质调节药剂投加量，加入氢氧化钠调节 pH 值，加入混凝剂聚合氯化铝（PAC），同时加入助凝剂聚丙烯酰胺（PAM）进行混凝，混合液通过机械搅拌反应后沉淀 30min，能够去除原液中的 50% 悬浮物和 30%COD 含量，具体药剂投加量见表 6-3-13。

表 6-3-13　系统药剂投加量统计表

药剂	投加量	备注
消泡剂	0.1~0.3g/L	根据水质波动调整投加量
破胶剂	0.2~0.8g/L	根据返排液温度调整投加量，温度越高，投加量越大

药剂	投加量	备注
NaOH	0.25～0.5g/L	需要调节 pH 值时投加
PAC	1.5～3.0g/L	根据水质波动调整投加量
PAM	0.01～0.02g/L	根据水质波动调整投加量
优氯净	0.012～0.024g/L	根据水质波动调整投加量，过量会导致水体发黄

混凝处理过程中产生的污泥排入污泥浓缩池后进行压滤处理，混凝处理后的采出水上清液进入中水池后通过采出水输送管线输送至有需要压裂配液的平台，与清水混合后压裂回用，配液掺比最高可达 50%，回用水推荐水质主要控制指标满足中国石化重庆页岩气有限公司企业标准《页岩气勘探开发采出水处理方法》要求，实现"以污代清"，工艺流程如图 6-3-5 所示。

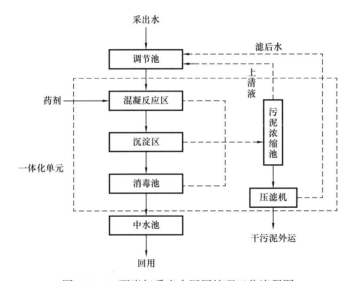

图 6-3-5 页岩气采出水回用处理工艺流程图

3）工程运行效果

页岩气采出水回用处理系统通过不断优化，主要工艺单元包括混凝反应系统、沉淀系统和消毒系统，已实现橇装化，南川页岩气田共建设 2 套该系统，单套系统处理能力约 2000m³/d，最长运行 3 年多，运行稳定可靠，达到预期的节水、减排效果（图 6-3-6）。

2. 开发区采出水达标排放处理技术

1）单元处理技术

按照当前国家和工程所在地的环境管理要求，以《污水综合排放标准》（GB 8978—1996）一级标准为处理目标，考核的主要指标是 BOD_5、COD、氨氮、总磷和悬浮物。其中，比较重要或有难度的指标是 COD、氨氮和总磷。按照进水 COD 浓度 1808mg/L、

BOD_5 浓度 150mg/L、氨氮浓度 32mg/L、总磷浓度 1.5mg/L、悬浮物浓度 225mg/L 进行测算，处理系统对主要指标需要达到的去除率如图 6-3-7 所示。

(a) (b)

图 6-3-6 页岩气采出水回用处理现场图（a）及处理前后水样对比图（b）

为了降低处理成本、提高环境友好性，结合已有研究结果和相对较低的盐度，优先考虑发挥生物处理对有机物和氮磷的去除效能。开展实验室批次实验考察生物处理的效果：将实际采出水和城市污水处理厂活性污泥混合液 2000mL 置于反应器中，污泥混合液挥发性浓度（MLVSS）为 3000mg/L，第一天焖曝，之后每天进行好氧生化反应 22h、静置沉淀 2h、更换上清液 600mL。图 6-3-8 的实验结果显示，对 2 个采出水水样的 COD 有明显去除效果，但是由于原水可生化性差，COD 仍不能满足排放要求。

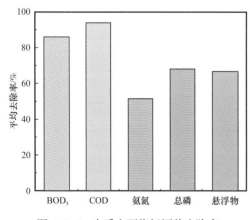
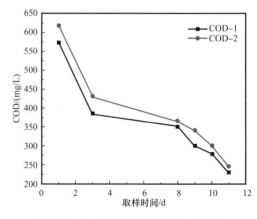

图 6-3-7 水质主要指标评价去除率 图 6-3-8 实验室生物处理实验效果

参考已有研究，对于生物法无法去除的有机物，有前端物理预处理和后端化学深度处理等选择。采用 50mg/kg PAC＋5mg/kg PAM、100mg/kg PAC＋5mg/kg PAM、200mg/kg PAC＋5mg/kg PAM 三组混凝剂组合进行实验，对初始 COD 浓度 685mg/L 的采出水的 COD 去除率为 25.9%～27.2%。

芬顿氧化和臭氧氧化的实验室实验结果显示，对初始 COD 浓度为 655mg/L 的采出水，H_2O_2 投加量分别为 4‰、6‰、8‰ 和 10‰ 时，COD 去除率为 36.6%～43.5%。但臭氧氧化 1h 后，COD 去除率仅为 8.7%。对生化实验出水，H_2O_2 投加量分别为 1‰、3‰和 5‰时，COD 浓度由 365mg/L 降至 100mg/L 以下，COD 去除率为 72.6%。

2）工艺流程与主要参数

根据上述实验室实验，提出"均质缓冲池 + 厌氧—缺氧—好氧（A_2O）—膜生物反应器（MBR）+ 芬顿氧化 + 中和沉淀"的页岩气采出水处理工艺，如图 6-3-9 所示。页岩气采出水进入调节池进行水量调节和水质均和，进入 A_2O-MBR 反应器，通过高耐盐微生物去除部分有机物及氨氮，利用 MBR 膜系统增加生化系统活性污泥浓度并提高出水水质，出水后进入芬顿氧化池，进一步去除难以生物降解的 COD，出水后再经过中和、沉淀、过滤强化和稳定出水效果，实现达标排放。

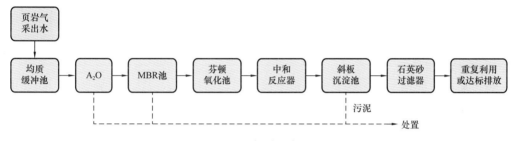

图 6-3-9 开发区页岩气采出水处理工艺流程图

由于页岩气开采过程时间长，采出水水量、水质变化大，为保证后续工艺处理效果，减缓冲击负荷影响，设立均质缓冲池。均质缓冲池尺寸为 12.8m×14.5m×4.5m，体积为 835m³，水力停留时间为 66.8h。

为解决页岩气返排水高盐度冲击的问题，A_2O 生化反应池中的接种污泥为取自某榨菜厂压滤高耐盐污泥，接种物适宜盐浓度为 2～3g/L。A_2O 尺寸分别为 12.8m×2.8m×4.5m×2m、12.8m×2.8m×4.5m×2m，体积为 580m³，水力停留时间为 46.2h，气水比量为 15∶1。

MBR 是一种将活性污泥生物处理过程和膜分离过程结合起来的废水处理工艺，实现污泥停留时间和水力停留时间的分离，大大提高了固液分离效率，并且由于曝气池中活性污泥浓度的增大和污泥中特效菌的出现，提高了生化反应速率，与传统工艺相比，具有出水水质优质稳定、剩余污泥产量少、占地面积小，以及不受设置场合限制、可去除氨氮及难降解有机物、操作管理方便、易于实现自动控制等优点。设计采用分置式的 MBR 工艺，MBR 池尺寸为 3.9m×2.9m×4.5m，体积为 51m³，选用科式膜组件，水力停留时间为 0.5h，反冲洗时间为 120s，膜更换周期为 2～5 年。

采出水经 A_2O-MBR 系统处理后，采用芬顿反应系统进行深度氧化处理，分解采出水中难降解的有机物，进一步降低 COD 浓度。芬顿氧化池尺寸 ϕ2m×4.5m，体积为 15.7m³，水力停留时间为 1h。

芬顿氧化池出水流至中和反应池，通过投加液碱和复合氧化剂调节污水 pH 值，再经斜板沉淀池沉淀和石英砂过滤器过滤后达标排放。斜板沉淀池污泥回流量为 25m³/h，回流比例为 5%～10%。

3）工程运行效果

实际工程处理能力为 800m³/d，运行期间，日处理水量在 150～807m³ 之间波动，负荷率为 18.75%～100.88%，水量变动明显。出水 pH 值相对稳定在 6～7 之间，满足 pH 值 7～9 的排放标准；出水 COD 在前期有 3 天超过 100mg/L，其余时间为 23～93mg/L，保持在 100mg/L 的排放标准之下；出水氨氮浓度在 0.05～13mg/L 之间波动，但满足了 15mg/L 的排放标准；出水总磷浓度明显比其他因子稳定，始终维持在 0.05mg/L 的较低水平。总体技术指标满足《污水综合排放标准》（GB 8978—1996）一级标准，关键参数为 COD≤100mg/L，氨氮≤15mg/L，总磷≤0.5mg/L，pH 值 6～9。

该套页岩气采出水物—化联合处理工艺的吨水电耗 1.76kW·h、吨水 PAC 消耗 0.29kg、吨水 PAM 消耗 0.01kg。

3. 采出水的利用与处理现场应用及效益

1）现场应用情况

通过采出水处理工艺的研究，形成了以"压裂回用为主，达标排放为辅"的采出水高效处理工艺体系，为南川、武隆和彭水地区常压页岩气建设提供了强有力的保障，并建设形成了 2 个页岩气采出水回用处理点和 4 个页岩气采出水达标排放处理点（其中 1 个在开发区、3 个在勘探区），2016—2020 年累计回用 55.5×10⁴m³，达标排放 52.8×10⁴m³，回用率达到 51%，具体见表 6-3-14，有效解决了工区页岩气采出水处置，具有良好的示范效果和推广应用价值。

表 6-3-14　2016—2020 年页岩气采出水处置情况统计表

时间	产生量 /m³	回用量 /m³	达标排放量 /m³	采出水回用率 /%
2016—2017 年	77158	73440	0	100
2018 年	214981	184703	8199	96
2019 年	288707	72972	209294	26
2020 年	458969	224275	310930	42
合计	1039815	555390	528423	51

2）经济环境效益情况

"十三五"期间，通过工艺优化和组织协调，不断推进污水资源化利用，累计回用 55.5×10⁴m³，节约成本约 1288 万元，同时等量的清水使用和采出水外排，具有明显的经济效益和环境效益，对页岩气开发行业水污染控制的迫切需求具有极大的支撑作用，服务于地方和国家的页岩气开发战略的实施与生态环境保护的协调。

第七章　常压页岩气藏开发技术政策

常压页岩气井产能低，经济有效开发难度大。针对常压页岩气藏渗流规律复杂、单井产能差异大等问题，首先建立了常压页岩气储层精细地质模型，为后期数值模拟和方案优化提供基础；其次基于页岩气吸附／解吸、低速渗流等流动实验明确了常压页岩气多尺度复杂流动机理，在此基础上建立了常压页岩气井产能评价模型和动态分析方法，明确了常压页岩气井不同开发阶段的生产规律；最后综合地质—工程—经济一体化开展了水平井部署参数、井网井距等开发技术政策论证，为方案编制和产能建设提供技术支撑。

第一节　常压页岩气藏精细地质建模技术

储层地质建模在近几十年随着计算机技术的不断发展而广泛应用于油气勘探开发的各个阶段，并取得了显著的应用效果。它整合了地质统计学和计算机技术的最新成果，尤其是和三维图形可视化技术相结合，将地质信息、地质理论和地质工作者实践经验融入三维模型，开创了储层精细研究和定量表征的新方向。常规油气藏地质建模技术已广泛应用于油气田储量评估及油气藏管理，结合地质统计学，融合地质、地球物理、测井等多种数据，已成为多学科团队沟通协作的重要桥梁。以页岩气为代表的非常规油气藏地质建模相对于常规油气藏而言发生了深刻的变化。

首先，以水平井为主的开发方式对传统的构造建模方法提出了挑战。通常，页岩气水平井地质导向深度窗口较小，水平轨迹在地层中穿行所反映的储层变化是垂向非均质性和平面非均质性的综合响应，如何有效地将水平段进行精细的构造地层归位已成为页岩气藏需要解决的首要问题。

其次，页岩气藏对储层品质参数建模提出了特殊的要求。页岩气储层模型包括烃源岩特性（如总有机碳含量）、岩性（如矿物含量）、物性（如孔隙度、饱和度）、脆性（如脆性指数）、含油气性（如含气量）等相关的属性。

第三，传统上裂缝性油气藏主要关注天然裂缝对流体渗流的影响，从而分析裂缝与油气成藏、产能特征及注水特征的相互关系，即裂缝对渗透率各向异性和量值的贡献，裂缝是否开启、裂缝的开度参数成为裂缝性油气藏研究的重点。对四川盆地的页岩气藏而言，由于复杂的多旋回构造演化导致断裂系统十分发育，在水力压裂时，裂缝及其受力状态直接影响了水力裂缝的扩展及缝网的复杂性。即使是已发生矿物充填的裂缝，因其导致岩石强度降低，压裂时也会对水力裂缝扩展产生重要影响。人工压裂裂缝沟通了天然裂缝，形成裂缝网络体系，对页岩气高产具有重要影响。

第四，地质工程一体化应用场景下，对一体化建模的管理和应用方式提出了新的需求。地质工程一体化强调地学研究与作业的互动，地质模型对钻井、压裂等工程作业提供支持是建模工作的重要目的，因此建模思路上要适应地质力学模拟及压裂模拟等非常规研究需求（吴奇等，2015；谢军等，2019）。

页岩气地质建模的目的是地质工程一体化应用，依据常压页岩气特点建立了从一维到三维递进式地质建模流程（舒红林等，2020）。结合页岩气田以水平井开发为主、多学科资料丰富的特点，从构造、属性和裂缝三大方面表征影响页岩气开发的储层品质和工程品质参数。

一、一维到三维递进式构造建模

1. 一维真厚度域小层对比

三维构造建模是页岩气地质建模的关键步骤，由于页岩气水平井钻遇不同小层将可能产生明显的属性变化，因此要求水平段进行高精度的地层归位。本节应用真厚度（TST）域小层对比归位和二维导向剖面模型对水平井进行归位，并结合地震解释建立构造模型。

由于水平井轨迹相对于地层产状而言，可以存在多个上切段与下切段，通过垂厚（TVT）对比储层旋回特征的方法虽然在直井影响不大，但受轨迹重复和构造起伏的影响，在水平段使用会存在较大的问题。而在真厚度（TST）域对比是消除构造起伏后将上切段或下切段"垂化"，其曲线形态可与直井保持较好的可对比性，对比的认识是三维构造建模的重要输入（图7-1-1）。

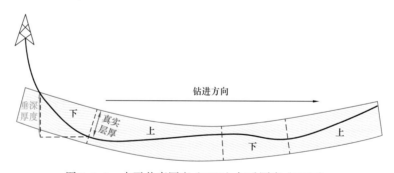

图 7-1-1　水平井真厚度（TST）与垂厚度（TVT）

页岩储层由于其非均质性以垂向为主，可以将同一平台储层横向厚度稳定展布作为假设条件，结合真厚度域曲线特征对比反推地层倾角。

2. 二维导向剖面

地质导向及其建模技术可以建立过水平井的二维导向模型，推断井筒上下的构造和地层发育特征，从而解决了水平井曲线的一维局限性，其结果可以作为地质建模的输入。与真厚度域地层对比相同，页岩二维构造导向模型假设同一平台内储层横向厚度和属性稳定展布，将导眼井的分层界面和电性曲线（如伽马）均质地推广到水平段，然后通过调整水平段构造倾角，来拟合水平井的模拟曲线和实测曲线以达到水平段二维构造建模的目的。

图 7-1-2 为页岩气水平井小层归位及导向剖面，从图中可见，根据轨迹相对于地层的上切、下切关系，该井可以分为五段。该井着陆后一直下切到②小层顶（3561.5m），然后基本在③小层底部附近钻进，在 3787～4100m 逐渐上切到③小层中上部，4100m 之后轨迹下切，在 4300m 附近地层倾角发生突变导致轨迹快速下切，至 4370m 下切入临湘组灰岩。

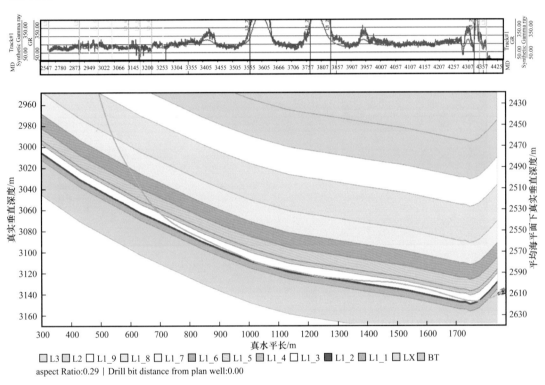

图 7-1-2　页岩气水平井地质导向剖面拟合图

3. 三维构造层面建模

层面模型反映南川区块的整体构造形态，在建立南川区块龙一段储层层面模型过程中，以地震构造解释资料为基础，井震结合，采用具有外部漂移的趋势克里金方法整合地震解释层面数据，建立各小层层面模型。结合单井分层、二维导向剖面模型和地震构造解释可以建立可靠的三维构造层面模型，在建模时以上三种构造信息可以赋予不同的权重，如单井分层和二维导向剖面作为"硬数据"，地震解释的精度较低，故可作为"软数据"进行趋势控制。

通过前述从一维到三维的递进式构造建模，对于南川区块的构造特征及水平井的穿行轨迹可以进行精细的表征。在此基础上即可进入经典的角点网格工作流建立角点网格模型。

第一步，根据地震断层解释，建立断层模型。

第二步，进行边界和网格定义，模型边界定义为地震体边界，同时考虑断层，平面网格精度为 50m×50m×4m，网格数为 295×320×31，面积覆盖 236km²。

第三步，进行层面建模及垂向网格劈分，网格垂向劈分时，需要兼具精度与效率，对于优质页岩段，采用 0.5m 的垂向精度，向上、向下逐渐变粗，网格总量 292 万（见图 7-1-3）。

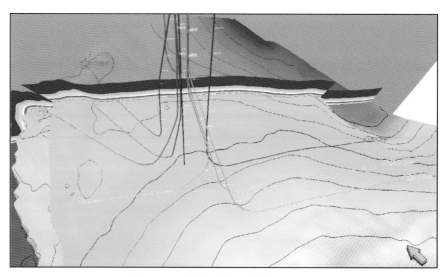

图 7-1-3　南川区块三维构造层面图

二、岩相划分及岩石相建模

相建模是储层建模中的一种，这里进行相建模是为了约束天然裂缝的发育强度和孔隙度的大小。

1. 岩相划分方案

本次岩性分类方案，主要选取与可压性相关的脆性矿物含量和与地质相关的 TOC 含量对页岩岩相进行分类。构造模型为储层参数的模拟提供储层格架。相分布控制着属性分布，不同岩相类型内有效储层参数的分布规律不同，相控储层建模过程充分体现了地质思维和地质知识，更增加了地质因素对属性参数的控制。各井进行划分后的岩相结果如图 7-1-4 所示。南川区块以 1、2、4、5 岩相类型为主，硅质含量和 TOC 都较高。

2. 岩相粗化

以各井测井曲线为基础，利用序贯指示算法建立页岩储层岩相模型。同时，有 TOC 曲线和硅质含量曲线的井有 23 口，基本满足岩相划分的基本要求。测井曲线粗化之后，统计可知，从顶部到底部优质岩相（包括富碳高硅、高碳高硅页岩相）比例逐渐增高，最好的层段为①小层至③小层，④小层相对较低，上部⑥小层至⑧小层在优质岩相方面存在一个小凸起。

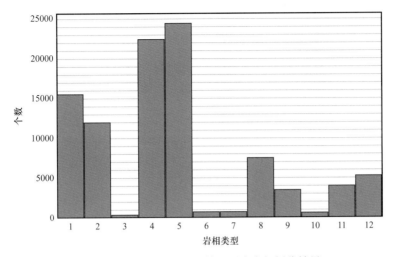

图 7-1-4　南川区块页岩储层页岩岩相划分结果

1—富碳高硅页岩相；2—富碳中硅页岩相；3—富碳低硅页岩相；4—高碳高硅页岩相；5—高碳中硅页岩相；6—高碳低硅页岩相；7—中碳高硅页岩相；8—中碳中硅页岩相；9—中碳低硅页岩相；10—低碳高硅页岩相；11—低碳中硅页岩相；12—低碳低硅页岩相

3. 岩相模型

在平面展布上利用单井划分的岩相成果进行约束，采用随机建模方法，建立各小层的岩相模型。从图 7-1-5 可以看出，⑤小层在工区北部与中部发育优质页岩岩相片区，分布面积较大；其中，在焦页 194-3 井与焦页 195-2 井区、胜页 3 井与胜页 1 井区发育优质的富碳高硅、高碳高硅页岩岩石相，焦页 10 井区发育较差的中碳中硅页岩岩石相。但是，在平桥背斜与东胜背斜之间，即平桥背斜的西侧局部发育低碳低硅页岩岩石相。

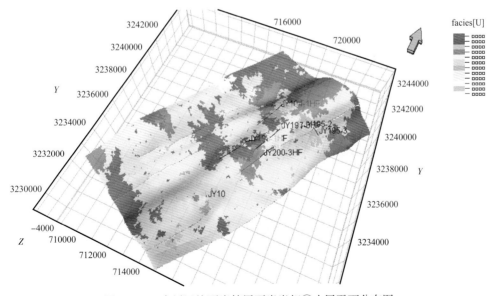

图 7-1-5　南川区块页岩储层页岩岩相⑤小层平面分布图

从图 7-1-6 可以看出，与⑤小层相比，③小层在工区北部、中部和南部发育优质页岩岩相片区的面积大了一半、更连片，南部相对来说略差；焦页 194-3 井与焦页 195-2井区、胜页 3 井与胜页 1 井区发育优质的富碳高硅、高碳高硅页岩岩石相，焦页 10 井区发育优质的高碳高硅页岩岩石相。但是，在平桥背斜与东胜背斜之间，即平桥背斜的西侧局部发育低碳低硅页岩岩石相。

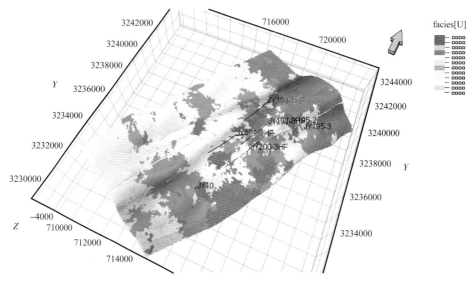

图 7-1-6　南川区块页岩储层页岩岩相③小层平面分布图

从图 7-1-7 可以看出，与③小层相比，①小层在工区整体发育优质页岩岩相，但从北向南优质页岩岩相略微变差；焦页 194-3 井与焦页 195-2 井区、胜页 3 井与胜页 1 井区发育优质的富碳高硅、高碳高硅页岩岩石相。焦页 10 井区发育高碳高硅页岩岩石相，继续向南为高碳中硅岩石相。

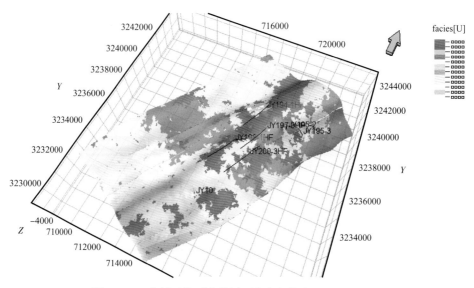

图 7-1-7　南川区块页岩储层页岩岩相①小层平面分布图

总之，由于不同的页岩岩石相反映了页岩气富集的差异，①小层、③小层为最佳的页岩岩石相或岩相，对页岩气富集更有利。

三、基于三维趋势建模的三维属性建模

在分级相的约束下，储层参数的分布在大尺度的范围内其确定性明显提高，但在模型中井间每个网格属性参数的预测仍靠随机模拟，储层随机模型能产生多个等概率的模拟，且均与条件数据吻合，但是各模型在相同的网格点其模拟值却不尽相同，其原因在于相对三维模型网格来说，井点条件数据所占份额太少，模拟结果必然存在差异，尤其在井网稀疏处。为弥补条件数据不足的缺点，前人通常采用两种方法来提高模型预测的精度：① 整合与所需估值参数相关联的第二变量（如地震反演数据体等）综合建模；② 参考邻区相似地质体中数据在空间的分布规律。但是，第二变量数据虽然量大，却精度较低，且邻区地质数据的分布规律也不可能与南川区块完全一致，因此难以达到极大提高储层属性参数模拟精度的目的。本节以井点数据为基础，充分利用随机模拟的优势，采用储层参数迭代模拟的方法来实现提高储层参数模型精度的目的。

1. 储层属性特征

储层属性模型是利用物性数据、测井解释、地震预测、动态资料，建立页岩气藏属性模型，描述 TOC、孔隙度、脆性指数、含气性的空间分布特征。以胜页 2 井为例，根据胜页 2 井特殊测井，临湘组为浅灰色含泥灰岩；五峰组为黑色碳质页岩、粉砂质页岩，观音桥段为介壳灰岩；龙马溪组底部为黑色笔石页岩、粉砂质泥岩，下部为黑色、灰绿色页岩、粉砂质页岩，向上颜色变浅，中上部为粉砂质泥岩与粉砂岩夹泥灰岩。在五峰组和龙马溪组地层，FMI 成像测井图像上可见纹层状层理构造，以及钙质条带和顺层状、斑点状黄铁矿，反映了地层沉积发生在深水陆棚。胜页 2 井在龙马溪组 – 五峰组解释一整套页岩气储层，深度 2872.0～2997.0m，厚度 125.0m。页岩气藏品质自上而下逐渐变好。其中，相对有利页岩气藏深度为 2967.0～2997.0m，共 30.0m，孔隙度平均为 3.2%，TOC 平均为 3.0%，总含气量平均为 4.3m³/t，在储层中发育 13 条高阻缝。

在南川区块附近，页岩气垂向变化趋势是相似的，即从底部的①小层到②小层储层品质逐渐变好（①小层顶部观音桥段为较差的薄夹层），从②小层到⑤小层逐渐变差的规律性特征。这一特征是与奥陶纪到志留纪全球气候和海平面变化紧密相关的，因此在四川盆地这一规律都较为相似。

相对于 TOC 参数，含气量随着孔隙压力的变化较为明显，从胜页 2 井到胜页 1 井方向，含气量有增加的趋势。对于储层属性建模而言，这一垂向趋势是储层建模时必须考虑的重要特征，因地质统计学多数算法都需要满足平稳性假设，而垂向趋势的合理表征是满足平稳性假设的重要前提条件。

图 7-1-8 在 TST 域对比了胜页 2 导眼井及胜页 2HF 水平井的 GR 和 TOC 特征，从图中可见，水平井储层品质属性的变化与页岩的垂向趋势具有重要的关联性，反映了垂向非均质性是页岩的重要特征。同时，相对次要的是水平井储层在同一层位的变化，对于横向变化可以在地震反演的约束下结合地质统计学插值来描述。

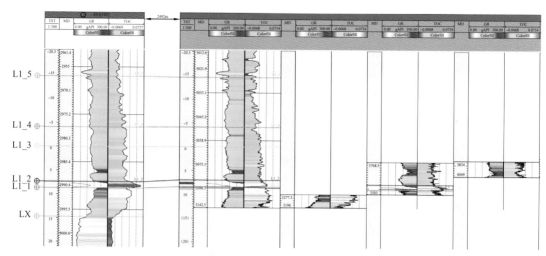

图 7-1-8　胜页 2 井和胜页 2HF 井 TST 域对比图

2. 三维趋势建模

常规油气藏属性建模离不开沉积相建模，沉积相建模是反映地质概念模式和控制属性模型的重要手段。应用沉积相建模时需要重点考虑两个方面：首先，不同沉积相之间具有明显的物性差异，如孔隙度、渗透率、饱和度等；其次，沉积相具有直观的空间变化模式，如特定的形态（可指导变差函数设置）、沉积相之间的接触关系等。对于页岩而言，在岩心微观尺度或通过矿物含量（硅质、钙质、黏土矿物）三端元法可以将其进一步细分为不同的岩相，但由于目前缺乏不同岩相的空间变化模式，难以通过沉积相建模方法将其合理地三维表征以至控制属性分布。因此，本节推荐的属性建模方法为趋势模型约束下的随机连续属性建模。

前已述及在使用地质统计学进行属性参数的空间插值时，需要保证其满足平稳性假设，如果数据体现出了系统性的趋势，则需要对其表征，并在变差函数分析和属性建模之前移除这种趋势。三维趋势建模通过线性计算可以将垂向趋势与平面趋势融合为三维趋势体。

在三维趋势建模中设置垂向趋势，根据测井曲线粗化数据，对南川区块取心井的测井数据进行了沿网格层的统计生成，横向趋势来自地震反演。以胜页 2 井为例，图 7-1-9 对比了三维趋势体与单井测井曲线，可见在进行三维趋势建模后趋势体与胜页 2 水平井就具备了较好的匹配度，验证了三维趋势模型的合理性。

3. 三维属性建模

通过变程分析得出，基于地震反演的平面变程在 1500m 左右，垂向上①～④小层进行变程分析在 2m 左右（图 7-1-10）。属性建模时通过高斯随机函数模拟（Gaussian random function simulation），同时结合三维趋势模型开展协同克里金模拟，可建立各个属性参数的三维模型。

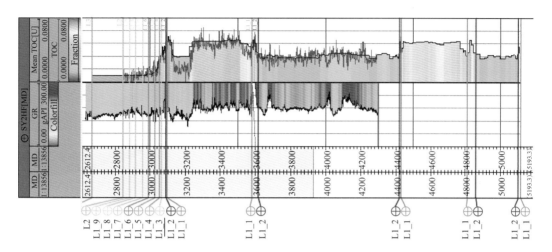

图 7-1-9　TOC 三维趋势（颜色充填）与测井 TOC 曲线（蓝色）对比图

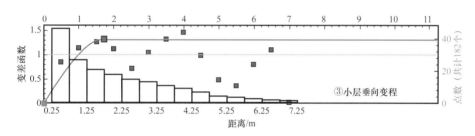

图 7-1-10　垂向变程分析图

需要说明的是，属性建模时，由于不同参数之间存在物理相关性，需要考虑不同属性的先后模拟次序，比如，烃源岩特性（TOC）对物性（孔隙度）和含油气性（含气量等）具有控制作用，模拟时通过协同模拟保证属性之间的相关性。

图 7-1-11、图 7-1-12 对比了三维模拟和地震反演的平面和剖面分布特征。从图中可见，地质模型保证了地震反演反映的平面分布趋势，即向东北方向变好的趋势，但在垂向上具有更好的分辨率。

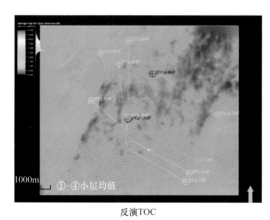

反演TOC

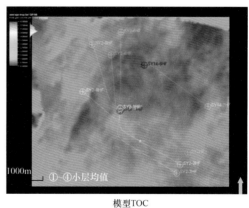

模型TOC

图 7-1-11　地震反演与地质模型平面对比

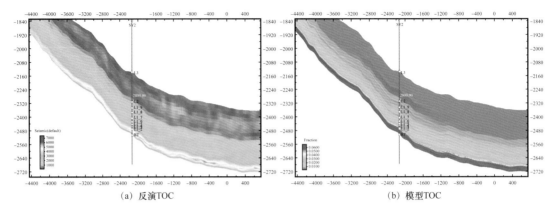

(a) 反演 TOC　　　　　　　　　　　　(b) 模型 TOC

图 7-1-12　地震反演与地质模型垂向剖面对比

通过属性建模建立了表征储层品质的三维属性模型，包括 TOC、孔隙度、含气饱和度、脆性矿物等。

1）地震反演约束的 TOC 模型

以地震反演成果为约束，采用确定性建模方法，建立 TOC 分布模型。①小层至⑤小层 TOC 分布模型表明，平桥背斜主体区略低于背斜两翼即东区、西区；①小层、③小层 TOC 在中部焦页 198-1HF 井区、最北侧和最南侧更高（图 7-1-13）。

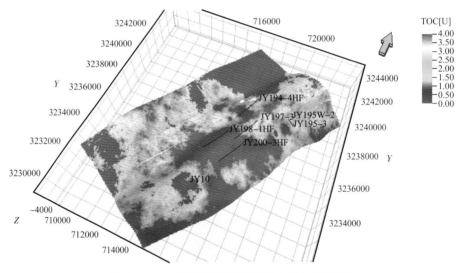

图 7-1-13　南川区块页岩储层①小层 TOC 模型

2）地震反演约束的孔隙度模型

以地震反演成果为约束，采用确定性建模方法，建立孔隙度分布模型。①小层至⑤小层孔隙度分布模型表明，平桥主体区、西区略高于东区；①小层、③小层、⑤小层孔隙度在中部焦页 198-1HF 井区更高，东区、南侧局部略变差（图 7-1-14）。

3）相控含气饱和度模型

以岩相模型为约束，通过数据分析，采用序贯高斯算法，建立含气饱和度分布模型（图 7-1-15）。

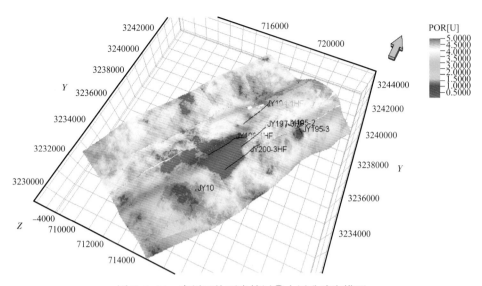

图 7-1-14　南川区块页岩储层①小层孔隙度模型

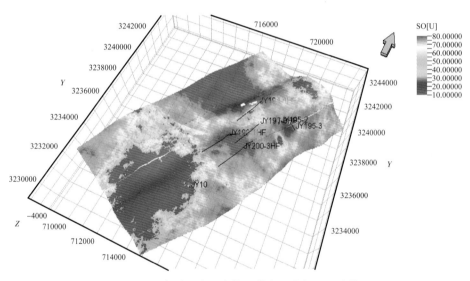

图 7-1-15　南川区块页岩储层①小层含气饱和度模型

4）相控脆性矿物模型

以岩相模型为约束，通过数据分析，采用序贯高斯算法，建立脆性矿物分布模型。①小层、③小层和①小层至⑤小层的脆性指数分布模型表明，整体具有高脆性，且大于55%，中部和南部更高（图 7-1-6）。

四、多尺度天然裂缝及人工裂缝建模

1. 天然裂缝建模

对页岩储层测井到岩心再到纳米孔隙尺度的研究成果如何体现在地质模型中，现阶段页岩储层裂缝建模方法还没有公认的解决方案。基于南川区块的资料条件和实际情况，采用2011年彭仕宓等人提出的整合多尺度信息的裂缝性储层建模方法，该方法考虑了岩心、测井、应力场对南川区块裂缝的影响，南川区块实际情况为没有相关数据，我们采用焦石坝区域经验进行类比研究。南川区块裂缝建模研究主要基于地震属性裂缝识别的大尺度裂缝及岩石相控制的小尺度裂缝进行联合建模。

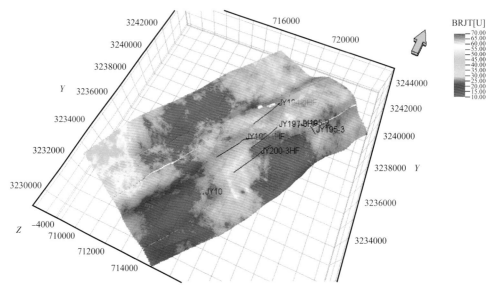

图 7-1-16　南川区块页岩储层①小层脆性矿物模型

作为天然裂缝综合建模的输入，多尺度裂缝参数的获取至关重要。本节利用已有研究成果从不同来源获取不同尺度裂缝参数，为南川区块天然裂缝综合建模提供重要参数，为多成因多尺度裂缝研究和空间三维展布提供依据。

1）微尺度裂缝或小尺度页理缝

以南川区块五峰组—龙马溪组页岩储层样品为例，利用背散射二维多尺度分辨率成像技术，结合高分辨率地图成像技术（MAPS）将扫描电镜获得的数千张图像拼接成2cm×2cm多级分辨率图像。对拼接图片利用灰度分析提取微裂缝信息，用"最大圆法"统计页理缝长度、开度特征，对裂缝开度积分得到页理缝面积、页理缝面密度、线密度等参数。页理缝长度为2～7mm，开度为1～6μm，面孔率为1%左右。

页理缝发育程度对页岩孔隙度贡献不是很大；但是页岩孔隙度高的储层，页理缝发育程度高，储层渗透性能好。页理缝的发育程度受页岩储层岩性控制，页岩岩性不同，页理缝发育程度不一样，且有规律。页岩储层内TOC也控制着页岩页理缝的发育程度，有机质含量高的部位，页理缝发育程度高。

利用已有数据与对应取样点的TOC和脆性指数值进行数据分析，页理缝的线密度与TOC和脆性指数之间存在正相关关系。页岩储层内脆性矿物和TOC控制着页岩页理缝的发育程度，两者含量高的部位，页理缝发育程度高。为了提高预测数据的精确度，也为了更为方便使用，对裂缝密度与脆性矿物和TOC进行双因素分析，得到公式：

$$\text{Fracture density} = -17.8931 * SI + 205.4647 * TOC + 1047.768 \qquad (7\text{-}1\text{-}1)$$

式中 Fracture density——裂缝密度，m^{-1}；

SI——脆性矿物含量，%；

TOC——总有机碳含量，%。

利用公式（7-1-1）和测井解释成果计算南川区块 23 口井页理缝密度，为页理缝建模提供了定量的数据基础。同时，该公式也可以计算其他井的裂缝密度数据，进而为后期裂缝建模提供数据支撑。

2）小尺度高角度裂缝

本节利用已有的 3 口井岩心观察成果，统计出 3 口井高角度缝的裂缝密度，并作为小尺度岩心裂缝的信息来源。FMI 全井眼地层微电阻率图像清晰显示出裂缝、页理或地层层理，尤其为天然裂缝综合建模提供裂缝密度参数，同时也提供了裂缝方位和倾角信息。表 7-1-1 为南川区块成像测井裂缝线密度、裂缝长度、裂缝开度统计表，成像结果统计表明，高角度天然裂缝线密度平均值为 3.13 条 /m，平均张开度为 7.48μm，为离散裂隙网络建模提供了直接的输入条件数据。

表 7-1-1　成像测井裂缝参数统计表

井号	顶深 /m	底深 /m	倾角 / (°)	倾向 / (°)	线密度 / (条 /m)	裂缝长度 /m	裂缝开度 /μm
JY194-3	2451.78	2452.39	65.07	192.12	1.75	2.19	5.26
JY194-3	2453.01	2453.92	12.36	343.11	1.48	1.68	11.73
JY194-3	2454.07	2454.53	29.82	208.27	1.46	1.99	8.65
JY194-3	2461.08	2461.84	17.35	239.42	1.24	1.6	9.73
JY194-3	2464.74	2473.73	50.01	153.73	1.55	1.75	5.59
JY194-3	2473.12	2473.73	17.2	170.98	1.51	1.77	10.1
JY195-2	2517.77	2518.53	44.08	121.76	1.72	1.31	4.75
JY195-2	2559.68	2560.29	44.58	157.87	2.4	1.73	10.04
JY201-1	2634.66	2635.27	79.32	230.42	4.9	3.23	3.96
JY201-1	2635.43	2635.88	82.55	220.32	6.75	5.27	1.63
JY201-1	2636.03	2636.34	68.11	213.43	7.22	4	8.33
JY201-1	2636.49	2636.79	62.03	72.25	5.61	3.79	10
均值			47.71	193.64	3.13	2.53	7.48

3）大尺度裂缝

基于工区内已有的 210km^2 的叠后三维地震数据，截出目的层段作为目标数据体，利用最新的最大似然法预测南川区块页岩气储层微断裂的分布。识别结果表明，最大似然法对南川区块页岩气储层微断裂识别效果明显。由计算结果可知，南川区块大断裂附近小断裂或低序次断层发育，但在南川区块核部微断裂零星分布。

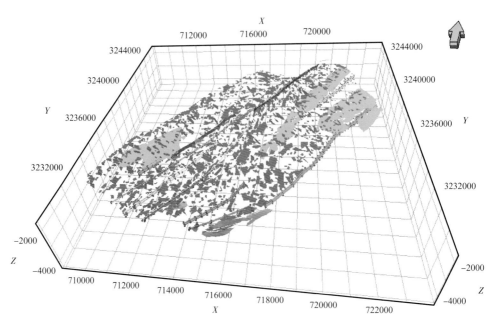

图 7-1-17　南川区块页岩储层多尺度裂缝融合模型

4）多尺度裂缝建模

本节大尺度裂缝使用地震识别的裂缝体进行确定性建模，小尺度裂缝采用随机建模方法建模，层理缝使用岩相控制方法建模，最终建立多尺度裂缝融合模型（图 7-1-17）。南川区块目的层段大尺度裂缝发育不多，小尺度裂缝较多但不是主要的裂缝类型，微尺度层理缝才是主要的裂缝类型。

2. 人工裂缝建模

人工裂缝建模包括两方面内容：一是裂缝系统分布模拟，包括微地震监测结果、压后微地震衍生裂缝模拟流程与结果；二是对裂缝作用评价，包括压裂主裂缝空间特征分析、人工压裂裂缝与天然裂缝融合建模。通过压裂过程中发生的微地震事件"云图"，以时间属性为主，反演计算出压裂缝的发展过程（空间 XYZ 位置、破裂路径）、压裂缝规模（尺寸、方位、截面积）；在压裂有效改造的体积范围内，以事件点分布的密度属性为主，结合事件点的方位属性及能量大小（震级或振幅、信噪比），确定压裂过程中伴生裂缝的几何分布、空间特征等；采用 DFN 建模方法对压裂后衍生裂缝进行模拟，三维表现复杂裂缝系统与属性参数。

1）微地震监测结果

本节以南川区块 JY197-3HF 井为典型井，开展第 10～15 段的地面监测，处理解释微地震事件 7275 个，裂缝发育均在仪器探测范围之内，经处理后可定位的微地震事件明显，定位准确；共 6 段压裂改造产生裂缝均具有良好的展布性。

大量微地震源点在空间分布，构成了在宏观上反映震源区域某种压裂施工或地质信息的、有一定统计分布规律的几何散点集（微地震云图）。对这些微地震信号进行震源定位，确定一系列震源的三维坐标，可以描述压裂缝具体形态及动态变化过程；图 7-1-18 反映了微地震事件向平桥背斜西翼、沿着下倾而宽缓的地层方向优先聚焦。

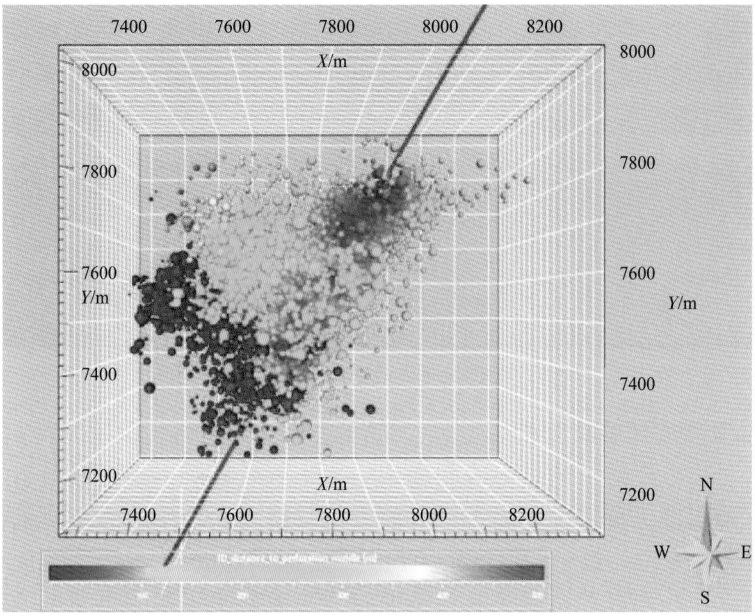

图 7-1-18　南川区块 JY197-3HF 井微地震事件云图

2）压后微地震衍生裂缝模拟流程与结果

基于对微地震事件数、震源参数（振幅、震源分布等）、压裂参数（加砂加液量、泵压泵率等）等进行随时间变化规律的模拟研究，评估压裂监测结果，可以识别裂缝特性，如裂缝高度及长度、裂缝体生长区域与对称性等。页岩气藏压后微地震衍生裂缝的建模步骤如图 7-1-19 所示。

（1）微地震事件：加载页岩气藏所在区域的水力压裂微地震事件数据，标定出压裂缝位置，构建各压裂段三维分布图。焦页 197-3HF 井压裂段之间互相干扰情况严重，可以适当增加射孔簇之间的距离。

（2）破裂路径：以微地震事件点发生时间属性为主，合并空间数据；确定主裂缝的空间及几何参数约束条件，模拟可能的裂缝破裂路径。模拟结果显示，西侧裂缝较东侧更为发育，西侧裂缝长度为 300～440m，东侧裂缝长度为 190～280m；压裂裂缝垂向高度为 118～175m。

（3）压裂缝密度：在微地震事件有效分布空间（XYZ）范围内，小尺度网格化描述微地震事件点集的密度分布属性及裂缝发育程度。

（4）裂缝模拟 DFN：在页岩气藏地质原型模型背景下，以微地震事件点为依据，计算水力压裂过程中主裂缝发生位置（空间 XYZ）、展布方向（方位、倾角），模拟形态特征，模拟结果显示主裂缝方向为北西 60°。

（5）压裂缝波及体积：采用裂缝建模 DFN 方法，构建压后裂缝网模型，并计算压裂缝分布面积和波及体积 SRV。

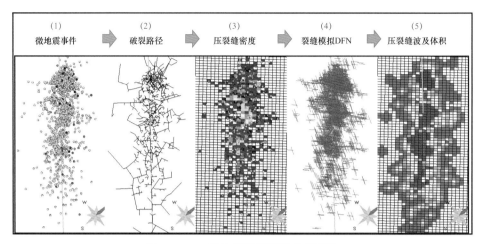

图 7-1-19　微地震裂缝模拟技术流程

3）压裂主裂缝空间特征分析

页岩气水平井压裂的目的是形成裂缝网络，压裂后将产生哪一种形态的裂缝要取决于地应力和井筒轨迹三种情况：当水平井筒方位与最大水平主应力方位垂直时，可产生横向裂缝；当两者方位一致时，可产生轴向裂缝（纵向裂缝），有效泄流面积相对横向裂缝来说要小很多；当两者夹角处于其他情况时，水力裂缝不在一个简单的平面上，易形成斜交缝。由于井筒附近的应力集中，裂缝在井筒上面开启的方向可能与最终的延伸方向不同，最终方向会垂直于最小主应力方向。

地质因素为主要控制因素，如脆性矿物含量高、高杨氏模量、低泊松比、水平应力差值小、天然缝或页理缝，工程因素可改变压裂缝网络的复杂性和波及范围。较理想的是水平井压裂产生横向裂缝作为裂缝网络的主裂缝，最佳压裂效果是在产生垂直于水平井段横向主裂缝的同时，也产生垂直于横向裂缝的二级裂缝，以提高裂缝与储层的接触面积，有利于页岩气的解吸附和气体在储层中的流动。然而，压裂产生裂缝形态是比较复杂的，单一裂缝和网络裂缝是复杂裂缝的两种特殊表现形式。焦页 197-3HF 水平井压后裂缝模拟表明，主裂缝网络（延展尺度大于 150m）形成的概率为 10% 左右，单一裂缝则为 40% 左右，其余则是介于单一裂缝和网络裂缝之间的复杂裂缝，该水平井压裂效果较好。

基于南川区块微地震地面监测成果微地震事件，开展了南川区块人工裂缝效果评估及人工裂缝空间展布特征分析。实现了基于微地震事件的水力压裂人工裂缝破裂路径模拟、人工裂缝产状特征分析、压裂重叠区计算、改造的岩石体积 SRV 计算、泄气面积计算，由以上分析得出：焦页 197-3HF 水平井人工裂缝空间展布互相叠置、压裂改造体积较好，单井每簇之间距离较近，可以适当增加压裂簇之间距离。另外，生成了一套人工裂缝离散裂隙网络，为南川区块后续裂缝体系建模提供了基础。

4）人工压裂裂缝与天然裂缝融合建模

将压裂模拟裂缝数据导入 Petrel，采用确定性建模方法建立人工压裂压后模型（图 7-1-20）。可以看出，人工压裂裂缝沟通了天然裂缝，形成了裂缝网络体系，对页岩气高产是有利的。

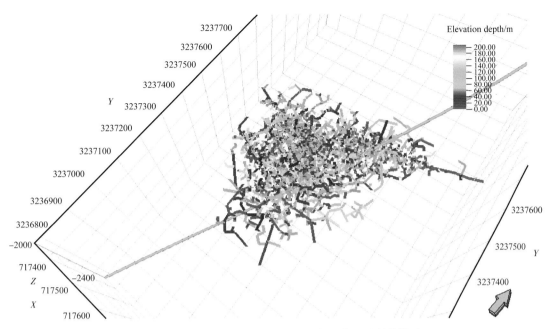

图 7-1-20　南川区块焦页 197-3HF 水平井压后裂缝模型

五、模型质量验证

模型质量验证是建模工作的灵魂，只有经得起检验的模型才是一个合格的模型，质量验证可反映一个模型应用数据的程度是否合理与充分，是否真实反映地下情况。

1. 构造验证

南川区块纵、横向剖面可验证地层构造分布特征，与地震构造解释结果相吻合（图 7-1-21、图 7-1-22）。

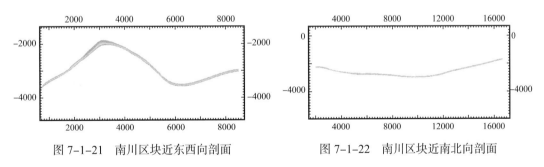

图 7-1-21　南川区块近东西向剖面　　　　图 7-1-22　南川区块近南北向剖面

2. 数据验证

本节除孔隙度和 TOC 是地震反演控制参数外，脆性矿物、孔隙度及含气饱和度都是采用随机模拟的方法建立。以含气饱和度为例，由图 7-1-23 可以看出，建模数据基本符合原始数据，没有后期修改的痕迹。

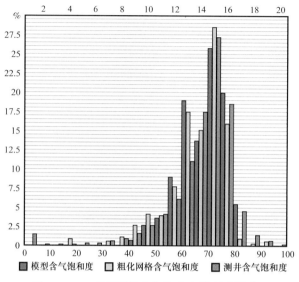

图7-1-23　南川区块含气饱和度模型质量验证

第二节　页岩多尺度介质流体流动机理

开展渝东南地区常压页岩气解吸—扩散—渗流物理模拟实验和理论研究，分析页岩气吸附、解吸特征及不同尺度下页岩气流动机理及影响因素，建立反映页岩气解吸、扩散、渗流特征的非线性渗流数学模型，初步认识页岩气在多尺度介质中的流动机理。

一、页岩储层气体吸附/解吸特征研究

页岩气主要以吸附态和游离态两种赋存形式存在，吸附气的定量评价对页岩气藏的地质储量评估有较大的影响，甲烷等温吸附实验是表征页岩吸附气储层能力的主要方法。本节采用隆页1井、焦页10井岩心样品开展了容积法等温吸附测试，研究了有机碳含量、样品形态、颗粒粒径及含水对吸附特征的影响，研究成果将为准确评价页岩吸附能力提供数据。

1. 实验方案及数据处理

采用容积法原理开展页岩等温吸附解吸实验，参照 GB/T 35210.1—2017《页岩甲烷等温吸附测定方法　第1部分：容积法》执行。

1）实验方案及样品

开展不同粒度、有机碳含量和湿度情况下页岩气体的吸附/解吸实验，对比同一样品在块样和颗粒状态下的吸附能力，实验温度均为45℃，甲烷纯度99.99%，实验样品见表7-2-1，实验方案如下：

（1）有机碳含量对页岩吸附行为的影响。

样品：不同有机碳含量的样品。

粒度与状态：40～60目，干样。

（2）粒度对页岩吸附行为的影响。

粒度：5～10目、10～20目、20～40目、40～60目及60～80目。

样品状态：干样。

（3）含水对页岩吸附行为的影响。

粒度：40～60目。

（4）块样／颗粒对页岩吸附行为的影响。

样品形态：同一样品分别以块样样品／颗粒样品进行实验。

颗粒粒度：40～60目。

（5）吸附解吸滞后。

样品形态：同一样品在干燥／含水状态下吸附、解吸。

颗粒粒度：40～60目。

2）数据处理方法

采用容积法测定页岩 CH_4 等温吸附／解吸性能。利用 Gibbs 吸附量计算每次增压之后的吸附量增量。在吸附实验中，直接计算得到的吸附量为 Gibbs 吸附量，又称视吸附量或过剩吸附量，与之相对的为绝对吸附量或称真吸附量。

表 7-2-1　实验样品表

序号	井号	样品编号	实验项目
1	隆页1井	3-132	粒径
2	隆页1井	3-25	TOC、粉末／块样
3	隆页1井	3-50	TOC、粉末／块样
4	隆页1井	3-86	TOC、粉末／块样
5	隆页1井	4-17	TOC、粉末／块样
6	隆页1井	4-142	TOC、粉末／块样
7	隆页1井	4-70	含水的影响
8	焦页10井	7-6/105	解吸滞后
9	焦页10井	7-17/105	解吸滞后
10	焦页10井	6-31/121	解吸滞后
11	焦页10井	6-109/121	解吸滞后

实际岩样在吸附后，其表面会存在吸附相体积，吸附平衡后，游离相体积会减小，数据处理时仍然将这部分吸附相体积当作游离气体积减掉了，则导致游离相体积被高估，吸附相体积被低估，特别是在高温、高压条件下，视吸附量和绝对吸附量差别较大，视吸附量会出现最大值。常规的二元 Langmuir 模型拟合只针对绝对吸附量，在拟合之前必

须将过剩吸附量进行相关校正得到绝对吸附量。利用非线性拟合方法进行三元 Langmuir 方程拟合，分别得到 Langmuir 体积、Langmuir 压力和吸附相密度。

2. 页岩储层吸附解吸实验

1）有机碳含量对吸附的影响

选取 5 份页岩样品，每份样品制备 40～60 目样品用于吸附实验，并制备小于 200 目样品用于有机碳含量测试，开展页岩吸附实验。采用容积法在实验温度 45℃下开展不同 TOC 条件下的吸附 / 解吸实验，并获得相应的页岩气吸附行为及特征参数，实验结果如图 7-2-1 所示。

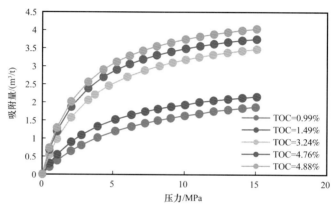

图 7-2-1　不同 TOC 含量样品吸附曲线图

根据实验结果，可计算得到不同有机碳含量的页岩样品的吸附参数，即 Langmuir 体积 V_L 和 Langmuir 压力 p_L，见表 7-2-2。随着 TOC 值的增加，Langmuir 体积呈增大趋势，Langmuir 压力呈减小趋势。

表 7-2-2　吸附特征参数表（TOC）

井号	样品号	TOC/%	吸附	
			V_L/（cm³/g）	p_L/MPa
隆页 1 井	3-25	0.99	2.65	6.29
隆页 1 井	3-50	1.49	2.76	4.22
隆页 1 井	3-86	3.24	4.28	3.5
隆页 1 井	4-17	4.76	4.46	2.82
隆页 1 井	4-142	4.88	4.78	2.8

2）块样 / 颗粒对吸附的影响

对隆页 1 井 5 份块状样品开展吸附实验，实验温度为 45℃，实验气体为甲烷。由图 7-2-2 可见，随着压力增大，吸附量逐渐增大，低压阶段吸附量增长快而高压阶段吸附量增长变慢。Langmuir 体积随着有机碳含量增大而增大，而 Langmuir 压力随着有机碳含量增大而逐渐减小，说明有机碳含量是制约吸附量的关键因素（表 7-2-3）。

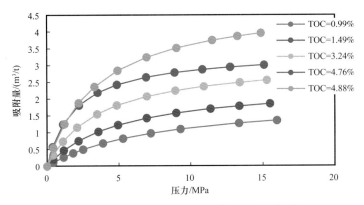

图 7-2-2 块状样品吸附曲线与 TOC 的关系

表 7-2-3 吸附特征参数表（块样）

井号	样品号	TOC/%	吸附	
			V_L/（cm³/g）	p_L/MPa
隆页 1 井	3–25	0.99	1.985	7.47
隆页 1 井	3–50	1.49	2.436	4.907
隆页 1 井	3–86	3.24	3.172	3.670
隆页 1 井	4–17	4.76	3.397	1.956
隆页 1 井	4–142	4.88	4.904	3.559

对同一样品开展了块样及 40～60 目颗粒样品吸附实验对比，共进行了 5 组样品实验。对比块样和颗粒样品吸附实验结果（表 7-2-4），颗粒样品吸附量大于块状样品，块状样品 Langmuir 压力更高。

表 7-2-4 吸附特征参数对比表

样品	TOC/%	V_L/（m³/t）		p_L/MPa	
		块样	颗粒	块样	颗粒
3–25	0.99	1.985	2.65	7.47	6.29
3–50	1.49	2.436	2.76	4.907	4.22
3–86	3.24	3.172	4.28	3.670	3.5
4–17	4.76	3.397	4.46	1.956	2.82
4–142	4.88	4.904	4.78	3.559	2.8

对隆页 1 井 3–132 样品进行研磨粉碎及筛分，选取粒度为 5～10 目、10～20 目、20～40 目、40～60 目及 60～80 目的实验样品，采用容积法分别在实验温度 45℃下开展吸附／解吸实验，获取不同粒度条件下的页岩吸附／解吸行为及特征参数，实验结果如图 7–2–3 所示。

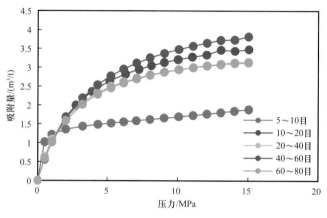

图 7–2–3　不同粒度样品吸附曲线图

根据图 7–2–3 所示实验结果，可计算得到不同粒度页岩的吸附参数，即 Langmuir 体积 V_L 和 Langmuir 压力 p_L，见表 7–2–5。对不同粒度下的页岩吸附解吸曲线形态分析表明，实验样品对甲烷的吸附量随压力增大而逐渐升高。随颗粒粒径减小，Langmuir 体积介于 3.64～4.80m³/t，Langmuir 压力介于 2.42～3.84MPa，其中 5～10 目样品 Langmuir 体积最小为 1.94m³/t，明显低于其他目数样品。Langmuir 体积及 Langmuir 压力与粒径没有明显的相关性，这可能是因为粒度变化主要影响的是中孔和大孔，对吸附最有效的微孔没有什么影响。国标 GB/T 35210.1—2017 中规定采用 35～80 目标准筛过筛的粒径尺寸颗粒，能够较好地实现不同样品吸附能力比较的目的。

表 7–2–5　吸附特征参数表（粒度）

井号	样品编号	粒度／目	吸附	
			V_L／（cm³/g）	p_L/MPa
隆页 1 井	3–132	5～10	1.94	1.11
		10～20	4.19	3.02
		20～40	3.64	2.42
		40～60	4.8	3.84
		60～80	3.73	2.73

3）含水对页岩气吸附的影响

（1）不同含水样品制备。

采用重量法对隆页 1 井 4–70 样品建立不同湿度。首先将样品研磨为 40～60 目颗粒，然后依据表 7-2-6 配制相应饱和盐溶液，营造不同相对湿度条件。在特定相对湿度下，单位质量干燥页岩样品平衡水分含量（记为 w_{p/p_0}）为：

$$w_{p/p_0} = \frac{m_{p/p_0} - m_{\text{dry}}}{m_{\text{dry}}} \qquad (7-2-1)$$

式中 m_{p/p_0}——p/p_0 时，页岩样品吸附水蒸气平衡时质量，g；

m_{dry}——干燥页岩样品质量，g。

表 7-2-6 饱和盐溶液及对应相对湿度（30℃）

饱和盐溶液	$MgCl_2$	K_2CO_3	$MnCl_2$	NaCl	K_2SO_4
相对湿度 /%	32	43	56	75	97

（2）实验结果与讨论。

不同含水页岩样品对 CH_4 的吸附等温线如图 7-2-4 所示，页岩样品对 CH_4 的吸附量随着 CH_4 平衡压力的增大而递增。

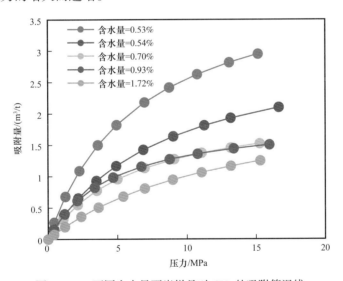

图 7-2-4 不同含水量页岩样品对 CH_4 的吸附等温线

不同含水页岩样品 CH_4 的吸附参数见表 7-2-7。平衡水含量从 0.53% 增加至 1.72% 时，4-70 页岩样品 Langmuir 体积显著降低，从 $4.217m^3/t$ 减少到 $2.310m^3/t$，初期 Langmuir 体积下降十分明显，当含水率从 0.93% 增加至 1.72% 时，CH_4 最大吸附容量的降幅趋于平缓。推断这可能与以下因素有关：① 水分子占据部分页岩孔隙，进而影响页岩对 CH_4 的吸附性能。② 极性水分子倾向于占据具有极性吸附位（如羟基等亲水性官能团）的页岩孔隙表面。水分子在极性吸附位形成水分子簇，进而对 CH_4 吸附构成不利影响。③ 水分子吸附于页岩中黏土等亲水性无机矿物，并阻塞"孔喉"，不利于 CH_4 在页岩孔隙内扩散并发生吸附。

表 7-2-7 不同含水样品吸附特征参数表

井号	样品号	相对湿度 /%	平衡水含量 /%	Langmuir 体积 /（m³/t）	Langmuir 压力 /MPa
隆页 1 井	4-70	32	0.53	4.217	6.51
		43	0.54	3.143	8.280
		56	0.70	2.141	6.203
		75	0.93	1.928	4.490
		97	1.72	2.310	12.990

4）页岩气解吸滞后特征分析

对焦页 10 井 4 块样品进行干燥 / 含水吸附 / 解吸实验，研究吸附 / 解吸滞后特征。图 7-2-5 表明，干燥页岩样品的 CH_4 吸附 / 解吸滞后（解吸等温线与吸附等温线不重合，且位于吸附等温线上方）现象不明显。含水页岩样品的 CH_4 吸附 / 解吸滞后现象较明显，且滞后程度明显高于对应的干燥后页岩样品。吸附 / 解吸滞后越明显，则发生吸附的吸附质更难从吸附剂表面解吸。基于上述对比结果可知，页岩中原生水不利于吸附态 CH_4 从页岩内部的解吸。

结合图 7-2-6 所示的概念模型，在一定程度上阐明页岩原生水对 CH_4 的吸附 / 解吸滞后的作用机理。如图 7-2-6（a）所示，页岩中的原生水主要以 H_2O 分子簇的形式赋存于页岩孔隙中。CH_4 分子吸附于未被 H_2O 分子占据的空白位点 [图 7-2-6(b)]。通过减压解吸 CH_4 时，一方面，CH_4 分子的解吸将降低气相主体压力。在压力梯度的作用下，部分吸附态 H_2O 分子倾向于逃离原有吸附位点，并堵塞孔喉 [图 7-2-6（c）]。一旦孔喉发生堵塞，其将不利于 CH_4 分子解吸。另一方面，在 CH_4 吸附 / 解吸量的测定过程中，含原生水的页岩样品盛放于样品缸中。原生水在页岩中并非"稳定存在"，部分原生水会从页岩内部进入样品缸自由空间中。因此，部分原生水会重新释放吸附位点 [图 7-2-6（d）]，进而导致气相主体中的部分 CH_4 分子又重新发生吸附。上述两方面导致页岩中原生水不利于吸附态 CH_4 的解吸。

3. 页岩气吸附动力学特征

在 45℃和 0.45MPa（平衡压力）条件下，对上述焦页 10 井 4 块页岩样品考察含水状态和干燥状态对 CH_4 吸附动力学的作用规律。根据 CH_4 气相主体压力（p）随时间（t）的变化曲线，计算 t 时刻对应的瞬时吸附量，进而计算 t 时刻对应的瞬时绝对吸附量。为了定量描述页岩原生水对 CH_4 吸附动力学的作用规律，选用拟一阶动力学模型、拟二阶动力学模型和 Elovich 模型，分析页岩吸附 CH_4 的动力学过程。

拟一阶动力学模型和拟二阶动力学模型的数学形式分别见式（7-2-2）和式（7-2-3）。

$$\lg\left(q_{e,exp}-q_t\right)=\lg q_e-\frac{k_1}{2.303}t \qquad (7-2-2)$$

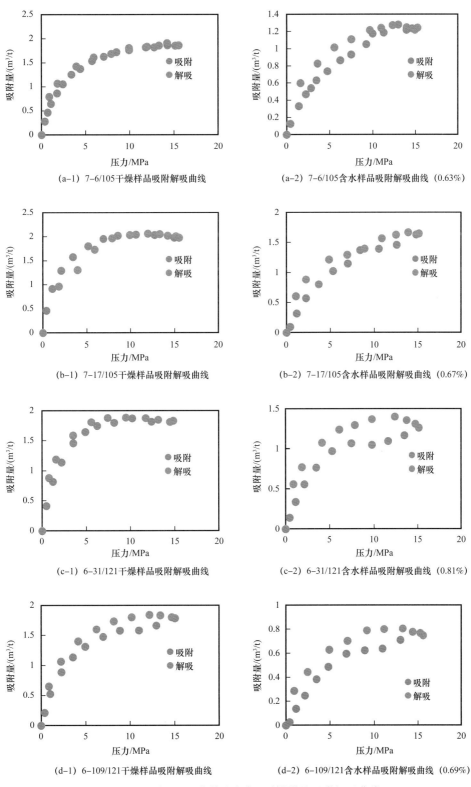

(a-1) 7-6/105干燥样品吸附解吸曲线

(a-2) 7-6/105含水样品吸附解吸曲线 (0.63%)

(b-1) 7-17/105干燥样品吸附解吸曲线

(b-2) 7-17/105含水样品吸附解吸曲线 (0.67%)

(c-1) 6-31/121干燥样品吸附解吸曲线

(c-2) 6-31/121含水样品吸附解吸曲线 (0.81%)

(d-1) 6-109/121干燥样品吸附解吸曲线

(d-2) 6-109/121含水样品吸附解吸曲线 (0.69%)

图 7-2-5　焦页 10 井样品含水 / 干燥样品吸附解吸曲线

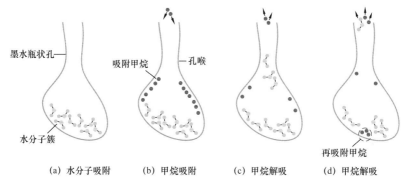

图 7-2-6　页岩中 H_2O 分子对 CH_4 解吸的耦合作用机理

$$\frac{t}{q_t} = \frac{1}{k_2 q_e^2} + \frac{1}{q_e}t \qquad (7\text{-}2\text{-}3)$$

式中　t——时间，s；

　　　q_t——t 时刻对应的 CH_4 吸附量，mmol/g；

　　　$q_{e, exp}$、q_e——实验平衡状态和模型计算获得的 CH_4 吸附量，mmol/g；

　　　k_1——一阶速率常数，s^{-1}；

　　　k_2——二阶速率常数，g/（mmol·s）。

　　Elovich 模型的数学形式为：

$$q_t = \frac{1}{\beta}\ln(\alpha\beta) + \frac{1}{\beta}\ln t \qquad (7\text{-}2\text{-}4)$$

式中　α——初始吸附速率常数，mmol/g；

　　　β——解吸速率常数，g/mmol。

　　共进行了 4 块页岩样品在干燥 / 含水状态下，吸附压力及吸附量随时间变化的特征分析，采用三种拟合模型对吸附量变化曲线进行了拟合。以 7-6/105 页岩为例，实验结果如图 7-2-7 所示。

　　三种动力学模型对页岩吸附 CH_4 动力学过程拟合结果见表 7-2-8。对比拟合曲线和实验曲线的吻合度及平均相对误差（ARE）和复相关系数（R^2）可知：相比拟一阶动力学模型和 Elovich 模型，拟二阶动力学模型能够更好地预测页岩对 CH_4 的吸附动力学过程。其 R^2 介于 0.9414~0.9997，且 ARE 介于 1.21%~11.93%。分析认为，拟一阶动力学模型较多适用于吸附质初始浓度较高的吸附体系，而 Elovich 模型更多用于描述化学吸附体系。考虑到本书中 CH_4 吸附平衡压力仅为 0.45MPa，且页岩对 CH_4 的吸附主要以物理吸附为主，所以导致拟一阶动力学模型和 Elovich 模型的拟合精度较差。观察表 7-2-8 中拟二阶动力学拟合参数 k_2 可知，除了 6# 样品以外，其余所有含水页岩样品的 k_2 值均小于干燥后页岩样品（且降幅明显），因此表明页岩中水会显著降低页岩对 CH_4 的吸附速率。

　　分析认为，页岩中水主要赋存于页岩中的介孔孔隙空间。多孔吸附剂的介孔和大孔孔隙是吸附质分子到达吸附剂微孔孔隙表面的运移通道。因此，水占据了页岩中的介孔孔隙，进而不利于 CH_4 分子在页岩内部的扩散和吸附。

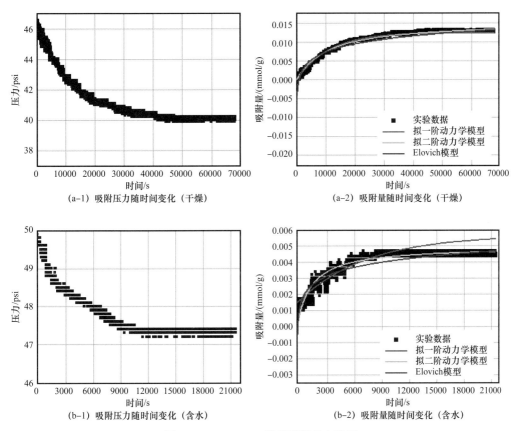

（a-1）吸附压力随时间变化（干燥）

（a-2）吸附量随时间变化（干燥）

（b-1）吸附压力随时间变化（含水）

（b-2）吸附量随时间变化（含水）

图 7-2-7　7-6/105 样品吸附动力特征

表 7-2-8　不同动力学模型对页岩吸附 CH_4 的拟合结果

样品编号	拟一阶动力学模型			拟二阶动力学模型			Elovich 模型		
	q_e	$k_1/10^4\mathrm{s}^{-1}$	ARE/%	q_e	$k_2/10^4\mathrm{g}/(\mathrm{mmol}\cdot\mathrm{s})$	ARE/%	$\alpha/\mathrm{mmol}\cdot\mathrm{g}$	$\beta/\mathrm{mmol}\cdot\mathrm{g}$	ARE/%
7-6/105 含水	0.0042	1.38	10.79	0.0050	0.138	7.03	1.3×10^{-5}	1250	9.37
7-6/105 干燥	0.0124	0.92	3.65	0.0153	0.006	3.82	3.6×10^{-6}	333.333	-5.50
7-17/105 含水	0.0040	4.61	21.09	0.0051	0.052	8.89	5.4×10^{-6}	1111.11	10.68
7-17/105 干燥	0.0102	9.21	2.31	0.0207	0.166	2.13	2615.21	1250	2.46
6-31/121 含水	0.0058	0.69	8.81	0.0070	0.021	11.93	2.2×10^{-6}	769.231	10.43
6-31/121 干燥	0.0102	27.64	1.08	0.0186	1.198	1.21	6045.07	1428.57	6.36
6-109/121 含水	0.0008	71.39	12.95	0.0015	1.072	10.52	0.00027	10000	27.42
6-109/121 干燥	0.0044	32.24	1.55	0.0095	5.854	1.57	1307.61	2500	2.69

二、页岩储层多尺度气体流动机理

页岩有机质和黏土矿物含量高，吸附气与游离气共存，孔隙结构复杂，气体产出具有多尺度特征，研究气体在页岩孔隙结构中的渗流特征对于明确页岩气产气机理具有重要意义（姚军等，2013）。页岩气储层渗透率低，孔喉直径在纳米级别，使得天然气在页岩纳微米储层的流动规律不同于常规气（刘华等，2018）。本节研究微纳米尺度下气体在页岩基质/裂缝多孔介质中的流动特征。

1. 实验装置及条件

本次实验采用甲烷（CH_4）、二氧化碳（CO_2）、氮气（N_2）作为气体介质进行单相气体页岩低速渗流实验，分析不同气体、不同孔隙压力、不同渗透率下页岩气低速渗流规律与特征，单相气体低速渗流装置如图7-2-8所示，该套实验装置包括气瓶、压力调节系统、自制气体增压装置、自制可升温岩心夹持器、真空泵、回压阀、自制六通阀、自制高精度气体流量计量系统、围压泵。

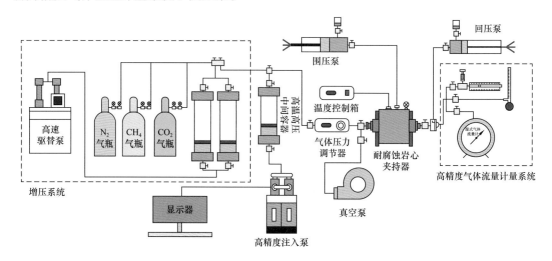

图7-2-8　单相气体低速渗流实验装置图

实验在气藏温度（80℃）下进行，实验过程中保证围压始终高于入口端压力5MPa，实验样品选用干燥的页岩岩心，实验气体选用甲烷、二氧化碳、氮气，实验过程中分别改变3个不同回压，实验中不断增加入口端压力，每增加0.1MPa左右测试一个流量值，每组实验计量6~8个驱替压力下的流量值。

2. 基质页岩岩心低速渗流实验

1）实验方案及步骤

首先将待测试岩心置入鼓风干燥箱中（120℃）进行烘干处理，其次将所述待测试页岩岩心置于岩心夹持器中，并利用温度控制箱将岩心夹持器的温度控制在80℃；关闭阀门1、阀门2、阀门9，开启阀门10，开启真空泵，对待测试页岩岩心进行抽真空处理；关闭真空泵。开启气源、气体减压阀和围压泵，对待测试岩心进行饱和气和加围压处理；

控制气体减压阀，将岩心夹持器的入口端和出口端的压差设定在 0.1～0.9MPa 中的至少六个值，每个压差的设定时长至少 12h；实验测试完毕，仪器归位，关闭气源，实验结束；采用气测达西公式计算气体渗透率。

实验设计三种气体，分别为氮气、二氧化碳、甲烷，选取焦页 10 井 3 个渗透率级别岩心开展页岩气流动实验，每块岩心须在不同孔隙压力下开展实验（3 个回压条件），实验计划见表 7-2-9。

表 7-2-9 基质岩心基础数据表

序号	样品号	直径 /cm	长度 /cm	孔隙度 /%	脉冲渗透率 /mD
1	7-36/105-2	2.50	5.02	2.42	0.02298
2	7-17/105-5	2.504	5.02	1.81	0.00164
3	7-6/105-8	2.520	5.072	2.13	0.01409

2）不同气体在页岩岩心中的渗流特征

采用不同的单相气体（氮气、二氧化碳、甲烷）在 3 块不同渗透率岩心中进行低速渗流实验测试，探究气体在页岩中的低速渗流特征，孔隙压力 p_m 为岩心进出口端压力的算术平均值，9 组岩样测试结果见表 7-2-10，b_{slip} 为滑脱因子。

表 7-2-10 气测渗透率与孔隙压力的倒数关系表

岩样编号	气体	克氏变形回归方程	R^2	K_∞/mD	b_{slip}/MPa	岩心渗透率
7-36/105-2	N_2	$y=0.00007x+0.0036$	0.701	0.0036	0.0194	高
	CO_2	$y=0.00006x+0.002$	0.2174	0.002	0.03	高
	CH_4	$y=0.00007x+0.0014$	0.3374	0.0014	0.05	高
7-6/105-8	N_2	$y=0.0004x+0.0008$	0.9751	0.0008	0.5	中
	CO_2	$y=0.0001x+0.0003$	0.6404	0.0003	0.33	中
	CH_4	$y=0.00007x+0.0002$	0.9532	0.0002	0.35	中
7-17/105-5	N_2	$y=0.0001x+0.0003$	0.9214	0.0003	0.33	低
	CO_2	$y=0.00002x+0.0001$	0.9213	0.0001	0.2	低
	CH_4	$y=0.0000007x+0.0002$	0.1031	0.0002	0.0035	低

从表 7-2-10 中可知，克氏渗透率范围为 0.0001～0.0036mD，滑脱因子范围为 0.0035～0.5MPa，滑脱因子是定量表征页岩中气体滑脱效应的参数，孔隙尺度越大，滑脱因子越小。岩样渗透率增大，氮气在页岩中的滑脱效应逐渐减弱，滑脱因子逐渐降低，即岩心越致密，孔隙尺寸越小，滑脱效应越明显。另外，从拟合公式来看，氮气实验的拟合公式的相关性较高，而二氧化碳和甲烷实验的公式拟合的相关性低。

通过实验可知，由于页岩岩心对不同气体的吸附能力不同，导致不同气体的渗透率大小及特征各不相同。其中，对氮气的吸附能力最弱，导致氮气渗透率均大于二氧化碳及甲烷渗透率。由于页岩岩心对甲烷及二氧化碳的吸附能力相近，所以两者的渗透率较为相近。吸附层降低有效孔隙半径会导致两种相反的效应：一方面，有效孔隙半径的减小使得气体的流动空间减小，进而导致视渗透率减小；另一方面，有效孔隙半径的减小使得流动的努森数增加，滑脱效应变强，进而导致视渗透率增大。从实验结果来看，对比氮气与另外两种气体，吸附的影响是主要的，即流动空间减小会导致视渗透率减小。对比二氧化碳和甲烷，在常压下，二氧化碳的视渗透率高，甲烷的视渗透率低，两者中二氧化碳的吸附能力更强，此时滑脱效应更为显著。在高压下，滑脱效应减弱，吸附的影响占主导，导致二氧化碳的流动空间更小，视渗透率较低。

3）不同孔隙压力下的渗流规律

开展了孔隙压力对渗流规律的影响实验。以 7-6/105-8 样品为例，通过实验可知，无回压条件下，岩心渗透率明显高于 10MPa 及 23MPa 回压条件下，同时对比不同回压条件下渗流特征可知，当回压为 10MPa 时存在一个明显的非线性渗流区域。当地层压力为 0.101MPa 时，视渗透率为 0.025mD。随着地层压力逐渐增加，视渗透率逐渐减小。当地层压力为 10MPa 时，岩心的视渗透率为 0.00056mD。当地层压力为 23MPa 时，岩心的视渗透率为 0.0005mD。

从降低速率来说，当地层压力较小时，多孔介质的视渗透率随压力的增加减小得很快；随着地层压力逐渐增大，视渗透率随压力的增加减小速度变缓。这是因为当地层压力较小时，气体分子的平均自由程很大，气体分子在孔隙壁面有很明显的滑脱效应；随着地层压力的增大，气体的体积减小，分子的平均自由程迅速降低，气体分子在孔隙壁面的滑脱效应减弱，气体流态由滑脱流逐渐趋近于连续流。随着孔隙压力增大，氮气在页岩中的滑脱效应逐渐减弱，体现为气测渗透率逐渐降低。

4）气体通过不同渗透率岩心的渗流规律

由于气体滑脱效应受到页岩岩心孔隙结构、孔径分布、孔径的影响较大。因此，不同渗透率岩心，甲烷气体表现出不同的低速渗流规律。利用渗透率等级不同的 3 块页岩岩心进行实验，并对实验结果进行拟合，得到 3 块岩样的渗透率数据，见表 7-2-11。岩心渗透率、孔隙度越大，滑脱因子越小，并且随着孔隙压力的增大，甲烷在基质页岩中的滑脱效应逐渐减弱，体现为气测渗透率变化趋势不大。

表 7-2-11　气测渗透率与孔隙压力的倒数关系表

岩样编号	气体	克氏变形回归方程	R^2	K_∞/mD	b_{slip}/MPa	岩心渗透率
7-36/105-2	N_2	$y=0.00007x+0.0036$	0.701	0.0036	0.0194	高
7-6/105-8	N_2	$y=0.0004x+0.0008$	0.9751	0.0008	0.5	中
7-17/105-5	N_2	$y=0.0001x+0.0003$	0.9214	0.0003	0.33	低
7-36/105-2	CH_4	$y=0.00007x+0.0014$	0.3374	0.0014	0.05	高
7-6/105-8	CH_4	$y=0.00007x+0.0002$	0.9532	0.0002	0.35	中
7-17/105-5	CH_4	$y=0.0000007x+0.0002$	0.1031	0.0002	0.0035	低

页岩储层中同时发育微孔（孔径小于2nm）、中孔（孔径介于2～50nm）和宏孔（孔径大于50nm），孔径的差异会对视渗透率有明显的影响。随着渗透率的增大，孔隙平均孔径增加。努森数随着孔隙尺寸的增大而减小。当努森数较小时，分子的平均自由程减小，滑脱效应减弱。因此，视渗透率随着特征孔隙尺寸的增大而减小。

3. 裂缝页岩岩心低速渗流实验

页岩气在开采过程中通常使用压裂的手段，会形成一定尺度的裂缝，其中会有一些微裂缝。实验保持围压不变，通过改变轴压的大小，形成不同程度的微裂缝，测量造缝前后的渗透率变化。对渗流规律曲线进行线性拟合处理，分析启动压力特征。

1）裂缝样品制备

实验装置与基质岩心低速渗流实验相同。实验采用氮气、二氧化碳、甲烷作为气体介质进行单相气体页岩低速渗流实验，分析不同气体、不同孔隙压力下，在页岩裂缝岩心中的低速渗流规律与特征。实验采用多功能驱替装置，其中包括氮气气瓶、压力稳定装置、三轴应力岩心夹持器、轴压加压泵、真空泵、围压跟踪泵、真空缓冲容器、数据采集系统、回压控制系统（海安石油科研仪器有限公司）、BSA2202S型电子天平（德国赛多利斯公司）、试管、量筒、烧杯、光电微流量计、台虎钳。

压裂缝的产生如下：

应用人工压裂的方式使其产生裂缝，造缝过程中，将岩心放入设备中间，缓慢用力，用放大镜观察裂缝的状态，直至符合要求为止。

（1）贯穿缝的产生。

贯穿缝是裂缝沿轴向贯穿整个岩心，根据缝中间充填的填隙物的厚度来确定缝的宽度。对于使其产生贯穿裂缝的过程，是将整个岩心放入造缝设备两平行夹持面中，使其沿着岩心柱的两条平行的母线均匀受力，由于岩心只有两条母线和造缝设备接触，所以这样就会形成一条经过受力母线和轴线的裂缝，这样可以将岩心工整地沿轴向一分为二，在缝中间夹层采用细砂岩填充，填充矿物为粒径0.1～0.3mm的天然石英，待缝宽岩心裂缝制造完成后，将岩心装入岩心夹持器，加围压至30MPa恒定1h，而后用胶带捆绑。

（2）非贯穿缝的产生。

非贯穿缝是裂缝未贯穿整个岩心，对于使其产生非贯穿裂缝的岩心，即缝长小于实验岩心，使其在造缝的一端放置一个稍微薄一点的铁片，从而导致在施加压力的过程中，岩心整个接触断面受力不均匀，在受力较大的一端会首先产生微裂缝，通过放大镜观察裂缝形状，直至长度和宽度符合要求。

2）实验条件及步骤

实验在油藏温度（80℃）下进行，实验过程中保证围压始终高于入口端压力5MPa，实验样品选用干燥的页岩岩心，实验气体选用氮气、二氧化碳与甲烷，实验过程中分别改变回压为0MPa、10MPa、25MPa，实验中不断增加入口端压力，每增加0.1MPa左右测试一个流量值，每组实验计量6～8个驱替压力下的流量值。

具体步骤如下：

（1）连接实验装置管线，检查管线气体的密闭性。

（2）把用胶带捆绑好的压裂缝岩心放入夹持器，加有效围压至 5MPa，开启真空泵，对待测试页岩岩心进行抽真空处理，并利用温度控制箱将岩心夹持器的温度控制在 80℃。

（3）利用恒压法测定渗流规律，在某一恒定低压下通入气体，在出口端测量气体的流速，直到流速稳定为止，记录稳定的流量及对应的压力。

（4）将注入压力依次提高，重复（3）过程，直至测定完成所有设定的压力点。

（5）重复以上过程（1）～（4），直到测定完所有岩心的渗流规律曲线。

通过以上造缝过程，选择焦页 10 井基质页岩样品 7-6/105-2-1 进行压制，压制成贯穿缝、缝宽 0.02cm 的岩心。压裂后页岩岩心的渗透率为 2.358mD，比造缝前岩心渗透率 0.022mD 增大了约 100 倍。压裂造缝后岩样的渗透率均有大幅增加，岩样的渗透能力均大幅增强（表 7-2-12）。

表 7-2-12　样品参数表

井号	样品号	直径 /cm	长度 /cm	氦孔隙度 /%	基质渗透率 /mD
焦页 10 井	7-6/105-2-1	2.544	4.072	2.56	0.02204

采用气测达西公式计算气体渗透率，其数学表达式为：

$$K_g = \frac{2Q_0 p_0 \mu_g L}{A\left(p_1^2 - p_2^2\right)} \quad (7-2-5)$$

式中　K_g——气测渗透率，mD；

　　　Q_0——气体流量，cm^3/s；

　　　p_0——大气压，MPa；

　　　μ——气体黏度，mPa·s；

　　　L——岩心长度，cm；

　　　A——岩心横截面积，cm^2。

3）裂缝页岩中气体渗流特征

采用不同的单相气体（氮气、二氧化碳、甲烷）在三种不同孔隙压力下进行低速渗流实验测试，探究气体在页岩裂缝岩心中的低速渗流特征，根据 9 组岩样测试计算出的拟启动压力梯度见表 7-2-13。

使用同一块裂缝岩心进行渗流实验，氮气、甲烷选用 3 个不同回压 0.101MPa、10MPa 及 23MPa；二氧化碳选用 3 个不同回压 0.101MPa、2MPa 及 23MPa。实验结果表明，裂缝岩心常压下气体低速渗流存在启动压力梯度，高压下不存在启动压力梯度。而基质岩心常压下气体低速渗流不存在压力梯度，相反其滑脱效应比裂缝岩心高压下滑脱效应还要强。这是因为基质岩心流动孔隙小，滑脱效应强。裂缝岩心气体流动空间大，滑脱效应弱。

表 7-2-13 造缝岩心渗流规律曲线拟合结果表

编号	气体	拟合方程	R^2	气体黏度 / mPa·s	斜率	压力 / MPa	启动压力梯度 / MPa/m	岩心
1	N_2	$y=0.0138x+0.0007$	0.9971	0.02	0.0138	0.101	−0.2653	基质岩心
2	N_2	$y=4.3733x-0.2004$	0.9652	0.02	4.3733	0.101	0.217328	裂缝岩心
3	N_2	$y=0.6004x+1.4908$	0.9876	0.02175	0.6004	10	−0.124182	裂缝岩心
4	N_2	$y=0.3095x+1.3808$	0.9532	0.0262	0.3095	23	−0.096995	裂缝岩心
5	CO_2	$y=3.8649x-0.0347$	0.9952	0.018	3.8649	0.101	0.0440555	裂缝岩心
6	CO_2	$y=2.9344x+1.1745$	0.9959	0.018	2.9344	10	−0.100165	裂缝岩心
7	CO_2	$y=0.2127x+0.1881$	0.9837	0.05	0.2127	23	−0.019225	裂缝岩心
8	CH_4	$y=12.233x-0.0758$	0.9996	0.01259	12.233	0.101	0.0304876	裂缝岩心
9	CH_4	$y=0.9112x+2.1276$	0.9882	0.015	0.9112	10	−0.116775	裂缝岩心
10	CH_4	$y=0.7853x+1.4043$	0.9419	0.018	0.7853	23	−0.038876	裂缝岩心

4. 页岩表观孔隙度 / 渗透率表征模型

1）表观孔隙度模型

有机质孔隙体积根据气体赋存状态可以分为两部分：自由气占据孔隙体积（自由气孔隙度）及吸附气孔隙气占据孔隙体积（吸附气孔隙度）。不同部位气体浓度相差较大，因而页岩储层中多孔介质固有孔隙度不能用于直接估算地质储量。在此提出表观孔隙度的概念：将吸附气占据孔隙体积转换成与自由气浓度相等时气体占据孔隙体积的大小，该体积下的吸附气孔隙度与自由气孔隙度之和为表观孔隙度。通过表观孔隙度，可以直接估算出不同孔隙压力时储层气体储量及自由气、吸附气剩余量、孔隙中气体总储量。

$$\frac{p}{ZRT}\phi_{app} = \frac{p}{ZRT}\phi_f + C_a\phi_a \qquad (7-2-6)$$

式中　ϕ_{app}——页岩气藏表观孔隙度；

　　　ϕ_f——自由气孔隙度；

　　　ϕ_a——吸附气孔隙度；

　　　C_a——吸附气浓度，mol/m^3。

以圆形孔隙为例，体孔隙度定义为单位岩心体积中孔隙体积的比例，即

$$\phi_f = \frac{n_p A_p l_b}{A_r l_r} = \frac{n_p A_p \tau}{A_r} = \frac{n_p A_{free}\tau}{A_r}\frac{A_p}{A_{free}} = \phi_f \Big/ \left(1+\frac{d_m}{R_{int}}\frac{p}{p_L+p}\right)^2 \qquad (7-2-7)$$

式中　A_p——孔隙横截面积，m^2；

　　　A_r——岩心流线垂直方向横截面面积，m^2；

　　　l_r——岩心流线方向长度，m；

n_p——岩心中孔隙数目，此处假设所有孔隙尺寸相同；

l_b——圆形孔隙实际长度，即流线长度，m；

τ——迂曲度，定义为孔隙实际流动长度与岩心流线方向长度的比值；

A_{free}——孔隙中自由气横截面积，m^2；

R_{int}——多孔介质固有孔径，m；

ϕ——多孔介质固有体孔隙度；

d_m——孔隙平均直径，m；

p_L——Langmuir 压力。

则自由气孔隙度可以计算为：

$$\phi_f = \frac{n_p A_{free} \tau}{A_r} = \phi \left/ \left(1 + \frac{d_m}{R_{int}} \frac{p}{p_L + p}\right)^2 \right. \tag{7-2-8}$$

吸附气孔隙度为：

$$\phi_a = \phi \left/ \left[1 - 1 \left/ \left(1 + \frac{d_m}{R_{int}} \frac{p}{p_L + p}\right)^2\right.\right] \right. \tag{7-2-9}$$

最终可得表观孔隙度为：

$$\phi_f = \phi \left/ \left\{ 1 \left/ \left(1 + \frac{d_m}{R_{int}} \frac{p}{p_L + p}\right)^2 \right. + C_a \frac{ZRT}{p}\left[1 - 1 \left/ \left(1 + \frac{d_m}{R_{int}} \frac{p}{p_L + p}\right)^2\right.\right]\right\} \right. \tag{7-2-10}$$

2）表观渗透率模型

基于上述研究结果，自由气运移采用滑移黏性流表征，吸附气运移采用表面扩散表征。同样以圆形单管孔隙为例，自由气滑移流量为：

$$N_{free} = \frac{p}{Z\mu_{g_0}RT}(1 + \alpha Kn)\left[\left(1 + \frac{(2-f)}{f}\frac{4Kn}{1-bKn} + D_a C_a \frac{16M}{\pi \mu_{g_0}} Kn^2\right)\frac{R_f^2}{8}\right]\frac{\Delta p}{l_p} \tag{7-2-11}$$

式中　N_{free}——单位面积滑移流量，mol/（$m^2 \cdot s$）。

假设岩心中存在 n_p 个单管，则：

$$q_{free} = \frac{p}{ZRT}\frac{K_{free}}{\mu_{g_0}} A_r \frac{\Delta p}{l_r} = n_p A_{free} \frac{p}{Z\mu_{g_0}RT}(1 + \alpha Kn)\left[\left(1 + \frac{(2-f)}{f}\frac{4Kn}{1-bKn} + D_a C_a \frac{16M}{\pi \mu_{g_0}} Kn^2\right)\frac{R_f^2}{8}\right]\frac{\Delta p}{l_p} \tag{7-2-12}$$

式中　q_{free}——岩心自由气流量，mol/s；

　　　K_{free}——自由气渗透率，m^2；

　　　Δp——岩心两端压力差，Pa。

对式（7-2-12）进行处理，可以得到有机质多孔介质自由气渗透率表达式为：

$$K_{app} = \psi_f (1 + \alpha Kn)\left[\left(1 + \frac{(2-f)}{f}\frac{4Kn}{1-bKn} + D_a C_a \frac{16M}{\pi \mu_{g_0}} Kn^2\right)\frac{R_f^2}{8}\right] + \psi_a D_a \mu_{g_0} ZRT \frac{C_a}{p^2} \tag{7-2-13}$$

有机质多孔介质表观渗透率可以看作自由气渗透率和吸附气渗透率之和，则有机质多孔介质表观渗透率可以表示为：

$$K_{app} = \psi_f \left(1 + \alpha Kn\right) \left[\left(1 + \frac{(2-f)}{f} \frac{4Kn}{1-bKn} + D_a C_a \frac{16M}{\pi \mu_{g_0}} Kn^2\right) \frac{R_f^2}{8} \right] + \psi_a D_a \mu_{g_0} ZRT \frac{C_a}{p^2} \quad （7-2-14）$$

三、页岩气多重流动机制耦合数学模型

页岩储层的吸附 / 解吸符合 Langmuir 方程，页岩储层渗透率对应力敏感，渗透率与有效应力符合指数关系式；由于浓度差引起的扩散用 Fick 定律描述。国内外页岩气开发均采用大型压裂改造形成大量人工裂缝，页岩多尺度储层主要由基质系统和裂缝系统组成，页岩气在基质中的流动包括由压力差所引起的渗流、浓度差引起的扩散及由于压力降低而引起的页岩气解吸，在裂缝中的流动主要是由压力差引起的渗流。建立基质中同时存在渗流、扩散和吸附气解吸、裂缝中为达西渗流的页岩气藏综合渗流数学模型。

1. 物理模型假设

模型假设包括以下几个方面：

（1）页岩储层由基质系统和裂缝系统组成，其中裂缝系统水平方向和垂直方向具有各向异性，即 $K_{fh} \neq K_{fv}$。

（2）忽略页岩储层的压缩性。

（3）裂缝系统中气体为游离气，其流动遵循达西定律。

（4）基质块形状为球形，基质中页岩气以吸附态和游离态两种状态存在。

（5）页岩气在基质中的流动是压力差和浓度差共同作用的结果，即同时存在达西渗流和气体扩散，扩散符合 Fick 定律。基质中页岩气在压力差的作用下以非稳态方式向裂缝系统窜流，且同时在浓度差作用下以非稳态方式向裂缝系统扩散。

（6）基于高温高压页岩储层吸附 / 解吸实验结果，基质中吸附气的解吸规律用 Langmuir 等温吸附定律描述。

（7）整个气藏在开采前处于平衡状态，吸附态和游离态气体处于动态平衡。

（8）气井以定产量生产，标况下气井产量为 q_{sc}。

（9）单相气体等温渗流，忽略重力影响。

2. 渗流数学方程

模型中假设基质系统与裂缝系统之间的气体交换为压力差所引起的非稳态渗流和浓度差所引起的非稳态扩散，基质系统有其独立的流动微分方程和定解条件。

1）基质系统渗流微分方程

假设基质块为球形，基质中页岩气的流动为压力差和浓度差所引起的非稳态渗流和非稳态扩散，并考虑基质中吸附气解吸的影响，根据实验结果，页岩气解吸选用 Langmuir 模型描述，可得到基质系统的渗流微分方程：

$$\frac{1}{r_{\mathrm{m}}^2}\frac{\partial}{\partial r_{\mathrm{m}}}\left(r_{\mathrm{m}}^2\rho_{\mathrm{m}}v_{\mathrm{m}}\right)=\frac{\partial\left(\rho_{\mathrm{m}}\phi_{\mathrm{m}}\right)}{\partial t}+\rho_{\mathrm{sc}}\frac{\partial}{\partial t}\left(\frac{V_{\mathrm{L}}\rho_{\mathrm{m}}}{p_{\mathrm{L}}+p_{\mathrm{m}}}\right) \tag{7-2-15}$$

式中　ρ_{sc}——标况下气体密度，$\mathrm{kg/m^3}$；

ρ_{m}——基质中气体密度，$\mathrm{kg/m^3}$；

ϕ_{m}——为基质系统孔隙度；

p_{m}——基质系统压力，Pa；

r_{m}——基质系统孔隙半径，m；

v_{m}——气体流动速度，$\mathrm{m/s}$；

V_{L}——Langmuir 体积，$\mathrm{m^3/kg}$。

等号右端第二项代表当压力降低时基质中吸附气解吸的影响。

将气体状态方程代入连续性方程式，引入拟时间和拟压力可得到综合考虑解吸、非稳态扩散和非稳态渗流多重机制作用的基质系统微分方程，将基质系统渗流微分方程组无因次化，可得数学模型：

$$\frac{1}{r_{\mathrm{mD}}^2}\frac{\partial}{\partial r_{\mathrm{mD}}}\left(r_{\mathrm{mD}}^2\frac{\partial\psi_{\mathrm{mD}}}{\partial r_{\mathrm{mD}}}\right)=\frac{15(1-\omega)\alpha_{\mathrm{m}}}{\lambda\beta_{\mathrm{m}}}\frac{\partial\psi_{\mathrm{mD}}}{\partial t_{\mathrm{D}}} \tag{7-2-16}$$

式中　r_{mD}——无因次的基质系统孔隙半径；

ψ_{mD}——无因次的基质系统拟压力；

ω——弹性储容比；

α_{m}——基质系统的形状因子；

λ——窜流系数，表示窜流大小；

β_{m}——中间系数；

t_{D}——无因次化的拟时间。

2）裂缝系统渗流微分方程

假设页岩气在裂缝中的流动为达西渗流，基质中页岩气向裂缝同时进行非稳态窜流和非稳态扩散，再结合质量守恒定律，可得到裂缝系统的渗流微分方程：

$$\frac{\partial}{\partial x}\left(K_{\mathrm{fh}}\frac{p_{\mathrm{f}}}{\mu Z}\frac{\partial p_{\mathrm{f}}}{\partial x}\right)+\frac{\partial}{\partial y}\left(K_{\mathrm{fh}}\frac{p_{\mathrm{f}}}{\mu Z}\frac{\partial p_{\mathrm{f}}}{\partial y}\right)+\frac{\partial}{\partial z}\left(K_{\mathrm{fv}}\frac{p_{\mathrm{f}}}{\mu Z}\frac{\partial p_{\mathrm{f}}}{\partial z}\right)-\frac{3K_{\mathrm{m}}\beta_{\mathrm{m}}}{R}\frac{p_{\mathrm{f}}}{\mu Z}\frac{\partial p_{\mathrm{m}}}{\partial r_{\mathrm{m}}}\bigg|_{r_{\mathrm{m}}=R}=\phi_{\mathrm{f}}c_{\mathrm{gf}}\frac{p_{\mathrm{f}}}{Z}\frac{\partial p_{\mathrm{f}}}{\partial t} \tag{7-2-17}$$

式中　p_{f}——裂缝系统压力，Pa；

μ——气体黏度，$\mathrm{Pa\cdot s}$；

Z——偏差系数；

ϕ_{f}——裂缝孔隙数；

C_{gf}——气体压缩系数。

利用拟压力进行线性化处理后无因次化，可得：

$$\frac{\partial^2\psi_{\mathrm{fD}}}{\partial x_{\mathrm{D}}^2}+\frac{\partial^2\psi_{\mathrm{fD}}}{\partial y_{\mathrm{D}}^2}+\frac{\partial^2\psi_{\mathrm{fD}}}{\partial z_{\mathrm{D}}^2}=\omega\frac{\partial\psi_{\mathrm{fD}}}{\partial t_{\mathrm{D}}}+\frac{\lambda\beta_{\mathrm{m}}}{5}\frac{\partial\psi_{\mathrm{mD}}}{\partial r_{\mathrm{mD}}}\bigg|_{r_{\mathrm{mD}}=1} \tag{7-2-18}$$

3）系统综合渗流微分方程

对裂缝系统无因次渗流微分方程进行基于 t_D 的 Laplace 变换，并利用基质系统压力和裂缝系统压力的关系，对裂缝系统渗流微分方程进行化简，可以得到页岩气藏最终的综合渗流微分方程：

$$\frac{\partial^2 \overline{\psi}_{fD}}{\partial x_D^2} + \frac{\partial^2 \overline{\psi}_{fD}}{\partial y_D^2} + \frac{\partial^2 \overline{\psi}_{fD}}{\partial z_D^2} = f_1(u)\overline{\psi}_{fD} \tag{7-2-19}$$

$$f_1(u) = \omega u + \frac{\lambda \beta_m}{5}\left[\sqrt{\frac{15(1-\omega)\alpha_m u}{\lambda \beta_m}} coth\left(\sqrt{\frac{15(1-\omega)\alpha_m u}{\lambda \beta_m}}\right) - 1\right] \tag{7-2-20}$$

式（7-2-19）即为反映页岩气藏解吸、应力敏感、非稳态扩散的三维无限大双重介质综合渗流微分方程。

第三节　常压页岩气产能评价与生产规律

页岩气井产能评价和预测方法与常规气井存在较大差异。本节通过建立常压页岩气井渗流数学模型建立了相应的产能评价模型和生产数据分析方法，结合经验法、解析法等方法综合预测了气井可采储量。基于现场大量生产井实践，划分了气井生产阶段，明确了常压页岩气井生产规律。

一、常压页岩气井初始产能评价

气井的产能泛指气井的产气能力。它既可以指某一特定油嘴下的气井井口产量，也可以用气井无阻流量或气井的流入动态曲线（IPR 曲线）等加以表示。而气井的无阻流量一般被定义为井底流压降为零，或者绝对大气压力（1atm）时的气井产量。

常规气藏气井产能评价是以产能试井理论为基础，通过试气资料确定气井产能方程和无阻流量，评价气井生产能力。页岩基质渗透率特低，必须通过水平井体积压裂改造才能实现经济效益开发，而且该类气藏开发过程中存在吸附气解吸、扩散现象，导致适用于常规气藏的产能方程在页岩气井中应用时存在很大不适用性，需要考虑页岩气藏渗流特征并建立对应的产能方程。

1. 页岩气井产能方程

在页岩气压裂水平井渗流特征认识的基础上，建立针对页岩气拟稳态条件下的产能方程，并以此为理论依据开展气井初始产能评价。

1）模型假设

页岩气多段压裂水平井拟稳态产能评价模型假设条件如下：

（1）储层可等效为均质气藏。

（2）压裂水平井处于封闭气藏之中，气藏宽度与压裂裂缝长度相同。

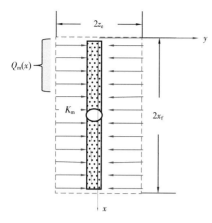

图 7-3-1 一个压裂裂缝单元渗流示意图

（3）压裂裂缝对称分布，各主压裂裂缝半长和导流能力相同。

（4）主裂缝为有限导流裂缝。

（5）气藏达到 SRV 准拟稳态生产阶段，即缝间基本开始干扰。

根据对称性，取 1 条裂缝泄流范围为研究对象，推导气井产能方程（图 7-3-1）。

2）模型推导

针对上述假设，当达到拟稳态生产时，页岩气多段压裂水平井每个压裂裂缝的泄气控制面积都一样。页岩气沿着 z 方向从 $\pm z_e$ 流向 $z=0$ 处，其在基质中的流速用达西定律来表示：

$$v_z\left(x\right)=\frac{K_m}{\mu}\frac{\mathrm{d}p}{\mathrm{d}z} \tag{7-3-1}$$

边界条件 1：假设在任意位置，当压差为 0 时，对应的压差梯度可以忽略，即：

$$\left(\frac{\mathrm{d}\vartheta}{\mathrm{d}x}\right)_{\vartheta=0}=0 \tag{7-3-2}$$

边界条件 2：在裂缝的出口位置（$x=x_f$），裂缝的压力等于井底流压，即：

$$\vartheta\big|_{\vartheta=0}=\psi_e-\psi_{wf} \tag{7-3-3}$$

根据拟压力定义及边界条件可得：

$$\vartheta=\left(\psi_e-\psi_{wf}\right)e^{\sqrt{c}\left(x-x_f\right)} \tag{7-3-4}$$

将参数代入，并考虑主裂缝内高速非达西效应，可以推导得出：

$$\psi_e-\psi_{wf}=Aq_{gsc}+Bq_{gsc} \tag{7-3-5}$$

其中：

$$A=\frac{1}{2n}\times\frac{z_e\sqrt{c}}{K_m h}\frac{p_{sc}T}{z_0 T_{sc}}\frac{1}{1-e^{-\sqrt{c}x_f}}\left(1+S\right)$$

$$B=\frac{1}{4n^2}\times\frac{z_e\sqrt{c}}{K_m h}\times\frac{p_{sc}}{z_0 T_{sc}}\times\frac{1}{1-e^{-\sqrt{c}x_f}}\times D$$

式中 q_{gsc}——气井标准状态下的产气量，$10^4\mathrm{m}^3/\mathrm{d}$；

T——气井温度，K；

h——气层有效厚度，m；

K_m——基质有效渗透率，mD；

x_f——裂缝半长，m；

n——裂缝条数；

K_f——人工压裂裂缝渗透率，mD；

w——人工压裂裂缝宽度，m；

z_e——人工压裂裂缝面到阻流边界距离，m；

D——人工压裂裂缝高速非达西系数。

从式（7-3-5）可以看出，页岩气多段压裂水平井拟稳态产能主要与人工裂缝条数、页岩储层厚度、人工裂缝导流能力、页岩基质有效渗透率、高速非达西系数有关，而吸附气解吸不影响二项式产能方程，它是通过物质平衡方程反映在对地层压力的影响上。

另外，从产能方程中也可看出，页岩气压裂水平井在拟稳态（SRV 整体泄压）流动阶段产能方程仍然满足二项式形式，只是产能方程系数 A、B 计算公式不一样，因此仍然可以按照常规气产能评价方法测试和评价页岩气井产能。

由于试气阶段压裂液返排量大，气井受产水影响较大，建议下入井底压力计测试井底流压，且保持产量、压力稳定，单个测试制度大于 8h。按照正序方式变换 3 个以上工作制度，通过变流量产能方程方法分析当前的地层压力及气井试气阶段初始无阻流量。由于试气阶段气井难以达到准拟稳态流动阶段，评价的气井无阻流量偏高，而实际评价时一般由井口计算流压，且难以准确考虑排液及积液影响，评价的无阻流量偏低，综合来看，基本能反映气井产气能力。

2. 页岩气井初始产能分析方法

在描述页岩气气体流动过程中，最恰当的压力表示形式为拟压力。对于各种不同组分的气体，或者对于各种不同的地层压力／温度环境都是适用的，但是采用拟压力进行产能分析时，首先要把压力通过积分运算转化为拟压力。而实际应用中，为了简化计算，在地层压力较低时，拟压力可以近似为压力平方，也可保持一定的分析精度。

1）二项式产能评价方法

常压页岩气田开展系统测试的页岩气井，如果已知地层压力，可以采用二项式产能评价方法评价产能。页岩气井拟稳态二项式产能评价方法，要求采用正序方式测试 3 个以上工作制度，每个制度下的压力和产量都要求达到稳定，并用二项式或指数关系来回归测试数据，评价气井产能。采用压力平方分析方法时，气井产能方程的二项式形式可以表示为：

$$p_e^2 - p_{wf}^2 = A_{p2}q_{gsc} + B_{p2}q_{gsc}^2 \qquad (7-3-6)$$

利用该方法进行实测数据分析处理时，需要已知地层压力，在进行实测数据处理时，可在直角坐标系上线性回归 $(p_e^2-p_{wf}^2)/q_{gsc} \sim q_{gsc}$ 关系曲线，利用直线的斜率和截距求取产能方程中的常数 A_{p2}、B_{p2} 值，进而计算绝对无阻流量。

由于页岩基质物性差，通过页岩气井产能测试确定的 IPR 方程主要反映裂缝系统向井筒的流入动态，该方法在投产初期测试时评价的无阻流量主要反映裂缝系统的初始产能。由于页岩气物性差，渗透率低，气井在投产早期有压裂液返排，二项式产能曲线容易倒转，此时可对二项式采用 C 值校正法进行产能评价。

而对于现场实际的页岩气井，产能测试过程中的地层压力往往不会提前获知，此时可以采用下述多流量方法求取气井产能方程和绝对无阻流量。

2）多流量法产能评价方法

如果页岩气井在系统测试时没有测试地层压力，采用"多流量法"开展产能评价，可以同时得到目前地层压力和无阻流量。基于气井系统试井原理，在气井正常生产过程中，改变至少3次工作制度（产量由小到大），要求每个工作制度生产至稳定状态，利用各制度对应稳定的产量、井底流压，联立求解方程组，可得到当前的地层压力，同时得到稳定产能方程和无阻流量。相应的计算公式如下：

$$\frac{p_{\mathrm{wf}(i-1)}^2 - p_{\mathrm{wf}i}^2}{q_{gi} - q_{g(i-1)}} = A_{\mathrm{p2}} + B_{\mathrm{p2}}\left(q_{gi} + q_{g(i-1)}\right) \tag{7-3-7}$$

把3个测试点的产量、压力代入上述方程中，作 $\dfrac{p_{\mathrm{wf}(i-1)}^2 - p_{\mathrm{wf}i}^2}{q_{gi} - q_{g(i-1)}} \sim$（$q_{gi} + q_{g(i-1)}$）曲线图，求得直线截距和斜率。由此，根据二项式产能方程的通式即可得到地层的压力和无阻流量。利用该方法，将几套产量、流压数据代入方程，可得到平均地层压力。

该方法的限制条件：测试周期较长，至少需要3组稳定的产量和压力数据，同时测试工作制度的设计与计算结果的准确性密切相关。需要注意，对于页岩气采用这种方法确定的地层压力偏低。

3）"一点法"产能评价方法

"一点法"公式是在二项式产能方程的基础上，通过统计分析气井的稳定试井、等时试井或修正等时试井资料并归纳总结得到的经验公式。"一点法"产能公式适用条件主要包括：① 测试压力点必须达到稳定。一点法测试资料的分析方法中，要求取值点要达到压力稳定，否则，计算结果不能反映气井的真实情况；② 地层流体为单相。测试过程中，如果井底附近出现了两相流，如边底水窜入井底或工作液返排不彻底，以及形成了两相流等。对于这种情况，"一点法"测试的分析结果误差较大。

气藏储层特征、储层物性不同，得到的"一点法"经验公式有较大的不同，各气田根据系统试气资料推导的"一点法"公式很多，适用条件各不相同。目前，川东北地区普遍采用陈元千"一点法"公式进行产能评价（陈元千，1987）。陈元千教授的"一点法"产能公式是根据四川16个气田的16口储层物性较好的气井的多点稳定试井取得的资料分析结果，反求出各井的 α 值，该16口井的平均 α 值为0.2541，取 $\alpha = 0.25$。无阻流量经验公式为：

二项式：

$$q_{\mathrm{AOF}} = \frac{6q_{\mathrm{g}}}{\sqrt{1 + 48p_{\mathrm{D}}} - 1} \tag{7-3-8}$$

指数式：

$$q_{AOF} = \frac{q_g}{1.0434 p_D^{0.6594} - 1} \qquad (7\text{-}3\text{-}9)$$

式（7-3-9）中 p_D 是无因次压力，定义为：

$$p_D = 1 - \left(\frac{p_{wf}}{p_R}\right)^2 \qquad (7\text{-}3\text{-}10)$$

式中　q_{AOF}——测试段无阻流量，$10^4 m^3/d$；

　　　p_R——平均地层压力，MPa；

　　　p_{wf}——井底流动压力，MPa；

　　　q_g——气井产量，$10^4 m^3/d$。

结合已投入开发的页岩气井实际测试资料，选取部分系统测试资料状况较好的井，采用二项式进行产能评价，根据评价结果初步确定涪陵龙马溪组页岩气"一点法"的产能评价系数值为 0.22，结果见表 7-3-1。

表 7-3-1　涪陵地区一点法经验值

井号	α	二项式评价无阻流量 / $10^4 m^3/d$	"一点法"（12mm 油嘴） 评价结果 /（$10^4 m^3/d$）	"一点法"（10mm 油嘴） 评价结果 /（$10^4 m^3/d$）
焦页 1-4HF	0.04	53.55	57.5	56.86
焦页 8-3HF	0.32	58.82	59.91	57.03
焦页 11-1HF	0.25	56.57	58.93	52.71
焦页 20-1HF	0.26	43.17	43.28	42.63
焦页 12-4HF	0.18	92.58	100.22	94.2
焦页 42-2HF	0.25	63.73	69.1	70.6
平均 α	0.22	61.4	63.79	62.33

可以看出，涪陵页岩气田二项式产能评价结果与 12mm 油嘴"一点法"的评价结果比较接近（误差 3.9%），与 10mm 油嘴"一点法"的评价结果更接近（误差仅 1.5%）；涪陵页岩气田"一点法"和陈元千"一点法"的 α 系数值相近。

3. 常压页岩气井初始产能评价

以隆页 1HF 井为例，说明常压页岩气产能评价过程。隆页 1HF 井位于渝东南地区利川—武隆复向斜武隆向斜南翼，该井水平段长 1317m，水平段轨迹在②小层～③小层穿越，优质页岩钻遇率 100%。该井采用射孔桥塞联作分段压裂，完成共计 17 段 /46 簇压裂施工，主体段长 70～90m；总液量 34139.4m³，砂量 1192.2m³；单段液量 2008m³，砂量 70m³。经过早期套管放喷、连续油管完井及油管放喷，之后于 2015 年 12 月 14 日至 2016 年 1 月 7 日进行了 9 个工作制度测试求产，见表 7-3-2。

表 7-3-2　隆页 1HF 井测气求产数据表

| 序号 | 油嘴 / mm | 井底 | | 测试时间 / h | 稳定时间 / h | 折算日产气 / $10^4 m^3$ | 折算日产液 / m^3 | 一点法无阻流 / $10^4 m^3/d$ |
		流压 /MPa	流温 /K					
1	13.49	/	347.3	38.50	8	5.09	79.4	
2	14.29	/	350.3	24.20	8	6.40	78.9	
3	15.08	17.491	349.3	9.57	8	6.20	74.7	7.41
4	11.91	19.133	349.3	24.58	8	5.53	65.1	6.90
5	12.7	18.1955	350.3	25.30	8	5.77	71.7	7.01
6	10.32	19.8953	349.3	24.92	12	4.96	58.6	6.33
7	9.53	19.9267	350.3	27.05	12	4.74	50.46	6.05
8	7.94	—	349.3	7.10	—	—	—	
9	8.73	19.9542	350.3	31.8	12	4.15	43.18	5.31

分析隆页 1HF 井的试气资料，可以得到如下认识：

（1）隆页 1HF 井测试时连续油管下深至 A 靶点，但该井水平段为下倾型，且 A、B 高差大，造成在靠近 B 靶点处可能存在井筒积液现象，影响流压测试准确性，进而影响产能测试结果。

（2）气井试气过程中采用了多个工作制度，除去 7.94mm 制度，每个制度测试时间均大于 24h，稳定时间 8～12h，但产量序列总体上为从大到小，早期产量较大可能导致地层压力下降进而影响产能曲线形态。

（3）常压气藏地层能量弱，不同制度测试产量差异小，影响测试精度。

（4）9 个工作制度的测试数据中存在一些异常点，对异常数据进行分析之后，选取相对合理的 6 个测试点，进行隆页 1HF 井系统试井产能评价。

分析隆页 1HF 井的测试数据，该井用多流量法评价气井产能时出现异常，可采用"一点法"、二项式法进行产能评价。

根据试井解释结果，产层中深的地层压力为 34MPa。"一点法"选用最大工作制度评价无阻流量为 $7.4 \times 10^4 m^3/d$。采用二项式法进行隆页 1HF 井产能评价，二项式曲线发生倒转。推测可能与井筒积液、产量序列由大到小、地层能量未平衡等原因有关。针对该测试资料，采用修正二项式产能的方法进行处理，利用修正二项式方法，得到气井无阻流量评价结果为 $10.7 \times 10^4 m^3/d$。

页岩气井初始产量较高，但从后续试采中可以看出，气井产能下降速度比较快。这也意味着对于页岩气井初始评价的无阻流量更多的是代表裂缝的产能，要真正了解气井实际的产气能力，还需要结合动态的试采数据进行分析。

二、常压页岩气井动态分析

1. 动态储量评价

1）动态储量评价方法

（1）物质平衡法。

物质平衡方法应用实际的储层生产数据计算储量，被看作最准确的计算方法。对于页岩气藏，物质平衡方法进行动态储量评价过程中需要考虑吸附气解吸、束缚水、页岩孔隙压缩系数随地层压力变化等影响，建立异常高压页岩气藏物质平衡方程，通过关井静压可以准确评价页岩气井目前动态储量值。

当气井累计产气量为 G_p、平均地层压力为 $\bar{p}$ 时，页岩气藏满足下列物质平衡方程：

$$\frac{\bar{p}}{Z^*} = \frac{p_i}{Z_i^*}\left(1 - \frac{G_p}{G}\right) \tag{7-3-11}$$

根据式（7-3-11），如果有多次关井静压测试数据，可以作出累计产气量与 p/Z^* 的数据点，拟合线性段斜率和截距，就可以评价页岩气井目前井控动态总储量。该方法可较准确评价页岩气井动态总储量、自由气储量。但使用该方法评价气井动态储量时，需要关井测试静压。

（2）流动物质平衡法。

若气井生产过程中未做过关井静压测试，则可采用流动物质平衡方法进行动态储量评价（Mattar 等，1998），而且对于定产量生产井及变产量生产井评价方法不同。

① 定产量生产井。

当气井以恒定产量生产并且达到拟稳态生产阶段时，地层中任意点（包括井底）压力下降速度相同，此时根据流压做的物质平衡线与根据平均地层压力做的物质平衡线平行，可以通过原始地层压力点做流压的物质平衡平行线，并通过与 x 轴的交点来确定气井的动态储量。定产生产时，流压与平均地层压力相差一个常数。因此，可以使用井底流压来评价页岩气井总动态储量。

$$\overline{\psi_n} = \psi_{n,wf} - S_w\left(\psi_{ni} - \overline{\psi_n}\right) + qb_{n,pss} \tag{7-3-12}$$

$$b_{n,pss} = \frac{(\mu z)_i}{2p_i}\frac{p_{sc}T}{\pi KhT_{sc}}\left(\ln\frac{r_e}{r_{wa}} - 0.75\right) \tag{7-3-13}$$

式中 S_w——含水饱和度，%；

      q——产气量，m^3/d；

      r_e——泄气半径，m；

      r_{wa}——井筒半径，m；

      T——气藏温度，K；

      T_{sc}——标况下气藏温度，K；

p_{sc}——标况下气藏压力，MPa；

p_i——初始气藏压力，MPa；

μ——天然气黏度，mPa·s；

Z——气体偏差系数；

K——气相相对渗透率；

h——气藏地层厚度，m。

流动物质平衡法评价动态储量时，与物质平衡法类似，横坐标为累计产气量，纵坐标使用流压值计算 p/Z^* 值，拟合直线斜率 m，然后过原始地层压力点做斜率为 m 的平行线，外推到 x 轴交点即为动态总储量。这种方法不需要关井测试静压，但要求分析的数据产量尽量稳定，且有多次流压测试数据。

② 变产量生产井。

若气井生产过程中产量存在明显波动，地层内将不会出现拟稳态流动阶段，此时地层压力与井底流压的差值不再是一个常数，而是与实际产气量大小相关的一个变量。可以采用迭代的方法评价动态储量。该方法的步骤为：

首先，估算该井的动态储量值，之后在直角坐标系中连接点（0，$(p/Z^{**})_i$）及点（$OGIP$，0）得到一条直线，其中（p/Z^{**}）$_i$ 为原始地层压力对应的（p/Z^{**}）；其次，根据气井生产过程中的井底流压、日产气量，根据式（7-3-13）计算每一个生产点对应的产能系数，即 b_{pss}；然后，不断调整 $OGIP$ 值，直到 $1/b_{pss}$ 趋于恒定值；根据最终的 b_{pss}，重新计算每个生产点对应的 $\left(\dfrac{\bar{p}}{Z}\right)_{data}$，若每个生产点对应的 $\left(\dfrac{\bar{p}}{Z}\right)_{data}$ 可以落在（0，$(p/Z^{**})_i$）及点（$OGIP$，0）得到的直线上，则迭代终止，否则微调 $OGIP$，直到数据点均落在直线段上，迭代终止。

$$b_{pss}=\frac{\left(\dfrac{\bar{p}}{Z}\right)_{line}-\left(\dfrac{p}{Z}\right)_{wf}}{q} \quad\quad （7-3-14）$$

该方法是通过气井产能方程将流压转换成平均地层压力，再由物质平衡方程来评价气井动态储量。当气井生产波动非常大时，$\left(\dfrac{\bar{p}}{Z}\right)_{data}$ 直线段识别困难，并且产量频繁调整时，由拟稳态产能方程计算平均地层压力准确性下降。此外，当生产曲线波动大时，采气指数曲线水平段波动大，由采气指数推算平均地层压力精度低。因此，该方法受人为影响大，有时会导致评价结果不够准确。该方法在使用时也要求气井有一定的试采时间、流动已经进入边界控制流动阶段。

（3）典型图版法。

目前，在油气藏工程中通常利用不稳态时期的压力或产量数据来计算地层参数，而利用拟稳态时期的压力或产量数据来计算气井动态储量，典型图版法是常用的一种评价气井动态储量的方法。

渝东南常压页岩气井试采过程中，大多数气井均未采用恒定产量生产模式，气井产量变化明显，对于这种变产变压方式生产的气井可以采用 Blasingame 图版拟合方法进行动态储量评价。该方法引入了拟压力规整化产量和物质平衡时间函数来处理变产变压生产问题，在 Blasingame 图版中，可以绘制 3 条产量函数与物质平衡时间曲线，即规整化产量曲线、规整化产量积分曲线、规整化产量积分导数曲线，对实际生产数据进行典型图版拟合分析时，3 条曲线可同时使用或单独使用。当气井流动进入拟稳态阶段以后，理论图版上的曲线后期归结为一条调和递减曲线，即在双对数坐标中，曲线后期变为斜率为 –1 的直线段。

实际应用中，将生产数据与理论图版进行拟合，使得每组曲线都能尽量好地拟合，之后选择拟合点，在已知储层厚度、压缩系数、井径等参数情况下，可以计算气井动态储量等参数。该方法与流动物质平衡方法类似，进行动态储量评价时，也需要用到每个生产点对应的井底流压。该方法多解性较低，评价过程中受人为影响相对较小，与前几种方法相比，该方法评价结果相对准确。另外，使用该方法时，也要求气井有一定的试采时间、流动已经进入边界控制流动阶段。

综合以上几个方面的分析，有关井资料的井可选择物质平衡方法评价页岩气井动态储量；对于没有关井静压数据的情况，如果有实测井底流压且气井产气量基本稳定，则可以通过流动物质平衡法评价目前气井井控动态总储量；如果产气量和井底流压均不稳定，则可以通过动态物质平衡法、典型图版法评价页岩气井井控动态总储量。根据试采、测试资料情况，渝东南常压页岩气井推荐采用流动物质平衡方法（变产量生产）、典型图版方法开展动态储量评价。

2）单井动态储量评价

渝东南南川地区页岩气井推荐采用流动物质平衡法、典型图版法进行动态储量评价。对区内试采时间相对较长的 29 口井开展动态储量评价，认识了目前储层的动用状况。

以焦页 194–3HF 井为例，利用流动物质平衡方法，根据折算得到的井底流压数据绘制物质平衡线，如图 7–3–2 所示，曲线与横轴的交点即为该井的动态储量，据此评价得到焦页 194–3HF 井动态储量为 $1.22 \times 10^8 \mathrm{m}^3$。

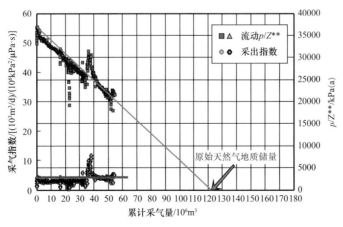

图 7–3–2　焦页 194–3HF 井流动物质平衡法评价气井储量

除此之外，还可利用现代产量递减分析中的典型图版拟合方法评价动态储量，如图 7-3-3 所示，该方法计算得到焦页 194-3HF 井动态储量为 $1.18 \times 10^8 m^3$。综合以上两种方法确定焦页 194-3HF 井的动态储量为 $1.20 \times 10^8 m^3$。

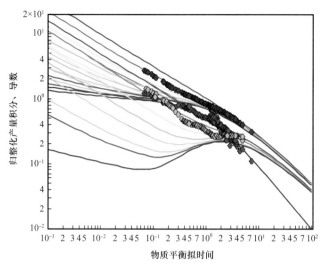

图 7-3-3　焦页 194-3HF 井 Blasingame 图版法评价气井储量

综合流动物质平衡方法、典型图版方法评价得到 29 口试采井目前单井动态储量为 $(0.27 \sim 1.71) \times 10^8 m^3$，平均为 $1.01 \times 10^8 m^3$；其中，超过 $1.0 \times 10^8 m^3$ 的井有 12 口，超过 $1.2 \times 10^8 m^3$ 的井有 5 口。

2. 基于返排数据的改造裂缝体积评价

1）压裂液返排机理

（1）压裂返排特征。

气井压裂完成之后会立即进行放喷排液。高压页岩气井返排率较低，国内外统计得到的页岩气井返排率范围为 10%～40%，常压页岩气井返排率相对较高，通常在 30% 以上。通常认为未返排出来的压裂液有两种去向：一是由于毛细管力作用渗吸进入直径较小的孔隙；二是由于裂缝闭合而滞留在孤立的裂缝中。这些空间由于充填压裂液而不能有效泄压，不能成为气体流动的通道，因而被称为无效孔隙空间或无效裂缝，显然其对气井产气没有贡献。能够返排出来的压裂液充填于改造形成的主裂缝或次生裂缝，即有效裂缝中，通过分析返排数据获得的即是可动压裂液体积，即有效裂缝信息，如裂缝体积（王妍妍等，2018）。

压裂液返排开始后，初期裂缝中流体为单相压裂液，且流动处于非稳态流动阶段，由于裂缝渗透率较高，再加上现场早期数据记录精度不够，该阶段持续时间较短或者很难监测到。之后裂缝系统逐渐泄压，由于不同级裂缝返排的时间及裂缝参数的不同，部分裂缝中压裂液仍处于非稳态流动阶段，而一些裂缝中压裂液已进入边界控制流阶段，气体开始突破进入裂缝，该阶段裂缝系统中既有非稳态流动又有边界流，属于过渡流阶段，动态响应特征规律性不够明显。后期所有缝内压力均传播到达有效裂缝体积的边界后，所有级次的裂缝内均出现两相流动，由于毛细管力作用，部分渗吸进入基质中的压裂液难以返排出来，此时对于单相压裂液来说，没有地层中的补给，流动将进入边界控制流阶段，由于所有级次的裂缝将出现统一的边界响应，因此该流动阶段规律性较强，较容易识别。

为进一步认识及验证返排过程中气、水两相流动规律，建立了交叉型裂缝缝网的数值模拟模型，模型基本参数见表 7-3-3，并假设初始条件下裂缝完全被压裂液充填。

表 7-3-3　数值模拟模型基本参数表

原始地层压力	储层温度	Langmuir 压力	Langmuir 体积	岩石压缩系数
38.2MPa	82℃	6MPa	2.5m³/t	0.00182MPa⁻¹
基质孔隙度	裂缝孔隙度	基质渗透率	裂缝渗透率	总含水量
4.50%	0.45%	0.0001mD	5mD	380.8m³

放喷过程中随着裂缝的泄压，一段时间后基质中气体进入裂缝系统。图 7-3-4 表示裂缝内部距离井筒不同位置处含气饱和度变化情况，从图中可以看出，对于页岩气井，返排期裂缝中的单相（压裂液）流动阶段持续时间很短，气体很快突破进入两相流动阶段，且距离井筒越近的位置处，越快进入两相流动阶段。

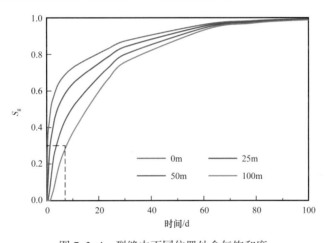

图 7-3-4　裂缝中不同位置处含气饱和度

Alkouh 指出，$S_g > 0.3$ 时可认为裂缝系统进入气体控制阶段，此时气体膨胀能将成为驱替压裂液返排的主要能量来源，从图 7-3-5 中可以看出，进入该阶段所需要的时间与裂缝导流能力相关。裂缝导流能力（F_c）为 0.5mD·m 时，距离井筒 100m 位置在放喷 7d 后已经进入气体控制阶段；当 $F_c > 0.2$mD·m 时，与井筒距离小于 100m 的位置均在 20d 以内进入产气控制阶段。这表明在页岩气多段压裂水平井返排或早期生产过程中，很容易进入产气控制阶段。这意味着对于没有基质补给作用的单相压裂液来说，边界控制流动阶段将很快出现。故在进行页岩气井产水数据分析时，可以假设压裂液流动到达边界控制流阶段，对单相压裂液进行边界控制流动阶段分析。可以假设到达边界控制流阶段时，已经进入产气控制阶段。

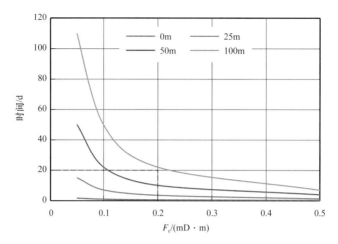

图 7-3-5　裂缝中不同位置处进入气体控制阶段的时间（F_c = 0.5mD·m）

（2）返排液量计算。

由于没有能量补充，返排液量将完全依靠地层压力下降导致的流体膨胀和裂缝孔隙收缩释放的弹性能量。整个有效裂缝体积内依靠岩石和液体的弹性能所排出的液体总体积为：

$$B_w W_p = C_t \times V_{EF} \times \left(p_0 - \overline{p}_f \right) \tag{7-3-15}$$

式中　　W_p——总放喷排液量，m^3；

　　　　C_t——裂缝和流体综合压缩系数，MPa^{-1}；

　　　　p_0——气井返排之前裂缝内平均压力，MPa；

　　　　$\overline{p}_f$——平均裂缝压力，MPa；

　　　　B_w——水的体积系数，近似为1；

　　　　V_{EF}——原始压裂液体积，即有效裂缝孔隙体积，m^3。

由于产水量越高，气体越快从基质进入裂缝系统，故分析产水数据时需要考虑气体压缩性。当 $S_g > 0.3$ 时，气体压缩系数占综合压缩系数的 95% 以上，意味着此时只考虑气体的压缩性即可满足现场的精度要求。

2）渗流数学模型

当所有级次的裂缝均进入边界控制流动阶段以后，流动规律能够采用统一的渗流模型进行表征。假设裂缝内的流动为径向流、线性流，分别建立两种情况下的渗流数学模型。

（1）径向流模型。

裂缝半长较短时，流体流动可看成径向流，定产量生产时裂缝中的渗流数学模型为：

$$\begin{cases} \dfrac{1}{r} \dfrac{\partial}{\partial r} \left(r \dfrac{\partial p_f}{\partial r} \right) = -\dfrac{q_w B_w \varphi_f \mu}{K_f V_{EF}} \\[2mm] \left. \dfrac{\partial p_w}{\partial r} \right|_{r=R_e} = 0 \\[2mm] p_f \big|_{r=R_w} = p_w(t) \ \text{或} \ p_f \big|_{r=R_w} = p_w(t) \end{cases} \tag{7-3-16}$$

式中 p_f——裂缝内压力，MPa；

    r——径向距离，m；

    q_w——产水量，m^3/d；

    B_w——水的体积系数，近似为 1；

    φ_f——裂缝孔隙度；

    μ——水相黏度，mPa·s；

    K_f——裂缝渗透率，mD；

    V_{EF}——原始压裂液体积，即有效裂缝孔隙体积，m^3。

模型求解可得：

$$p_f(r,t) = p_{wf}(t) + \frac{q_w B_w \varphi_f \mu}{2K_f V_{EF}} R_e^2 \left[-\frac{r^2}{2R_e^2} + \ln\left(\frac{r}{r_w}\right) \right] \tag{7-3-17}$$

根据面积加权平均法，得到圆形裂缝中平均裂缝压力表达式，化简得到：

$$\bar{p}_f(t) = p_w(t) + \frac{q_w B_w \varphi_f \mu}{2\pi K_f w} \left[\ln\left(\frac{R_e}{R_w}\right) - \frac{3}{4} \right] \tag{7-3-18}$$

由物质平衡方程可知依靠弹性能所排出的液体总体积为：

$$B_w W_p = C_t \times V_{EF} \times (p_0 - \bar{p}_f) \tag{7-3-19}$$

式中 W_p——总放喷排液量，m^3；

    C_t——裂缝和流体综合压缩系数，MPa^{-1}；

    p_0——气井返排之前裂缝内平均压力，MPa。

可得模型的解为：

$$p_0 - p_w(t) = \frac{q_w t B_w}{C_t V_{EF}} + \frac{q_w B_w \varphi_f \mu}{2\pi K_f w} \left[\ln\left(\frac{R_e}{R_w}\right) - \frac{3}{4} \right] \tag{7-3-20}$$

（2）线性流模型。

若裂缝较长，可假设裂缝中的流动为线性流，拟稳态条件下压力分布可近似成如下问题的解（取裂缝一翼为分析对象）：

$$\begin{cases} \dfrac{\partial^2 p_f}{\partial x^2} = -\dfrac{\varphi_f C_t \mu}{K_f} \dfrac{B_w q_{w1}}{C_t x_f w h} = -\dfrac{\varphi_f \mu}{K_f} \dfrac{B_w q_{w1}}{V_{EF1}} \\[3mm] \left. \dfrac{\partial p_f}{\partial x} \right|_{x=x_f} = 0 \\[3mm] p_f|_{x=x_w} = p_w \end{cases} \tag{7-3-21}$$

其中，q_{w1}、V_{EF1} 表示单翼裂缝的产水量、体积。

采用与径向流类似的解法，得到模型的解为：

$$p_0 - p_{wf}(t) = \frac{q_w t B_w}{C_t V_{EF}} + \frac{\varphi_f \mu}{3K_f} \frac{B_w q_w}{V_{EF1}} x_f^2 \qquad (7-3-22)$$

（3）边界控制流阶段模型求解。

上述模型推导的前提是气井采用定产量方式生产，但返排时多采用放喷方式生产，返排后期只会出现表征裂缝进入整体泄压状态的边界控制流阶段，而非拟稳态流动阶段。此时，需要建立气井变产量生产且流动进入边界控制阶段后的渗流数学模型。

对于径向流、线性流模型压力解进行无因次处理，分别得到：

$$p_{fD} = \frac{2t_D}{r_{eD}^2} + \ln(R_{eD}) - \frac{3}{4}, \quad p_{fD} = \frac{2\pi t_D}{x_{fD} h_D} + \frac{2\pi}{3} \frac{x_{fD}}{h_D}$$

用到的无因次形式为：

$$p_{fD} = \frac{2\pi K_f w(p_0 - \bar{p})}{q_w \mu B_w}, \quad t_D = \frac{K_f t}{\mu C_t} \times \frac{1}{r_w^2}$$

分析发现不管裂缝是哪种形态，无因次压力均可写成如下形式：

$$p_{fD} = Mt_D + N \qquad (7-3-23)$$

对式（7-3-23）进行拉式变换，再结合杜哈美原理，通过进行拉普拉斯逆变换，得到

$$q_w = \frac{2\pi K_f w(p_0 - \bar{p})}{\mu B_w} \times \frac{1}{N} e^{-\frac{M}{N} \frac{K_f}{\mu C_t} \times \frac{1}{r_w^2} t} \qquad (7-3-24)$$

即与压力变化规律不同，随着时间的推移，产水量呈指数递减。

式（7-3-24）通过变换后进一步化简得到：

$$\frac{p_0 - \bar{p}_w(t)}{q_w} = \frac{t_{mb}}{C_t V_{EF}} + \frac{B_w \mu \varphi_f}{2\pi K_f w}\left[\ln\left(\frac{R_e}{R_w}\right) - \frac{3}{4}\right] \qquad (7-3-25)$$

同理，线性流的情况有：

$$\frac{p_i - p_{wf}(t)}{q_w} = \frac{t_{mb}}{C_t V_{EF1}} + \frac{\varphi_f \mu}{3K_f} \frac{B_w}{V_{EF1}} x_f^2 \qquad (7-3-26)$$

定义 $RNP = \frac{p_i - p_{wf}(t)}{q_w}$ $PNP = \frac{1}{RNP}$。从上述两式中可以看出，在放喷排液阶段，虽然产水量不断变化，但 $PNR \sim t_{mb}$ 关系曲线，在试采进入边界控制流阶段后变为 -1 斜率直线段（双对数坐标），提取直线段数据做特征线分析，发现在常规坐标系中 $RNP \sim t_{mb}$ 曲线为一截距非负的直线段，利用直线的斜率（m）可以求解有效裂缝体积：

$$V_{EF} = \frac{1}{C_t m} \qquad (7-3-27)$$

若需要考虑多条裂缝，只需要将上两式中的 q_w 换成总产量即可。另外根据式（7-3-25）、式（7-3-26）可以得出，利用直线段截距可以求取裂缝形状参数，类似采气指数，可将

其定义为产水指数 PI_w：

$$PI_w = \frac{1}{b_{pss}} \tag{7-3-28}$$

对于径向流：$\dfrac{1}{b_{pss}} = \dfrac{B_w \mu \varphi_f}{2\pi K_f w}\left[\ln\left(\dfrac{R_e}{R_w}\right) - \dfrac{3}{4}\right]$

对于线性流：$\dfrac{1}{b_{pss}} = \dfrac{\varphi_f \mu}{3K_f}\dfrac{B_w}{V_{EF1}}x_f^2$

此时，不管基质中是线性、双线性还是边界控制流阶段，产水数据一旦出现边界控制流响应，便可以利用此求解裂缝有效体积。在此基础上，如果已知裂缝面积，还可以分析平均裂缝宽度，反之亦然。

（4）模型的验证。

以建立的数值模拟模型为例进行验证，分析 PNR 双对数曲线可知，进行规整化处理后，曲线后期出现 −1 斜率直线段，表明裂缝已经进入边界控制流动阶段，对该阶段进行特征线分析求得直线段斜率为 0.082，进一步求得裂缝孔隙体积为 393.4m³，与模型设计值（380.8m³）误差仅为 3%，表明该方法计算得到的结果可靠，可以进行有效裂缝控制体积计算。

3）典型井裂缝体积分析

以隆页 1HF 井的返排和生产数据为分析对象，进行裂缝特征的分析诊断。综合返排阶段和生产阶段的数据进行边界流的诊断，从图 7-3-6 中可以看出，返排后期双对数曲线出现 −1 斜率直线段，表明此时裂缝产水已经进入整体泄压阶段，且之后生产阶段的数据也落在同一条直线上。但由于各种原因，现场返排阶段的数据记录往往不准确甚至不进行记录，此时若只分析生产阶段的数据，曲线后期也出现 −1 斜率直线段，但该直线段偏离原直线段。由于略去了返排阶段的累计产量，导致物质平衡时间计算结果偏小，曲线向左平移。做特征直线分析发现，忽略返排阶段数据求取的裂缝孔隙体积偏小。因此，在条件允许的情况下，应尽量记录返排阶段的数据。

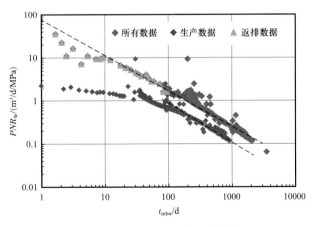

图 7-3-6 PNR_w—t_{mb} 关系曲线图

利用上述方法求取裂缝孔隙体积为12572m³，目前累计产液量为8380m³，意味着目前采出的水占可采出水量的67%，而该井总注入压裂液量为34139m³，产生的有效裂缝体积为总注入液量的37%，意味着注入的压裂液量有一部分漏失掉或由于裂缝闭合原因被圈闭在无效裂缝中，近1/3的压裂液成功改造出连通性较好的有效裂缝。

3. 常压页岩气井生产数据分析方法

在页岩气开发过程中，为了使生产井能以经济产气量生产，通常利用水平井多段压裂的完井方式进行开发。水平井经过多段水力压裂后，其附近产生巨大的裂缝网络，这些裂缝网络将基岩分割成小块从而产生巨大的裂缝–基岩接触面积，并与井筒连接，其结果是在井筒附近产生一个高渗透区域，即压裂改造区（SRV），水平井的最终可采储量大小即取决于该区域的体积大小。而对页岩气井进行生产数据分析的主要目的就是确定页岩气井压后储层及裂缝参数，评价完井及压裂效果，为下一步的可采储量预测提供依据。

1）线性流模型及压裂参数解释

国内外众多研究均表明，页岩气压裂水平井生产过程中将会出现明显的线性流动阶段，并且该流动阶段会持续较长时间。因此，页岩气井生产数据分析也主要针对这个流动阶段。为此，Wattenbarger 和 El–Bandi 等人（1998）对这一特征进行了研究，建立了线性流分析模型，后来 Bello 等人（2009）在这项研究的基础上进行了延伸完善，建立了双孔线性流模型及其解，并系统提出了适用于页岩气井的生产数据分析方法。

该模型假设条件为：（1）储层为由裂缝和基岩组成的双孔介质板状气藏；（2）储层几何形状为封闭长方形，多条裂缝分布其中；（3）水平井位于矩形气藏的中心且长度等于气藏的长度。若水平井采用定井底流压方式生产，则产量的拉普拉斯空间解为：

$$\frac{1}{q_{DL}} = \frac{2\pi s}{\sqrt{sf(s)}} \frac{1+\exp\left(-2\sqrt{sf(s)}y_{De}\right)}{1-\exp\left(-2\sqrt{sf(s)}y_{De}\right)}$$

（7-3-29）

其中，

$$\frac{1}{q_{DL}} = \frac{K_f\sqrt{A_{cw}}(\psi_i - \psi)}{1.291\times10^{-3}q_gT}, \quad y_{De} = \frac{y_e}{\sqrt{A_{cw}}}, \quad f(s) = \omega + \sqrt{\frac{(1-\omega)\lambda}{3s}}\tan\left(h\sqrt{\frac{3(1-\omega)}{\lambda}s}\right)$$

式中 A_{cw}——井筒流动截面积；

         K_f——裂缝渗透率；

         q_g——产气量，m³/d；

         T——绝对温度，K；

         y_e——泄流区域半宽度（矩形气藏），等于裂缝半长，m；

         ψ——气体拟压力函数，MPa²/（mPa·s）；

         q_{DL}——无因次产量；

s——拉氏空间变量;

ψ_i——原始地层压力下的气体拟压力函数,MPa^2/(mPa·s);

ω——储容比;

λ——窜流系数;

y_{De}——无因次泄流区域半宽长度。

根据该模型建立了页岩气多段压裂水平井典型曲线,图 7-3-7 为不同窜流系数下的典型曲线。

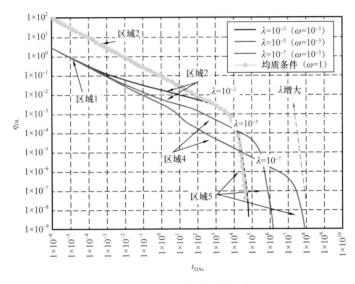

图 7-3-7　双对数诊断曲线

根据诊断曲线,页岩气井生产可能经历 4 个流动阶段:

(1)裂缝线性流。早期裂缝内气体流动到井筒,属线性流动,对应的双对数曲线斜率为 $-1/2$。

(2)双线性流动。裂缝线性流未达到 SRV 边界之前,裂缝内气体流动到井筒,基质内气体流动到裂缝,两种线性流动共同作用,对应的双对数曲线斜率为 $-1/4$。

(3)基质线性流阶段。裂缝线性流到达 SRV 边界之后,基质内气体向裂缝流动占主要作用,对应的双对数曲线斜率为 $-1/2$。

(4)边界控制流。双对数曲线骤降,此时基质线性流动达到基质块流动边界(中心点),出现边界控制流。

在前四个流动阶段,若将根据井的生产数据,作 $\dfrac{(\psi_i-\psi)}{q_g}$ 与 $\sqrt{t}$ 或 $\sqrt[4]{t}$ 关系曲线,可得到直线关系,由直线段斜率可计算压后储层及裂缝参数(若气井生产过程中未变)。但受压裂液返排或持续时间短等因素影响,前两个流动阶段在实际的生产历史分析中很难准确识别出来,最后流动阶段对于生产时间相对较长的井才可识别出来,而基质线性流阶段被认为是求解储层及压裂改造参数最重要的阶段,现场实际页岩气井生产数据分析也表明,多数井都能明显地观测到该流动阶段。以平桥南区 194 平台 4 口井为例,利用 4

口试采井产量压力数据，计算得到井底流压，根据参数定义分别计算得到拟压力规整化产量和物质平衡时间并绘制在双对数坐标图中，如图7-3-8所示，从图中可以看出4口井在生产过程中均存在明显的 -1/2 斜率直线段，即在该生产阶段内地层中出现了长时间的、可观测到的线性流。

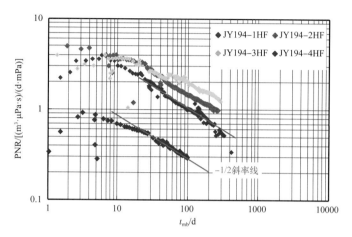

图 7-3-8　平桥南区 194 平台气井双对数曲线

根据式（7-3-29），基质线性流阶段无因次产量在实空间内的解为：

$$q_{DL_m} = \frac{1}{2\pi\sqrt{\pi t_{DA_m}}} \tag{7-3-30}$$

其中，q_{DL_m} 和 t_{DA_m} 都是基于基岩渗透率 K_m 的无量纲量，由以下两式定义：

$$\frac{1}{q_{DL}} = \frac{K_m\sqrt{A_{cm}}(\psi_i - \psi)}{1422 q_g T}, \quad t_{DA_m} = \frac{0.00633 K_m t}{(\phi\mu C_t)_m A_{cm}}$$

而 A_{cm} 被定义为气体从基岩流向裂缝的面积，即基岩与裂缝的接触面积。

基质线性流是目前从页岩气生产数据中观测到的最能代表气井生产特征的流动阶段，通过该阶段数据的分析，可以进行储层及压裂改造参数的求取：作 $\dfrac{(\psi_i - \psi)}{q_g}$ 与 $\sqrt{t}$ 的关系曲线，得到早期直线段的斜率为 m_3，根据该斜率，可以计算 $\sqrt{A_{cm}}K_m$ 的值：

$$\sqrt{A_{cm}}K_m = \frac{1262T}{\left[(\phi\mu C_t)_m\right]^{0.5}}\frac{1}{m_3} \tag{7-3-31}$$

式中　A_m——基质—裂缝接触面积，m^2；

　　　K_m——SRV 区渗透率，mD；

　　　T——储层温度，K；

　　　ϕ——孔隙度；

　　　μ——气体黏度，mPa·s；

　　　m——特征直线斜率。

$\sqrt{A_{cm}}K_m$ 是一个综合的参数，同时包含地层和水力压裂裂缝特征参数，其中 A_{cm} 表示水平井压裂后地层与裂缝相连的所有接触面积，接触面积越大，压裂形成的缝网复杂程度越高，压裂改造效果越好，地层流体流向裂缝及井筒的阻力就越小，气井的产能就越高。

上述模型推导的过程中假设气井采用定井底流压方式生产，若气井采用定产量的生产方式，则改造参数的求取公式需要调整如下：

$$\sqrt{A_{cm}}K_m = \frac{803T}{\left[\left(\phi\mu C_t\right)_m\right]^{0.5}}\frac{1}{m_3} \qquad (7-3-32)$$

实际上，在绝大多数情况下，并不存在纯粹的定产量或定压力生产状态，相反，它们大多数表现为变产量和变井底流压形式。根据现代产量递减分析的一般原理，物质平衡时间（t_{mb}）能够较好地处理产量变化引起的时间叠加效应，但 Palacio 和 Blasingame 研究表明，t_{mb} 仅在拟稳态（边界控制）流动阶段精确成立，但若将 t_{mb} 修正为 $1.23t_{mb}$，物质平衡时间在不稳定流动阶段也能够精确成立。此时，需要调整原有曲线的类型，作 $\dfrac{\psi_i - \psi_{wf}(t)}{q_g(t)}$ 与 $1.23\sqrt{t_{mb}}$ 的关系曲线，得到早期直线段的斜率为 m_3'，根据该斜率，可以计算 $\sqrt{A_{cm}}K_m$ 的值。

利用这一思路，可以求取 194 平台 4 口井的生产数据。提取线性阶段的数据，在直角坐标系中绘制特征线分析图版，拟合求解得到直线段斜率之后，结合改造地层系数的定义求得 4 口井改造地层系数分别为 $3469\text{mD}^{0.5}\cdot\text{m}^2$、$5225\text{mD}^{0.5}\cdot\text{m}^2$、$7963\text{mD}^{0.5}\cdot\text{m}^2$、$2139\text{mD}^{0.5}\cdot\text{m}^2$，意味着该平台 4 口井改造效果由好到差依次为 JY194-3HF 井＞JY194-2HF 井＞JY194-1HF 井＞JY194-4HF 井。显示越靠近平桥西断层，气井稳产能力也应越差。

与动态储量评价相比，改造地层系数评价气井改造效果对气井试采时间要求较低，通过分析平桥南区气井试采数据发现，若试采时间超过 3 个月基本上可以出现明显的线性流段，此时便能较准确确定改造地层系数。对平桥南区试采井进行压裂改造效果综合评价，发现投入试采的气井基本均可观测到线性流动阶段，可以评价压裂改造地层系数。

另外，在缝高已知 h、裂缝等长等假设下，还可进一步计算得到如下综合参数：

$$\sqrt{x_f}K_m = \frac{315.4T}{\left[\left(\phi\mu C_t\right)_m\right]^{0.5}nh}\frac{1}{m_3} \qquad (7-3-33)$$

在求取得到 $\sqrt{x_f}K_m$ 这一综合参数后，若已知 x_f，可求得基质渗透率 K_m；若已知基质渗透率 K_m，也可求得 x_f。这些参数均可以为后续产能评价模型的关键参数提供参考，是下一步进行气井产能预测的依据。

2）SRV 改造体积评价

页岩储层渗透率极低，只有通过水平井多段压裂技术在地层中形成一个复杂裂缝系统（SRV）才能实现经济、有效开发，有效改造范围在一定程度上决定了页岩气井开采过程中可动用范围的大小，因此也决定了压裂改造效果好坏。故评价压裂改造效果时，可与气井动用储量评价结合起来。

由于页岩气藏致密低渗的特征，当储层未被改造时，将很难发生流体流动，这造成了当压力波及 SRV 改造区边界后，外区气体对气井产能补给有限，气井动态储量值将趋于稳定，即流动将进入拟稳态。此时评价得到的动态储量即为 SRV 区内气体储量。因此，在进行页岩气井压裂改造体积评价时，首先要借助生产数据分析地层内流动状态，当流动进入拟稳态流动阶段（对于变产量生产井，又可称为边界控制流阶段）后，可借助动态储量评价结果认识 SRV 内储量。

考虑到渝东南气井多采用定产生产或者变产变压的生产方式，为了利用这种工作制度下气井生产数据进行流动状态识别，必须引入物质平衡时间和规整化产量（或拟压力）进行一定的处理，参数定义为：

$$RNP(t) = \frac{\psi_0 - \psi_{wf}(t)}{q_g(t)} \tag{7-3-34}$$

$$t_{mb} = \frac{G_p}{q_g} \tag{7-3-35}$$

在上一章节介绍利用典型图版法分析动态储量时已经提到，当气井流动进入拟稳态阶段以后，在拟压力规整化产量和物质平衡时间函数双对数图中，曲线后期变为一斜率为 –1 的直线段。

对于平桥南区试采时间相对较长的井（以主体区、东一区、东二区各 1 口典型井为例）的生产数据进行规整化处理，绘制规整化产量—物质平衡时间双对数图（图 7-3-9），从图中可以看出，曲线后期出现均 –1 斜率段，表明后期边界流特征明显，这也意味着气井可动用范围已基本确定，此时评价得到的动态储量可近似认为是 SRV 区域内的储量。

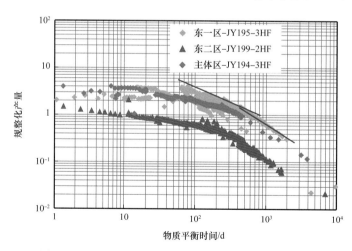

图 7-3-9　平桥南区气井规整化产量—物质平衡时间图

根据 SRV 区域内气体的储量，结合储层的孔隙度、饱和度、等温吸附参数等即可得到自由气体积，结合容积法可反算得到 SRV 区体积。

$$G_{\mathrm{f}} = \cfrac{G}{1 + \cfrac{\rho_{\mathrm{B}}}{S_{\mathrm{gi}}\phi} \cfrac{V_{\mathrm{L}}}{p_{\mathrm{L}} + p_{\mathrm{i}}} \cfrac{z_{\mathrm{i}} p_{\mathrm{sc}} T}{z_{\mathrm{sc}} T_{\mathrm{sc}}}} \qquad （7-3-36）$$

$$V_{\mathrm{SRV}} = \frac{G_{\mathrm{f}} \times B_{\mathrm{gi}}}{\phi S_{\mathrm{gi}}} \qquad （7-3-37）$$

利用上述方法，开展了南川地区 29 口井改造体积的定量评价，评价结果显示，气井改造体积平面分布差异很大。区块主体区气井改造体积介于（5.10～13.60）×10^6m^3，平均为 8.23×10^6m^3；东一区气井改造体积介于（7.72～13.87）×10^6m^3，平均为 9.88×10^6m^3；东二区平均改造体积为 5.55×10^6m^3，有 1 口井改造体积较高，为 10.42×10^6m^3，其余井介于（2.28～5.47）×10^6m^3；西区气井改造体积均较小，为（2.63～2.73）×10^6m^3。从平均改造体积大小来看，改造效果由好到差排列方位为东一区、主体区、东二区、西区。

三、常压页岩气井可采储量预测方法

1. 物质平衡法

根据规范，气田（藏）地层压力降低明显和达到一定采出程度时，根据定期的地层压力和气、水累计产量等资料，通过采出量随压力下降的变化关系求得与废弃压力相对应的技术可采储量，物质平衡法是以物质平衡为基础，对平均地层压力和采气量之间的隐含关系进行分析，建立适合某一气藏的物质平衡方程。

从评价方法可以看出，物质平衡法评价技术可采储量需要：（1）确定累计产量与地层压力之间的关系；（2）确定废弃地层压力；（3）根据物质平衡方程，确定废弃地层压力条件下的累计产气量，即物质平衡法计算的技术可采储量。

1）废弃地层压力计算

物质平衡法在计算技术可采储量时需要确定废弃地层压力，确定废弃地层压力时首先要根据废弃井口压力、废弃产量由垂直管流公式计算废弃井底压力。

根据标准，对于自喷开采气井，外输压力可以作为废弃井口压力；对于增压开采气井，以增压机吸入口压力作为废弃井口压力。根据南川地区气井实际试采情况，目前 29 口井均已进入增压开采阶段，井口外输压力介于 0.9～2.7MPa，平均为 2.0MPa，以该值作为最低外输压力，按废弃产量 1000～2000m^3/d 利用核实的井筒管流模型计算废弃井底流压。根据前述的井筒管流方法评价结果，此处采用 Gray 模型进行计算，计算时管柱选用目前平桥南区最常用的 2^7/8in 型油管，管柱下深选平桥南区平均埋深 3300m，计算得到废弃产量在 1000～2000m^3/d 变化时，废弃井底流压差异较小，可以忽略废弃产量变化影响，统一取 2.5MPa。

确定废弃井底流压之后，由气井产能公式计算废弃地层压力。

$$\overline{\psi} = \psi_{\mathrm{wf}} + q b_{\mathrm{pss}} \qquad （7-3-38）$$

在前述流动物质平衡方法评价动态储量中，已经同时计算得出采气指数 $1/b_{\mathrm{pss}}$，再结合式（7–3–38）便可求出对应废弃产量下废弃地层压力。区块主体区气井采气指数为 1.45～5.07m³/d/（MPa²/mPa·s），平均为 2.93m³/d/（MPa²/mPa·s）；东一区气井采气指数为 2.70～7.51m³/d/（MPa²/mPa·s），平均为 4.57m³/d/（MPa²/mPa·s）；东二区气井采气指数为 0.46～3.04m³/d/（MPa²/mPa·s），平均为 1.53m³/d/（MPa²/mPa·s）；西区气井采气指数为 0.74～1.18m³/d/（MPa²/mPa·s），平均为 0.97m³/d/（MPa²/mPa·s）。

各井采气指数结合废弃井底流压，计算得到各井的废弃地层压力，在最小井底压力为 2.5MPa、废弃产量为 1000m³/d 时，计算平均废弃地层压力：主体区为 3.02～4.03MPa，平均为 3.43MPa；东一区为 2.86～3.41MPa，平均为 3.13MPa；东二区为 3.32～6.15MPa，平均为 4.14MPa；西区为 4.30～5.08MPa，平均为 4.65MPa。

2）评价方法

针对封闭定容页岩气藏，根据物质平衡方程可以推算出在废弃地层压力 p_{ab} 条件下的技术可采储量为：

$$\mathrm{EUR}\left(p=\overline{p_{ab}}\right)=\left[1-\frac{\left(p/Z^*\right)_{p=p_{ab}}}{\left(p/Z^*\right)_{p=p_i}}\right]\times G \qquad (7\text{–}3\text{–}39)$$

式中　G——页岩气井动态总储量，$10^8 m^3$；

　　　p_i——初始地层压力，MPa；

　　　p_{ab}——废弃地层压力，MPa；

　　　$\mathrm{EUR}\left(p=p_{ab}\right)$——废弃地层压力下的累计产气量，即物质平衡法计算的技术可采储量，$10^8 m^3$。

式（7–3–39）中动态总储量 G 可以是实测静压或实测流压评价结果，也可以是生产动态数据（如 Blasingame 图版拟合）评价结果。

3）典型井可采储量预测

根据上述原理，评价得到主体区 EUR 为（0.49～1.33）×$10^8 m^3$；东一区 EUR 为（0.86～1.59）×$10^8 m^3$；东二区 EUR 为（0.34～0.53）×$10^8 m^3$；西区 EUR 为（0.33～0.48）×$10^8 m^3$。总体上看，各区气井技术可采储量大小排序为主体区＞东一区＞东二区＞西区。

2. 解析模型法

从前面可以看出，物质平衡法评价页岩气井可采储量时，无法考虑井间未改造区对 SRV 区补给的影响，评价的是可采储量的下限。本节根据页岩气多段压裂水平井 RTA 模型预测气井可采储量。

解析模型产能预测方法是将与实际水平井所处油气藏较接近的物理模型抽象简化得到相应渗流数学模型，之后需要进行页岩气水平井的生产数据分析（PDA），上一节已经介绍了适用于常压页岩气的生产数据分析方法，利用这些方法可以确定页岩气井压后储层及裂缝参数，这就为可采储量预测解析模型中的参数提供参考取值或拟合初值。之后将这些获取的参数作为初值进行解析模型的生产历史拟合，以进一步确认参数的合理性，最后利用确定好的模型进行产量及可采储量的预测。

目前，国内外利用解析方法对页岩气多段压裂水平井进行产能评价和预测的基本原理是：考虑页岩气解吸和扩散效应，在页岩气双孔渗流综合微分方程的基础上，根据页岩气多段压裂水平井渗流场流线具有长期非稳态线性流动特点，将压裂水平井简化为三线性流或五线性流渗流物理模型，建立页岩气多段压裂水平井非稳态渗流及产能模型，通过拉普拉斯变换对模型进行求解，得到气井在定产及定压生产时的气井产能和井底流压随时间变化的解析解。这种方法当已知地质和压裂参数后，可以预测气井产量和压力变化；也可以根据生产动态数据，反求未知地质及压裂参数，预测气井产量变化，完成气井生产指标预测。五线性流模型参数较多，多解性的问题更为突出，因此选用三线性流模型进行评价。

1）三线性流产能预测模型

（1）物理模型。

大多数页岩气藏为天然裂缝性气藏，天然裂缝性气藏的压裂机制不同于常规气藏，通常认为压裂措施可以形成双翼对称性裂缝，但在天然裂缝性气藏压裂过程中，压裂液容易沿着天然裂缝延伸，使原本闭合的天然裂缝激活或扩大，从而形成裂缝分支结构或复杂的裂缝网络系统。因此，针对页岩气藏，多段压裂往往会在水平井周围形成一个压裂影响区域，称作体积压裂区域（SRV 区域）。水力压裂可以提高天然裂缝的渗透率，扩大基质与裂缝的接触面积，改善气藏物性。一般页岩气井生产早期、中期的产量主要来自 SRV 区域，但在生产后期，未压裂区域对产气的贡献会越来越大。

根据水力压裂机制及现有的研究成果，页岩气在利用多段压裂水平井开发情形下的流动模式可抽象、简化为三线性流模型：常规三线性流模型如图 7-3-10 所示。三线性流模型有三个区域：水力裂缝区、高渗区域（浅色 – 内区）和低渗区域（深色—外区）。

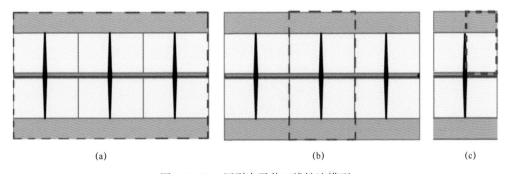

(a)　　　　　　　　　　(b)　　　　　　　　(c)

图 7-3-10　压裂水平井三线性流模型

三线性流模型假设所有产出的流体都通过水力裂缝产出，页岩气在三个区域中的流动均为一维非稳态流动（图 7-3-11）。裂缝半长远大于裂缝半宽，水力裂缝端处不存在流动并且在水力裂缝内部存在压降，因此水力裂缝区域内页岩气的流动以 x 方向流动为主；如果将水力裂缝看作面汇，那么体积压裂区域中的页岩气流动将受 y 方向流控制，未压裂区域中页岩气的流动则主要在 x 方向流动。由于水力压裂对页岩储层的改造作用，内区可采用双重介质模型来描述页岩气的流动，外区可采用均质模型或双重介质模型来描述页岩气的流动，内区和外区的储层物性不同。

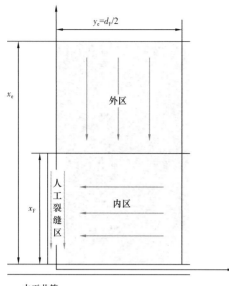

图 7-3-11　三线性流物理模型示意图

多段压裂水平井现场应用一般都设计成相同性质的水力裂缝沿水平井均匀分布，因此可以假设系统对称且裂缝间存在描述缝间分流效应的封闭边界。这个假设允许只研究一条水力裂缝及其供气系统中的流体流动；由于水力裂缝及其供气系统自身的对称性，只需要对一条水力裂缝及其供气系统的四分之一区域进行研究就能描述整个多段压裂水平井的流动特征。

（2）渗流数学模型及求解。

将综合微分方程应用于一维情形，即可分别得到三线性流模型各流动区域的一维线性流渗流微分方程，再加上边界条件、初始条件和界面连接条件即构成各区的渗流数学模型。

$$\frac{\partial^2 \overline{\psi}_{fD}}{\partial x_D^2} + \frac{\partial^2 \overline{\psi}_{fD}}{\partial y_D^2} + \frac{\partial^2 \overline{\psi}_{fD}}{\partial z_D^2} = f(u)\overline{\psi}_{fD} \quad （7-3-40）$$

其中：

$$f(u)=\begin{cases} u\left[\omega + \dfrac{\lambda\beta_m(1-\omega)\alpha_m}{\lambda\beta_m+(1-\omega)\alpha_m u}\right] 球形拟稳态 \\[4mm] \omega u + \dfrac{\lambda\beta_m}{5}\left[\sqrt{\dfrac{15(1-\omega)\alpha_m u}{\lambda\beta_m}}\cot h\left(\dfrac{15(1-\omega)\alpha_m u}{\lambda\beta_m}\right)-1\right] 球形非稳态 \end{cases}$$

① 外区流动数学模型。

将式（7-3-40）应用于外区，可得到外区的不稳定流动数学模型：

$$\frac{\partial^2 \overline{\psi}_{2fD}}{\partial x_D^2} = F_2(s)\overline{\psi}_{2fD} \quad （7-3-41）$$

外边界条件：

$$\frac{\partial \overline{\psi}_{2fD}(x_{eD},s)}{\partial x_D}=0 \quad （7-3-42）$$

界面连接条件：

$$\overline{\psi}_{2fD}(x_D=1,s)=\overline{\psi}_{1fD}(x_D=1,s) \quad （7-3-43）$$

外区模型的解为：

$$\overline{\psi}_{2fD}(x_D)=\frac{\cos h\left[\sqrt{F_2(s)}(x_{eD}-x_D)\right]}{\cos h\left[\sqrt{F_2(s)}(x_{eD}-1)\right]}\overline{\psi}_{1fD}(x_D=1,s) \quad （7-3-44）$$

$$\frac{\partial \overline{\psi}_{2fD}(x_D)}{\partial x_D} = \frac{-\sin h\left[\sqrt{F_2(s)}(x_{eD}-x_D)\right]\sqrt{F_2(s)}}{\cos h\left[\sqrt{F_2(s)}(x_{eD}-1)\right]}\overline{\psi}_{1fD}(x_D=1,s) \qquad (7-3-45)$$

② 内区流动数学模型。

考虑外区流体向内区的补充，可得到描述内区裂缝系统页岩气流动的数学模型：

$$\frac{1}{M_{12}}\frac{\partial \overline{\psi}_{2fD}}{\partial x_D}\bigg|_{x_{1D}} + \frac{\partial^2 \overline{\psi}_{1fD}}{\partial y_D^2} = F_1(s)\overline{\psi}_{1fD} \qquad (7-3-46)$$

外边界条件：

$$\frac{\partial \overline{\psi}_{1fD}(y_{eD},s)}{\partial y_D} = 0 \qquad (7-3-47)$$

界面连接条件：

$$\overline{\psi}_{1fD}(y_D=w_{FD}/2,s) = \overline{\psi}_{FD}(y_D=w_{FD}/2,s) \qquad (7-3-48)$$

内区模型的解为：

$$\overline{\psi}_{1fD}(y_D) = \frac{\cos h\left[\sqrt{G_1(s)}(y_{eD}-y_D)\right]}{\cos h\left[\sqrt{G_1(s)}(y_{eD}-w_{FD}/2)\right]}\overline{\psi}_{FD}(y_D=w_{FD}/2) \qquad (7-3-49)$$

$$\frac{\partial \overline{\psi}_{1fD}(y_D)}{\partial y_D} = -\frac{\sqrt{G_1(s)}\sin h\left[\sqrt{G_1(s)}(y_{eD}-y_D)\right]}{\cos h\left[\sqrt{G_1(s)}(y_{eD}-w_{FD}/2)\right]}\overline{\psi}_{FD}(y_D=w_{FD}/2) \qquad (7-3-50)$$

③ 裂缝区流动数学模型。

考虑内区流体向水力裂缝区的补充，可得到描述水力裂缝区域内页岩气流动的数学模型：

$$\frac{\partial^2 \psi_{FD}}{\partial x_D^2} + \frac{2}{F_{CD}}\frac{\partial \psi_{1fD}}{\partial y_D}\bigg|_{y_D=w_{FD}/2} = \eta_{1F}\frac{\partial \psi_{FD}}{\partial t_D} \qquad (7-3-51)$$

外边界条件：

$$\frac{\partial \psi_{FD}(x_D=1,t_D)}{\partial x_D} = 0 \qquad (7-3-52)$$

内边界条件：

$$-1 = \frac{F_{CD}}{\pi}\frac{\partial \psi_{FD}}{\partial x_D}\bigg|_{x_D=0} \qquad (7-3-53)$$

水力裂缝区模型的解为：

$$\overline{\psi}_{FD}\left(x_D=0\right)=\frac{\pi\cos h\left(\sqrt{f_F\left(s\right)}\right)}{F_{CD}s\sqrt{f_F\left(s\right)}\sin h\left(\sqrt{f_F\left(s\right)}\right)} \tag{7-3-54}$$

$$\overline{\psi}_{wFD}=\frac{\pi}{F_{CD}s\sqrt{f_F\left(s\right)}}\frac{1}{\tan h\left(\sqrt{f_F\left(s\right)}\right)} \tag{7-3-55}$$

④ 气流汇聚的影响。

在上述推导过程中，水力裂缝中是一维线性流。但是，水力裂缝中的流线并不总是线性的，随着气流接近水平井，向井底汇流。这个汇流效应会产生附加压降，将其称为汇流表皮。裂缝中的气流汇聚引起的表皮因子表达式为：

$$S_c=\frac{K_m h}{k_F w_F}\left[\ln\left(\frac{h}{2r_w}\right)-\frac{\pi}{2}\right] \tag{7-3-56}$$

于是，考虑井底气流汇聚影响的气井井底无因次拟压力为：

$$\overline{\psi}_{wD}=\overline{\psi}_{wFD}+\frac{S_c}{s}=\frac{\pi}{F_{CD}s\sqrt{f_F\left(s\right)}}\frac{1}{\tan h\left(\sqrt{f_F\left(s\right)}\right)}+\frac{S_c}{s} \tag{7-3-57}$$

给定页岩气多段压裂水平井基础地质和压裂参数后，计算模型无因次参数，在任意无因次时间，可以在拉氏空间计算气井在定压生产时的无因次产气量，通过 Stefhest 算法可以将其数值反演到实空间，并根据无因次定义转换为产气量。

考虑井底气流汇聚影响的气井井底无因次流量为：

$$\overline{q}_D=\frac{1}{u^2\overline{\psi}_{wD}} \tag{7-3-58}$$

2）不同生产方式下气井产量/压力计算

（1）气井定产生产井底流压计算。

对于定产量生产情形，其井底流压计算可根据如下步骤进行。

① 给定真实时间 t 序列 $t_0\sim t_m$，取任意时间点 t_i 气井产量初始值为 q_i，计算该时间点的累计产量 G_{p_i}，根据定容封闭气藏物质平衡方程计算在该时间点下对应的地层压力 p_i。

$$\frac{p}{Z^*}=\left(1-\frac{G_p}{G}\right)\frac{p_i}{Z_i^*} \tag{7-3-59}$$

$$Z^*=\frac{Z}{\left[S_{gi}-\left(C_f+C_w S_{wi}\right)\left(p_i-p\right)+\frac{\rho_B B_g}{\phi}\frac{V_L p}{p_L+p}\right]} \tag{7-3-60}$$

② 由所得的地层压力 p_i 计算在该压力下的气体黏度 μ_i 与综合压缩系数 C_{t_i}，由 Agarwal（1979）提出的拟时间计算公式求得当前真实时间对应的拟时间 t_{a_i}，根据无因次时间定义计算无因次物质平衡拟时间 t_{aD_i}，进而由渗流模型解析解求得该时间点下的气井井底流压拟压力 $\phi_{wf_{cal}}$，通过插值计算得到井底流压 $p_{wf_{cal}}$。

（2）气井定井底流压生产产量计算。

气井定井底流压生产时，产量将随时间不断变化，在气井产量的计算过程中，为消除气体黏度及综合压缩系数随压力变化而带来的影响，需要引入物质平衡拟时间：

$$t_{ca} = \frac{(\mu C_t)_0}{q} \int_0^t \frac{q}{\mu(\overline{p}) C_t(\overline{p})} dt \qquad （7-3-61）$$

由求得的物质平衡时间可得对应的无因次时间变量，代入渗流模型井底流压解析解中可求得气井井底拟压力，进而获得气井产量，但时间变量 t_{ca} 为关于气井产量 q 的函数，故需要使用迭代法求取气井产量，方法如下：

① 给定真实时间 t 序列 $t_0 \sim t_m$，取任意时间点气井产量初始值为 q_i，并设气井定压压力为 p_{wf}。计算该时间点 t_i 的累计产量 G_{p_i}，根据物质平衡方程计算在该时间点下对应的地层压力 p_i。

② 由所得的地层压力 p_i 计算在该压力下的气体黏度 μ_i 与综合压缩系数 C_{t_i}，每个时间点所对应的物质平衡拟时间可由 $t_{ca_i} = \left[t_{ca_{i-1}} q_{i-1} + \frac{(\mu C_t)_0}{(\mu C_t)_i} q_i (t_i - t_{i-1}) \right] / q_i$ 求得，根据无因次时间定义计算无因次物质平衡拟时间 t_{caD_i}，由模型解析解求得该时间点下的气井井底流压拟压力 $\phi_{wf_{cal}}$，通过插值计算得到井底流压 $p_{wf_{cal}}$。

③ 计算 p_{wf} 与 $p_{wf_{cal}}$ 的差值 Δp_{wf} 并记为 $f(q_i)$，易知 $f(q_i)$ 是气井产量 q_i 的函数，进而可计算其导数值 $f'(q_i)$。使用牛顿迭代公式 $q_{i_{n+1}} = q_{i_n} - f(q_{i_n}) / f'(q_{i_n})$ 计算迭代后的气井产量 $q_{i_{n+1}}$ 及相应的 $f(q_{i_{n+1}})$。若 $f(q_{i_{n+1}})$ 值大于 0，则记为 f_1；若 $f(q_{i_{n+1}})$ 值小于 0，则记为 f_2，如此循环往复，直至首次出现 $f_1 \cdot f_2 < 0$，对应的气井产量分别记为 q_1 与 q_2。

④ 采用二分法求解气井产量。记 $q_0 = (q_1 + q_2) / 2$，计算 $f(q_0)$ 值并记为 f_0，随后计算 $f_0 \cdot f_1$ 值，若该值小于 0，则令 $q_2 = q_0$，$f_2 = f_0$，$q_0 = (q_1 + q_2) / 2$，反之则计算 $f_0 \cdot f_2$ 值，若该值小于 0，则令 $q_1 = q_0$，$f_1 = f_0$，$q_0 = (q_1 + q_2) / 2$。如此循环往复，直至 f_0 满足精度要求（如 $\Delta p_{wf} < 0.001\text{MPa}$），则 q_0 即为所求气井产量。

（3）气井定产转定压生产计算。

在开发指标预测中，气井的生产方式一般为先定产生产后定压生产，产量前期保持不变后期递减，井底流压前期不断下降后期保持恒定，具体计算方法如下：

① 设置预测期总长 t，根据时间点数 n 得时间步长为 t/n，根据预设的日产气量可得任意时间点的累计产气量 G_p，根据物质平衡方程计算在该时间点下对应的地层压力 p_i。

② 与气井定产生产井底流压计算方法步骤②一致，最终得到井底流压 $p_{wf_{cal}}$。检查当前时间点的井底流压，若该流压值高于预设的气井定压生产流压值，则继续向下一个时间点计算；否则定产生产期结束，并求得流压值刚好为定压生产流压值的时间，记录该

时间点对应的累计产气量、地层压力及地层物性参数。

③ 气井进入定压生产期，结合气井定压生产气井产量计算方法，迭代计算得到气井在定压生产期各时间点的产气量、累计产气量、地层压力及地层物性参数，直至预测期结束。

3）典型井可采储量预测

对页岩气多段压裂水平井生产历史比较敏感的参数包括 SRV 裂缝半长、导流能力、SRV 区渗透率等。当确定了模型的所有参数之后，就可以预测不同地质条件及生产条件下气井的可采储量。

在生产历史拟合确定模型参数后，开展了 29 口井可采储量预测。预测结果显示：区块主体区 EUR 平均为 $0.94 \times 10^8 \mathrm{m}^3$，$6.5 \times 10^4 \mathrm{m}^3/\mathrm{d}$ 配产平均稳产 1.77 年；东一区 EUR 平均为 $1.19 \times 10^8 \mathrm{m}^3$，$6.5 \times 10^4 \mathrm{m}^3/\mathrm{d}$ 配产稳产 2.94 年；东二区 EUR 为 $0.62 \times 10^8 \mathrm{m}^3$，$6.5 \times 10^4 \mathrm{m}^3/\mathrm{d}$ 配产平均稳产 0.99 年；西区 EUR 指标最低。与上一节物质平衡方法预测结果相比，RTA 法可以考虑外区补给对产能的影响，预测得到 EUR 比物质平衡法平均高 15%。

3. 经验递减法

经验递减法是工业界广泛应用的可采储量预测方法之一，其中 Arps 方法在过去几十年的油气井产量预测中均得到了较好的应用。Arps 方法的适用条件包括：① 单相流体流动已经达到了边界控制的拟稳态流；② 生产井以定井底流压生产。但对于页岩气井，这些条件难以满足。这是由于页岩储层渗透率极低，气井需要较长的生产时间才能进入边界控制流阶段。由于流动可能尚处于线性流或者过渡流阶段，甚至有些井在达到拟稳态流之前已经达到了井的经济界限产量。如果在进行页岩气井产量递减分析时，仍然采用 Arps 经验递减模型，往往会出现递减指数 b 随时间变化，并且在很长生产时间内递减指数大于 1 的现象。此时，若仍应用常规的 Arps 递减模型将导致较大的误差。考虑到页岩储层的特殊性，目前出现了一些新的产量递减经验方法。本节将对这些新的方法及在渝东南常压页岩气井中的应用情况进行介绍。

1）幂律指数递减法

正如前节所述，页岩气井的产量递减数据若采用双曲递减模型进行拟合分析，将出现 b 值随时间变化的特征。尤其在生产早期，较大的 b 值将使得由双曲递减预测的产量和最终可采储量值过于乐观。目前，在北美地区广泛应用的幂律指数递减模型在处理 b 值变化的情况时存在优势。该方法是一种基于页岩气井动态的经验方法，可用于分析页岩气不同生产阶段的产量递减情况，包括不稳定流、过渡流及边界流等阶段。

幂律指数递减模型定义为：

$$q = q_i \times \exp\left(-D_\infty \times t - D_i \times t^n\right) \tag{7-3-62}$$

式中　　q_i——初始产量（$t=0$），m^3/d；

　　　　D_∞——无限大时间下的递减常数，如 D（$t=\infty$），d^{-1}；

　　　　D_i——递减常数，d^{-1}；

　　　　n——时间指数。

在早期阶段，式中第一项趋于 0，模型近似于双曲递减；当时间足够大时，第二项趋于 0，模型近似于指数递减。

2）扩展指数递减法

扩展指数递减方法（SEPD）由 W.John Lee 提出用于预测致密气和页岩气井产量递减分析，与 Arps 递减分析相比，该方法有几大明显优势：一是预测的产量或可采储量（EUR）是有范围限制的；二是采出程度呈线性关系；三是可以不依赖拟合前的数据预处理（如异常数据剔除）。同幂律指数递减方法相似，该方法在国外也有较多应用。

$$q = q_i \exp\left[-\left(\frac{t}{\tau}\right)^n\right] \tag{7-3-63}$$

3）修正双曲递减模型

对于页岩气藏在应用常规 Arps 模型进行递减分析时，常常拟合得到递减指数 $b > 1$。主要原因是传统 Arps 递减曲线模型适用于达到边界流的情况，此时 $0 \le b \le 1$；对于页岩气藏储层物性极差，在进入边界流以前，存在较长时间的非稳态流动阶段，此时 $b > 1$；只有到气井生产后期，缝间干扰明显，进入边界控制流动阶段，才会逐渐得到 $b < 1$。对于试采时间有限的页岩气井，若使用传统的 Arps 模型，往往因为拟合得到了一个过高的递减指数，导致过高地估算页岩气井可采储量。

因此，对于页岩气井早期非稳态流动阶段持续时间长、后期气井产量变化规律与前期差异大的情况，需要改进传统 Arps 递减分析模型，采用分段 Arps 模型来描述气井全生命周期产量变化特征。分段 Arps 模型表达式为：

$$q = \begin{cases} \dfrac{q_i}{\left\{1 + b_1 D_i\left[t - t_0\right]\right\}^{-1/b_1}} & t \le t_1 \\[4mm] \dfrac{q_{1end}}{\left\{1 + b_2 D_{1end}\left[t - t_1\right]\right\}^{-1/b_2}} & t > t_1 \end{cases} \tag{7-3-64}$$

4）变产变压生产经验递减分析法

经验递减分析方法要求定井底流压生产，且流动达到边界控制的拟稳态流。页岩气井达到拟稳态流动状态时间长，开采前期很长一段时间内气井均为变产量变压力生产。为解决此问题，可以将变产量变压力生产数据规整化为单位压差下产量，在此基础上建立压力规整化产量经验递减分析方法。此时，幂律递减公式变为：

$$\frac{q}{\Delta m} = \left(\frac{q}{\Delta m}\right)_i \exp\left(-D_\infty - D_i t_{mb}{}^n\right) \tag{7-3-65}$$

式中　Δm——气井拟生产压差；

　　$\dfrac{q}{\Delta m}$——拟压力差规整化产量；

　　t_{mb}——物质平衡时间。

4. 半解析—半经验法

常压气井中低产运行时间长，后期生产过程中产气量对总产量贡献仍较大，因此后期产量预测准确程度对气井产能评价影响较大。而页岩气井递减规律存在明显分阶段特征，对于试采时间短的井，利用早期数据的特征外推后期的产量变化规律容易出现较大偏差。

本节提出一种半解析—半经验的混合方法，首先根据气井早期非稳态、晚期拟稳态流动阶段产量解，确定气井不同流动阶段产量递减模式，结合页岩气渗流机理、生产数据分析、高压物性分析技术，可超前计算得到特定储层类型、工作制度下气井不同流动阶段时递减模型中的关键参数，并可以考虑吸附气解吸、裂缝非均匀性对气井产能的影响。利用这种方法确定得到的递减模式和递减参数，指导产量递减分析中生产数据拟合，完成产量递减分析和预测，解决了常规递减分析对试采时间有一定要求的问题。

1）早期线性流阶段产量变化特征

建立刻画气井早期非稳态线性流动模型，得到气井的产量解：

$$\frac{1}{q_{sc}} = m_L \sqrt{t} + b \qquad (7-3-66)$$

其中，$m_L = \dfrac{T}{h\sqrt{\phi C_{t_i}\mu_{t_i}}}\dfrac{1.842\pi\sqrt{3.6\times10^{-3}\pi}\,p_{sc}}{2\left[m(p_i)-m(p_{wf})\right]T_{sc}}\dfrac{1}{x_f\sqrt{K}}f_{cp}$，$f_{cp}$ 是考虑到了气体压缩性对方程解进行的修正，$f_{cp} = \sqrt{\dfrac{C_{t_i}\mu_i}{\overline{C_t}\,\overline{\mu}}}$。SPE143989 中的研究成果表明，压裂水平井非稳态线性流动阶段平均地层压力为一常数，这意味着 m_L 是与时间无关的常数。b 是裂缝质量好坏的笼统响应，表征的是近井筒非达西流、裂缝低导流能力、裂缝和井筒连通性差、裂缝面伤害或井筒内积液等综合效应造成的附加压力降。

从式（7-3-66）可以看出，气井早期产量与压裂改造效果、储层物性、原始地层压力、气井、工作制度（井底压力）有关，且与 $\sqrt{t}$ 关系满足线性关系。这一递减模式描述了各类参数对气井产能的影响，是均匀裂缝形态下气井产能预测的理论基础。相对于经验方法，更能从本质上解释气井产量变化规律。

对于有一定试采时间的井，一般试采时间超过 3 个月，即可通过生产数据拟合确定该阶段产量递减模型。

2）早、晚期流动阶段转化时间

气井定压力生产时，流动边界移动速度：

$$y_D = \sqrt{4t_D} \qquad (7-3-67)$$

对其进行有因次化处理，得到两个流动阶段转换时间：

$$T_c = \frac{1}{4} \times \frac{\phi(C_t\mu)_i}{3.6\times10^{-3}K} \times \left[\frac{D}{2f_{cp}}\right]^2 \times \frac{1}{24} \qquad (7-3-68)$$

如果气井有一定试采时间，则可根据曲线 $1/q \sim t^{0.5}$ 拐点对应的时间获取早、晚期流动阶段转化时间。当生产时间较短（$t < T_{\mathrm{c}}$）时，页岩气压裂水平井产量变化满足线性流阶段的产量变化模式，该阶段产量递减模型可以通过拟合早期时间数据得到。线性流动阶段结束后，气井产量递减模式需要较长的试采时间才能确定，难以通过拟合短期试采数据获得，但可以对模型中的参数进行理论计算以超前获得。

3）后期边界控制流动阶段产量递减规律

（1）产量递减模式。

首先，对于定产量生产的井，当流动进入边界控制流动阶段后，对描述其流动规律的渗流数学模型（SRV 模型）进行渐进分析可以得到：

$$\psi_{\mathrm{wFD}} = 2\pi \frac{t_{\mathrm{aD}}}{A_{\mathrm{D}}} + \frac{\pi}{3F_{\mathrm{CD}}} + S_{\mathrm{c}} \tag{7-3-69}$$

其中，$A_{\mathrm{D}} = \dfrac{4(y_{\mathrm{e}} + w)x_{\mathrm{f}}}{x_{\mathrm{f}}^{2}}$。根据杜哈美原理，结合拉普拉斯逆变换得到：

$$q_{\mathrm{D}} = \frac{1}{\dfrac{\pi}{3F_{\mathrm{CD}}} + S_{\mathrm{c}}} \exp\left(-\frac{2\pi}{A_{\mathrm{D}} \dfrac{\pi}{3F_{\mathrm{CD}}} + S_{\mathrm{c}}} t_{\mathrm{aD}}\right) \tag{7-3-70}$$

从式（7-3-70）可以看出，定产量生产后期，产量与拟时间呈指数递减关系。对于油藏，流体的压缩性可以忽略，拟时间即时间，即产量呈指数形式递减。对于气藏，流体压缩性不可以忽略，此时产量递减模式为递减指数大于 0、且不断变化的特殊的双曲递减。

（2）吸附气解吸对递减规律的影响。

根据 Fetkovich 等人发展起来的现代产量递减分析技术，对于油藏，进入边界控制流动阶段以后气井满足指数递减规律，且递减率大小与单井控制储量、几何形状、地层压力有关。这一点有严格的理论基础。和单相液体不同，气体的压缩性不是常数，且大约是平均气藏压力的倒数关系，这从根本上导致了气井的递减指数不为 0。

气井递减指数取值受生产过程中特定温压条件下的流体高压物性（包括吸附气解吸）和气井工作制度的影响。T.N.Stumpf 及 Luis F.Ayala 从理论上推导到气井生产进入拟稳态流动阶段后，递减指数的变化规律。并把递减指数影响因素分为两类，定义了两个参数：一个是气体高压物性参数，另一个是与生产压差有关的参数，并且有：

$$b = \alpha(\bar{p}) \times \beta(\bar{p}) \tag{7-3-71}$$

其中：$\alpha(p) = -\dfrac{\mathrm{dlg}(\mu_{\mathrm{g}} C_{\mathrm{g}})}{\mathrm{dlg}[m(p)]}$，$\beta(p) = \dfrac{m(p) - m(p_{\mathrm{wf}})}{m(p)}$

公式中 α 表示黏度和压缩系数的乘积与拟压力的对应关系，数值为双对数坐标中 $\mu_{\mathrm{g}} C_{\mathrm{g}} \sim m(p)$ 曲线斜率的绝对值。β 表示生产压差比值，当气井完全放喷生产时，瞬时递减指数为 α，限定井底压力生产时，递减指数为二者的乘积。

但该项研究针对的是常规气体，没有考虑页岩气藏存在的吸附气解吸对气井产能的影响。对于页岩气井，尤其是生产后期，流动进入拟稳态流动阶段，吸附气解吸已经不能忽略。此处，采用参数 α 中的压缩系数的方法来考虑吸附气解吸：

$$C_{ads} = \frac{\rho_{sc}}{\rho_m \phi_m} \frac{V_L p_L}{\left(p_L + p_m\right)^2} \tag{7-3-72}$$

用 $C_t = C_g + C_{ads}$ 代替原式中 C_g，即得到了考虑吸附气解吸后的瞬时递减指数。

从递减指数的表达式中可以看出，当气井完全放喷生产时，瞬时递减指数即为 α。根据上述分析可以看出，递减指数随着地层泄压逐渐变化，在实际应用时，不可能用一个不断变化的递减指数进行气井的产量递减分析，故可取递减指数平均值以简化计算过程。

递减指数的平均值为：

$$\alpha_{avg} = \frac{1}{\psi(p_i) - m(p_{wf})} \int_{\psi(p_{wf})}^{\psi(p_i)} \alpha(p) d\psi(p) \tag{7-3-73}$$

除去地层压力，α 的取值还受地层温度影响，图 7-3-12 表示温度对 α 平均值的影响。从图中可以看出，对于目前的页岩气藏的温度范围（$T_r > 1.6$），当 $p_L = 6MPa$、$V_L = 2.5m^3/t$ 时基本上不会出现递减指数小于 0.6 的情况。

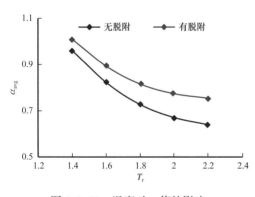

图 7-3-12　温度对 α 值的影响

（3）限定压力对递减规律的影响。

从递减指数的公式可以看出，气井采用限压生产时，边界流开始—废弃阶段递减指数受流体性质、工作制度两方面的影响。

实际生产过程中，完全放喷生产的情况基本不会出现，考虑气井工作制度的影响，重新计算递减指数，气井限压生产后，β 总是小于 1，此时递减指数会低于完全放喷时的值，而且随着地层泄压递减指数呈现逐渐降为 0 的趋势。压降比对气井递减指数也有影响，井底流压越低，压降比越大，此时递减指数值越大。

与完全放喷情况类似，此时也需要定义平均递减指数：

$$b_{avg} = \frac{1}{\psi(p_i) - \psi(p_{wf})} \int_{\psi(p_{wf})}^{\psi(p_i)} \alpha(p) \times \beta(p) d\psi(p) \tag{7-3-74}$$

根据该公式计算得到不同压降比条件下的平均递减指数见表 7-3-4。

表 7-3-4　不同工作制度下递减指数计算结果

井底流压 /MPa	0.1	5	10	15	20	25
压降比	1	90%	80%	70%	60%	50%
b	0.7731	0.7252	0.6426	0.5516	0.46	0.3713

根据以上分析，可以根据流体性质、气井工作制度计算气井递减期的递减指数，并指导气井产量递减分析。这样很大程度上降低递减分析过程中由于生产时间短造成递减参数不确定性强的问题。

（4）拟稳态流动阶段的初始地层压力。

从上述分析可以看出，计算递减指数时，除了流体性质、工作制度参数，还需要知道递减期的原始地层压力。与常规气藏不同，对于储层较致密的页岩气藏来讲，压力初始点不能选择原始地层压力，这是因为对于页岩气井，储层渗透率较低，流动进入拟稳态所需的时间较长，而且进入拟稳态流动阶段后，平均地层压力已经远低于原始地层压力。因此，对于页岩气藏，我们需要将原始地层压力修正为线性流动阶段结束（拟稳态流动阶段开始）时的平均地层压力。

根据 Morteza Nobakht 等人的推导，致密气藏中气井处于线性流动阶段时，定压力生产的井，压力波及范围内平均地层压力可以通过迭代方程进行求解，但该方程没有考虑吸附气解吸，进行修正后方程如下：

$$\frac{p}{z^{**}} = \frac{p_i}{z_i^{**}}\left[1 - 0.281\frac{C_{t_i}\mu_{t_i}z_i\left[m(p_i) - m(p_{wf})\right]}{p_i\left[1 + B_{g_i}V_Lp/(p+p_L)/\phi\right]}\sqrt{\frac{\overline{C_t}\overline{\mu}}{C_{t_i}\mu_{t_i}}}\right] \qquad (7-3-75)$$

其中，$C_t = C_g + C_{ads}$，$z^* = \dfrac{z}{\left\{S_{g_i} - \left(C_f + C_w S_{w_i}\right)(p_i - p)\right]\right\} + \dfrac{\rho_B}{\phi}\dfrac{V_L}{p_L + p}\dfrac{zp_{sc}T}{z_{sc}T_{sc}}}$，$z^{**} = z^*\left(\dfrac{z_i}{z_i^*}\right)$

从式（7-3-75）可以看出，压力波及范围内的平均地层压力与初始状态、吸附气含量、生产压差有关，而与压裂改造物性（$x_f\sqrt{K}$）无关。

（5）复杂裂缝形态对气井产量递减规律影响。

除去流体性质、工作制度外，裂缝形态也影响气井产量递减规律，表现为裂缝非均匀程度影响裂缝干扰出现时间，非均匀程度越严重，不同裂缝干扰时间差异越大。

首先利用测试资料确定复杂裂缝展布模式，绘制裂缝长度分布图，根据所绘制的裂缝展布模式示意图，利用两条缝之间无遮挡的部分距离越近、越早出现干扰的原则，结合图形法绘制裂缝干扰次序图。以图 7-3-13 中的三条不等长裂缝为例进行说明。图中分区 1 宽度最窄，两次裂缝最新发生干扰，其次为分区 2、分区 3 最宽，其两侧对应的裂缝

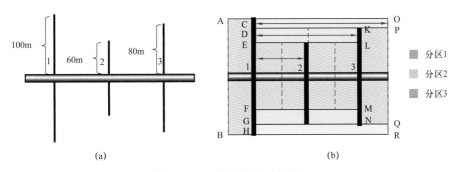

图 7-3-13　裂缝干扰次序图

段最晚发生干扰。之后按照相邻裂缝段干扰时间的差异将每条裂缝进行分段，每一个分段对应特定的干扰时间，即早期、晚期流动阶段的转化时间（可根据上节的方法计算得出），据此可以建立每个裂缝段的产量递减模型。

每个裂缝段产量递减模式为：

$$q(j) = \begin{cases} R_a(j) \times \dfrac{1}{m_L\sqrt{t}+b'} & t \leqslant t_{\text{elfj}} \\[3mm] R_a(j) \times \dfrac{q_{\text{elfj}}}{\left\{1+b_{\text{avg,BDF}}D_{\text{elfj}}\left[t-t_{\text{elfj}}\right]\right\}^{-1/b_{\text{avg,BDF}}}} & t > t_{\text{elfj}} \end{cases} \qquad (7\text{-}3\text{-}76)$$

其中：

$$D_{\text{elfj}} = \frac{1}{m_L\sqrt{t_{\text{elfj}}}+b'} \times \frac{m_L}{2\sqrt{t_{\text{elfj}}}}$$

$$R_a(j) = \frac{L_{\text{cum}}(j)}{2\sum_{r=1}^{n_f} x_f(i)} \qquad j=1,2,3\ldots$$

L_{cum} 表示将相同干扰距离对应的干扰长度进行累加，得到的累加干扰长度，$R_a(j)$ 表示每一个累加干扰长度与裂缝总长度的比值。

之后将每个裂缝段的产量进行叠加得到整个水平井的产量递减模型：

$$q_a = \sum_{j=1}^{num} q(j) \qquad (7\text{-}3\text{-}77)$$

4）可采储量预测流程

根据以上几个方面的分析，建立递减期可采储量预测流程，如图 7-3-14 所示。通过该方法可以解决现有的页岩气井产能评价方法在气井生产早期难以应用、难以考虑复杂裂缝形态、没有针对性的问题。从气井早期、晚期产量递减规律入手，综合页岩气渗流机理、生产数据特征线分析技术、高压物性分析技术，确定了气井早期、晚期阶段产量递减模式。之后再考虑复杂裂缝形态，对气井晚期产量递减模式进行修正。在此基础上开展气井产量递减分析，可以对复杂缝网气井进行快速、准确的可采储量预测。

5）典型井可采储量预测

（1）隆页 1HF 井。

根据隆页 1HF 井产量递减阶段数据，拟合得到递减指数为 1.401，受试采时间有限的限值，后期递减指数无法获取，若根据早期拟合结果进行整个生命周期内气井产能预测，预测模型为：

$$q = \frac{4.54}{\left(1+1.40\times1.13\times t\right)^{-1/1.40}} \qquad (7\text{-}3\text{-}78)$$

根据该模型预测得到可采储量为 $0.77 \times 10^8 m^3$，但从理论模型中可以看出，气井生产过程中递减指数逐渐递减，该预测值必然偏高。

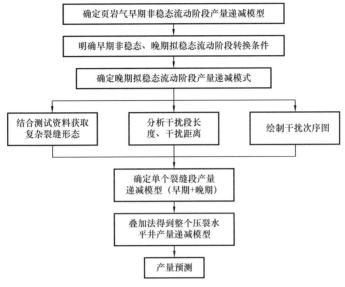

图 7-3-14　产量点分析流程图

根据本节方法，结合隆页 1HF 井储层温压条件、等温吸附、工作制度（该井外输压力 0.2MPa）等参数（表 7-3-5），计算得到递减指数变化曲线如图 7-3-15 所示，平均值为 0.636。

表 7-3-5　隆页 1HF 井储层参数统计表

地层压力 /MPa	温度 /℃	气体相对密度	井底压力 /MPa	p_L/MPa	V_L/（m³/t）
35	84	0.566	2	5.0	3

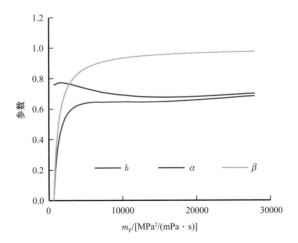

图 7-3-15　隆页 1HF 井递减指数变化曲线（红色为递减指数）

根据后期递减指数，将原产量递减模型修正为：

$$q=\begin{cases} \dfrac{4.54}{\left(1+1.40\times1.13\times t\right)^{-1/1.40}} & t\leqslant1.31 \\[4mm] \dfrac{2.04}{\left[1+0.636\times0.368\times\left(t-1.31\right)\right]^{-1/0.636}} & t>1.31 \end{cases}$$

（7-3-79）

利用上述分段模型预测气井 EUR 为 $0.57\times10^{8}\mathrm{m}^{3}$（图 7-3-16）。与常规方法相比，该方法由于考虑了页岩气井递减规律的分段特征，产能预测结果更合理。

另外，在计算后期递减指数时，若忽略吸附气解吸作用，计算得到平均递减指数仅为 0.457，用该参数进行可采储量预测，结果为 $0.49\times10^{8}\mathrm{m}^{3}$，与考虑吸附气解吸相比，可采储量预测结果低 16%，可见吸附气解吸对隆页 1HF 井产量贡献较大。

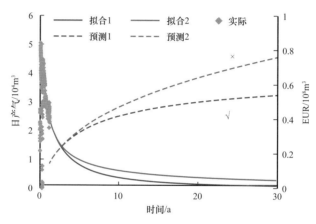

图 7-3-16　新方法与常规方法结果对比

（2）复杂裂缝形态典型井。

以平桥南区页岩气井为例，考虑复杂裂缝形态，预测气井可采储量。该井的基本参数见表 7-3-6。

表 7-3-6　典型井基础参数表

参数名	参数值	参数名	参数值
原始地层压力 p_i/MPa	66	岩石压缩系数 /MPa^{-1}	2.2×10^{-3}
地层温度地层温 t_0/℃	125	气体压缩系数 C_f/MPa^{-1}	0.0102
岩石密度 ρ_B/（t/m^3）	2.6	原始条件下气体黏度 μ_i/（mPa·s）	0.0307
孔隙度 /%	6.0	水的压缩系数 C_w/MPa^{-1}	4.1×10^{-4}
含气饱和度 /%	65.4	原始状况下压缩因子	1.35
Langmuir 压力 p_L/MPa	6	基质渗透率 /mD	2.5×10^{-5}
Langmuir 体积 V_L/（m^3/t）	2.5	水平井长度 /m	1520
气体相对密度 γ	0.57	裂缝条数	23

根据该井的生产数据，绘制 $1/q \sim t^{0.5}$ 图，如图 7-3-17 所示。除去早期波动段，通过直线段分析，确定线性流动阶段产能递减模型：

$$q_{\text{ear}} = \frac{1}{0.0115\sqrt{t_{\text{day}}}} \qquad (7\text{-}3\text{-}80)$$

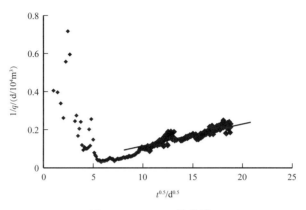

图 7-3-17　$1/q$-$t^{0.5}$ 曲线

该井最低井底流压为 7.5MPa，计算得到边界流阶段原始地层压力为 49.3MPa，计算得到递减指数为 0.659。根据压后评估结果，得到各段裂缝半长，得到各条裂缝上每相邻两段的干扰时间可分为 9 种，如图 7-3-18 所示。

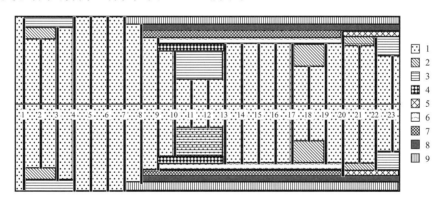

图 7-3-18　复杂裂缝形态分布

其中，距离最近的两段干扰时间为 675d，该段的递减模型为：

$$q(1) = \begin{cases} 0.918 \times \dfrac{1}{0.0115\sqrt{t}} & t \leqslant 675 \\[3mm] \dfrac{3.07}{\left\{1 + 0.593 \times 0.27 \times \left[t - 675\right]\right\}^{-1/0.659}} & t > 675 \end{cases} \qquad (7\text{-}3\text{-}81)$$

其余各段对应各自的干扰时间，见表 7-3-7。

通过叠加得到所有分段递减模型，预测得到可采储量为 $1.24 \times 10^8 \text{m}^3$，如图 7-3-19 所示。

表 7-3-7　递减参数表

干扰编号	时间 T_e/d	递减率 D_e/ a^{-1}	干扰编号	时间 T_e/d	递减率 D_e/ a^{-1}	干扰编号	时间 T_e/d	递减率 D_e/ a^{-1}
1	675	0.2700	4	10800	0.0169	7	97200	0.0019
2	2700	0.0676	5	33075	0.0055	8	648675	0.0003
3	6075	0.0300	6	81675	0.0022	9	735075	0.0002

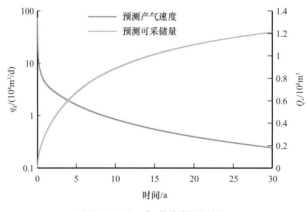

图 7-3-19　气井产能预测图

四、不同开发阶段生产规律

1. 北美典型常压页岩气田生产规律

北美页岩气经历近 30 余年的勘探开发实践和技术攻关，积累了大量的经验。相较于北美，中国页岩气开发起步较晚，尤其是常压页岩气开发最近几年才陆续取得实践突破，开展北美常压页岩气生产规律的总结，对国内常压页岩气井的产能和开发潜力的认识具有重要的借鉴意义。

Barnett、Fayetteville 是北美典型的常压页岩气田，本节主要讲解北美这两大常压页岩气田生产规律，为国内常压页岩气井认识提供指导。储层地质特征的差异影响了气井压裂规模及气井生产动态变化规律，同时也意味着气田开发技术政策的制定必须结合气田自身的地质条件确定，两个主要的常压页岩气田的地质特征参数见表 7-3-8。

1）Barnett 页岩气田

Barnett 页岩区主要分布在美国得克萨斯州的 Fort worth 盆地（前陆/前渊盆地），属于密西西比系页岩地层，覆盖面积 38100km²，压力系数 0.8～1.1，属于典型的常压页岩气田。与国内渝东南地区相比，气藏埋深相对较浅，且储层厚度较大（核心区有效厚度 122m，向西、向南变薄）、含气性较好（8.5～9.9m³/t）、热演化程度适中、吸附气含量高（40%～50%）、岩石脆性强、矿物组成以硅质为主，天然裂缝发育，应力各向异性较弱、杨氏模量高（47.7GPa），易形成复杂缝网。

表 7-3-8 主要页岩气田地质特征

| 页岩名称 | 埋藏深度 / m | 有效厚度 / m | 有机地化参数 | | 孔隙度 / % | 含气量 / m³/t | 吸附气含量 / % | 矿物组成 | | | 压力系数 |
			TOC/%	R₀/%				硅质 / %	钙质 / %	黏土矿物 / %	
Fayetteville	305~2130	6~60	4~9.8	2~3	2~8	1.7~6.23	50~70	45~50	10~20	20~25	0.9
Barnett	1981~2286	91~152/122	3.3~4.5	1.1~2.2	3.8~6	8.5~9.9	40~50	35~50	8.5~12	25~32	0.8~1.2
隆页1井	2837	32	4.27~5.5	2.54	2.98~5.87	2.38	35.5~40.8	57~70	6~19	24.7~34.3	1.082

Barnett 页岩气井采用放喷投产，自喷排液实现降压求取峰值产量，见气高峰一般为 2~4 个月。各井之间初始产量差别大，返排后第一个月平均产气量为（0.8~5.4）× 10⁴m³/d，多数井介于（2~4）×10⁴m³/d 之间，平均为 3.0×10⁴m³/d。单井产气特征均表现为初期产量高，之后快速递减的特征。递减率表现为早期大、后期小的逐年递减特点，各类型井逐年递减率变化规律有一定差别：第 1 年递减率介于 40%~65% 之间，低于深层超高压 Haynesville 页岩气井（79%），第 2 年递减率降为 31%，第 5 年降为 18%。递减分析表明，气井产量满足分段递减模型，早期递减指数>1，生产 2~3 年后，递减指数降到 1 以下，多为 0.5~0.8（图 7-3-20）。

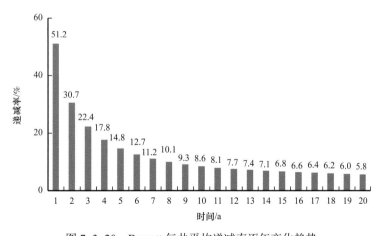

图 7-3-20 Barnett 气井平均递减率逐年变化趋势

气井 EUR 与初始产量间存在一定相关性（图 7-3-21），但由于 Barnett 页岩开发较早，部分井为压裂直井，而且开发过程中很多具有储量价值的井采取了重复压裂等增产措施，因此其生产规律有一定的特殊性。这也导致在借鉴该地区可采储量与初始产量的经验关系去预测国内常压页岩气井产能时，有一定的风险性。

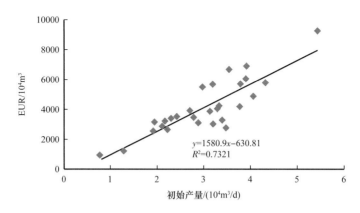

图 7-3-21　初始产量与 EUR 关系

2）Fayetteville 页岩气田

Fayetteville 页岩区主要分布在美国阿肯色州的阿克玛盆地，与 Barnett 同处在 Ouachita 逆掩断层带附近，属于密西西比系页岩地层。该地区平均压力系数为 0.9，也是一典型的常压页岩气田，其页岩有效厚度、TOC 等指标稍低于 Barnett 页岩，但脆性矿物含量也较高，除去埋深较浅外，储层总体特征与国内常压页岩气田更接近。而且由于投产较晚，该产区气井基本均为压裂水平井，气井产气规律性更好，与 Barnett 地区相比，对国内常压页岩气井生产特征和产能的认识借鉴意义更强。

Fayetteville 页岩气井也采用放喷投产，见气高峰为 2～4 个月，初始最高的月平均产气量为（0.2～12.3）×10⁴m³/d，多数井介于（2～6）×10⁴m³/d 之间，平均为 4.2×10⁴m³/d。该地区页岩气井产量递减规律与 Barnett 页岩存在一定的相似性，即满足分段递减模型，且气井初期产量高，之后快速递减，但与 Barnett 地区相比，递减率稍高：前两年递减率分别为 60%、32%，生产 5 年以后，递减率降为 15%（图 7-3-22）。

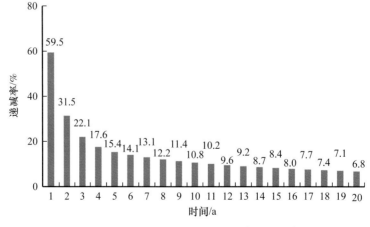

图 7-3-22　Fayetteville 逐年递减率变化规律

该区气井生产过程中开发技术政策调整较小，产量变化规律性更强，可采储量与初始产量的相关性要明显高于 Barnett。因此，根据收集的 Fayetteville 常压页岩气田共 100

余口典型井生产动态数据，在产量递减分析预测气井开发指标的基础上，建立了投产早期阶段气井可采储量（EUR）预测方法。EUR 与初始产量存在很强的相关性（图 7-3-23），与第 1 年累产（Q_{c1}）、初始产量（q_i）的经验关系式分别为：

$$EUR = 3.11 \times Q_{c1} + 1005.3 \qquad (7-3-82)$$

$$EUR = 670.25 \times q_i + 1025.4 \qquad (7-3-83)$$

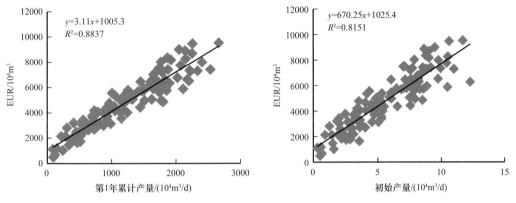

图 7-3-23　可采储量与初始产量和第 1 年累计产量关系曲线

基于建立的经验公式，可以根据初始产量和不同阶段的累计产量预测气井可采储量。

3）常压、高压页岩气井生产特征对比

北美常压（Fayetteville）、高压（Haynesville）页岩气井生产方式基本一致，170 余口气井生产动态分析表明，常压气井初始产量更低、递减速度更慢，可采储量也更低，具体表现为（图 7-3-24）：

（1）初始产量：常压气井初始产量（1～13/4.2）×10^4m^3/d，为高压气井［（10～60/23）×10^4m^3/d］的 1/6～1/5。

（2）递减速度：常压气井递减缓慢，第 1 年递减率约为高压气井 0.75，后期（10 年后）两类气藏递减率基本一致。

（3）可采储量：常压气井可采储量（0.17～0.94/0.60）×10^8m^3，为高压气井［（0.38～2/0.93）×10^8m^3］的 0.65。

上述产量运行规律也导致即便 Fayetteville 放喷生产，仅有 24% 产量在第 1 年被采出，Haynesville 近一半（47%）产量在投产第 1 年被采出。Fayetteville 5 年后产量对 EUR 贡献仍能达 42%，明显高于超高压气井（Haynesville 为 21%）。常压井虽然初始产量低，但后期阶段产气平稳、持续时间长，对总产量贡献更大，即有更多的气将从生产后期产出。

即使常压页岩气井初始测试产量可能稍低，但同样初始产量下，常压页岩气井可采储量高于高压页岩气井，因此不能由于测试产量低，而对常压气井产能有过于悲观的估计。

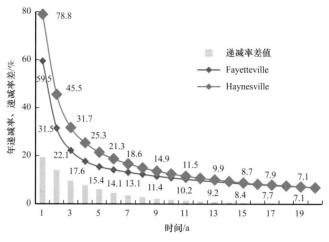

图 7-3-24 高压、常压递减率对比图

2. 渝东南典型常压页岩气井生产规律

1）储层渗流特征

页岩气在储层中的渗流特征可以通过关井压恢试井进行分析，可以确定页岩气水平井压后裂缝参数，进而明确压后缝网的特征。本节以渝东南常压气井关井压恢测试数据为基础，总结了常压页岩气 3 种典型的试井曲线模式及其代表的压后缝网或储层流体流动模式。

（1）早期线性流 + 双线性流 + 晚期线性流。

以焦页 197-3HF 井为例，根据关井压恢导数曲线，存在三个典型流动阶段（图 7-3-25），井筒存储效应结束之后曲线首先出现 1/2 斜率段，为裂缝内线性流，之后表现为 1/4 斜率段，为地层—裂缝双线性流，最后表现为 1/2 斜率段，为基质线性流段。这类井对应的页岩储层可压性往往较好，开发过程中需要制定与改造范围相匹配的井网、井距等开发技术政策。

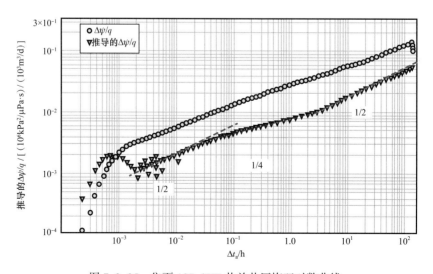

图 7-3-25 焦页 197-3HF 井关井压恢双对数曲线

（2）早期线性流 + 双线性流。

以胜页 1HF 井为例，如图 7-3-26 所示，关井压恢导数曲线首先是裂缝线性流（斜率 1/2），之后过渡到地层 – 裂缝双线性流（斜率 1/4），再之后导数曲线有变缓、变平的趋势，整个期间没有出现地层线性流。胜页 3HF 井关井压恢双对数曲线特征与胜页 1HF 井类似。

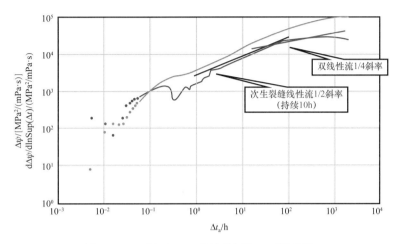

图 7-3-26　胜页 1HF 井关井压恢双对数曲线

分析该地区典型井的关井压恢双对数曲线可以看出，渗流特征表现为 1/2 线性流 + 1/4 双线性流，推测这类井次生缝渗透率更低，导致次生缝线性流持续时间明显较长，关井阶段主要表征了早期的流态，且流态终止于次生缝 + 基质双线性流，未出现后期基质线性流，因此推测该地区缝网复杂程度较低是影响气井产能的关键。这类井压裂难度大，要探索新的压裂工艺，如采用大液量、大排量、密切割、强加砂的压裂工艺，压开储层并保证裂缝复杂程度。

（3）积液影响下的试井曲线。

以隆页 1HF 井为例，如图 7-3-27 所示，与常规页岩气井关井压恢曲线不同，该井几乎没有出现任何明显线性、双线性流动。从曲线整体形态上看，该井压力 – 压力导数开口较大，显示近井渗流阻力大，推测受井筒积液影响导致近井渗流阻力大，而非地层中没有压出缝网。从解释结果上看，该井主裂缝导流能力 0.78mD·m、次生缝渗透率 3.04×10^{-4}mD，主、次裂缝导流能力均偏低，而且裂缝半长仅有 40m，但由于测试结果受井底积液影响，该结果可能并不代表地层真实情况。这也说明常压气井要十分关注排采工艺，避免井底积液影响气井正常生产。

对于这种试井曲线特征不明显、压力和压力导数曲线间距较大井，可能储层地层能量不足、排液困难，需要优化管柱、井身结构及排采工艺，以缓解积液对气井产能的影响。

2）试气产能特征

（1）分区特征。

渝东南常压页岩气地层压力系数变化大，彭水地区、武隆地区、南川地区等几个区块已经有众多井投入开发，且多数井在投产初期均进行了系统测试。通过分析产能评价结果，可以认识常压页岩气井初始产能特征及影响因素。

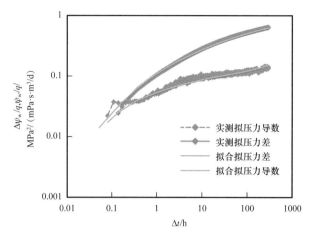

图 7-3-27　隆页 1HF 井关井压恢双对数曲线

　　分析不同地区气井试气产能评价结果可以看出（表 7-3-9），压力系数最高的区块气井试气无阻流量也最高，介于（10~62）×10⁴m³/d 之间，而压力系数最低的武隆区块，气井试井无阻流量也最低，介于（7.5~10.0）×10⁴m³/d 之间。实际上，各区域地质特征（含气性、可压性）及压裂施工参数也存在较大差异，压力系数的差异并不是影响气井初始产能的唯一因素。

表 7-3-9　不同地区常压页岩气井无阻流量评价结果

分区	平桥南	东胜	平桥南斜坡	武隆
压力系数	1.30	1.22	1.20	1.10
平均无阻流量 /（10⁴m³/d）	24.05	19.35	19.27	8.63

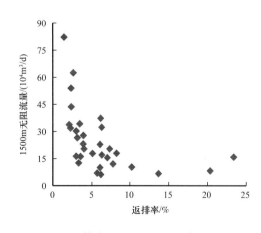

图 7-3-28　等效无阻流量—返排率关系曲线

（2）试气产能与返排率关系。

　　根据北美地区页岩气井返排规律认识，返排率较高的气井压裂形成的裂缝系统复杂程度相对较低。常压气井也存在这样的规律，即产能与返排率也存在负相关关系，图 7-3-28 表示 1500m 等效无阻流量与返排率的关系，从图中可以看出，二者存在明显的负相关关系，返排率越高，无阻流量越低。

　　3）气井生产规律

（1）常压页岩气井生产特征。

　　常压页岩气井地层能量较弱，含气量和游离气占比相对较低，压后放喷初期以排液为主，产气量较低，随着返排液增加，产气量不断增加，后期逐渐稳定。不同压力系数的气井，生产规律差异大，具体表现为测试产量、试采产量、压力特征、返排特征、单位压降产气量、递减率和 EUR 等明显不同（表 7-3-10）。

表 7-3-10　不同压力系数页岩气井生产特征统计表

主要指标		压力系数			
		0.9～1.0	1.0～1.1	1.1～1.3	1.3～1.4
水平段中深 /m		2000～2500	2800～3300	3000～3300	2800～3800
试气情况	无阻流量 / (10^4m^3/d)	3～10	7～15	15～30	20～45
	稳定日产气水平 / 10^4m^3	2～3	3～4	4～6	6～10
试采情况	套压 5MPa 时累计产气 / 10^4m^3	800～1500	1500～2500	2500～4000	4000～8000
	套压 5MPa 时返排率 /%	50～80	25～40	20～25	10～20
	初期年递减率 /%	20～25	25～30	30～35	35～45
	单位压降产气量 / (10^4m^3/MPa)	40～60	80～120	120～150	150～240
	EUR/ 10^8m^3	0.35～0.5	0.5～0.7	0.7～0.9	0.9～1.2

① 地层压力系数介于 0.9～1.0 之间的页岩气井。

由于地层能量较弱，气井压裂后难以实现自喷生产，压裂后初期需要借助人工举升工艺才能产气，宜采用大排量电潜泵进行快速排液，一般返排率达到 6%～7% 时开始见气。随着返排率增加，气井液面不断下降，井底流压降低，地层与井底压差逐渐增大后，日产气量增大，当返排率达到 30%～40% 时，测试日产气量达到（2～3）× 10^4m^3，评价无阻流量为（3～10）× 10^4m^3/d，随后日产气量逐渐递减，气井实现连续稳定生产，单位压降产气量（40～60）× 10^4m^3/MPa，初期年递减率 20%～25%，套压 5MPa 时返排率为 50%～80%，对应累计产气量为（800～1500）× 10^4m^3。该类型井测试产量、压力，以及无阻流量总体较低，单井 EUR 为（0.35～0.5）× 10^8m^3，目前尚未实现效益开发。

② 地层压力系数介于 1.0～1.1 之间的页岩气井。

地层能量相对较强，气井压裂后，通过管柱优化，利用自身能量可实现自喷连续生产。一般返排率达到 3%～4.5% 时开始见气，当返排率达到 12%～18% 时，测试稳定日产气量达到（3～5）× 10^4m^3，评价无阻流量为（7～15）× 10^4m^3/d，随后气井连续自喷生产，单位压降产气量（80～120）× 10^4m^3/MPa，套压 5MPa 时返排率为 25%～40%，对应累计产气量为（1500～2500）× 10^4m^3，第 1 年递减率 25%～30%，第 2 年递减率逐步变缓为 15%～20%，评价单井 EUR 为（0.5～0.7）× 10^8m^3。

③ 地层压力系数介于 1.1～1.3 之间的页岩气井。

地层能量相对更强，气体流动性更好，利用自身能量可实现自喷连续生产。一般返排率达到 0.5%～1.1% 时开始见气，当返排率达到 8%～15% 时，测试日产气量达到（9～33）× 10^4m^3，评价无阻流量为（15～35）× 10^4m^3/d，随后气井按照（4～6）× 10^4m^3

的稳定日产气水平连续自喷生产，单位压降产气量（120～150）×10⁴m³/MPa，初期年递减率为30%～35%，套压5MPa时返排率为20%～25%，对应累计产气量为（2500～4000）×10⁴m³，评价单井EUR为（0.7～0.9）×10⁸m³。

④ 地层压力系数介于1.3～1.4之间的页岩气井。

地层压力系数达到高压范畴，地层能量更强，生产方式为自喷连续生产。一般返排率达到0.1%～0.2%时开始见气，当返排率达到3%～8%时，测试日产气量达到（15～40）×10⁴m³，评价无阻流量为（20～45）×10⁴m³/d，随后气井按照（6～10）×10⁴m³的稳定日产气水平连续自喷生产，单位压降产气量（150～240）×10⁴m³/MPa，初期年递减率35%～45%，套压5MPa时返排率为10%～20%，对应累计产气量为（4000～8000）×10⁴m³，评价单井EUR为（0.9～1.2）×10⁸m³。

（2）常压页岩气井生产阶段划分。

对渝东南常压页岩气井生产数据进行分析，页岩气生产可划分为四个阶段（图7-3-29），分别为纯液阶段（A）、过渡阶段（B）、稳定生产阶段（C）、低压排采阶段（D）（何希鹏等，2021）。不同压力体系的页岩气井均有相似的生产阶段，但各阶段生产特征如生产时间、日产水平、返排率、递减率、单位压降产气量等参数不尽相同（表7-3-11），综合所有生产井参数，初步明确各阶段指标界限。

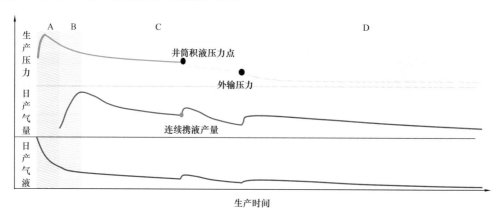

图 7-3-29　渝东南常压页岩气井生产阶段模式图

表 7-3-11　不同生产阶段不同压力系数页岩气井生产特征表

压力系数	纯液阶段（A）	过渡阶段（B）	稳定阶段（C）	低压排采阶段（D）
0.9～1.0	时间 10～15d 日产液 120～500m³ 返排率 5%～15%	时间＞150d 日产气（2～3）×10⁴m³ 阶段返排率 15%～40%	日产气（2～3）×10⁴m³ 阶段递减率 20%～25% 单位压降产气量 （40～60）×10⁴m³/MPa	日产气（1～1.5）×10⁴m³ 阶段递减率 5%～10%
1.0～1.1	时间 0～10d 日产液 90～120m³ 返排率 2%～5%	时间 50～150d 日产气（3～4）×10⁴m³ 阶段返排率 5%～15%	日产气（3～4）×10⁴m³ 阶段递减率 25%～30% 单位压降产气量 （80～120）×10⁴m³/MPa	日产气（1.5～2）×10⁴m³ 阶段递减率 10%～20%

续表

压力系数	纯液阶段（A）	过渡阶段（B）	稳定阶段（C）	低压排采阶段（D）
1.1～1.3	时间<1d 日产液 60～90m³ 返排率 0.5%～2%	时间 5～10d 日产气（4～10）×10⁴m³ 阶段返排率 2%～10%	日产气（4～10）×10⁴m³ 阶段递减率 30%～40% 单位压降产气量 （120～150）×10⁴m³/MPa	日产气（3～5）×10⁴m³ 阶段递减率 20%～30%
1.3～1.4	时间<1d 日产液 20～60m³ 返排率<0.5%	时间 0～5d 日产气（6～10）×10⁴m³ 阶段返排率 0.5%～5%	日产气（6～10）×10⁴m³ 阶段递减率>40% 单位压降产气量> 150×10⁴m³/MPa	日产气（4～6）×10⁴m³ 阶段递减率 25%～35%

① 纯液生产阶段。

此阶段由于井筒内及与井筒直接相连的人工裂缝主缝内充满压裂液，液体为连续相，生产初期仅有压裂液返排，产液量很大并快速下降。随着井筒液面降低，主裂缝内压力下降，缝网内的气相含量不断增加，井口套压逐渐升高。压裂返排初期，由于微孔隙毛细管压力作用，主裂缝内压裂液优先产出，近裂缝面由于毛细管压力滞后作用，吸渗到储层微孔隙中的压裂液在一定压差下才能流动，因此初期产液量会快速下降。随着主裂缝内压力进一步下降，压差克服毛细管压力后，微孔隙内流体开始流动，压力下降，吸附气开始逐步解吸释放出来。

纯液生产阶段为地层压力系数小于 1 的常压页岩气的典型阶段，一般返排率达到 6%～7% 才开始见气，以彭页 1HF 井为例，返排初期，日产水量由 512m³ 快速下降至 117m³，套压上升至 12MPa，开始逐渐降压产气；压力系数>1 的页岩气井原始地层压力相对较高，开井后生产压差大，主缝内气体快速进入井筒被采出地面，一般纯液生产阶段很短，有时难以观察。

不同压力系数气井表现出压力系数越高，出气返排率越低，压力系数介于 0.9～1.0 之间的井见气时返排率为 6%～7%，压力系数介于 1.0～1.1 之间的井见气时返排率为 3.0%～4.5%，压力系数介于 1.1～1.3 之间的井见气时返排率为 0.5%～1.1%，压力系数介于 1.3～1.4 之间的井见气时返排率为 0.1%～0.2%。当气井压力系数<1.2 时，井筒积液对压力系数低的气井影响更强，压力系数直接影响地层供气能力，持续返排可有效降低井底流压，同时流体从单向流动变为两相流动，流动阻力增大，地层压力小无法形成有效压差克服运移阻力；气井压力系数>1.2 时，随着压力系数逐渐增大，见气返排率降低幅度很小，足够的地层压力可有效确保气体克服阻力快速运移。

② 过渡生产阶段。

对于常压页岩气井，尽管返排早期页岩气产量很少或者没有，但是页岩气可能已经存在于水力裂缝中。由于来自基质的流入，水力裂缝中的页岩气体积增加。在此期间，分别导致含气饱和度（及气相相对渗透率）增加，含水饱和度（及水相相对渗透率）降低。随着返排的继续，页岩气最终进入井中，井筒内气相含量进一步增加，气体突破流入井筒，产气量逐步上升至最高值，产液量进一步下降，气水比在此阶段快速上升，生产曲线同样形成明显阶梯状。隆页 1HF 井在过渡生产阶段，日产气量由 $1.53 \times 10^4 m^3$ 上升至 $3.98 \times 10^4 m^3$，气液比快速上升至 $0.76 \times 10^4 m^3/m^3$，返排率 15.8%。

压力系数对阶段持续时间和返排率影响较大，对气液比大小无明显影响，表现出气井压力系数越高，过渡阶段返排率越低，气液平衡时间越长。彭页 1HF 井压力系数 0.91，过渡阶段持续 234d，阶段返排率 39.7%；焦页 194-3HF 井压力系数 1.32，生产 3d 即进入稳定生产，阶段返排率 3.8%。

③ 稳定生产阶段。

稳定生产阶段为页岩气井主要生产阶段，阶段内生产保持连续稳定，以产气为主，气体变为连续相，液体以颗粒的形式被气体携带至地面，产水量稳定降低，整体处于较低水平，随产气量的变化而变化，气液比趋于稳定。

早期北美页岩气开采主要采取敞喷生产，气井初产高、递减快，第 1 年递减率达到 50%～80%。敞喷生产可快速收回投资成本，但可能引起地层应力敏感，支撑剂流失，造成人造裂缝闭合。为避免气井出砂，确保气井井底流入和井口流出平衡，国内页岩气主要通过下入油管控压生产。生产初期根据气井产能评价结果，制订合理配产计划，延长稳定生产期。一般日产气量为（5～15）$\times 10^4 m^3$，日产气水平明显低于常规气藏。稳定生产阶段为页岩气产量主要贡献阶段，往往可以达到单井可采储量的 40%～70%。随着压力及日产气量降低，气井携液能力逐渐减弱，根据临界流量模型进行管柱选型，提高气井利用天然能力的排液效果。各类携液流量理论公式中，滴液模型较多，适用性各不相同，根据动液面监测及静压测试结果，Coleman 模型与气井实际情况符合率更高。目前，主要下入管柱型号为 $2\frac{7}{8}$in、2in、$1\frac{1}{2}$in 油管。

对比超压页岩气井，常压页岩气井生产通常表现出初期产量低，整体递减慢，弹性产量较高，单井可采储量较小，受地层压力系数影响明显。

由于页岩气特殊的富集机理，试气阶段往往采用一点法试井进行产能评价。对比不同压力系数气井无阻流量，表明地层压力系数越大，产气能力越强，制定初期产量越高。常压页岩气井第 1 年递减率 20%～45%，由于储层孔隙内的游离气含量越低，吸附气含量占比越高，对于常压页岩气藏近井筒及裂缝面的储层压力很快就能降到解吸压力，从而导致吸附气大量解吸释放产出地面，因此常压页岩气藏地层压力系数越低，吸附气解吸释放的时间越快，从而导致气井的产量递减率越慢。单位压降产量可有效反映气井生产能力，随压力系数增大，单位压降产气量升高，例如焦页 194-3HF 井压力系数 1.32，单位压降产气量 $217 \times 10^4 m^3/MPa$，与焦石坝一期相当。在稳定生产阶段页岩气渗流逐渐进入线性流阶段，通过流动物质平衡方程法、典型图版法、现代产量分析法等可有效评价单井可采储量，可采储量与压力系数变化呈现出同向性，随压力系数增大而增大。

④ 低压排采阶段。

页岩储层微纳米无机孔隙、有机孔隙内的温度、压力变化时，甲烷分子会脱离吸附状态，转变为游离相，在微纳米孔隙内发生运移。页岩气吸附气含量占比达到 50%～80%，随着开采过程不断继续，吸附气不断发生解吸转化为游离态，页岩气开采维持在较低的产气量，但生产周期较长，气井递减率明显降低，年递减率较增压前 34% 降至 23%。

当气井压力逐渐降低至外输压力，气井无法实现连续自喷，一般进入间歇生产，为降低自喷排液能量损失，气井通常进入地面增压流程降低井口回压实现连续生产，同时开展排水采气措施，延缓气井积液水淹。地面增压可有效降低外输压力对气井产量的影响，自喷井外输压力每上升 1MPa，单井平均日产气量下降 $1.27 \times 10^4 m^3$；增压井外输压力上升 1MPa，单井平均日产气量下降 $0.22 \times 10^4 m^3$。低压排采阶段气井携液能力减弱，为防止气井水淹关井，排水采气工艺显得尤为重要，泡排可有效降低返排液密度，有利于将液体举出井口，是目前排液最有效的手段之一，气井泡排后气量可上升 15%～20%，液量上升 30%～50%。但泡排效果往往持续时间较短，需要连续加注起泡剂，常采用自动加药装置加注或人工固化加药制度。页岩气井属于单井单藏，不同压力系数页岩气井进入低压排采阶段后生产特征无明显差异，生产效果主要受到排水采气工艺适应性影响。

第四节　常压页岩气开发技术政策制定

在进行页岩气藏开发技术政策制定时，需要对开发层系、靶窗、井网井距、水平段长、方位等指标进行优化，计算合理产能，从而确定具有针对性的生产方式。

一、开发层系与靶窗

1. 开发层系

1）地质特征

南川区块五峰组—龙马溪组页岩横向展布较稳定，纵向上连续，压力和流体性质相近，根据 TOC、孔隙度、含气量、石英含量及应力等参数，五峰组—龙马溪组含气页岩段纵向上可划分为 9 个小层 20 个亚层（图 7-4-1）。静态指标从上到下逐渐变好，其中以⑤小层为界，上下具有明显的二分性。单位厚度储量丰度①小层至⑤小层明显高于⑥小层至⑨小层（表 7-4-1）。因此，可将①小层至⑤小层作为一套层系独立开发。

纵向上受岩石相的影响，岩石应力剖面存在差异。如图 7-4-2 所示，在①小层至⑨小层存在两个明显的高应力界面，形态表现为箱状、锯齿状，高应力界面分布在①小层底部的临湘组灰岩和⑥ –1 亚段。受应力的差异性影响，在软硬交接界面易形成层间滑脱裂缝，主要分布在①小层、⑥小层，滑脱面具有高黏土含量、黏土—有机质糜棱结构，基于纵向上应力的分布，以及层间滑脱缝发育的影响，压裂缝高难以突破高应力界面。因此，①小层至⑤小层可以作为一套层系独立开发，⑥小层至⑨小层作为上返接替调层。

2）最优分割法

一套开发层系的各小层储集层物性基本接近，而聚类分析法根据一批样品的许多观测指标，按照一定的数学公式具体地计算一些样品或一些参数（指标）的相似程度，把相似的样品或指标归为一类。本节应用最优分割法对地层进行有序的层系组合。常规的层系组合就是根据物性相近原理，将储集层物性、压力系统接近的气层划为一套开发层系，每一套开发层系用一套井网进行开发；有序层系组合则考虑页岩气开发层系不宜划分过多的原则，在不打乱小层次序的情况下，按照性质相近原则进行层系组合，这样可以采用一套开发井网进行滚动接替式开发。

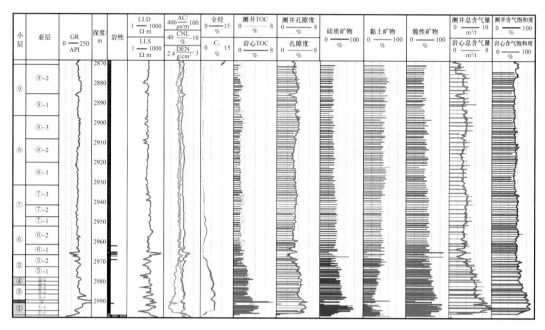

图 7-4-1　南川区块五峰组—龙马溪组龙一段综合柱状图

表 7-4-1　南川区块小层丰度计算表

小层	厚度 /m	储量 /10⁸m³	丰度 / (10⁸m³/km²)	单位厚度丰度 / (10⁸m³/km²·m)
⑨	19	46.85	1.32	0.07
⑧	25.9	66.39	1.88	0.07
⑦	21.6	63.54	1.79	0.08
⑥	9.8	31.48	0.89	0.09
⑤	14.7	58.55	1.65	0.11
④	5	22.77	0.64	0.13
③	8.7	48.97	1.38	0.16
②	1	6.24	0.18	0.18
①	5.3	31.58	0.89	0.17

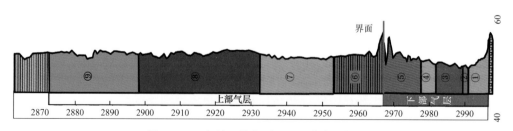

图 7-4-2　南川区块焦页 194-3 井应力剖面

为了使聚类分析结果对划分开发层系起到很好的指导作用，将每一个亚层作为一个样品，表征参数主要有渗透率、孔隙度、厚度、TOC、含气量、含气饱和度、最小主应力、硅质含量等。

（1）数据的标准化。

由于不同的参数量纲不同，导致各参数的值变化较大，为了消除由于参数量纲不同对聚类分析的影响，在进行计算前必须先对各参数进行无量纲化处理。

常用的数据变换方法有中心化变换、极差规格化变换、标准化变换、对数变换等，这里采用标准化变换。首先对每个变量进行中心化变换，然后用该变量的标准差进行标准化。即：

$$x_{ij}^* = \frac{x_{ij} - \bar{x}_j}{S_j} \quad \left(i = 1,2,3,\cdots,n; j = 1,2,3,\cdots,p\right) \tag{7-4-1}$$

$$S_j = \frac{1}{n-1}\sum_{i=1}^{n}\left(x_{ij} - \bar{x}_j\right)^2 \tag{7-4-2}$$

经过标准化变换处理后，每个变量即数据矩阵中每列数据的平均值为 0，方差为 1，且为无量纲，同样也便于不同变量之间的比较。变换后，数据矩阵中任何两列数据乘积之和是两个变量相关系数的（$n-1$）倍，所以这是一种很方便地计算相关矩阵的变换方法。

（2）最优分割法。

使 k 个样品段的段内差异总和尽可能小，而各段之间的差异尽可能大地分割称为 k 类最优分割。Fisher 最优分割法具体做法如下：

① 定义类直径。

设 $G_{ij} = \left\{x_i, x_{i+1}, \cdots, x_j\right\}$，$j > i \geqslant 1$，则该类样本均值为 $\bar{x}_{ij} = \frac{1}{j-i+1}\sum_{l=i}^{j} x_l$。定义类 G_{ij} 之

直径 D（i，j）为 $D(i,j) = \sum_{l=i}^{j}\left(x_l - \bar{x}_{ij}\right)'\left(x_l - \bar{x}_{ij}\right)$。

② 规定目标函数。

设将有 n 个有序样品分割为 k 类的某种分法记为：

p（n，k）$= \{x_{i_1}, x_{i_1+1}, \cdots, x_{i_2-1}\}, \{x_{i_2}, x_{i_2+1}, \cdots, x_{i_3-1}\}, \cdots, \{x_{i_k}, x_{i_k+1}, \cdots, x_{i_{k+1}}\}$ 或简记为：

$$1 = i_1 < i_2 < \cdots < i_k < i_{k+1} = n$$

Fisher 规定其目标函数为：

$$E\left[p(n,k)\right] = \sum_{l=1}^{k-1} D\left(i_l, i_{l+1}-1\right) + D\left(i_k, n\right) \text{（即 } k \text{ 个类直径之总和）} \tag{7-4-3}$$

对于给定的 n、k，$E\left[p(n,k)\right]$ 越小，表示各类离差平方和之总和越小，分类越合理。

③ 求精确最优解。

这是最优分割法最关键的一环，其核心部分是下面两个递推公式：

$$e(n,2) = E\big[b(n,2)\big] = \min_{2 \leqslant j \leqslant n}\big\{D(1,j-1) + D(j,n)\big\} \qquad (7\text{-}4\text{-}4)$$

$$e(n,k) = E\big[b(n,k)\big] = \min_{k \leqslant j \leqslant n}\big\{E\big[b(j-1,k-1)\big] + D(j,n)\big\} \qquad (7\text{-}4\text{-}5)$$

最优分割法是上式对 j 求极小，相应 j 为分割点。

在最优分割的基础上，对分段数据进行变换后，根据距离系数公式计算分段内各个小层的距离系数。距离系数越小，说明两个小层越相似，可作为一套层系开发，否则应分为两套甚至多套层系开发。

利用现场生产获取的各类静态资料（表 7-4-2），基于上述最优分割法开发层系评价流程，按照"层系内差异最小，层系间差异最大"原则，进行开发层系划分。计算结果显示，南川区块五峰组－龙马溪组一段页岩储层可划分为两套开发层系，①小层至⑤小层为一套层系，⑥小层至⑨小层为一套层系。综合考虑两套开发层系的储层静态参数、储量丰度等指标，优先开发下部气层①小层至⑤小层，上部气层⑥小层至⑨小层作为接替层系。

表 7-4-2　层系组合划分参数表

小层名	层厚 / m	测井 TOC/ %	孔隙度 / %	渗透率 / mD	含气饱和度 / %	含气量 / m³/t	最小主应力 / MPa	硅质含量 / %
⑨-3	5.02	1.42	3.61	0.12	22.62	2.24	56.71	25.68
⑨-2	6.44	1.68	3.83	0.13	33.08	2.55	54.16	25.49
⑨-1	7.13	1.39	3.14	0.11	26.28	2.19	55.93	26.34
⑧-3	4.81	1.20	2.80	0.09	19.52	1.97	55.83	26.25
⑧-2	12.99	1.81	3.58	0.12	41.54	2.69	54.00	24.20
⑧-1	8.99	1.26	2.49	0.08	29.85	2.05	56.09	26.07
⑦-3	6.72	1.24	2.57	0.09	31.96	2.02	57.16	27.37
⑦-2	5.36	1.65	2.96	0.10	43.95	2.50	55.65	27.75
⑦-1	8.16	1.61	2.84	0.10	39.53	2.46	55.77	28.93
⑥-2	3.38	1.78	3.05	0.10	34.38	2.67	55.52	30.19
⑥-1	6.77	1.78	2.95	0.10	25.98	2.66	55.58	30.01
⑤-2	6.13	1.97	3.30	0.11	32.24	2.89	56.71	30.50
⑤-1	7.49	2.77	3.87	0.13	46.83	3.83	55.25	30.23
④-2	3.15	2.76	3.89	0.13	36.34	3.83	54.60	30.09
④-1	3.14	3.11	4.03	0.13	46.64	4.24	54.72	30.03

续表

小层名	层厚 / m	测井 TOC/ %	孔隙度 / %	渗透率 / mD	含气饱和度 / %	含气量 / m³/t	最小主应力 / MPa	硅质含量 / %
③-3	3.61	3.34	3.99	0.13	53.15	4.51	55.51	29.00
③-2	3.32	3.87	4.52	0.15	56.41	5.15	54.67	29.40
③-1	2.29	3.58	4.10	0.14	60.73	4.81	55.98	32.27
②	1.01	3.99	4.88	0.16	34.06	5.29	57.38	33.83
①-2	2.91	4.65	4.99	0.17	57.22	6.07	55.08	33.03
①-1	2.18	4.64	3.91	0.13	30.23	5.00	58.57	32.72

3）现场生产实践

南川区块现场生产实践表明，①小层至⑤小层作为一套层系开发是合理可行的。

（1）微地震监测。

压裂施工现场微地震监测表明，常压页岩气井压裂有效缝高为 20～50m（图 7-4-3）。焦页 208-3HF 井微地震监测总体缝高较为均衡，介于 30～50m 之间，焦页 197-3HF 井第 10～15 段压裂垂向裂缝高度为 20～60m，平均半缝高为 23m。焦石坝区块穿行③小层压裂裂缝上延高度主要介于 10～25m 之间，在⑤小层以下。

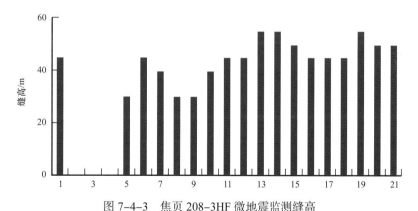

图 7-4-3　焦页 208-3HF 微地震监测缝高

（2）数值模拟法。

选取平桥南区页岩气藏典型井组开展地质建模及压后数值模拟研究。前期基础工作采用井震结合开展构造特征研究，基于水平井建模资料特征，通过挖掘水平井轨迹信息、采用虚拟直井控制，建立了精确的复杂构造模型。在前期地质建模基础上，截取平桥南主体区北部一排井开展加密及立体开发潜力数值模拟研究，该模型包含焦页 197-2HF 井、焦页 195-1HF 井和焦页 195-2HF 井 3 口井。3 口井水平段长 1600m 左右，井距为 500m。储层为五峰组—龙马溪组页岩储层，平均埋深为 2600m，储层温度为 83℃。储层共划分为 9 个小层，①小层至⑤小层为优质页岩段，厚度为 35m，束缚水饱和度 40%。用于数值模拟的数据均由现场通过测井和地球物理方法确定。根据实验数据确定页岩气等温吸附曲线参数，本模型兰氏压力为 6MPa，兰氏体积为 2.1～3.6m³/t，吸附气占 40% 左右，数值模型的具体参数见表 7-4-3。

表 7-4-3 数值模型初始参数列表

项目	取值
模型尺寸	2450m×1950m×110m
埋深	2600m
网格数	96×263×23
储层压力	36MPa
储层温度	83℃
兰氏体积	2.1～3.6m³/t
兰氏压力	6MPa
地质储量	48.4×10⁸m³
基质渗透率	5×10⁻⁵mD
水力裂缝导流能力	10mD·m

对平桥南区焦页 197-3HF 井进行了微地震监测来探测裂缝的扩展。微地震信号由天然裂缝激活之后发生剪切形变释放。根据微地震数据可以确定裂缝扩展范围，结合生产动态分析反演的压裂裂缝半长，以生产动态分析反演的压裂裂缝半长范围 80～126m 为限制条件，岩心描述和测井解释天然裂缝密度等参数建立该平台压后人工缝网模型，如图 7-4-4 所示。由于微地震仅仅显示响应裂缝，实际返排后裂缝将发生闭合，实际有效裂缝半长将小于响应裂缝半长。在历史拟合过程中将把有效裂缝范围作为待定参数进行调整。

建立井组压后模型之后，对该模型进行历史拟合。根据实际生产历史，拟合井底压力，井底压力由 Harmony 软件多相管流计算而来。拟合过程中着重调整 3 个参数即激活的天然裂缝导流能力、主裂缝导流能力及平均有效裂缝半长。模型采用定产气量拟合井底流压，拟合率在 90% 以上。

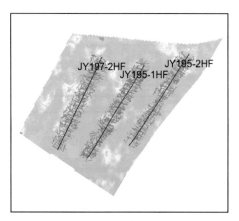

图 7-4-4 典型井组数值模拟 15 年后气藏压力变化图

图 7-4-5 给出了 3 口井生产 20 年后平面及纵向压力分布情况。由图可知，现有井网条件下井间存在压力未波及区域。下部气层 5 个小层井控储量采出程度分别为 10%、11%、12%、10% 和 8%。改造区内平均地层压力降至 20MPa，采出程度约为 22.8%，

未改造区动用程度低。相邻水平井之间存在宽度为 200～250m 的未动用区域，下部气层具有加密潜力。纵向上，压力降仅波及⑤小层，上部气层基本未动用，具有立体开发潜力。

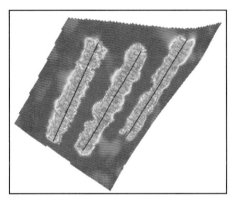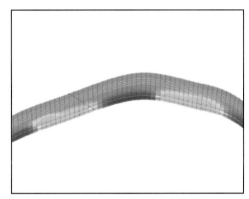

图 7-4-5　典型井组数值模拟 15 年后气藏压力变化图

（3）水力压裂模拟法。

利用前期建立的三维精细地质模型，结合天然裂缝模型和三维地质力学模型，选取水平段穿行不同层段的水平井开展不同小层压裂裂缝扩展模拟研究。由于纵向上不同层位储层品质、地应力及岩石力学参数不同，导致在不同层位压裂时水力裂缝缝高及支撑缝高不同。如图 7-4-6 所示，水平井水力压裂后人工裂缝半缝高 25～30m，裂缝向上仅局部延伸到⑥小层，有效支撑缝高主要在①小层至⑤小层以内。穿行①小层人工裂缝缝高 52m，主要波及层位①小层至④小层，计算的有效支撑缝高 25.3～27.1m；穿行③小层水力缝高 58m，主要波及层位②小层至⑤小层，计算的有效支撑缝高 28.8～30.1m。

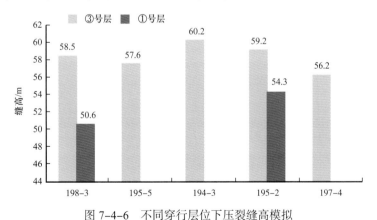

图 7-4-6　不同穿行层位下压裂缝高模拟

（4）国内页岩气田开发实践。

中国石油长宁页岩气田典型井研究表明，平均水力压裂缝高约 62m，平均有效支撑缝高约 18m，有效支撑缝高是水力压裂缝高的 29%，支撑剂在垂向上的覆盖还有较大的提高空间。足 201 井采用非放射性示踪陶粒，sigma 测井评估有效支撑缝高仅为 9m，合 201 井有效支撑缝高仅为 10.5m。焦石坝地区上部气层评价井穿行层位⑦小层、⑧小层，与下部气层开发井垂向距离 42～53m。尽管上部气层水平井压裂期间，对下部气层老井造成了压裂波及，表现为关井期间见示踪剂，且井口压力上升。虽然水力裂缝波及①～③小层，但老井开井后初期产液较高，之后产水量持续下降，随后单井产气量逐渐恢复到关井之前水平，气井产能未受明显影响。

五峰组—龙马溪组①小层至⑤小层厚度 30m 左右，现有压裂工艺水平下，水力裂缝的垂向有效支撑缝高通常在 10～20m，上部⑥小层至⑨小层动用不充分或未动用，因此①小层至⑤小层和⑥小层至⑨小层可以分别独立作为一套层系进行开发。

2. 穿行靶窗

以"穿最甜、压最开、动最多"为原则，从静态参数、应力剖面、动态监测、微地震监测等方面论证最佳穿行靶窗。

（1）综合孔隙度、渗透率、含气量、TOC 等静态参数，优选指标最优的"甜点层"作为水平井穿行靶窗，焦页 10 井区下部层系最优靶窗为① –2 亚层到②小层，上部层系为⑧ –2 亚层；平桥南和东胜区块下部层系最优靶窗为① –2 亚层到③ –1 亚层，上部层系为⑧ –3 亚层。

（2）根据导眼井最小主应力剖面显示，主应力相对较低层段为① –2 亚层、③ –1 亚层和③ –2 亚层，水平段穿行这些层位后期进行水力压裂时相对容易压开，利于裂缝起裂。南川工区大量已压裂井压裂施工数据也证实，当水平井段穿行① –2 亚层到③ –1 亚层时，压裂施工的破裂压力梯度相对较低，证实了此靶窗范围为压裂施工"甜点层"（图 7-4-7）。

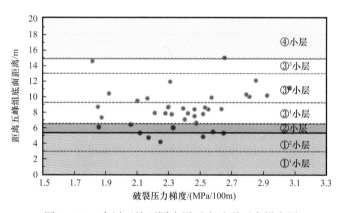

图 7-4-7　南川区块不同小层对应破裂压力梯度图

（3）统计南川区块已投产水平井②小层 + ③小层穿行占比与气井产能关系可知，水平井②小层 + ③小层穿行比例越高，气井测试无阻流量越高。当②小层 + ③小层穿行比例低于 70% 时，气井无阻流量降到 $30×10^4 m^3/d$ 以下。因此，水平井穿行最佳"甜点"靶窗为②小层 + ③小层，以保障气井获得最大产能。

（4）南川区块开展了多口页岩气水平井连续产气剖面测井试验和资料解释评价，以焦页 10HF 井产剖测试为例，该井在投产初期和生产 477d 时先后进行过两次产气剖面测试。投产初期高产气压裂段 4 段，高产气段主要穿行① –2 亚层 + ②小层，4 段高产段总段长 280m，占试气段长仅 18.2%，而产气量占总产量的 59.4%。生产 477d 后进行第二次产气剖面测试，结果显示，初期出气段压力下降，产层主要为中下部相对高压力段，产气贡献段主要穿行① -2 亚层 + ②小层 + ③ -1 亚层小层，其中三段产量占比 28.13%。

（5）南川区块有十余口井压裂施工过程中进行了微地震监测试验，获取了人工裂缝缝长、缝宽和缝高等参数。整体来看，微地震监测缝高较为均衡，介于 30～50m 之间，穿行不同小层时压裂裂缝缝高有所差异。以焦页 208-3HF 井为例，穿行①小层、②小层的压裂段人工裂缝向上延伸高度为 14.67～19.88m（到④小层至⑤小层下部），穿行③小层的压裂段人工裂缝向上延伸高度平均为 23.44m（在⑤小层以下），裂缝延伸范围更高，改造体积更大。

二、井网井距

1. 布井方式

页岩气水平井布井方式通常采用以下几种方式（图 7-4-8），每种布井方式都有各自的优缺点（表 7-4-4）。

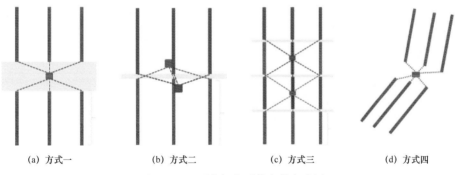

（a）方式一　　　　（b）方式二　　　　（c）方式三　　　　（d）方式四

图 7-4-8　页岩气水平井布井方式图

表 7-4-4　页岩气水平井不同布井方式对比表

布井方式	优点	缺点
方式一：双向布井	平台利用率高，靶前距离短	存在储量未动用区
方式二：单向布井	储量动用充分，靶前距离短，可部署长水平井	平台井数少，利用率低
方式三：丛式布井	平台利用率高，储量动用充分	靶前距离长，钻井进尺大
方式四：不规则双向布井	平台利用率高，靶前距离短，适用于构造及应力复杂区	存在储量未动用区

方式一：双向布井模式［图 7-4-8（a）］，国外页岩气开发主要采用此种布井模式。该模式平台利用率高，一个平台可以部署 6 口水平井，即一个平台分别朝对称的两个方向各钻 3～4 口水平井，可大大降低钻前工作量和占用土地。同时，水平井靶前距离相对

较短，可节约单井钻井进尺。但由于每个平台钻井过程中必须留有一定的靶前位移，导致地下资源浪费，储量动用不充分。

方式二：单向布井模式［图 7-4-8（b）］，为了避免方式一双向布井导致的地下资源浪费，同时满足长水平段开发要求尽量增加水平段长度，采用 2 个平台交叉布井方式。一个平台只朝一个方向钻 3～4 口井，另一个平台在其对面方向朝反方向钻 3～4 口井。该布井方式虽然提高了地下储量动用率，但在相同水平段长下增加了平台个数，造成了地面资源的浪费。

方式三：丛式布井模式［图 7-4-8（c）］，涪陵页岩气田一期主要采取此种布井方式。该布井方式在双向布井基础之上改进而来，单个平台仍采用双向布井模式，两个平台之间采用交叉部署方式，通过调整平台布局来减少地面平台个数，同时又能最大程度控制地下资源。该布井模式的缺点在于每口井的靶前位移较大，相同水平段长下单井钻井进尺大大增加，同时受到靶前位移限制导致水平段长度不能太长，通常在 1500m 左右。

方式四：不规则双向布井模式［图 7-4-8（d）］，该布井方式在双向布井基础之上改进而来，该模式考虑了页岩储层复杂构造或水平主应力方向发生突变的情况，平台两个方向的水平井方位随复杂构造或最大水平主应力方向的变化而改变，以实现压裂改造效果最优。

平桥南区整体构造相对简单，页岩气井水平段基本顺构造走向部署，地层倾角较小（<7°），布井方式采用丛式布井模式，在受地面限制区域采用单向布井方式。焦页 10 井区和东胜区块存在地下构造和地表条件双复杂的特点，地层存在局部隆起和高陡构造，同时地应力方向变化较大，存在局部高应力区。为提高资源利用率，同时兼顾地下（避开断层、复杂构造区）、地面条件（工业园区、煤矿），结合城区规划，综合考虑地面工程难度，降低平台建设周期，提高产建时效，主要采用单向布井方式，在受限制地区采用不规则双向布井方式。

2. 合理井距

1）微地震监测法

涪陵一期微地震监测结果表明，每段压裂缝长差异较大，单井压裂缝长主要集中在 200～500m，以 300～500m 为主。平桥南区微地震监测显示，主体缝长约 300m，井间存在储层改造不充分的区域，西侧裂缝长度 150～230m，东侧裂缝长度 100～140m，主体裂缝长度 140～230m。东胜区块同平台 3 口井微地震监测结果显示，单井压裂缝长主要集中在 200～350m，裂缝长度随着埋深的增加而减小，当埋深超过 3300m 以后，裂缝长度减小到 300m 以内。同时，随着埋深的增加，微地震事件数量也呈减小趋势（图 7-4-9）。

2）地质—工程—经济一体化评价

利用南区区块地震、测井等资料建立目标工区精细地质模型，利用测井解释天然裂缝参数建立天然裂缝网络模型，基于岩石力学利用有限元法计算得到三维地质力学模型，压裂裂缝扩展模拟则考虑水力裂缝与天然裂缝相互作用及水力裂缝之间应力阴影效应。分别设计 200m、300m、400m、600m 四种不同井距井网开展压裂缝网模拟及数值模拟研究，预测 EUR 及采收率，结合经济评价求取合理井距（图 7-4-10）。通过典型井组的地质—工程—经济一体化综合评价可知（图 7-4-11），当井距小于 200m 时，井间干扰效应严重，可采储量小于 $0.65 \times 10^8 \mathrm{m}^3$，按 4500 万元／井预测内部收益率低于 8.5%；当井距为 300m，未见明显干扰效应，可采储量 $0.7 \times 10^8 \mathrm{m}^3$，采出程度 33%，预测内部收益率 8.8%；当井距达到 400m 以上时，井间动用不充分，单井采出程度小于 26%，内部收益率增幅较小。综合评价在现有技术水平和经济条件下合理井距为 250～350m。

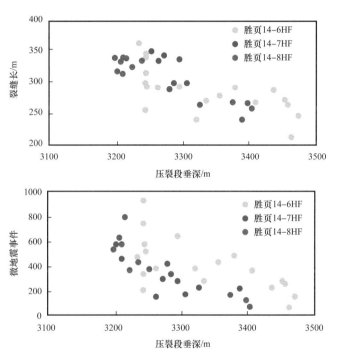

图 7-4-9　DP14 平台 3 口井裂缝长度、微地震事件与埋深关系图

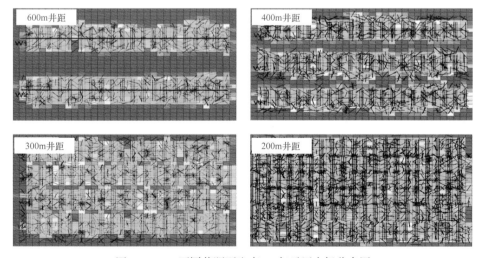

图 7-4-10　不同井距下生产 15 年后压力场分布图

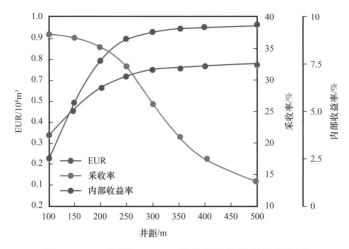

图 7-4-11　井距与 EUR、采收率及收益率关系曲线

3）生产数据分析法

页岩气压裂水平井气体流动持续时间最长的阶段为不稳态线性流动阶段，该阶段在生产特征曲线上表现为斜率为 1/2 或 1/4 的直线段。由南往北选取南川区块 4 口典型井生产数据开展不稳态线性流动分析，评价单井压裂裂缝半长。由评价结果可知，由南往北随着埋深的增加，在相同的压裂施工工艺和施工规模下，压裂裂缝半长由 176m 减小至 115m，因此合理井距范围在 250~350m 为宜，根据埋深和压裂规模的变化适当调整。

三、水平段长及方位

1. 水平段长度

平桥南区水平段长介于 1400~1700m 之间，测试无阻流量为（20~45）×10⁴m³/d，水平段长与无阻流量统计结果表明，无阻流量与水平段长相关性较弱，这主要因为无阻流量反映单井的测试产能，而测试产能主要受近井筒影响。水平段长与 EUR 统计结果表明（图 7-4-12），随着水平段长增加，EUR 增加且相关性明显，所以在工程工艺满足条件下，水平段越长，单井 EUR 越大，相同配产条件下稳产时间越长。

选取工区内已结算投资的典型井，利用实际产生的单井总投资额结合最终可采储量计算单井内部收益率，如图 7-4-13 所示。可以看出，随着水平段长的增加，虽然单井投资增加，但单井 EUR 也增加，内部收益率也随着增加。当水平段长达到 1900m 以后，水平段越长，工程风险增大，单井投资大幅增加，导致内部收益率有所下降。因此，水平段长在 1800~2000m 区间经济效益相对最佳。

利用工区气藏精细地质模型，开展单井不同水平段长度数值模拟研究，设置 1250~2750m 不同水平段长度。模拟结果显示，随着水平段长度增加，单井累计产气量增加，但单位长度累计产气增幅呈逐渐减小趋势。水平段长 2000m 以内，水平段长增加累计产气量增幅更大（表 7-4-5）。

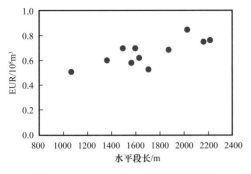

图 7-4-12　EUR 与水平段长关系图

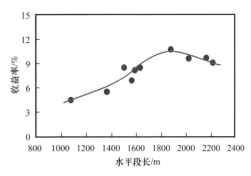

图 7-4-13　内部收益率与水平段长关系

表 7-4-5　不同水平段长下累计产气增幅表

生产时间	每增加 250m 段长下的累计产气增幅 /10^8m^3						
	1250m	1500m	1750m	2000m	2250m	2500m	2750m
3 年	基础模型	0.067	0.064	0.08	0.061	0.056	0.051
5 年	基础模型	0.093	0.088	0.101	0.088	0.083	0.09
7 年	基础模型	0.104	0.106	0.117	0.104	0.104	0.114

2. 水平段方位

水平段方位受储层天然裂缝走向或地应力方向影响，水平段方位要与裂缝走向垂直，或者水平井的井身轨迹方向与最小主应力方向一致，当进行水力压裂改造时，产生的人工裂缝沿着最大主应力方向扩展，即垂直于井筒方向，这样才能保证储层改造体积最大。由于南川区块地应力方向与地层倾向方向不一致，导致如果完全按照最小主应力方向部署水平井，会导致 A、B 靶点高差过大，不利用压裂液的返排，从而影响气井产能；或者水平段会穿越局部复杂构造区，导致成井困难。同时，由于复杂构造带下地应力方向、最大及最小水平主应力大小变化较大，需要研究地应力夹角及两向应力差异系数对压裂施工的影响。

采用破裂压力理论模型绘制不同应力差异系数下破裂压力随水平井方位与最小水平主应力夹角（以下称夹角）变化的关系曲线。由图 7-4-14 可知，在相同夹角下，两向应力差异系数越大，破裂压力增加幅度越大，反映压裂改造难度越大。在相同两向应力差异系数下，水平井方位与最小主应力夹角小于 10° 时破裂压力增幅为 1%；当夹角为 20° 时，增幅为 4%；当夹角大于 30° 时，施工压力线性快速增加，改造难度增大。因此，水平段方位与最小主应力方向夹角应控制在 30° 以内。

南川区块现场压裂施工实践表明，水平段方位与最小水平主应力夹角和破裂压力、停泵压力成正相关关系，即夹角越小，破裂压力和停泵压力越低，越利于储层改造，同时储层改造体积越大。

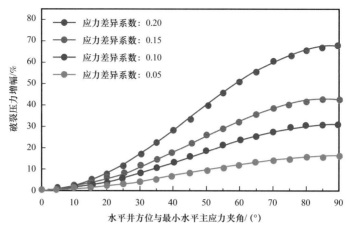

图 7-4-14 不同应力差异系数下破裂压力与应力夹角关系曲线

南川区块构造复杂，地应力变化大，水平段长与水平段方位受复杂构造和地应力共同决定。以 DP1 井区为例，受东部构造断层影响，水平段方位与最小主应力夹角越小，可部署水平段长越短，但压裂改造效果越好，改造体积越大，存在一个最优的水平段长与水平段方位组合可使单井 EUR 达到最大化。因此，基于 DP1 井区实际地质模型开展水平段方位与段长正交实验，设计夹角从 30° 至 0° 变化，相应的水平段长由 2262m 降至 1373m（图 7-4-15）。在此基础上开展水力压裂缝网模拟研究，4 口井采用相同工艺进行压裂，单段长 75m，每段 4 簇，单段液量 2500m³，单段砂量 160m³，陶粒占比 40%。在压裂缝网模拟基础上，考虑页岩气复杂渗流机理，利用给结构化网格建立数值模型，开展数值模拟研究，预测单井 EUR。模拟结果显示（表 7-4-6），随着水平段方位与最小主应力夹角减小，压裂裂缝半长及复杂程度有所增加，单井 EUR 有所增加，当夹角大于 20° 以后，由于断层的影响导致水平段长大幅缩短，虽然储层改造体积增加，但压裂改造增加的产能不足以抵消水平段缩短减少的产能，单井 EUR 下降。对于 DP1 井区在水平段长 1800m、水平段方位与最小主应力夹角 20° 情况下单井产能达到最优。因此，对于局部构造、地应力复杂区，要利用地质—工程一体化的建模数模方法，综合优化水平段长和水平段方位，以达到单井产能最大化目标。

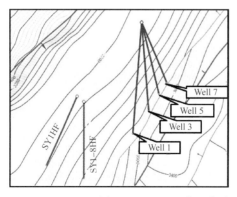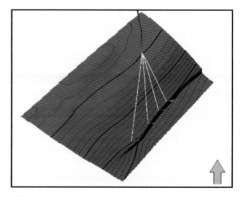

图 7-4-15 DP1 井区水平段方位与水平段长正交设计图

表 7-4-6　正交实验设计及结果表

井名	与最小主应力夹角 / (°)	水平段长 /m	压裂段数	单段长 /m	15 年累计产气 /10⁸m³
Well 1	30	2262	30	75	0.79
Well 3	20	1816	24	75	0.86
Well 5	10	1530	20	76	0.73
Well 7	0	1373	18	76	0.65

四、体积改造参数优化

页岩气井增产的宏观表现形式为油藏物性和压裂工艺相匹配。油藏物性是气井增产的物质基础，微观表现为水平井的穿行层位和油气的平面富集区域。压裂工艺是确保增产效果的关键手段，微观表现为缝网的扩展区域大小和支撑裂缝内的铺砂情况。显然，通过地质—工程一体化地质建模数模技术，可以有效识别油气富集区，并为钻井导向提供指导，优选分段分簇策略、优化施工规模与压裂工艺，改善缝网控制范围和缝内铺砂质量。

南川区块目前已形成比较成熟的多簇密切割分段分簇策略（详见本书第六章），这里不再论述。北美页岩气压裂实践数据显示，2019 年液体类型主要采用滑溜水，用液强度为 24m³/m，南川区块当前液体类型以滑溜水为主，用液强度比北美主要页岩气区块略高，用液强度稳定在 23～28m³/m。现场生产实践显示，压裂用液强度大小与气井产能相关性较弱，因此本节重点分析不同加砂强度对产量的影响，以进一步优化施工规模。

北美压裂实践显示，加砂强度前期逐年增加，当前稳定在约 1.68m³/m。支撑剂类型以石英砂为主，粒径包括粉砂、中砂和粗砂等，粉砂比例逐年增大，目前接近 50%。南川区块支撑剂逐渐由大粒径向小粒径、陶粒向石英砂转变，平均加砂强度约 1.2m³/m，近期加砂强度有逐渐增大趋势。

利用本章第一节中建立的三维精细地质模型和天然裂缝模型，考虑三维地质力学模型，基于地质—工程一体化技术开展不同加砂强度下压裂裂缝扩展模拟和压后产能模拟研究。方案设计了 1.2m³/m、1.6m³/m 和 2m³/m 三种不同的加砂强度，模拟水力压裂缝网延伸情况。由图 7-4-16 可以看出，随着加砂规模的增大，缝网控制范围相应增加，同时裂缝的导流能力也相应提高。

利用离散裂缝网络方法开展压后数值模拟研究，模拟了不同加砂强度下的压后产能表现。图 7-4-17 表明，加砂强度从 1.2m³/m 增加至 1.6m³/m 后，累计产能增加 7% 左右，进一步增加至 2m³/m，累计产能又增加约 5%。因此，在不考虑施工风险的情况下，加砂强度越高，裂缝规模及支撑效果越高，裂缝导流能力越强，压后产能越高。对于埋深浅、保存条件差的区域，储层易于改造，为了获取更大的气井产能，应尽可能提高加砂强度。对于地应力复杂区域，在工程工艺条件允许的情况下，也应尽可能提高加砂强度，以增强裂缝支撑效果，保证裂缝导流能力。

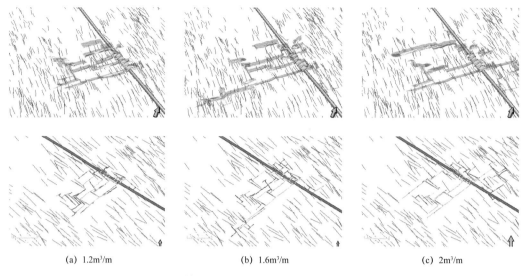

(a) 1.2m³/m   (b) 1.6m³/m   (c) 2m³/m

图 7-4-16　不同加砂强度下缝网模拟结果三维视图和二维视图

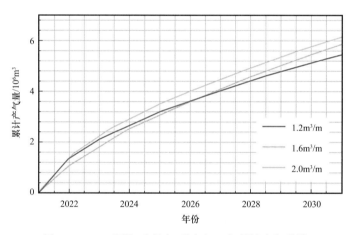

图 7-4-17　不同加砂强度下压后 10 年累计产气曲线

五、合理产能及生产方式

1. 合理产能

1）经济极限产能

利用经济评价软件，计算得到不同单井投资及不同单井产能条件下对应的内部收益率图版（图 7-4-18），利用此图版可以方便、快捷地获取不同单井投资下对应的经济极限产能。如在项目税后内部收益率 8% 条件下，若单井投资 4500 万元，则单井经济极限产能为 $4.0 \times 10^4 m^3/d$ ；若单井投资 5700 万元，则单井经济极限产能为 $5.0 \times 10^4 m^3/d$ 。根据南川区块不同分区下单井经济极限投资，利用该图版即可确定单井经济极限产能。

2）数值模拟法

页岩气存在较强的应力敏感效应，特别是人工裂缝导流能力应力敏感效应最强。初期如果采用放压生产，人工裂缝内压力迅速下降，会导致裂缝闭合，裂缝导流能力下降，从而导致气井产能下降。国内外众多页岩气井生产实例表明，单井 EUR 控压生产比非控压生产情况下大得多，低配产有利于增加单井最终可采储量，但投资回收期较长。通过数值模拟方法，考虑储层及人工裂缝应力敏感效应，模拟不同配产条件下的单井最终可采储量，结合单井投资开展经济评价，从而确定最佳的经济合理配产。以平桥南区为例，利用一体化建模数模模拟得出，单井 $6 \times 10^4 \mathrm{m}^3/\mathrm{d}$ 左右配产条件下经济效益相对最优（表 7-4-7）。

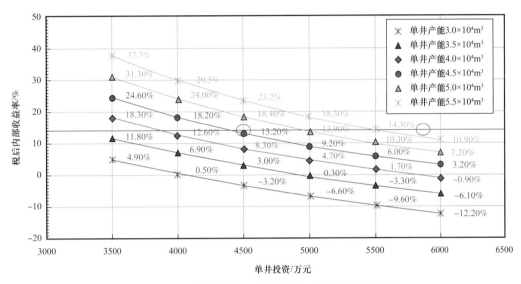

图 7-4-18　单井投资、单井产能与内部收益率图版

表 7-4-7　不同配产下经济评价参数表

配产方案 / ($10^4\mathrm{m}^3/\mathrm{d}$)	4	5	6	7	8
稳产期 /a	3.2	2.1	1.5	1.1	0.7
累计产气 /$10^8\mathrm{m}^3$	1.26	1.2	1.15	1.11	1.06
财务内部收益率 /%	10.4	11.7	11.8	11.8	10.5
投资回收期 /a	6	5.7	5.6	5.4	5.3
折现率 8% 财务净现值 / 万元	634	583	490	420	253

3）经验配产系数法

根据南川区块系统产能试井结果应用采气指示曲线法，绘制采气指示曲线以确定合理产量，结合气井无阻流量可以得到相应的合理配产系数。利用南川区块已试气井相关数据，建立工区合理配产系数与无阻流量经验关系图版，可用来确定工区内新投产井初期合理配产（图 7-4-19）。

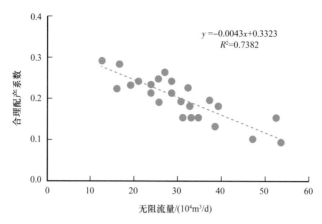

图7-4-19 合理配产系数与无阻流量关系图

2. 生产方式

对于地层压力系数大于1.0及以上的常压页岩气井，生产初期能实现自喷携液生产。随着气藏压力下降，日产气量逐渐降低。当产量低于临界携液流量或者井口压力接近管输压力时，采用压缩机地面增压开采，以提升日产气量，增大携液能力。随着页岩气藏的持续开发，区块地层能量进一步减弱，地层能量不足以满足压裂液返排，此时的页岩气藏跟初期地层压力系数低于1.0的常压页岩气藏类似，开采中需要借助人工举升方式。在气藏地质特征与开发现状分析的基础上，对常压页岩气藏的采气管柱、电潜泵、射流泵和气举排采工艺现场试验特点进行研究，并开展成本分析与适应性评价研究。本书第八章将对常压页岩气排水采气工艺技术进行详细介绍，这里不再赘述。

六、开发技术政策

根据上述对开发层系与靶窗、井网井距、水平段长及方位、合理产能等开发技术政策的论证，以提高储量动用程度及单井产能，达到提高最终采收率的目的，制定了渝东南常压页岩气以"小井距、长水平段、小夹角、低高差、强改造"为原则的经济开发技术政策（何希鹏等，2021）。不同分区依据地质条件不同，经济开发技术政策也不同，见表7-4-8。

利用表7-4-8中的开发技术政策参数，编制了南川区块常压页岩气整体开发概念设计方案，整体部署页岩气水平井297口，动用面积113km²，动用储量1073×10⁸m³，可建产能46.7×10⁸m³。

利用上述常压页岩气藏开发技术政策，指导编制了平桥南区、焦页10井区及胜页2井区、27井区开发方案，建成产能15.6×10⁸m³，截至2020年底，累计产气22.62×10⁸m³。其中，平桥南区部署33口井，动用面积31.7km²，动用储量128.4×10⁸m³，建产能6.5×10⁸m³；焦页10井区部署20口井，动用面积17.5km²，动用储量87.4×10⁸m³，建产能3.6×10⁸m³；胜页2井区、27井区部署30口井，动用面积20.3km²，动用储量92.5×10⁸m³，建产能5.5×10⁸m³。

表 7-4-8 南川区块分区经济开发技术政策表

项目	平桥南区	焦页 10 井区	东胜区块
开发层系	两套	两套	两套
穿行甜点	上部：⑧-2	上部：⑧-2	上部：⑧-3
	下部：②至③-2	下部：①-2 至②	下部：①-2 至③-1
布井方式	丛式布井	单向布井 部分区域不规则布井	单向布井 部分区域不规则布井
井距	初期 500m 后期加密至 250m	300m	250～350m
水平段长	1500m	1500～2000m	1800～3000m
与最小主应力夹角	40°以内	30°以内	30°以内
加砂强度	$0.7～1.2m^3/m$	$0.9～1.5m^3/m$	$1.2～2.3m^3/m$
合理配产	$6.5×10^4m^3/d$	$4.5×10^4m^3/d$	$4.2×10^4m^3/d$

第八章 常压页岩气排水采气工艺技术

针对常压页岩气井返排周期长、返排率高、气液比低的生产特征，在分析和总结页岩气水平井筒两相流流动状态、积液状况及临界携液流量计算的基础上，确定了气举、电潜泵、射流泵等3项排水采气工艺在页岩气井内的适用界限。初步形成了适合页岩气井全生命周期的高效排水采气工艺技术系列，对南川页岩气水平井稳产具有重要的现实意义。

第一节 井筒两相流流动状态分析

一、水平井流态特征分析

由于页岩储层水平井分段压裂通常以横向缝（垂直缝）为主，以产生横向缝的分段压裂水平井的生产为例，从理论上分析页岩储层分段压裂水平井的渗流特征及流态演化过程。

1. 井储效应

井储效应出现在气井开井或关井的短时间内，其影响持续时间较短。对分段压裂水平井而言，井储效应又分为井筒存储效应和裂缝存储效应，根据井筒体积和裂缝体积的大小不同，两者在井储效应中发挥的作用不同。

2. 早期线性流

分段压裂水平井早期第一个明显的流态是垂直于裂缝的线性流动，即早期线性流（图8-1-1）。如果裂缝导流能力与储层渗流能力相当，通常还会在早期线性流之前出现双线性流，即气体由裂缝流向井筒的线性流和由储层流向裂缝的线性流；如果裂缝导流能力远大于储层的渗流能力，则通常只会出现气体由储层流向裂缝的线性流。早期线性流的持续时间取决于裂缝规模。

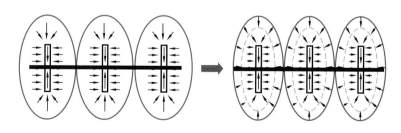

图 8-1-1 早期线性流与早期径向流示意图

3. 早期径向流

如果裂缝间距够大，早期线性流之后就会出现早期径向流发生在单个裂缝内部，类似于未压裂水平井的系统径向流，而垂直缝就类似于未压裂的水平段。早期径向流的持续时间取决于裂缝间距和渗透率的大小，如果裂缝间距较小，渗透率较高，则该流态特征不明显（被其他流态掩盖）或者不会出现此种流态。

4. 裂缝边界流

随着气井生产的进行，压力波进一步向储层内部传递。在某一时间点，相邻裂缝间的压力扰动前缘汇合，这样就会产生裂缝干扰效应，此时对应的流动为裂缝边界流。

5. 复合线性流

裂缝边界流之后，压力扰动将逐渐覆盖储层有效压裂体积的整个范围，并进入复合线性流，其特征如同气体流入一条大的裂缝。该流态不是一个单纯的线性流，而是以垂直于水平井筒的线性流为主导，水平井段两端的流线则成椭圆形，两端的椭圆流的效应小于垂直水平井筒的线性流。

6. 系统径向流和外边界效应

如果页岩气井生产时间够长，随着泄流面积的增大，整个水平井段和裂缝系统就如同 1 口影响范围扩大了的直井，在距离水平井段和裂缝系统较远的储层内就会出现系统径向流（图 8-1-2）。对于页岩气井而言，由于渗透率较低，系统径向流出现的时间很晚，在页岩气井的整个生命期内一般不会出现系统径向流。

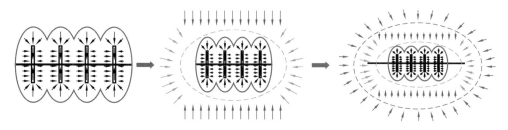

图 8-1-2　裂缝边界流→复合线性流→系统径向流示意图

在复合线性流后，压力扰动会进一步向周围储层传播。基于储层的几何形状和边界条件，可能会出现以下 3 种情况：封闭边界（拟稳态）、定压边界或无限大边界。

对一特定的页岩储层来说，分段压裂水平井只能产出有效压裂体积内小范围的气体，且由于储层渗透率极低，压力扰动传播速度非常慢，在水平井的生产过程中，除了井储效应外，一般会出现图 8-1-3（a）中的流态：早期线性流→早期径向流→裂缝边界流→复合线性流，而系统径向流在页岩气井的生命期内通常不会出现，而理论计算得出的外边界效应要在上百年之后才能看到。按照流态出现的顺序，双对数曲线上的压力导数曲线示意图如图 8-1-3（b）所示。

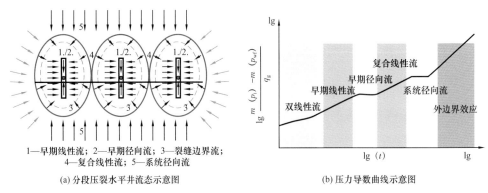

1—早期线性流；2—早期径向流；3—裂缝边界流；
4—复合线性流；5—系统径向流

(a) 分段压裂水平井流态示意图   (b) 压力导数曲线示意图

图 8-1-3　分段压裂水平井流态示意图（有限导流裂缝）与其对应的压力导数曲线示意图

二、井筒两相渗流机理及模型

1. 井筒两相渗流机理

页岩气藏的渗透率一般低于 0.001mD，属于特低渗储层，这使得页岩气的渗流具有一定的复杂性。与此同时，其孔隙度在 2%～5% 之间变化，不同孔隙度的相互组合进一步加剧了渗流过程描述的难度。由于页岩气的渗流具有多尺度、特低孔、特低渗等特征，其渗流机理有别于常规的天然气。此外，页岩气在纳米级孔隙壁上的吸附和解吸，及其在干酪根和黏土中的扩散等也是页岩气渗流机理研究中不可忽略的因素。为此，对该种页岩气渗流过程的描述，应包含以下 4 个阶段：

（1）在压降作用下，基质表面吸附的页岩气发生解吸，进入基质孔隙系统。

（2）解吸的吸附气与基质孔隙系统内原本存在的游离气混合，共同在基质孔隙系统内流动。

（3）在浓度差作用下，基质岩块中的气体由基质岩块扩散进入裂缝系统。

（4）在地层流动势影响下，裂缝系统内的气体流入生产井筒。

2. 页岩气等效压裂水平井稳态渗流模型

1）页岩气压裂直井稳态渗流模型

页岩气直井和页岩气水平井须经过压裂形成"裂缝改造区"才能产生工业气流，根据页岩气压裂直井在不同流动区域内的渗流特征，可将页岩气压裂直井划分为两个区域，分别是一区裂缝内高速非线性渗流区和二区裂缝宽度和半长所控制的椭圆渗流区，如图 8-1-4 所示，模型假设条件为：

（1）页岩气稳态渗流，储层具有恒压外边界。

（2）压裂可形成贯穿于垂直井筒的扁矩形裂缝，模型渗流的横截面为椭圆，并以裂缝端点为交点。

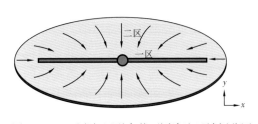

图 8-1-4　页岩气压裂直井不同渗流区域划分图

（3）页岩气吸附 / 解吸符合 Langmuir 等

温吸附方程，不考虑扩散，解吸气直接参与无限导流裂缝的高速非达西渗流。

（4）页岩气单相渗流，渗流过程恒温。

（5）忽略重力和毛细管力的影响。

页岩气压裂直井诱发储层平面井筒和压裂缝周围的二维椭圆渗流，形成以压裂裂缝端点为交点的等压椭圆和双曲线流线簇，经过推导，可得如下模型：

$$\psi_e - \psi_w = \frac{p_{sc}T}{T_{sc}h}\left(\frac{2x_f}{K_f w_f} + \frac{sh\xi_e - sh\xi_w}{\pi Kch\xi_w}\right)q_{sc} + \frac{2\beta p_{sc}T\rho_{gsc}x_f}{T_{sc}\mu w_f^2 h^2}q_{sc}^2 + \frac{2p_{sc}Tx_f^2\left(sh\xi_e - sh\xi_w\right)^2}{K\pi^2\rho_{gsc}T_{sc}}q_d$$

（8-1-1）

式中　ψ_w、ψ_e——内、外边界拟压力，$MPa^2 \cdot (mPa \cdot s)$；

ξ_w、ξ_e——内、外边界椭圆坐标；

x_f——裂缝半长，m；

q_d——基质页岩气解吸量，$kg/(m^3 \cdot s)$；

ρ_{gsc}——气体标准状态下密度，kg/m^3；

p_{sc}——标准状态下压力，MPa；

T_{sc}——标准状态下温度，K；

T——储层温度，K；

K——储层渗透率，mD；

p_m——参考压力，MPa；

μ——气体黏度，$mPa \cdot s$；

h——储层厚度，m；

K_f——裂缝渗透率，mD；

β——湍流系数，1/m；

w_f——裂缝宽度，m。

2）页岩气等效压裂水平井稳态渗流模型

对于页岩气压裂水平井，假定水平段没有进行补孔，且裂缝间没有产生干扰，则流体将首先从地层流入裂缝，然后沿裂缝流入水平井，若进行一个较为大的"近似"，将页岩气压裂水平井的每条压裂裂缝等效为一口页岩气垂直裂缝直井。

即可引入"页岩气压裂直井稳态渗流模型"，简明地构造出整个页岩气压裂水平井的产能计算公式：

$$q_{sc} = q_{sc1} + q_{sc2} + \cdots + q_{scn}$$

（8-1-2）

式中　n——裂缝条数。

至此，则可得知，页岩气压裂直井稳态渗流产能方程和页岩气等效压裂水平井稳态渗流产能方程均与二项式（三项式）产能方程具有相同的结构，只是由于解吸的影响，此方程存在解吸项，则可以认为，测试资料分析方法如二项式、指数式和一点法，可适用于页岩气直井和页岩气水平井的产能评价，但是在产能评价过程中需要在一定情况下引入第三项（解吸项）进行校正。

3. 页岩气等效压裂水平井非稳态渗流模型

1）物理模型

页岩气压裂水平井物理模型如图 8-1-5 所示，其假设条件为：

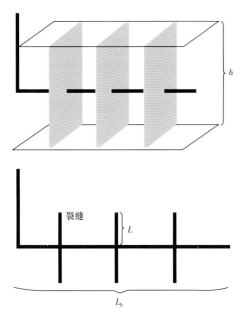

（1）具有双孔介质特征的页岩气藏顶、底为不渗透边界，外边界无限大。

（2）长度为 L_h 的水平井被 n 条长度为 $2L$ 的裂缝垂直贯穿，裂缝沿井筒对称且垂直于井筒，裂缝具有无限导流能力。

（3）页岩气吸附/解吸符合 Langmuir 等温吸附方程，扩散符合 Fick 第一定律，扩散形式为拟稳态扩散，渗流符合达西定律。

（4）页岩气藏岩石微可压缩，页岩气可压缩且压缩系数不为恒定值。

（5）页岩气单相渗流，渗流过程恒温。

（6）考虑表皮和井筒储集效应的影响，忽略重力和毛细管力的影响。

图 8-1-5　压裂水平井模型及坐标建立示意图

2）数学模型与点源解

综合考虑解吸、扩散和渗流，由质量守恒定律可得页岩储层渗流微分方程为：

$$\frac{1}{r}\frac{\partial}{\partial r}\left(r\frac{p}{\mu Z}\frac{\partial p}{\partial r}\right)=\frac{\phi C_g p}{ZK}\frac{\partial p}{\partial t}+\frac{p_{sc}T}{KT_{sc}}\frac{\partial V}{\partial t} \qquad (8-1-3)$$

定义非稳态渗流拟压力函数：

$$\psi(p)=\frac{\mu_i Z_i}{p_i}\int_{P_m}^{p}\frac{p}{\mu Z}\mathrm{d}p \qquad (8-1-4)$$

将拟压力函数代入渗流微分方程式，则拟压力形式下的渗流方程为：

$$\frac{1}{r}\frac{\partial}{\partial r}\left(r\frac{\partial\psi}{\partial r}\right)=\frac{\phi\mu C_g}{K}\frac{\partial\psi}{\partial t}+\frac{p_{sc}T}{KT_{sc}}\frac{\mu_i Z_i}{p_i}\frac{\partial V}{\partial t} \qquad (8-1-5)$$

式中　$\psi(p)$——拟压力函数，MPa；

　　　p_i——原始地层压力，MPa；

　　　μ_i——原始地层压力下的气体黏度，mPa·s；

　　　Z_i——原始地层压力下的气体压缩因子；

　　　r——径向距离，m；

　　　ϕ——储层孔隙度；

C_g——气体压缩系数，$1/MPa$；

V——页岩气浓度，m^3/m^3。

由于页岩气浓度和压缩系数的乘积随压力变化波动很大，因此，为了避免这一波动所导致的误差且降低偏微分方程的非线性，根据 S.GERAMI 等人的研究：使用拟压力和拟时间形式表征常规压力和常规时间，则可以将弱可压缩流体的渗流方程及其解应用到气藏的渗流方程中，而不必在前面假设条件中加入"页岩气微可压缩"这一个非常大的近似。

通过求解，可得页岩气压裂水平井的点源解为：

$$\bar{\psi}_D = \frac{1}{s} K_0 \left[\sqrt{f(s)} r_D \right] \qquad (8-1-6)$$

$$f(s) = \omega s + \frac{\alpha(1-\omega)s}{1+\lambda s} \qquad (8-1-7)$$

式中　s——拉普拉斯变量；

K_0——修正的第二类柱贝塞尔函数。

3）页岩气压裂水平井压力响应

假设页岩气压裂水平井中各条裂缝内的压力均匀分布，沿裂缝方向页岩气流入的速率不同，在此，将裂缝离散化为 m 个裂缝单元，则共有 $H(m \times n)$ 个裂缝单元，设裂缝单元 i 的中心为（x_{iD}, y_{iD}），无因次裂缝半长为 L_{iD}，无因次线密度流量为 $\bar{q}_{iD}$，则裂缝单元 i 对裂缝单元 j 所产生的压力干扰为：

$$\bar{\psi}_{ijD} = \bar{q}_{iD} \times G_{ij}; \quad i = 1, 2, \cdots, H; \ j = 1, 2, \cdots, H \qquad (8-1-8)$$

$$G_{ij} = \frac{1}{2} \int_{-L_{iD}}^{L_{iD}} K_0 \sqrt{f(s)\left[\left(x_{iD} - x_{jD} - \vartheta\right)^2 + \left(y_{iD} - y_{jD}\right)^2 \right]} d\vartheta \qquad (8-1-9)$$

式中　ϑ——拉普拉斯积分变量。

根据叠加原理，裂缝单元 j 对其自身的压力干扰与其他各个裂缝单元对裂缝单元 j 所产生的压力干扰之和，即为裂缝单元 j 的压力 $\bar{\psi}_{jD}$：

$$\bar{\psi}_{jD} = \sum_{i=1}^{H} \bar{q}_{iD} G_{ij} \qquad (8-1-10)$$

根据压裂水平井裂缝内部各处压力相等，且等于井筒压力 $\bar{\psi}_{wD}$，考虑流量约束，则可得到 $H+1$ 个方程构成的线性方程组：

$$\sum_{i=1}^{H} \bar{q}_{iD} G_{ij} - \bar{\psi}_{wD} = 0, j = 1, 2, \cdots, H \qquad (8-1-11)$$

$$\sum_{i=1}^{H} \left(\bar{q}_{iD} L_{iD} \right) = \frac{1}{s} \qquad (8-1-12)$$

解矩阵方程组，即可得到拉普拉斯空间中每条裂缝的无因次流量和井底压力值，考虑井筒存储效应和表皮的影响，则井底压力为：

$$\overline{\psi}_{\mathrm{wD}} = \frac{s\overline{\psi}_{\mathrm{wD}} + S}{s\left[1 + C_{\mathrm{D}}s\left(s\overline{\psi}_{\mathrm{wD}} + S\right)\right]}$$

（8-1-13）

通过 Stehfest 数值反演，即可得到真实空间中的井底压力值。

第二节　页岩气井积液分析及临界携液流量计算

井筒积液是气井生产过程中面临的问题之一，特别对于页岩气等低渗透性气田生产后期产量较低的气井。气井生产初期，井筒中流型通常为环雾流，液相以沿管壁流动的液膜和夹带于气芯的液滴两种形式被管道中心处的气体携带出井筒，此为低液相负荷条件下的气、液两相流动，后期随着储层压力衰减、气井产量降低，气体能量不足以将液体完全携带出去，液体便会在井筒中积聚下来。积液会产生一定的背压，使得流压增大、气井产量进一步降低，严重情况下甚至会造成气井停产。临界携液气相表观流速（简称临界气速）是判定气井积液的关键参数，当气速低于该临界值，井筒中会产生积液。因此，准确预测积液临界气速并及时采取气举、泡排等排液采气工艺措施，对于维持低产气井稳产运行至关重要。

一、页岩气井积液分析方法

1. 水平井直井段积液分析方法

1）临界流量计算法

水平井的直井段的流动状态与直井一致，因此其积液分析方法可以直接应用直井的临界携液流量计算模型计算分析气井临界携液流量，并与气井实际产气量进行对比分析，实际产气量大于临界携液流量时井底不积液，反之井底积液，分析结果可以通过直井段压力梯度测试进行验证。

积液分析的关键是临界流量计算模型的确定。对 Turner 模型和李闽模型两种不同计算模型进行对比分析，两者之间存在很大的差异：（1）在 Turner 模型中假设液滴为球形，而在李闽模型中液滴形状改变为扁平形；（2）阻力系数之间存在差异，假设液滴为球形的阻力系数为 0.44，而假设液滴为扁平形的阻力系数则大约等于 1.0；（3）即使是在假设液滴形状相同的情况下，Turner 模型的阻力系数也比李闽模型的大很多。因此，采用李闽模型确定的临界速度和临界流量比 Turner 模型的小许多。现场应用时需要结合气井的实际生产数据进行验证，以确定适合的临界携液模型。

2）压力梯度测试法

流压或静压梯度测试是确定气井是否积液和积液液面高度最有效的方法。压力测试就是测量关井及生产过程中不同深度的压力，压力梯度曲线与流体密度和井深有关。利用井筒压力梯度测试数据资料回归曲线分析井筒流体相态，当测试工具遇到油管中的液面时，曲线斜率会有明显变化，根据解释结果确定井筒液面深度。

2. 水平井水平段积液分析方法

水平井或斜井井筒内，液滴经过短距离的上升或者降落就会接触管壁，同时，静水压力在横向井段损失很小，直井段静水压降较大，此时不能直接应用直井的临界流量模型。通过质点理论推导适合水平井的临界流量模型计算公式为：

$$v_g > \sqrt[4]{406\sigma\left(\rho_1 - \rho_g\right)g / \rho_g^2 C_1} \quad\quad (8-2-1)$$

$$C_{le} = 5.82\left(\frac{d_1}{2v_g}\left|\frac{dv_g}{dr}\right| / R_{ep}\right)^{\frac{1}{2}} \quad\quad (8-2-2)$$

式中 ρ_1、ρ_g——液体、气体的密度，kg/m^3；

g——重力加速度，m/s^2；

σ——气液界面张力，N；

d_1、r——液滴直径、半径，m；

C_{le}——有效举升系数；

v_g——气体速度，m/s；

Re_p——液滴雷诺数。

如果 $C_{le} > 0.09$，$C_1 = C_{le}$；$C_{le} < 0.09$，$C_1 = 0.09$。

实际气藏水平井临界携液流量与井筒长度、直径、平滑程度都有关系。在水平井情况下，液滴与管壁距离非常近，缓冲距离短，很容易产生积液。采用液滴质点理论求得的水平气井携液临界流量仅考虑了单个液滴的受力情况，并没有考虑实际气井是大量液滴的集合体，忽略了液滴间和液滴与管壁间的相互影响。另外，当气体流速大到使韦伯数达到临界值时，速度压力起主导作用，液滴容易破坏。因此，上述公式是把韦伯数30作为临界值推导出来的，实际应用中还需要根据实际情况进行修正。

3. 水平井全井段积液分析方法

水平井的积液分析可以分别通过直井段和水平井井段的不同方法进行预测，但实际的水平井是一个整体，比较理想的分析方法应该是全井段的综合考虑，因此，最适合的分析方法是通过节点分析软件预测井筒流体状态。

产水气井井筒多相流通常分为四种基本流型——泡状流、段塞流、段塞—环流（过渡流）、环雾流。不同的流型取决于在流动断面气相和液相的流速及气相与液相含量。

泡状流是指油管几乎全部充满液体（持液率接近100%），自由气以小气泡形式存在于液体中，井筒压力梯度液相控制（压力梯度高）；段塞流是指气泡在上升的过程中不断增大，聚集成较大的气泡，液相仍然是连续相；过渡流是指气相为连续相，液相为分散相，气相为压力梯度的控制因素；环雾流是指气体为连续相，大部分液体以液滴形式存在于气相中，压力梯度主要受气相影响；产液气井中可能出现的流态自下而上依次为泡状流、段塞流、过渡流和环雾流，同一口井内不可能出现完整的流态变化，但流态的变化对井筒压能损失和气井产能的影响是很显著的。

利用节点分析可以实现水平井全井筒流态分析，它的分析基本流程主要包括：

（1）首先根据气井的井身结构数据建立气井全井筒模型。

（2）根据测试及试采生产数据，输入井口、井筒及井底参数，预测井筒压力、温度分布。

（3）根据压力、温度分布情况，预测井筒流态并确定不同井段的流型。

二、页岩气井积液影响因素

1. 气井产量与射孔技术对积液的影响

射孔完井方式在水平井开发中应用较为广泛，采用射孔完井时，将给储层带来不可避免的射孔伤害，引起产能低于自然产能。射孔伤害主要表现为储层打开程度不完善，流体在井眼附近流动出现弯曲、聚集等现象引起的附加压降；同时，在孔眼形成过程中，孔眼周围的岩石被压实，造成渗透率降低，引起井底附加压降。射孔技术影响了气井产量，继而影响积液。射孔参数对积液的影响主要有：

（1）射孔密度。随着射孔密度的增加，水平井裸眼钻井产生的表皮系数减小，水平井射孔伤害表皮系数减小，总表皮系数减小，气井的产量增加。这是因为射孔密度的增加，扩大了井筒和储层的接触面积。

（2）射孔深度。随着射孔深度的增加，水平井裸眼钻井产生的表皮系数增加，水平井射孔伤害表皮系数减小，总表皮系数减小，气井的产量逐渐增加。

（3）孔眼深度（半径）。随着孔眼半径的增加，水平井裸眼钻井产生的表皮系数减小，水平井射孔伤害表皮系数减小，总表皮系数减小，气井的产量稍有增加。

（4）布孔方式。通过对 0°、45°、60°、90°、120° 和 180° 六种射孔相位角的计算可知，60° 相位角时水平井裸眼钻井产生的表皮系数最小，水平井射孔伤害表皮系数最小，总表皮系数也最小，气的产量达到最高。

2. 水平段井眼轨迹对积液的影响

1）井斜角

（1）井斜角对上倾型水平段压力及持液率的影响。

如图 8-2-1 与图 8-2-2 所示，同样限定趾端压力为一定值，套管直径为 108mm，针对不同井斜角 $\alpha=95°$、$\alpha=100°$ 及 $\alpha=105°$，应用上倾型水平段两相渗管耦合模型计算水平段压力及持液率剖面。

从图 8-2-1 及图 8-2-2 可以看出，井斜角越大，水平段越往上倾，流体从趾端到跟端的下降流倾角越来越大，液相重力方向越来越趋于流动方向，表现为持液率显著增大，同时沿程压降小幅增加。

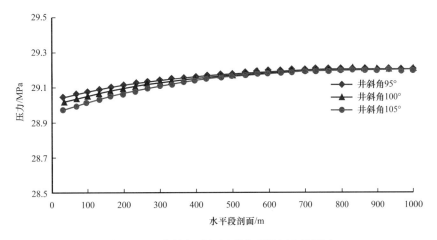

图 8-2-1　井斜角对上倾型水平段压力的影响

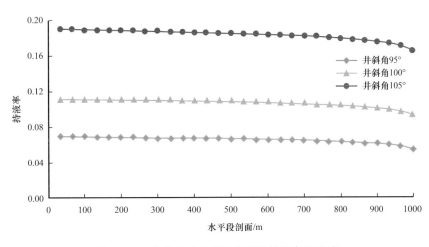

图 8-2-2　井斜角对上倾型水平段持液率的影响

（2）井斜角对下倾型水平段压力及持液率的影响。

如图 8-2-3 与图 8-2-4 所示，同样限定趾端压力为一定值，套管直径为 108mm，针对不同井斜角 $\alpha=75°$、$\alpha=80°$ 及 $\alpha=85°$，应用下倾型水平段两相渗管耦合模型计算水平段压力及持液率剖面。

从图 8-2-3 及图 8-2-4 可以看出，针对下倾型水平井，虽然井斜角越小，水平段越往下倾，流体从趾端到跟端的上升流倾角越来越大，但是不同井斜角下的水平段压力及持液率剖面差别不大。

（3）井斜角对起伏型水平段压力及持液率的影响。

如图 8-2-5 与图 8-2-6 所示，同样限定趾端压力为一定值，套管直径为 108mm，针对不同井斜角组合 $\alpha=105°$ 与 $\alpha'=75°$，$\alpha=100°$ 与 $\alpha'=80°$，$\alpha=95°$ 与 $\alpha'=85°$，应用起伏型水平段两相渗管耦合模型计算水平段压力及持液率剖面。

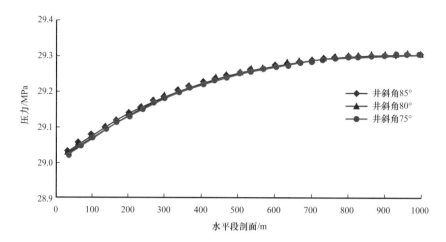

图 8-2-3　井斜角对下倾型水平段压力的影响

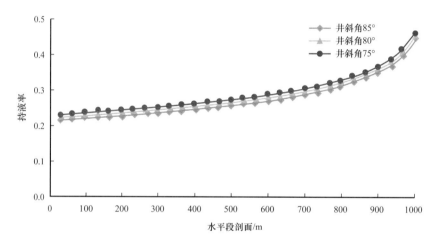

图 8-2-4　井斜角对下倾型水平段持液率的影响

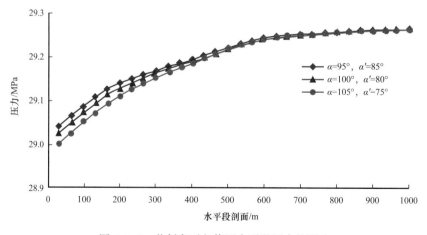

图 8-2-5　井斜角对起伏型水平段压力的影响

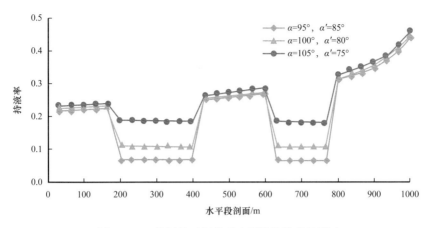

图 8-2-6　井斜角对起伏型水平段持液率的影响

从图 8-2-5 和图 8-2-6 可以看出，针对起伏型水平井，不同井斜角组合下的水平段压力在趾端处差别不大，但越靠近跟端差别越大。不同井斜角组合下的下倾段部分持液率差别不大，但是不同井斜角组合下的上倾段部分持液率差别较大，轨迹越往上倾，持液率越大。

2）靶点高差

随着气田水平井开发力度的加大，水平井数量逐渐加大。气藏水平井轨迹主要分为 3 类（图 8-2-7）：（1）A 靶点比 B 靶点高；（2）A 靶点比 B 靶点低；（3）A 靶点与 B 靶点水平。

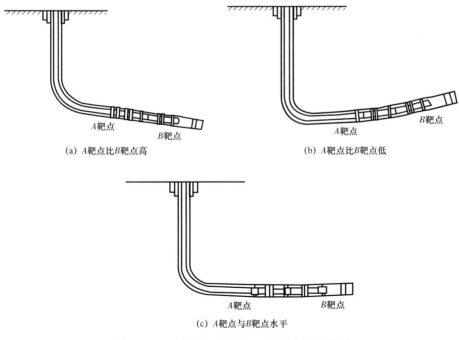

（a）A 靶点比 B 靶点高　　　　　（b）A 靶点比 B 靶点低

（c）A 靶点与 B 靶点水平

图 8-2-7　水平井 A 靶点与 B 靶点高差示意图

根据计算分析表明，水平段井筒倾角越大、积液高度越高，水平井筒中气、液两相流型更容易从层流转向非层流，并且气相在水平段井筒中能否携液的关键是水平段中的流型能否由层流转变为非层流，因此水平段井筒倾角越大、积液高度越高，水平段中的液体也就更容易被气流带出。虽然井筒倾角对气体临界流速的影响较小，但是井筒倾角越大，即 B 靶点比 A 靶点越高，井筒内 A 靶点附近的积液高度更高，液体就更易被气流携带出水平段。

3. 油管直径对积液的影响

根据 Turner 模型，可以看出油管管径越大，气井临界携液流量越大，见表 8-2-1。

表 8-2-1　不同油管管径水平井临界携液流量

油压 / MPa	不同油管管径水平井临界携液流量 /（$10^4 m^3/d$）			
	75.9mmm	62.0mm	50.3mm	40.3mm
1.70	2.33	1.56	1.04	0.66
2.18	2.99	2.01	1.33	0.85
1.56	2.14	1.44	0.95	0.61
4.20	5.76	3.86	2.57	1.63

三、临界携液流量计算

1. 气井的临界携液流量模型

在气井生产中，出于判断气井是否积液、预测积液及评价排水采气工艺效果的需要，在气、液两相管流模型的基础上，气井临界携液参数被作为重要指标提出，主要是气井临界携液流量，其次还有动能因子、计算与实测持液率之差、计算与实测油套压之差等。

1）气井临界携液流量模型

气井临界携液流速定义为气井能将产液全部携带出的最小流速，它所对应的转化为标态时的流量，为临界携液流量。

基础的临界携液模型有液滴模型和液膜模型，它们分别基于气—液两相管流中的雾状流和环状流流动机理。液滴模型认为，气井中液体以液滴形式由气体携带而出，液滴受气体的曳力和自身重力，其大小由所受速度、压力和表面张力之比（韦伯数）决定。液膜模型认为，井筒内液体主要以液膜形式出现，液体以波动液膜沿管壁流动，液膜的不稳定性回流导致积液。并且，这两种模型还受不同井型的影响。

（1）直井。

对直井段，最经典的液滴临界携液模型为 Turner 模型，其对液滴的受力分析如图 8-2-8 所示。

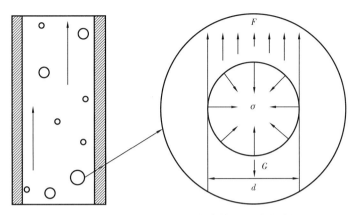

图 8-2-8　Turner 临界携液液滴模型的受力分析

由临界状态时液滴所受气流对它的曳力［式（8-2-3）］和其自身重力［式（8-2-4）］平衡［式（8-2-5）］，得到气体的流速［式（8-2-6）］：

$$F = \frac{1}{4}\pi d^2 C_d \frac{v^2}{2}\rho_g \qquad (8\text{-}2\text{-}3)$$

$$G = \frac{1}{6}\pi d^3 \left(\rho_1 - \rho_g\right)g \qquad (8\text{-}2\text{-}4)$$

$$F = G \qquad (8\text{-}2\text{-}5)$$

$$v = \sqrt{\frac{4gd\left(\rho_1 - \rho_g\right)}{3C_d \rho_g}} \qquad (8\text{-}2\text{-}6)$$

式中　F、G——气体对液滴的曳力和液滴的沉降重力，N；

　　　　d——气体中的液滴直径，m；

　　　　C_d——曳力系数（Turner 模型取 $C_d = 0.44$）；

　　　　v——气井中气体流速，m/s；

　　　　ρ_g、ρ_1——气体和液体的密度，kg/m³。

液滴大小由韦伯数 N_{we} 控制，$N_{we} > 30$ 时，液滴破碎，$N_{we} = 30$ 时，可得到最大液滴的直径：

$$N_{we} = \frac{v_{cr}^2 \rho_g d}{\sigma} \qquad (8\text{-}2\text{-}7)$$

$$d_{max} = \frac{30\sigma}{v_{cr}^2 \rho_g} \qquad (8\text{-}2\text{-}8)$$

式中　v_{cr}——气井临界流速，m/s；

　　　　σ——气水界面张力，N/m。

将式（8-2-8）代入式（8-2-6），得到临界携液流速式（8-2-9）：

$$v_{cr} = k_s \sqrt[4]{\frac{40\sigma g}{C_d \rho_g^2}(\rho_l - \rho_g)}$$ （8-2-9）

式中 k_s——安全系数（Turner 模型取 $k_s = 1.2$）。

其他液滴临界携液模型都是基于 Turner 模型的，如：Coleman 等将 Turner 模型中所用的安全系数 1.2 去掉，建立了 Coleman 模型；李闽等采用气井中被气流携带向上运动的液滴趋于扁平形状的观点，导出了气井连续排液最小携液流速和产量公式；魏纳等用有机玻璃管可视化实验架模拟气井连续排液和积液，捕捉高速气流中液滴实际形状，发现实验结果同 Turner 模型公式计算结果相符；彭朝阳认为液滴在气流的作用下呈高宽比接近 0.9 的椭球体；魏纳等在可视化管流实验架上，捕捉到气流中液滴实际形状为椭球体，并提出一个新模型。相对于这些单液滴模型，周德胜等还认为它们只能反映液量较小的井，当气井中液量较大时，悬浮在气芯中的液滴会互相碰撞形成较大的液滴，并回落井底形成积液，因此以分段函数的形式将持液率参数引入 Turner 模型，提出了气体携液的多液滴理论。

液膜模型的受力分析如图 8-2-9 所示，模型推导如下。

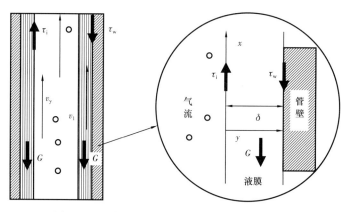

图 8-2-9   临界携液液膜模型的受力分析示意图

由临界状态时液膜所受气液界面的剪切力［式（8-2-10）］与其自身重力加液膜管壁面的剪切力平衡［式（8-2-11）］，得到气体的流速［式（8-2-12）］：

$$\tau_i = 0.5 f_i \rho_g v_g^2$$ （8-2-10）

$$\tau_i = \tau_w + \rho_l g \delta, \ \tau_w \approx 0$$ （8-2-11）

$$v_g = \sqrt{\frac{2\rho_l g \delta}{f_i \rho_g}}$$ （8-2-12）

式中 τ_i——气液界面的剪切力，Pa；

τ_w——液膜和管壁面的剪切力，Pa；

δ——液膜厚度，m；

δ_{cr}——临界厚度，m；

f_i——气液界面摩阻系数｛由 Wallis 式计算，$f_i=0.005\left[1+300\left(\delta_{cr}/D-0.0015\right)\right]$｝。

再由稳态层流液膜流动的控制方程和边界条件［式（8-2-13）］，以及单位周长下进液量［式（8-2-14）］，得到稳态液膜存在的临界液膜厚度［式（8-2-15）］。

$$\frac{\partial^2 v_1}{\partial y^2}+g=0 \qquad (8-2-13)$$

$y=0$ 时 $v_1=0$，$y=\delta$ 时，$\tau_i=-\mu_1\dfrac{\partial v_1}{\partial y}$。

$$Q_F=-\int_0^{\delta}v_1\mathrm{d}y=\frac{\tau_i\delta^2}{2\mu_i}-\frac{\rho_1 g\delta^3}{3\mu_1} \qquad (8-2-14)$$

$$\delta_{cr}=\left(\frac{6Q_F\mu_1}{\rho_1 g}\right)^{1/3} \qquad (8-2-15)$$

式中 Q_F——井筒单位周长下井液流量，m^2/s；

μ_1——液相黏度，$mPa\cdot s$。

将式（8-2-15）代入式（8-2-12），得到液膜模型的临界携液流量［式（8-2-16）］：

$$v_{cr}=\sqrt{\frac{2\rho_1 g\delta_{cr}}{f_i\rho_g}} \qquad (8-2-16)$$

（2）水平井。

对倾斜井段，简单处理可在直井临界携液模型上引入倾角修正，或考虑液滴液膜所受曳力的分解或形状的变化，例如由于液体重力与气流作用力方向的差异，管段底部的液膜比顶部要厚，界面剪切力与液膜重力沿管柱截面四周变化。在实验观察方面，王琦等发现了斜井段的冲击振荡流态，基于液膜模型并考虑液膜周向不对称分布，建立了新的斜井临界携液模型。

对水平井段，管段底部液膜厚度相比之下远大于管顶，其气、液两相一般呈分层流。李颖川等通过实验发现水平段对气井携液影响不大，但他们在其后的研究中又发现，在水平井段中多是分层流，管底液膜厚度远大于管顶处的液膜厚度会导致水平段积液，气液界面不稳定波动携液在水平段携液中起主要作用，对应临界携液模型有携带沉降模型和 K-H 波动模型等。

2）其他气井积液判别准则

除临界携液模型之外，气井是否积液的判别准则还有动能因子法、持液率法和油套压差法等。这些方法都考虑到临界携液模型的理论缺陷，并且都与井筒内的气、液两相流动压力分布有关。

曹光强等认为，动能因子［式（8-2-17）］反映了气、水两相在油管内的流动特征，反映了气井的能量，从而反映了生产气井的携液能力。有学者在对中原油田不同类型气藏的近 40 口井进行试验研究的基础上，采用逐步逼近法确定了气井完全带水的动能因子的下限为 8.0。

$$f_E = v_s \sqrt{\rho_s} = 2.9 \times 10^{-7} \frac{Q}{D^2} \sqrt{\frac{\gamma T_s z_s}{p_s}} \qquad (8\text{-}2\text{-}17)$$

式中　f_E——动能因子；

　　　v_s——气体在油管鞋处的流速，m/s；

　　　ρ_s——气体在油管鞋处的密度，kg/m³；

　　　Q——产气量，m³/d；

　　　γ——气体的相对密度；

　　　p_s——油管鞋处的压力，MPa；

　　　T_s——油管鞋处的温度，K；

　　　z_s——油管鞋处的气体压缩因子。

吴志均等利用 Hagedorn–Brown 方法计算得到气井的理论持液率（在一定气体流速条件下，某一井段内气流能够携带的最大液相体积与总的井筒体积之比），与计算得到的实际持液率（在一口实际生产气井中，某一井段内液相体积与总的井筒体积之比）相比较，从而也可判断气井是否积液。

利用气、液两相经验公式只能用于不积液气井这一观点，也可判断井是否积液。由井口实测油压代入气、液两相压降模型算得井底流压，再由井底流压代入纯气柱压降模型算得井口套压理论值，若实际套压大于理论值则说明井已经积液。也可由实际套压算得理论油压，若小于实际油压，则井积液。此方法也可表述为如果实际油套压差大于理论算得油套压差则气井积液。

需要注意，要准确使用上述三种气井积液判别准则，同样要考虑井筒气、液两相管流和储层气、液两相渗流的耦合问题。

2. 临界携液流量沿井深分布

1）临界携液流量沿井深的分布与温度和压力关系

气井临界携液流速最初的定义中没有涉及这两项参数沿井深的分布问题。在实际计算中，Turner 等取井口温压条件计算出临界流速，苏里格气田应用时也常是如此；有学者提到对产液少的井可采用井口温压条件来计算，对产液多的井可用井底温压条件来计算；Zhou 等认为，如果流体物性或流动计算不可行或不可靠，采用井口条件计算临界流速，否则采用井底条件；刘双全等则认为，最大临界携液流量并非出现在油管鞋处，建议计算井筒中每一点临界携液流量，取较大值作为最终的临界携液流量。这些对井深位置的选取，实际是选取临界参数沿井深分布的哪个值（最大或最小）作为最终值的问题，多取流速沿井深的最小值 v_{cr-min} 作为最终的临界流速。宋玉龙等将气井临界携液流量模型与井筒压力、温度分布模型相结合，分析发现：在任意给定的温度梯度下，均存在一个临界压力梯度，当压力梯度小于该值时，临界携液流量随井深增加而减小，否则相反，但其压力计算使用的是单相气流模型，且割裂了地层压力和温度间的关系。鹿克峰等在分析多层合采气井的临界携液流量时认为，井筒中任意一点不产生积液的条件是该点的实际流量大于临界携液流量，所以可逐一计算二者差值，而积液就最易产生在差值最小值处的位置。

需要注意的是，临界携液流量沿井深分布在针对水平气井时，因其井深压力分布的特殊性将更为突出。

2）气井井筒内两相流动模型

计算临界携液流量沿井深的分布需要计算气井井筒内气、液两相流流动时的压力和温度分布。动能因子法、持液率法和油套压差法等其他判别气井是否积液的准则在应用时，也离不开气井井筒内气、液两相流动计算。

气井生产时井筒内的流体流动，为垂直、倾斜和水平圆管及环空内的气—水两相稳定或不稳定流。气—液两相流动研究在 20 世纪 60—70 年代处于一个热点时期，其后测试手段和相关研究逐渐发展。对两相流的研究有实验和数值模拟两种途径，其中数值模拟方法又分为经典连续介质力学、统计分子动力学基础上的分子动力学模拟和介观层次上的模拟三种方法。

经典连续介质力学模拟方法中，稳态气、液两相均相模型和分相模型是石油工程多相管流应用较多的两个基础模型（图 8-2-10），两者的区别在于分相模型中气、液两相的滑脱速度不为零。压力梯度表达式分别为：

$$\frac{dp}{dz} = \rho_{cm} g \sin\theta + \lambda_{cm} \frac{1}{D} \frac{v^2}{2} \rho_{cm} + \rho_{cm} v \frac{dv}{dz} \qquad (8-2-18)$$

$$\frac{dp}{dz} = \rho_{tp} g \sin\theta + \frac{\pi D}{8A} \left(\lambda_g v_g^2 \rho_g + \lambda_1 v_1^2 \rho_1 \right) + \rho_g v_g \phi \frac{dv_g}{dz} + \rho_1 v_1 (1-\phi) \frac{dv_1}{dz} \qquad (8-2-19)$$

式中　p ——压力，Pa；

ρ ——密度，kg/m^3；

v ——流速，m/s；

λ ——摩阻系数；

ϕ ——截面含气率；

D ——管径，m；

A ——管横截面积，m^2；

下标 cm、tp、g、l 分别表示两相混合、两相真实、气相和液相。

均相模型和分相模型的物理意义虽然明确，但部分参数（如截面持液率等）实测困难，在两相流动压降计算中使用的多是以基础模型结合实验进行相关分析后得到的半经

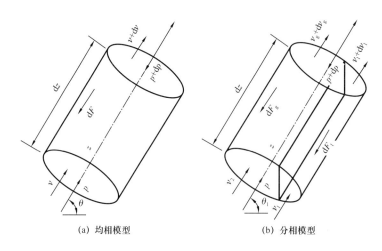

(a) 均相模型　　　　　(b) 分相模型

图 8-2-10　均相模型和分相模型受力分析示意图

验模型。斯伦贝谢公司的商用软件 PIPESIM 中就包含了目前行业公认的大多数垂直和水平气、液相管流压半经验降模型，共有 16 种，例如 Orkiszewski 模型、Beggs&Brill 模型、Duns&Ros 模型、GovierAziz&Forgasi 模型、Hagedorn&Brown 模型、Mukherjee&Bril 模型、Ansari 模型等。这些模型发表于 1950—1995 年间，流态划分、实验条件和所应用的井型各不相同，其中，各井型对应的基本流态有，直井：泡状流、段塞流、过渡流、雾状流或环状流；水平井：泡状流、团状流、层状流、波状流、冲击流、环雾状流；倾斜井：冲击振荡流、过渡流和环状流。模型计算流程为：先根据流态图或流态判别准则划分流态，再求得各流态下的持液率，由它求得两相密度和摩阻系数，最后求得重位、摩阻、加速压降及总压降。

经分析，产水气井井筒内气、液两相流动研究可关注的问题有四项。

针对直井和水平井的井筒两相流动的研究较多，针对斜井的较少，因此有必要加强这方面的研究。另外，注意到各井型对应的流态不同，且各模型对同一流态的划分准则也不同，例如 Orkiszewski 法和 Hasan-Kabir 法的流态划分准则，前者是通过比较气相速度准数和各流态界限数来划分的，而后者比较的是气相表观流速与气相临界流速。所以，在实际水平气井井筒内流动压力分布计算时，要沿井身进行节点划分，各井段可采用不同方法、不同井型和不同流态的模型进行顺序组合，以最大限度地减小与实测流动压力的差异。

上述气、液两相流半经验模型，在建立时所基于的室内实验或工程现场数据多针对油井，应用到产水气井上存在误差。具体针对排水采气工艺的气、液两相流，李颖川等提出了举升油管和油套环空气、液两相流压降优化模型，其特点为：将油管内的持液率模化为气相、液相无因次速度和液相无因次黏度的函数，以最小计算压降与实测值的平均绝对误差作为目标函数，优化了持液率关系式的参数值和管壁粗糙度修正系数。

气井油、套管中流体的压力和温度分布存在耦合关系，气井油、套管中的温度分布可简单地用地温代替，精确计算需要考虑油管中流体对流换热，热量在油管壁内的热传导，在环空内的辐射换热，以及在套管壁到水泥环至地层的热传导。这与稠油注蒸汽中井筒一维传热过程类似，区别在于气井中流体为向上流动，并且油管和环空都存有积液，热交换复杂。

最后，需要着重说明的是，通常气、液两相半经验模型都为稳态模型流动压力、持液率、流量等参数与时间无关，但气井在生产和积液时恰恰为不稳定流动。无论何种经验模型建立时连续性假设中都限定进入控制体的质量等于流出控制体的质量，对于产气井来说即要求进入油管的液体要全部流出，但积液气井也非这样，正是因为液体不能及时排出才造成了积液，如此连续性假设就不成立。所以，现有气、液两相半经验模型实际只能用于气井的稳定生产阶段，对于积液阶段则不能准确描述。而对于井筒中的气、液两相不稳定流动，在井控研究中有相关分析，如徐朝阳等在可视化实验的基础上，建立了钻井井筒气、液两相流动瞬态预测模型，何玉发等用井筒多相流瞬态流动模型，对深水测试气井清井诱喷进行了瞬态数值模拟，但这与产水气井的情形还有差异。Wong 等用商业瞬态多相流模拟器对产水气井的积液动态进行了分析。

3. 气井积液和积液预测模型

气井井筒积液过程如图 8-2-11 所示，可以划分为三个阶段：（1）生产初期，气体有足够流动能量将全部液体带出井筒，井筒中无液体回落；（2）气井生产一段时间后，气流速度降低或含水量升高，导致气井没有足够能量将所有液体带上地面，造成液体回落，产生积液；（3）气井持续积液，气井压死停产，或者随着积液量不断增加，达到一定程度后积液重新侵入近井区域的储层，气井恢复无载状态，井筒气体又能再次流动且气体能将井筒中所有液体带到地面，如此循环。这三个过程对应的油、套压变化趋势为：当气井稳定生产时，井口油压及套压理应接近或相等，随着生产时间的延续，井底回压增大，气体流动阻力增加，井口油、套压下降，油、套管压力差值增大。

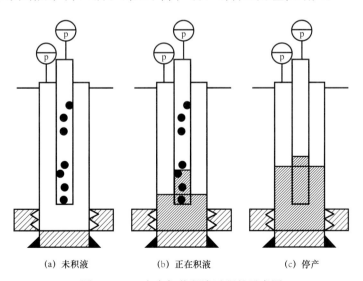

(a) 未积液　　　　　(b) 正在积液　　　　　(c) 停产

图 8-2-11　产水气井积液过程的示意图

气井积液过程的描述和积液量的预测有油套压差法、节点分析法、管流和渗流耦合法三种方法。

1）油套压差法

通过油压随时间的变化或油套压差预测积液量的方法根据的是积液气井中的流态分布（图8-2-12）和油套管间的连通器原理［式（8-2-20）］。真实的积液气井油套管中流态分布如图8-2-12（a）所示，油管中上段为动气、液两相流，中间为积液界面，下段为静液柱。苟三权假设积液井中上段为单相气流，下段为静液柱［图8-2-12（b）］，提出以某时刻的油套压差计算出油套管积液深度差方法，这也是工程中利用油套压差判别气井积液程度的依据。他还提出在相对短期内可以忽略气藏自然递减率，视有无积液时气井产能和地层压力不变，根据井筒出现积液前后的油管井口压力差值，计算井筒液面位置深度，其意为有无积液时井口压力的下降值近似等于积液段压力值。与此法相近的还有用稳态的两相流半经验模型计算所得井底流压值与实测值的差来预测积液，即对比图8-2-12（a）和图8-2-12（c），熊钰等提出的假定液流的多相流改进法和校正单相流简易计算方法，Lumban Gaol提出的通过将临界流速作为一个因次变量引入两相压降模型，来预测井筒里液量的增长趋势，以及用生产和流压测试数据训练成RBF神经网络预测积液的方法。可见这类做法没有考虑储层的渗流，即离完整描述产水气井积液的动态过程还有相当的距离。

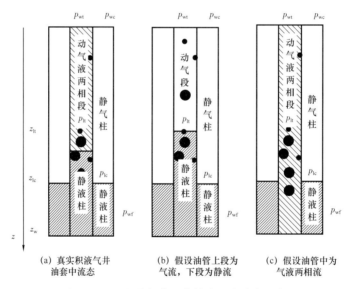

（a）真实积液气井
油套中流态

（b）假设油管上段为
气流，下段为静流

（c）假设油管中为
气液两相流

图8-2-12　积液气井油套管中流态分布示意图

$$p_{wt} + \Delta p_{th}(z_{lt}) + \rho_l g(z_{lc} - z_{lt}) = p_{wc} + \rho_g g z_{lc} \qquad (8-2-20)$$

式中　p_{wt}——井口油压，MPa；

　　　p_{wc}——井口套压，MPa；

　　　z_w——井深，m；

　　　z_{lt}——油管积液面深度，m；

　　　z_{lc}——套管积液面深度，m；

Δp_{th} ——油管两相流段压差，MPa。

2）节点分析法

通过以井底流压为对象的节点分析预测积液量的方法开始考虑储层渗流对积液的影响，如：杜君等认为将气井的临界携液流量曲线绘入节点分析图可确定气井的合理产量；Lea 等使用临界携液流速和井底节点分析来预测气井积液趋势；张公社等通过气井流入和流出动态的节点计算，确定气井生产的协调点，将其与临界携液流量比较，来进行井筒积液判断和排液周期预测。但是，这些分析都是基于稳态的流入和流出动态模型，因为储层两相渗流的复杂性，准确对其描述要考虑瞬态模型。李晓平等通过定义气、水两相拟压力函数，尝试建立了气、水同产井的瞬态二项式产能方程；Garcia 等用傅里叶变换求解扩散方程的方法建立了单相瞬态 IPR 方程［式（8-2-21）］继而与瞬态井筒流动模型结合，进行了油井井底瞬态节点分析；Sousa 等建立了两相瞬态 IPR 模型；Xiang 等对气举井进行了瞬态流入流出动态分析，但还未见这种方法在气井积液预测上的应用，相关方法还有待深入研究。

$$\begin{cases} b_0 q_o + b_1 q'_o + b_2 q''_o = a_0 \Delta p + a_1 \Delta p' + a_2 \Delta p'' \\ \Delta p = f\left(p_e, p_{wf}\right) = 2\int_{p(r,t)}^{p_e} \frac{p}{\mu_g Z} \mathrm{d}p \end{cases} \qquad (8\text{-}2\text{-}21)$$

式中　q'_o ——产量对时间的一阶导数；

　　　q''_o ——产量对时间的二阶导数；

　　　$\Delta p'$ ——压力降对时间的一阶导数；

　　　$\Delta p''$ ——压力降对时间的二阶导数；

　　　p ——压力的中间变量，MPa；

　　　p_e ——油藏边界压力，MPa；

　　　μ_g ——气体黏度，mPa·s；

　　　Z ——真实气体压缩系数。

3）管流和渗流耦合法

通过气井井筒管流和渗流的耦合预测积液量的方法需要将井筒积液量与产气产水量的关系式、临界携液模型、气液两相产能方程、油套管中气压降方程相关联，如式（8-2-22）所示。这种方法最符合气井积液的原理，但研究还很不深入。如：Schiferli 等分析了井筒和气藏相互作用对气井积液的影响；Riza 等将气井产能方程与井筒两相流动和传热模型及临界携液模型结合起来分析得到，气井生产指数和管径是影响气井临界携液流量和积液形成的关键因素，以及在压裂井产能预测中有的比较接近的渗流与井筒管流耦合模型研究。其中，产水气井产能模型方面，郝斐等提出了计算携液生产气井的产能方程。但精确分析还要考虑气井产水的来源，包括与气体一起渗流进入井筒的地层游离水，地层中含有水蒸气的天然气流入井筒由于热损失在沿井筒上升过程中出现的凝析水，侵入的边底水，与气体一起渗流进入井筒的烃类凝析液，以及钻完井作业中带入的人工侵入水，对应各来水源，需要有相应的水量的计算方法。

$$\begin{cases} -A_t y_w \dfrac{\mathrm{d}z_{lt}}{\mathrm{d}t} - A_c \dfrac{\mathrm{d}z_{lc}}{\mathrm{d}t} = 0, & q_g \geqslant q_{cr} \\[2mm] -A_t y_w \dfrac{\mathrm{d}z_{lt}}{\mathrm{d}t} - A_c \dfrac{\mathrm{d}z_{lc}}{\mathrm{d}t} = \alpha q_g + \beta q_g, & q_g < q_{cr} \\[2mm] p_r^2 - p_{wf}^2 = B_1 q_g^2 + B_2 q_g \\[2mm] p_{wt} + \Delta p_{tp}(z_{lt}) + \rho_l g(z_w - z_{lt}) = p_{wf} \\[2mm] p_{wc} + \rho_g g z_{lc} + \rho_l g(z_w - z_{lc}) = p_{wf} \end{cases} \quad (8\text{-}2\text{-}22)$$

式中　A_c——油管的横截面积，m^2；

　　　A_t——套管环空的横截面积，m^2；

　　　z_{lt}——油管的积液高度，m；

　　　z_{lc}——套管的积液高度，m；

　　　y_w——油管中液体滞留率；

　　　α——地层产出水水气比，$m^3/10^4 m^3$；

　　　β——凝析水水气比，$m^3/10^4 m^3$；

　　　q_g——产气量，$10^4 m^3/d$；

　　　q_{cr}——临界携液流量，$10^4 m^3/d$；

　　　p_r——地层压力，MPa；

　　　p_{wf}——井底流压，MPa；

　　　B_1、B_2——气藏产能方程系数。

除了上述三种积液预测方法，还有通过搜集大量气井生产数据和流压测试资料训练形成基于 RBF 神经网络的井筒流动工况预测模型。

4. 气井积液模拟实验装置

室内气井携液和积液实验，多以有机玻璃圆管模拟井筒。值得关注的有：李颖川等的排水采气装置上有液膜分离和液膜 / 液滴分别计量装置；西安交通大学的石油工程多相流实验系统有流型识别仪和持液率仪等特殊仪器；李相方等有针对斜井的液滴形状观测装置；郭平等使用的模拟水平井积液装置；Falcone 等认为缺少套管和模拟储层装置是气井携液和积液实验普遍存在的缺陷。Fernandez 等对此有所改进，其排水采气装置上安装有套管和模拟储层（图 8-2-13）。

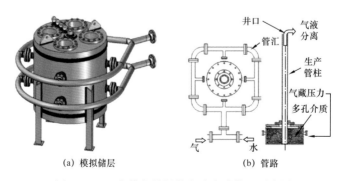

(a) 模拟储层　　　(b) 管路

图 8-2-13　含模拟储层的积液实验装置示意图

第三节　排水采气工艺技术

一、气举排水采气工艺技术

1. 工艺原理

气举排水采气工艺是借助外来高压气源或压缩机，通过向井筒内注入高压气体的方法来降低井内注气点至地面的液体密度，使被举升井连续或间歇生产的机械排水采气工艺。

该工艺井不受井斜、井深和硫化氢等限制，最大排液量可达 $1000m^3/d$，单井增产效果显著；可多次重复启动，与投捞式气举装置配套，可减少修井作业次数；设备配套简单，管理方便；易测取液面和压力资料，设计可靠，经济效益高（特别是临井为高压气源时）。缺点是工艺井受注气压力对井底造成的回压影响，不能把气水井采至枯竭；闭式气举排液能力小，一般在 $100m^3/d$ 以下，工艺应用范围受限；需高压气井或工艺压缩机作高压气源；套管必须能承受注气高压；高压施工对装置的安全可靠性要求高。

气举有两种基本形式：连续气举和间歇气举。

1）连续气举

连续气举是最接近气井自喷的人工举升方式。仅利用储层的能量，井液通过油管流到地面，当井筒压力低于泡点压力时，自由气体膨胀，增加了流体在油管内的流速，降低了井底流压。只要所产生的井底流压小于气藏压力，气井就会持续生产。顾名思义，连续气举是一种向井液中连续注入气体的举升方式，注入点最好位于井筒深处。注入的气体补充了气藏流体的伴生气体，降低了流体的密度，从而降低了井底流压，促进了气藏的生产。在连续气举中，降低井底流压的方法有：（1）降低井口流动压力；（2）最大限度地提高注气深度；（3）减少生产管道的摩擦损失；（4）向井液中注入适量气体。

2）间歇气举

随着气藏压力衰减，连续气举效率逐渐降低，操作人员转而使用间歇气举，该气举方式更类似于容积泵的操作。间歇气举通过在短时间内间歇性向井筒内注入大量气体来举升流体。在油管的液柱下注入气体，高速将一段液体举出地面。当液柱到达地面时，停止注入气体，流体再次从地层进入井筒，并在管柱底部积聚。然后再次注入气体，将液柱举升到地表，然后循环往复。间歇式气举系统有多种不同的方式，包括地表时间—周期控制器控制系统、井底先导阀控制系统、防回流柱塞系统及腔室举升系统，该系统包含一个提高初始液柱体积的腔室。尽管结构区别明显，但不同间歇式气举结构的基本操作原理是相同的。

3）气举井的卸荷

不论在连续气举还是间歇气举井中，要启动气举，都必须将井液从注气管道驱替到生产管道中。无论气举井的结构如何，气举井卸荷的原理都是一样的。无论是油管产液还是环空产液，以及无论是连续气举还是间歇气举，卸荷的原理都基本一样。卸荷过程中，通过地面的体积控制装置注入高压气体，当注气压力足够大时，会将井液沿着井底附近的单向阀挤入油管。然而，在许多情况下，地表的注气压力不足以克服井筒深度的静液柱压力。在这种情况下，为启动气举，要在井筒不同深度安装一些气举阀。

用于此目的最常见的阀门形式是注气压力操作式（IPO）气举阀，它的作用就像一个小型压力调节器。气举阀能够实现分段举升液柱。要想正常运行，卸荷过程中，在打开第一气举阀之前，注气压力必须足以使每个气举阀处于开启状态。当达到设定压差时，第一个气举阀关闭，注入气继续打开下一个气举阀。当较深的气举阀在打开一瞬间，两个阀门可能同时打开并注入气体。随着气柱在油套环空深度增加，套管压力降低，反过来使上部阀门关闭，导致只能从更深处的气举阀注入气体。随着注入点不断加深，生产压力梯度进一步减小，使紧接着下一个气举阀打开。这个过程不断重复，直到到达井筒最深的阀门为止。

2. 适用条件

鉴于间歇气举具有液体回落的特点，目前多采用安装活塞的方式来阻止液体回落，从而增加间歇气举的产量。举升气体注入活塞以下，活塞在举升气体和液体之间作为一个物理屏障来阻止液体的回落。活塞通过有效地从地层中排水，加强了气井的举升能力。为了使活塞较为容易地通过气举筒，需要时可使用具有扩张作用的活塞。经验表明，如果液柱段塞运行速度大于304.8m/min，则不需要活塞，但是如果气井被暂时关闭且液柱以小于304.8m/min的速度到达地面，那么使用活塞将有助于减少液体回落。

气举的适应性分析总结如下：

（1）气举系统可下放至井深3048m处。

（2）系统排量可达1590m³/d及以上。

（3）可产出井内固体。

（4）气举阀可通过油管起出。

（5）现场须提供高压气体。

（6）对于小井眼，气举阀可安装在小杆柱或连续油管上。

（7）气举阀可在121.1℃（250°F）的环境下运转，同时在采取一定防范措施的情况下，运行温度可达204.4℃（400°F）。

（8）在气井排液过程中，气举系统的排量小于数百桶/日。

（9）对于气井，在某些情况下气体通过单点注入，并在油管底部循环。

（10）在注入足够的气体且气流流速大于临界流速时，井内的积液不再增多。

（11）在多数气井的气举施工中，常需要下入封隔器。

（12）气体的持续注入使井内气流流速大于临界流速。

（13）斯伦贝谢、威德福及其他服务公司都可提供相关技术，来将气体注入封隔器下部，并进一步扩展举升段。

（14）有关气举系统如何降低井底压力（下入封隔器且在封隔器下部注气），相关研究数据较少。

（15）设计中可使用多种两相流关系式。

（16）测试正在进行中。

（17）通常，在低液体流量［15.9～31.8m³/d（100～200bbl/d）］的条件下，气举系统可实现气井中的低压。

（18）气举系统还可用于高流量的情况，但是所能达到的井底流压相比于其他工艺较高。

3. 参数优化设计研究

1）气举设计原则及关键

（1）气举设计原则。

气举设计的原则就是充分利用注入气体的压能，适当加大凡尔开启压力和间距，在最大可能的深度安装气举凡尔，确保积液能被充分举出；设计参数应符合气井压力波动和井筒动态实际，确定合理。

（2）气举设计关键。

在地面一定操作压力范围内，凡尔能保持开启状态，液体能被充分举出；实施多次气举操作时，能根据实际油套压或液面深度确定相应的气举工艺参数。

2）气举设计基础

（1）设计所需基本资料。

要正确地进行气举设计，一般应先获得如下基本资料：井深；油、套管尺寸；气井生产条件（如出砂等情况）；地面管线尺寸及长度；分离器的压力；预期的井口油管压力；希望获得的产液量；注入气的相对密度；可提供的注气压力及气量；气井流入动态；气藏温度；地面流动温度；产出液的密度，天然气的相对密度；地层静压；生产气液比。上述各项资料中大多数将直接用于设计，个别项作为设计时参考使用。对某些可能无法提供的高压物性资料及流入动态的井，在设计时可借用、间接计算或设定，因为其中有一些参数并非在所有情况下都是必需的。例如，要求在给定井口压力下进行设计时，就不需要地面管线长度、尺寸及分离器压力。

（2）气举井内的压力及分布。

套管内的气柱静压力分布近似于直线，根据井口注气压力就可得到分布曲线。注气量不很大时，可以不考虑气体在环空中流动的摩擦阻力；否则还应考虑摩擦阻力。油管内的压力分布以注气点为界，明显分为两段。在注气点以上，由于注入气进入油管而增大了气液比，故压力梯度明显低于注气点以下的压力梯度。

气举井生产时的压力平衡式：

$$p_{wh} + G_{fa}L + G_{fb}(D-L) = p_{wf} \qquad (8-3-1)$$

式中　p_{wh}——井口油压，MPa；

　　　G_{fa}——注气点以上的平均压力梯度，MPa/m；

G_{fb}——注气点以下的平均压力梯度，MPa/m；

D——油层中部深度，m；

L——注气点深度，m；

p_{wf}——井底流动压力，MPa。

实际设计时，气举油管内的压力分布是利用井筒多相流动相关式计算的。

（3）气举阀位置的确定方法。

① 计算法。

设第一个阀的下入深度为 L_1，L_1 一般可根据压缩机最大工作压力来确定。

当井筒中液面在井口附近，在压气过程中即溢出井口时，可根据式（8-3-2）计算阀深度：

$$L_1 = \frac{p_{max}}{\rho g} \times 10^5 - 20 \qquad (8-3-2)$$

式中 L_1——第一个阀的安装深度，m；

p_{max}——压缩机的最大工作压力，MPa；

ρ——井内液体密度，kg/m³；

g——重力加速度，m/s²。

减 20m 是为了在第一个阀处，在阀内外建立约 0.2MPa 的压差，以保证气体进入阀。

当井中液面较深，中途未溢出井口时，可由式（8-3-3）计算阀安装深度：

$$L_1 = h_s + \frac{p_{max}}{\rho g} \times 10^5 \times \frac{d^2}{D^2} - 20 \qquad (8-3-3)$$

式中 h_s——施工前井筒中静液面的深度，m；

d——油管内径，m；

D——套管外径，m。

应用式（8-3-2）和式（8-3-3）可算出两种情况下的第一个阀的安装深度。

设第二个阀的下入深度为 L_2，第二个阀的下入深度可根据套管环空压力及第一个阀的关闭压差来确定。当第二个阀进气时，第一个阀关闭。此时，阀Ⅱ处的环空压力为 p_{a2}，阀Ⅰ处的油压为 p_{t1}。

阀Ⅱ处压力平衡等式为：

$$p_{a2} = p_{t1} + \rho g \Delta h \times 10^{-5} \qquad (8-3-4)$$

$$\Delta h_1 = L_2 - L_1 = \frac{1}{\rho g}(p_{a2} - p_{t1}) \times 10^5 \qquad (8-3-5)$$

则：

$$L_2 = L_1 + \frac{(p_{a2} - p_{t1})}{\rho g} \times 10^5 - 10 \qquad (8-3-6)$$

式中　Δh_1——第一个阀进气后，环空液面继续下降的距离，m；

　　　p_{a2}——第二个阀处的环空压力，MPa；

　　　p_{t1}——第一个阀将关闭时，油管内能达到的最小压力，MPa；

　　　L_1——第一个阀的安装深度，m；

　　　L_2——第二个阀的安装深度，m。

减 10m 是为了在第二个阀内外建立约 0.1MPa 的压差，以保证气体能进入阀。

设第 i 个阀的下入深度为 L_i，同理，第 i 个阀的安装深度 L_i 应为：

$$L_i = L_{(i-1)} + \frac{\Delta p_{(i-1)}}{\rho g} \times 10^{-5} - 10 \qquad (8-3-7)$$

$$\Delta p_{(i-1)} = p_{max} - p_{t(i-1)} \qquad (8-3-8)$$

式中　L_i——第 i 个阀的安装深度，m；

　　　$L_{(i-1)}$——第（i-1）个阀的安装深度，m；

　　　$\Delta p_{(i-1)}$——第（i-1）个阀的最大关闭压差，MPa；

　　　p_{max}——压缩机（气源）的最高排出压力，MPa；

　　　$p_{t(i-1)}$——油管内第（i-1）个阀处可能达到的最小压力，MPa。

由此可见，若要确定某级气举阀的安装深度，则必须求出阀处油管内可能达到的最小压力。在设计时，为了更加安全，可按正常生产计算得到的油管压力分布曲线来确定最小压力。

② 图解法。

气举阀位置确定的图解法步骤如下：

A. 确定注气点，在坐标纸上绘制静液柱压力梯度曲线和井下温度分布曲线。

B. 从已知井口油压，利用设计产量和定注气量确定出的井口到注气点的最小油管压力分布曲线，代表气举情况下气液比最大时的油管压力。

C. 若井内充满液体，可用式（8-3-9）计算顶部阀的位置；如果静液面不在井口，顶部阀位置应置于静液面处；也可以从井口油压处作井内液体梯度曲线与注气压力深度曲线，两曲线相交点即为顶部阀位置：

$$L_1 = \frac{p_e - p_{wh}}{G_s} \qquad (8-3-9)$$

式中　L_1——顶部阀位置，m；

　　　p_e——启动注气压力，MPa；

　　　p_{wh}——井口压力，MPa；

　　　G_s——静液柱压力梯度，MPa/m。

D. 从顶部阀位置点向左作水平线与最小油管压力线相交，交点为顶部阀最小油管压力。

E. 根据顶部阀处注气压力和管内油管压力，查图版确定阀嘴尺寸。

F. 将注气压力减去 0.35MPa，作一条平行于注气压力的深度线。

G. 从顶部阀最小油管压力处作井内液体梯度线与减去 0.35MPa 的注气压力深度线相交，即为第二个阀的位置。

H. 从第二个阀的位置向左作水平线与最小油管压力线相交，交点即为第二个阀的油管压力。

I. 根据第二个阀处的注气压力和油管压力，查图版确定第二个阀嘴的尺寸。

J. 利用同样方法确定第三个、第四个及以后的阀的位置，一直计算到注气点以下为止。

K. 封包充气压力 p_{bt}，由式（8–3–10）计算：

$$p_{bt} = p_c \left(1 - \frac{A_v}{A_b} \right) + p_t \frac{A_v}{A_b} \qquad (8-3-10)$$

式中　p_{bt}——气举阀在不同井温下腔室内的充气压力，MPa；

　　　p_c——作用于波纹管的注气压力，MPa；

　　　p_t——阀嘴处的生产压力，MPa；

　　　A_b——封包有效面积，mm^2；

　　　A_v——阀嘴有效面积，mm^2；

　　　$\left(1 - \dfrac{A_v}{A_b} \right)$ 和 $\dfrac{A_v}{A_b}$——参数，由气举阀制造厂家提供。

地面充气压力 p_b 由气体状态方程求得。

4. 现场应用

彭水区块彭页 3HF 井采用邻井产出的天然气，通过气体压缩机从套管注入高压气体，从而实现增压气举的目的。

1）气举流程

通过气举阀从地面将高压天然气注入积液或停喷井中，降低举升管中的压力梯度，利用气体的能量举升井筒中的液体，使井恢复生产能力。气井排液采气一般根据气井积液规律采取间歇气举，进行周期性排液，气举流程如图 8–3–1 所示。

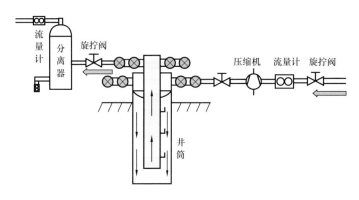

图 8–3–1　气举流程示意图

从图 8-3-1 可以看出，气举过程中，天然气经压缩机增压后，由套管注入井筒，达到气举阀打开压力后，经气举阀进入油管，将井筒中的积液带出，气液混合物经分离器分离。气举过程中应重点关注套压、油压、产气量和产液量的变化。

2）气举阀工作的数学模型

气举阀在气举过程中不仅是注气通道，同时也是举升管柱上注气孔的开关，图 8-3-2 为波纹充气管式气举阀示意图。

从图 8-3-2 可以看出，气举阀的开闭由油管压力 p_t、注入气压力（或套压）p_c 和波纹管充气压力 p_b 的合力决定。

3）气举管柱结构

彭页 3HF 井安装的气举管柱为开式气举管

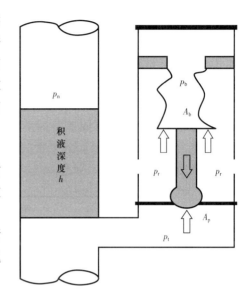

图 8-3-2　波纹充气管式气举阀示意图

柱，无封隔器和单流阀，下完气举管柱，安装 6 级气举阀，具体参数见表 8-3-1。

表 8-3-1　气举阀具体参数

序号	孔径 /cm	垂深 /m	斜深 /m	p_b/MPa
1	0.48	992	992	9.0
2	0.48	1565	1565	8.5
3	0.48	1957	1957	8.1
4	0.48	2282	2282	7.8
5	0.48	2566	2569	7.4
6	0.48	2800	2846	7.0

4）压缩机气举现场应用

（1）压缩机选型。

通过对气举过程中注气压力和注气量等注气参数敏感性进行分析，综合考虑使用范围、使用时间和地面配套等诸多因素，选择出口压力为 25MPa 的水冷天然气压缩机。具体参数见表 8-3-2。

表 8-3-2　压缩机具体参数

型号	介质	排气量 /（m³/h）	吸气压力 /MPa	排气压力 /MPa
ZW-5.2/1-250	天然气	544	0.1	7.0

（2）气举过程分析。

彭页 3HF 井间断进行了 2 次气举，持续时间约 15h。气举施工过程中，套压逐渐升高，最后基本稳定在 7.8MPa，油压随产液量变化在 0.1～0.7MPa 之间波动。彭页 3HF 井采用 3/16in 即孔径为 0.48cm 的气举阀，查表得 $R=0.096$，$1-R=0.904$；油管效应系数 $FTE=0.106$。由施工压力得到 $p_{vo}=7.8$MPa，而波纹管充气压力 p_b 已知，气举套压恒定，则通过方程计算 6 级气举阀打开时的临界油管压力，同时根据井口油压计算对应动液面高度，见表 8-3-3。

表 8-3-3　相关参数

序号	p_b/MPa	p_t/MPa	动液面海拔高度 /m
1	9.0	20.3	−998.0
2	8.5	15.1	96.0
3	8.1	10.9	904.5
4	7.8	7.8	1542.0
5	7.4	3.6	2242.7
6	7.0	−0.5	2893.3

将表 8-3-3 中的动液面高度与表 8-3-2 中气举阀下入垂深进行比较，并结合实际套压与瞬时产液峰值可知，该井井筒中至少有 500m 以上的液柱。综上所述，彭页 3HF 井气举常开气举阀为第 4 级气举阀，垂深 2291m，气举前油管动液面海拔在 1542m。气举过程中产气量与产液量总体表现为：瞬时产气量间隔半小时呈现一个高峰，折算产气量高峰达到 1000～2000m³/h，持续约 10min 后降至 100m³/h；瞬时产液量在产气高峰时出现，为 1.5m³/h。气举生产曲线如图 8-3-3 所示。

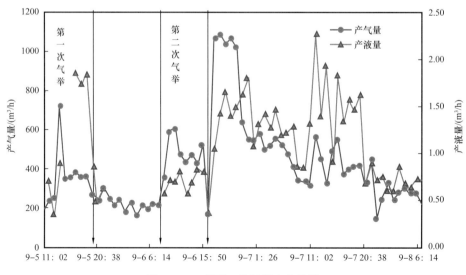

图 8-3-3　彭页 3 井气举生产曲线

从图8-3-3可以看出：① 气举施工期间产量循环波动，积液未完全排除，存在段塞流。② 第1次气举结束停压缩机后产气量低，井筒积液未完全排出（第1次共出液5.5m³）。气体从套管注入，从气举阀进入油管，由于积液较多，油管液柱较高，积液未完全排除，停机后产量没有完全恢复。③ 第2次停压缩机后产量突然上升。这是因为第2次气举时，井筒积液基本排出（第2次共出液5.7m³）。由于积液较少，气体沿油管向上，降低了油管内流体密度，气体携液能力增强。④ 停压缩机后，气井自喷生产，产气量逐渐下降，然后保持稳定。套压为5.0～6.5MPa，自喷产气量由1000m³/h降至目前的300m³/h，产液量由1.5m³/h降至目前的0.5m³/h。前期自喷正常生产时套压在6.0MPa左右，日产气为8000～12000m³，日产液约15m³。

（3）气举效果对比分析。

彭页3HF井气举作业之前的生产方式为低成本自喷生产。随着生产的不断进行，地层能量减弱，产气量急剧降低，气井无法正常携液，导致井筒积液。随着井筒积液的不断增加，井底压力增加，严重影响气井正常生产。为进一步分析气举作业效果，将气举前后该井日产气量和日产液量进行对比。彭页3HF井气举前后生产曲线如图8-3-4所示。

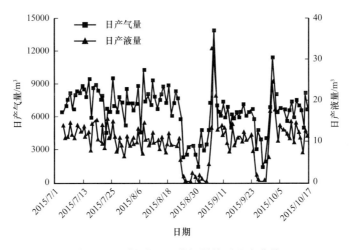

图8-3-4 彭页3HF井气举前后生产曲线

从图8-3-4可以看出，彭页3HF井从7月5日至8月23日，能维持自喷生产，产气量有一定的波动，日均产气量为8250m³，日均产液量为10.7m³，套压为5.0～6.5MPa；随后产气量与产液量都急剧下降，日均产气量仅为4203m³，日均产液量为0.9m³，套压一直处于高值范围，介于7.5～8.3MPa之间；气举作业后，产气量与产液量都有明显提升，日均产气量为7660m³，日均产液量为13.6m³，套压恢复至6.0MPa左右。气举效果明显，但并未完全恢复至气举前的水平，其原因主要是注气量不足、排液不彻底。

5）氮气气举现场应用

隆页1HF井于2017年5月17—19日下气举管柱：ϕ73mm加厚油管113根+6级气举阀。喇叭口深度3099.81m，一级气举阀测深1075.10m，二级气举阀测深1646.60m，三级气举阀测深2066.73m，四级气举阀测深2429.82m，五级气举阀测深2706.94m，六级气举阀测深 2965.00m。通井及下气举管柱作业期间共计泵入压井液约 300m³，井口无溢流情况。

氮气气举排液从 2017 年 5 月 20 日 14：00 启泵试压，试压 16MPa 不降，试压合格，设备预热并进行注气气举施工。实施注氮气举排液 132h，累计注氮气 109485m³，排液 233.06m³。5 月 26 日 10：00 停泵观察，采用 21.43mm 油嘴控制放喷生产，油压由 0.52MPa 降至 0.44MPa，套压由 4.12MPa 降至 3.69MPa。瞬时气量在 2.4×10⁴m³/d 左右，瞬时液量在 1m³/h 左右，基本恢复试气及作业之前的产气量，达到了气举排水复产的目的，气举施工结束。

隆页 1HF 井施工效果表明：气举阀排液技术能有效排出井筒积液，实现气井复产，验证了该区气举排采方式的可行性，同时为同类气藏的开发提供了技术借鉴。

（1）该井生产过程中全天候保持在 1.5×10⁴m³/d（产液量在 10m³ 以下）以上气量生产，并保持最大限度的平稳生产，保证良性的动态平衡。

（2）尽量减少作业，缩短作业周期，保证入井液的配伍性。

（3）低压页岩气井排液助产采取小排量、低排液压力方式进行连续持久排液复产。

（4）低排液压力建议采用多级气举阀来实现，生产过程中还可利用环空压力进行自举排液。

（5）气举管柱以避免瞬间高压的方式进行排液，避免气举阀之间的干扰及伤害。

二、射流泵排水采气工艺技术

1. 工艺原理

水力射流泵是利用射流原理将注入井内的高压动力液的能量传递给井下产出液的无杆水力排采设备。射流泵主要由喷嘴、喉管及扩散管组成。喷嘴将流经的高压动力液的压能转化为高速流动液体的动能，并在嘴后形成低压区。高速流动的低压动力液和被吸入低压区的煤层产出液在喉管内混合，流经不断扩大的扩散管，截面不断扩大，流速降低使得高速流动流体动能转化为低速流动流体的压能，混合液的压力提高被举升到地面，其原理如图 8-3-5 所示。

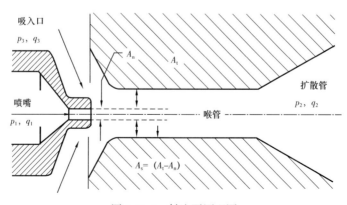

图 8-3-5　射流泵原理图

从地面泵送至井下的压力为 p_1、流量为 q_1 的动力液通过截面积为 A_n 的喷嘴，在喷嘴处加速后进入截面积为 A_t 的喉管，受嘴后低压区的影响，压力为 p_3、流量为 q_3 地层产出液被吸入喉管，进入喉道环形空间 A_s，动力液与产出液在喉管处混合并进行能量传递，形成均匀的混合液。混合液体继续向前流动，进入截面积逐渐增大的扩散管，此时，混合液的流速降低，压力增大，直至压力增高到泵的排出压力 p_2 时，混合液便可排出地面。水力射流泵的排量、扬程取决于喷嘴面积与喉管面积的比值。对于一个过流面积为 A_n 的喷嘴，如果选用的喷嘴面积（A_n）为喉管面积（A_t）的60%，该泵压头相对较高，排量相对较低，适用于低产量深井；如果选用的喷嘴面积（A_n）为喉管面积（A_t）的20%，该泵压头相对较低，排量相对较高，适用于高产量浅井。射流泵工作过程中没有机械运动部件，故不存在偏磨问题；高速流动液体对砂的携带能力强，可以将砂携带出井筒，因此利用射流泵进行排采可以达到防偏磨、防砂卡的目的。

2. 系统组成

射流泵系统主要由井下部分、地面部分和井口组成。

1）井下部分

通常由双管组成，主要由动力液管柱、混合液管柱、尾管、绕丝筛管、井下工作筒及泵芯等组成。动力液由井口通过小油管到达井下排砂采油装置，地层产出液携带地层砂通过绕丝筛管被吸入井下射流泵的喷嘴、喉管之间并随动力液一起进入喉管，在喉管内动力液和产出液混合形成混合液，增压后的混合液沿小油管和大油管之间的环空到达地面，井下结构如图8-3-6所示。

2）地面部分

地面部分主要由水罐、柱塞泵、变频柜、低压过滤器、流量计、流量控制阀及管线等设备组成，如图8-3-7所示。

3）井口装置

井口装置如图8-3-8所示，主要由大四通、小油管悬挂器总成、上部高压四通、高压闸板阀、过滤器总成等零部件组成，实现正循环工作、反循环起泵芯功能。

3. 适用条件

射流泵井下设备没有运动部件，对于出砂等恶劣工况的井具有较强的适应能力；因井下设备结构简单，维修费用低，在井场上通过倒换流程即可更换喷嘴和吸入喉管，维修作业工作量小；下泵深度和排量的变化范围大，可以满足不同井的生产要求；可用于斜井和弯井；耐磨和抗腐蚀，能在高温、高气液比条件下工作。

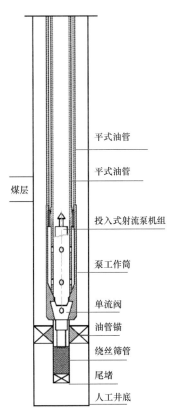

平式油管

平式油管

煤层

投入式射流泵机组

泵工作筒

单流阀

油管锚

绕丝筛管

尾堵

人工井底

图 8-3-6 双管射流泵井下结构图

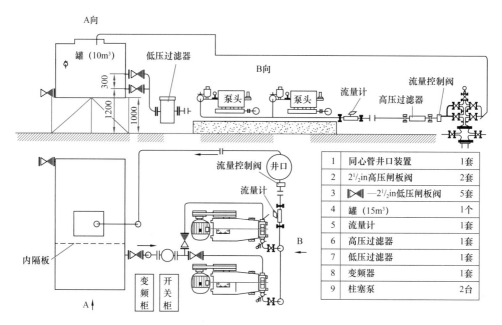

图 8-3-7 射流泵系统地面部分示意图

1	同心管井口装置	1套
2	$2^1/_2$in高压闸板阀	2套
3	▷◁—$2^1/_2$in低压闸板阀	5套
4	罐（15m³）	1个
5	流量计	1套
6	高压过滤器	1套
7	低压过滤器	1套
8	变频器	1套
9	柱塞泵	2台

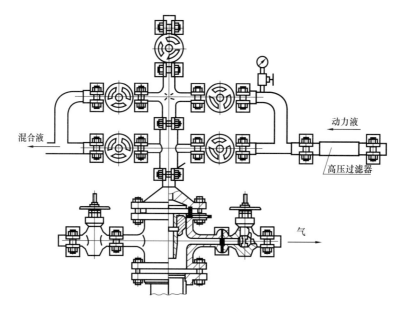

图 8-3-8 射流泵系统井口示意图

1）射流泵优点

（1）出色的气体处理能力。

（2）适用于大斜度井及水平井。

（3）适用生产速度范围大。

（4）固体处理能力强。

（5）能量流体可作为化学剂的载体。

2）射流泵缺点

（1）需要高压动力流。

（2）地面设备运营支出高。

（3）设备频繁停机。

（4）启动时需要操作员。

（5）需要大型发电机。

4.参数优化设计研究

1）参数优化

由于页岩气排采井口的最大承压为 35MPa，结合页岩气的实际开发深度、泵吸入口的下深和稳定生产时的液面深度一般不超过 1500m，根据参数模拟（表 8-3-4），优选面积比为 0.410、0.512、0.640 符合页岩气井生产需求。

表 8-3-4　射流泵参数模拟计算表

面积比	井口压力 /MPa							
	200m	400m	500m	600m	800m	900m	1000m	1200m
0.640	2.8	5.7	7.1	8.5	11.3	12.8	14.2	17.0
0.512	3.6	7.2	9.0	10.8	14.5	16.3	18.1	21.7
0.410	4.4	8.9	11.1	13.3	17.7	20.0	22.2	26.6
0.328	5.3	10.7	13.3	16.0	21.3	24.0	26.7	32.0
0.262	7.1	14.2	17.7	21.3	28.4	31.9	35.5	42.6

2）工艺优化

地面流程优化，计量罐增加溢流口与排污口，地面流程主要设备参数优化为：

（1）井口：350 采气树一套，耐压 35MPa。

（2）柱塞泵：3MC127–6/25 型两套（一用一备），额定压力 25MPa，排量上限 6m³/h。

（3）储液计量罐：最大储液量 25m³，有简易液位仪，增加溢流口、排污口，方便计量纯地层产出液与排污。

但随着页岩气开发的深入，页岩气井的深度越来越深，普通双管射流泵所需要的地面设备等级越来越高。为了适应现场需求，将射流泵井下管柱优化为单管设计。单管射流泵主要由油管作为动力液通道，油套环空为产出液通道。优点如下：

（1）地面设备运行等级降低。

（2）井下管柱结构简化。

（3）注入压力大幅降低。

根据现场经验，以 2500m 管柱为例，单管射流泵摩阻为 0.53MPa，双管射流泵摩阻为 4.37MPa。

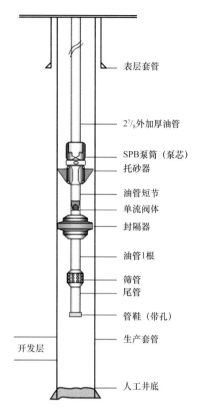

图 8-3-9　单管射流泵井下结构图

表层套管

$2\frac{7}{8}$外加厚油管

SPB泵筒（泵芯）
托砂器

油管短节
单流阀体
封隔器

油管1根

筛管
尾管

管鞋（带孔）
生产套管

开发层

人工井底

5. 现场应用

在常压区块彭页 3HF 井和高压区块焦页 195-2HF 井，由于页岩气井深度较深，基本在 2700m 以下，采用双管射流泵泵效低，地面设备压力较大。现场选择单管射流泵有利于提高泵效，且管柱简单，减少井下风险。

彭页 3HF 井于 2019 年 1 月 22 日开展单管射流泵试验（泵深 2500m 加尾管 300m），产气量由 $0.1 \times 10^4 \text{m}^3/\text{d}$ 上升至 $0.67 \times 10^4 \text{m}^3/\text{d}$，日产水量 20.7m^3，恢复该井停井前产能并一直稳定生产（图 8-3-10）。

综合分析：射流泵地面泵压控制需在 30～35MPa，井下管柱结构设计采用插管桥塞 + 单管射流泵。排量范围在 0～250m^3/d。扬程范围根据地面所提供的动力液压力而定。

射流泵工艺基本适用于中浅层页岩气井的排水采气，但管柱仍需要继续优化，保证井下不出风险，射流泵的泵效低及地面配套的柱塞泵受到压力限制也决定了选井管柱深度一般不能超过 3000m，该工艺对深层页岩气井有一定的限制。

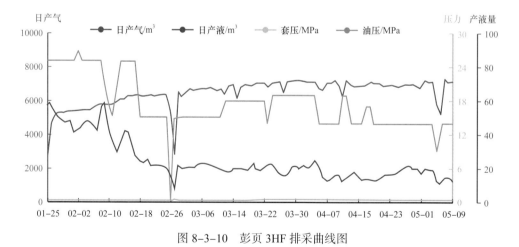

图 8-3-10　彭页 3HF 排采曲线图

三、电潜泵排水采气工艺技术

1. 工艺原理

电潜泵排水采气是采用多级离心泵装置，将气水井中的积液从油管中排除，降低井内液面高度，减小液柱对井底的回压，形成生产压差，使水淹停产井迅速恢复产能。它是一种排量大、自动化程度高、适用于有水气田中后期开采的后续工艺技术。与其他机械排采工艺相比，电潜泵具有排量扬程范围广、功率大、生产压差大、适应性强、地面工艺简单、机组寿命较长、管理方便等特点。

电潜泵排采系统主要由井下和地面两大部分组成。地面部分：变压器、控制柜、接线盒、井上安全阀、井口盘、采油树等。井下部分：动力电缆、多级离心泵、气体分离器、电机、电机保护器、单流阀、泄油阀、井下安全阀等。

1）电动机

电潜泵电动机又叫潜油电动机，它是电潜泵机组的原动机，一般位于最下端。它是三相鼠笼异步电机，其工作原理与普通三相异步电动机一样，把电能转变为机械能。

但是，它与普通电动机相比，具有以下特点：

（1）机身细长，一般直径在160mm以下，长度5～10m，有的更长，长径比达28.3～125.2。

（2）转轴为空心，便于循环冷却电机。

（3）启动转矩大，0.3s即可达到额定转速。

（4）转动惯量小，滑行时间一般不超过3s。

（5）绝缘等级高，绝缘材料耐高温、高压和油气水的综合作用。

（6）电机内腔充满电机油以隔绝井液和便于散热。

（7）有专门的井液与电动机油的隔离密封装置——保护器。

潜油电动机结构，它由定子、转子、止推轴承和机油循环冷却系统等部分组成。

2）潜油泵

潜油泵为多级离心泵，包括固定和转动两大部分。固定部分由导轮、泵壳和轴承外套组成；转动部分包括叶轮、轴、键、摩擦垫、轴承和卡簧。电潜泵分节，节中分级，每级就是一个离心泵。潜油泵按叶轮是否固定分为浮动式、半浮动式和固定式三种。

3）保护器

保护器又叫潜油电机保护器，是电潜泵所特有的。其位于电机与气体分离器之间，上端与分离器相连，下端与电机相连，起保护电机作用。保护器的种类有很多，从原理上可以分为连通式保护器、沉淀式保护器和胶囊式保护器三种。

4）气液分离器

气体分离器，又叫气液分离器，简称分离器，位于潜油泵的下端，是泵的入口。其作用是将气井生产流体中的自由气分离出来，以减少气体对泵的排量、扬程和效率等特性参数的影响，以及避免气蚀发生。

按不同的工作原理，可将其分为沉降式（重力式）和旋转式（离心式）两种。沉降分离器：$GLR<10\%$，效率$<37\%$；旋转式分离器：$GLR<30\%$，效率$>90\%$。

2. 适用条件

电潜泵具有排水量大、扬程高、适应各种工况等优点，现在越来越多地被应用于生产中。由于其投资高于其他排水采气工艺且地面建设复杂，目前只用于以下几种情况，但是作为唯一一种枯竭式的开采方式，未来将会应用于更多老气田和老油田。

对于边水、底水水体封闭的产水气田的气藏，利用电潜泵排水量大的特点，通过强排水，达到控制水侵、阻止边底水干扰气藏其他气片生产，从而提高有水气藏的最终采收率。

将变频电潜泵用于复活各类水淹井和单井排水采气井，特别适用于产水量大、扬程高、单井控制的剩余储量大的水淹气井等。通过强排水，降低井底回压，使这类气水同产井保持足够的生产压差生产，达到边排水、边采气的目的。

1）优点

（1）排量范围宽，为 $25\sim260m^3/d$，满足页岩气井中前期的生产需要。

（2）扬程高，该机组在 60Hz 频率下运行，$100m^3/d$ 排量下有效扬程可达 3500m。

（3）可适应 $1000m^3/m^3$ 高气液比的工况，选用高效气体分离器，尽量减少游离气进入离心泵。

（4）适应砂或其他固体颗粒对离心泵的影响；Flex10 泵的流道较宽，对固定颗粒的适应性较强，且选用配置高强度的 AR 耐磨轴承，提高了离心泵的耐磨性。同时，在泵的吸入口加装滤网装置，防止桥塞碎屑进入离心泵内。

（5）配置 7 参数井下传感器和地面变频器，井下传感器能同时获得泵吸入口压力、泵出口压力、泵吸入口温度、电机温度、机组横向和纵向的振动位移及漏失电流数据，从而达到实时监测泵的运行情况的目的。

（6）地面控制系统的使用，提高了该套设备对负载变化大、气体影响、出砂导致卡泵等复杂工况的适应性。根据泵吸入口、出口压力和电流的实时监测，通过调整设备的工作频率，也可优化彭页 5HF 井的生产动态，稳定该井的产气量。

2）缺点

（1）低液量导致欠载停机。

（2）地层出砂、黏土等，由于产液量低导致电泵携砂能力差，容易卡泵，造成过载停机。

（3）低产液也容易造成电泵电机散热效果差，容易烧电机。

3. 参数优化设计

1）电潜泵特性曲线研究

电潜泵特性曲线主要反映泵的扬程、轴功率、泵效与泵排量的关系。标准特性曲线是电潜泵在温度 20℃ 的条件下，在相对密度为 1、黏度为 $1mPa\cdot s$ 的清水介质中，利用室内实验结果绘制而成的曲线。在电潜泵的标准特性曲线上，横坐标表示泵排量，纵坐标分别表示扬程、轴功率和泵效，电潜泵特性曲线共有三条，分别为电潜泵在额定转速下扬程与流量、轴功率与流量，以及泵效与流量的关系曲线，如图 8-3-11 所示为某公司 W250 电潜泵特性曲线。

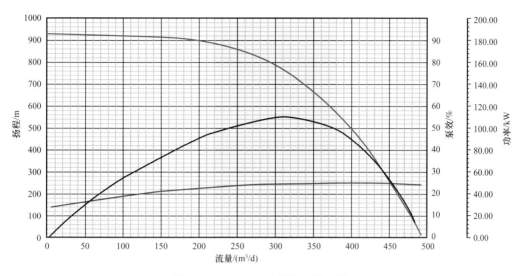

图 8-3-11　W250 电潜泵特性曲线

从曲线可以看出，扬程随着流量增大而减小，在小流量区域，扬程变化比较缓慢，扬程曲线比较平缓，在接近额定工况点也接近电潜泵高效区时，扬程曲线变得比较陡，扬程进入敏感区，当流量变化时，扬程变化明显。流量最大时，扬程为零。在整个流量变化过程中，电潜泵的输入功率变化幅度很小，当流量为零时，泵的输入功率最小，随着流量增大，泵的输入功率缓慢增大，在高效区域内，泵的输入功率达到最大值，然后，随流量增加，泵的输入功率缓慢下降。这说明电潜泵机组在实际工作中，无论电潜泵的工况点在何处，对电机来说，载荷变化不大。泵效与流量的曲线近似一条开口向下的抛物线，流量为零和最大值时，泵效为零，效率最高点对应的流量为泵的额定排量，最高效率点 ±20% 范围为高效区域。电潜泵一般在高效区域运行效率最高。

图 8-3-12 为电潜泵不同频率下扬程—流量曲线图，由图可知，频率变小时，扬程和流量均变小，高效区域也变窄。

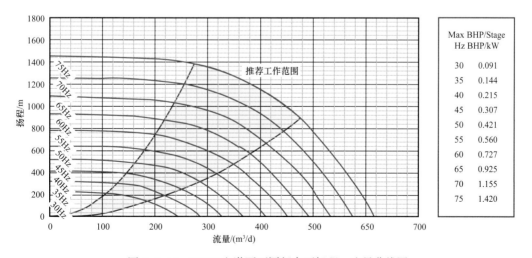

图 8-3-12　W250 电潜泵不同频率下扬程—流量曲线图

2）气液分离工艺研究

气体进入泵内会占据一定的泵容，必然使液体进泵量减少，气体进入泵内流体密度与单相液体不同，对泵的功率会产生影响。泵内任何一点流体压力小于工作温度下流体饱和蒸汽压时，产生小气泡，气泡流入高压区会冷凝和破碎，这时产生的压力很大，泵易受到冲击和腐蚀，这种现象和水击相似，称作汽蚀。汽蚀使泵的工作特性变差，排量和效率下降。

当井液在吸入条件下气液比小于10%时，可以直接采用泵的标准特性曲线，否则应该安装井下气液分离器和提高吸入压力等方法使进泵的游离气减少，也可以采用两相泵的特性进行设计。

潜油泵在气井工作时是完全浸在井液中的。气井中往往含有不同种类的游离气体，游离气体对潜油泵的工作特性会产生严重影响，当达到一定量时则发生气锁，气体干扰严重影响潜油电泵的正常工作，使电机负载急剧变化或卸载，可在潜油泵的下面安装气液分离器。

3）井斜适应性研究

电潜泵在工作时，由于进、出口之间存在很大的压力差，因此会产生很大的轴向力。为减小或消除轴向力，在叶轮上、下部装有止推轴承，通过止推轴承将轴向力传递给泵壳。液压平衡机构也能消除部分轴向力。对于径向力，通过电潜泵径向扶正消除径向力。

保护器位于电机与气液分离器之间，上端与分离器相连，下端与电机相连，起保护电机作用。其基本作用有以下四个方面：

（1）密封电机轴动力输出端，防止井液进入电机。

（2）保护器充油部分允许与井液相通，起平衡作用，平衡电机内外腔压力，容纳电机升温时膨胀的电机油和补充电机冷却时电机油的收缩和损耗的电机油。

（3）通过其内的止推轴承承担泵轴、分离器轴和保护器轴的重量及泵所承受的任何不平衡轴向力。

（4）起连接作用，连接电机轴与分离器轴，连接电机壳体与分离器壳体。

由结构分析可知，电潜泵对井斜有较好的适应性，0°～90°井斜均能使用。

4）排液优化研究

电潜泵直径小，排量范围大，外径一般为85.5～102mm，排量范围可达30～8000m³/d；级数多，长度长，扬程范围宽，级数可达400级，长度可达20m，扬程一般为150～4500m。电潜泵小排量叶导轮可以实现泵的高扬程、高效率和高可靠性。再者，应用变频器降频，使电机转速下降，从而减小泵的排量，扩大排量范围。通过采取以上措施，使小排量电潜泵排量范围降至10～20m³/d。适用于日产液大于10m³的井。

随着泵的运行，泥砂、垢这些杂质粘附于泵内叶轮上的数量会越来越多，导致流道面积减小，摩阻增大，电机电流增大，泵排量降低，严重时甚至将泵堵塞或卡泵。在气液分离器外部加装了两层60～80目的不锈钢滤网，使颗粒粒径大于0.25mm煤屑和压裂砂不能被吸入泵内，沉积在口袋里；颗粒粒径小于0.25mm的煤屑吸入泵后被水带出地面。

4.现场应用

彭水区块 4 口井均应用了排量为 30m³/d、50m³/d、70m³/d、100m³/d、150m³/d 的电潜泵。初期采用大排量电潜泵排液,排液速度快,动液面快速下降,随着压裂液快速返排,地层供液逐步减弱,60d 内地层供液能力均降至 50m³/d 以下,此时地层供液已达不到电潜泵连续排液范围要求,因沉没度低,频繁出现欠载停机,大排量泵已不能实现连续排液,须进行换小泵作业才能保证连续生产。通过泵深优化、生产参数优化最长检泵周期达 305d,对初期产液量大的井返排效果较好,液量低于 20m³/d 不适用。

同时,由于地层出砂、黏土等固体物质,通过检泵作业,发现单流阀被黑色固体物质堵死(图 8-3-13),受此类杂质的影响,电潜泵排液中出现过载停机、卡泵、叶导轮磨损等问题,检泵频繁,严重影响生产稳定。

PY1井　　　　　　　　PY3井　　　　　　　　PY4井

图 8-3-13　单流阀均被黑色物质堵死

综合分析:

为了保证能连续稳定排液,有针对性地选用小排量电潜泵,并尽可能地加深泵挂来增大电潜泵沉没度。电潜泵的下入深度是电潜泵施工中的一个重要参数,也是影响电潜泵工况的一个重要因素。确定泵挂深度时,要考虑泵的沉没度、泵挂处气液比和泵挂处狗腿因素。生产前期,为了最大限度地降低流压,更彻底地排液,其中彭页 1 井、彭页 4 井尝试将电潜泵下至炮眼段以下,生产中因地层出泥、出砂导致电潜泵频繁过载停机、卡泵。另外,当电潜泵下至炮眼段以下时,由于地层出砂等,增大了管柱井下事故的风险,实际中,管柱上提和下放过程也出现遇卡现象。在常压页岩气排液后期,电潜泵工艺已很难满足排液要求,因为产液量低如隆页 2HF 井导致故障频发。

电潜泵井排采建议:

(1)尽量减少电潜泵的启 / 停的频率。这样,一方面可以保证电潜泵的持续稳定运行,确保井产气量的稳定和持续,另一方面可以增加电潜泵的使用寿命,防止因地面原因造成的停机。

(2)平稳排液生产,保证电潜泵电机的持续运转。初期排采速度过快,造成流压降速过快,闭合压力增加速度快;地层渗流通道容易产生支撑剂嵌入、破碎等情况,不利于保持地层渗流能力,造成产量下降快。

第九章　常压页岩气田勘探开发实践与展望

常压页岩气是中国页岩气勘探开发的主要类型之一，资源潜力大，发展前景广阔。自 2009 年以来，中国石化持续在渝东南盆缘复杂构造带南川—武隆—彭水等地区开展常压页岩气勘探开发实践（方志雄，2019），"十三五"期间，依托国家科技重大专项"彭水地区常压页岩气勘探开发示范工程"，坚持问题导向，解放思想，创新实践，充分发挥"产学研用"优势，从常压页岩气地质特点出发，紧紧围绕"增产"和"降本"两条主线，深化常压页岩气成藏理论研究，强化低成本工程工艺技术攻关，形成了一批常压页岩气地质理论和工程工艺技术系列，有效指导了常压页岩气勘探突破和效益开发，发现我国首个大型常压页岩气田——南川页岩气田，探明五峰组—龙马溪组一段页岩气地质储量 $1989.64 \times 10^8 m^3$，建成产能 $15.6 \times 10^8 m^3$。

第一节　南川常压页岩气田的发现

一、勘探开发历程

南川页岩气田的发现历时近 10 年，气田的勘探与开发是一个认识—实践—再认识—再实践的过程，也是一个认识指导勘探开发实践，实践带来理论认识的深化创新，同时再指导实践、迭代进步的过程，大致可以分为选区评价、勘探突破、滚动评建三个阶段见图 9-1-1。

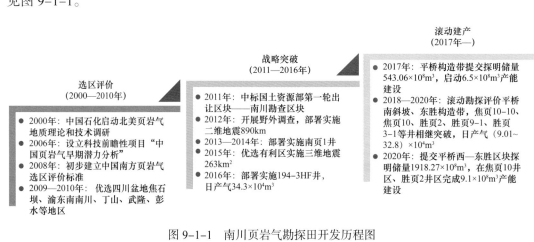

图 9-1-1　南川页岩气勘探田开发历程图

1. 选区评价

中国石化高度重视非常规油气的勘探开发，自 2000 年以来启动北美页岩气地质理论和技术调研，2006年设立科技前瞻性项目"中国页岩气早期资源潜力分析"，学习借鉴北美页岩气选区评价经验，结合中国南方页岩气地质特点，建立以页岩厚度、有机质丰度、热演化程度、埋藏深度和硅质矿物含量为主要评价参数，开展选区评价工作，优选四川盆地涪陵焦石坝，渝东南盆缘过渡带南川、丁山以及盆外武隆—彭水等页岩气勘探有利区。

2011年中标的国土资源部第一轮页岩气招标区块——南川勘查区块，面积2197.942km²。获取矿权后，随即开展了大量的野外地质调查，同年部署实施二维地震890km，测网密度2km×4km，明确区内页岩展布及构造特性，区内发育五峰组—龙马溪组富有机质页岩，由东向西可划分为石门断背斜、平桥背斜、东胜背斜、南川断鼻、神童坝向斜和阳春沟背斜共6个构造带，构造变形程度逐渐减弱，保存条件变好。

根据二维地震勘探成果，2013年优选南川断鼻有利目标部署实施南页1HF井，导眼井完钻井深4465m，钻遇五峰组—龙马溪组一段暗色页岩105m，其中优质页岩33m，TOC平均3.2%，孔隙度平均4.1%，石英含量平均46.2%，黏土含量平均35.3%，钻井过程中页岩段气测异常显示活跃，全烃为1.32%～5.34%，C_1为0.72%～2.45%，总含气量平均2.6m³/t，压力系数1.5，在此基础上优选"甜点"段侧钻水平井，A靶点埋深4559m，B靶点埋深4627m，水平段长1100m，分15段压裂，施工压力96～115MPa，总液量$4.6×10^4$m³，砂量756.1m³，产气呈现段塞流，产量在（0.02～6.6）$×10^4$m³/d之间波动。受制于4600m深层压裂工艺技术，南页1HF井产量未达预期，但证实南川地区页岩气地质条件优越，坚定该区页岩气勘探信心。也表明深层页岩储层破裂压力高、温度高，对压裂液配方、支撑剂优选、工程工艺等方面有待进一步深入研究和现场攻关实践。

2. 勘探突破

为进一步落实有利勘探目标，明确构造细节，2015年优选有利区实施三维地震263km²，落实平桥、东胜构造等多个有利背斜型勘探目标，同时进一步深化地质认识，突出微相、保存、应力三因素研究，2016年优选平桥构造带部署实施194-3HF井，页岩埋深2885m，钻遇五峰组—龙马溪组一段页岩111.0m，优质页岩34.7m，TOC平均3.3%，总含气量1.42～5.98m³/t，平均3.08m³/t，石英平均44.7%，黏土33.2%，页岩杨氏模量37～43GPa，泊松比0.18～0.21，最小水平主应力55.6～57.2MPa，两向应力差值5.8MPa，差异系数0.104，有利于压裂造缝。底板灰岩最小水平主应力65～70MPa，底板具有应力隔挡，各项页岩气评价指标优越。该井水平段长1514m，分20段压裂，总液量36904.05m³，总砂量1348.6m³。采用12mm油嘴，测试日产气34.3$×10^4$m³，套压20.7MPa，压力系数1.35。在此基础上，向南滚动评价平桥南斜坡，甩开部署实施焦页10HF井，页岩埋深3405m，水平段长1500m，压力系数1.18，测试日产气19.6$×10^4$m³，套压14.9MPa，实现了南方构造复杂区常压页岩气勘探突破，2017年平桥构造带提交页岩气探明储量543.06$×10^8$m³，面积42.81km²。

3. 滚动评建

基于平桥构造页岩气的勘探突破，随即开展井组试验，落实井网、井距、水平段长、方位等开发关键参数，在此基础上，2017年启动6.5$×10^8$m³/a产能建设，开发方案动用面积 31.7km², 动用储量 347×10⁸m³, 部署 8 个平台水平井 33 口, 新建产能 6.5×10⁸m³, 单井配产 6×10⁴m³/d, 稳产 3 年, 按照整体部署、分步实施, "平台基准井先钻、先试、先评价"三先原则和每一个平台先完成一口评价井的理念, 稳步推进产能建设。

与此同时, 勘探上持续深化"甜点"评价研究, 大胆向南甩开评价平桥南斜坡, 向西甩开评价东胜构造带, 均获重大突破。在焦页 10HF 井成功的基础上, 继续向南部拓展, 部署实施焦页 10-10HF 井, 地层压力系数 1.12, 测试日产气 9.01×10⁴m³。突出保存条件、储层物性、地应力评价, 向西滚动评价东胜构造带, 部署实施胜页 1HF 井, 页岩埋深 3505m, 地层压力系数 1.35, 测试日产气 14.36×10⁴m³, 套压 10.43MPa。向南部斜坡带部署实施胜页 2HF 井, 页岩埋深 3030m, 地层压力系数 1.20, 测试日产气 32.8×10⁴m³, 套压 16.81MPa。胜页 2 井进一步证实东胜构造带具备良好的勘探潜力, 随后向南北滚动, 整体评价东胜构造带, 均获得高产页岩气流, 南部胜页 9-1HF 井测试日产气 10.03×10⁴m³, 中部胜页 20-2HF 井测试日产气 22.30×10⁴m³, 北部胜页 3-1HF 井测试日产气 15.53×10⁴m³, 焦页 205-2HF 井测试日产气 17.41×10⁴m³。

截至 2020 年底, 南川区块累计探明奥陶系五峰组—志留系龙马溪组一段页岩气含气面积 178.3 km², 地质储量 1989.64×10⁸m³, 其中 2017 年探明含气面积 42.81 km², 地质储量 543.06×10⁸m³, 2020 年探明含气面积 135.49 km², 地质储量 1446.58×10⁸m³, 累计新建页岩气产能 15.6×10⁸m³, 累计生产页岩气 22.62×10⁸m³, 成为我国首个大型且投入商业开发的常压页岩气田。

二、南川页岩气田概况

1. 构造特征

南川页岩气田地处重庆市南川区境内, 地表属典型的山地地形, 地面海拔 450~800m。区域构造位于四川盆地川东高陡构造带万县复向斜南部, 北部与焦石坝构造毗邻。南川地区自东向西递进变形, 改造强度东强西弱, 抬升幅度东高西低, 构造样式由冲断构造带 (石门) 过渡到逆冲推覆带 (平桥、东胜、阳春沟), 再到滑脱变形带 (神童坝向斜、南川断鼻), 保存条件逐步变好。受两期构造作用的影响, 形成不同走向的构造带, 燕山中晚期以挤压作用为主, 形成了平桥、东胜等北东向构造, 断层呈北东向雁列式展布, 燕山晚期以走滑作用为主, 形成了阳春沟等近南北向构造。自北向南、从东向西, 控边断层规模逐渐减小, 断距逐渐变小。气田所属的平桥东胜构造, 其整体呈北东走向、北东窄南西宽的帚状构造, 中部为一低幅断背斜, 向北东倾伏, 南部逐渐抬升, 直至五峰组—龙马溪组出露地表, 平桥东胜构造长约 30km, 宽约 5~12km, 面积约 300km², 为一被龙济桥、青龙乡、袁家沟、平桥西等断层所复杂化的复背斜构造, 中间被袁家沟断层、平桥西断层分为东胜和平桥两个构造带 (图 9-1-2)。东胜构造带由龙济桥断层、平桥西断层及袁家沟断层夹持, 中部为一低幅断背斜, 向北东倾伏, 向南西通过鞍部与上倾斜坡连为一体, 构造逐渐宽缓, 构造带内部断裂发育较少。平桥构造带由袁家沟断层、平桥西断层、大千及青龙乡断层夹持, 中部为一断背斜, 向北东倾伏, 向南西通过鞍部与上倾斜坡相连。

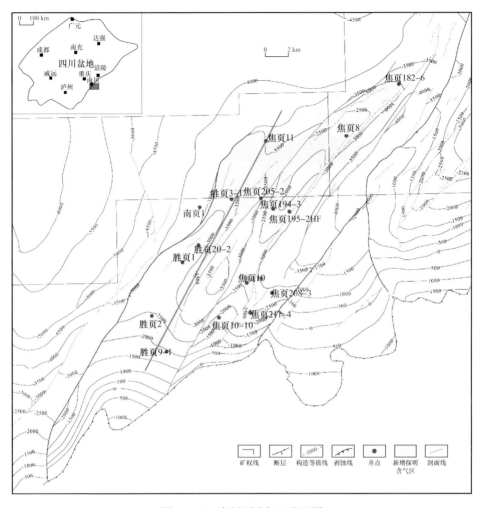

图 9-1-2　南川页岩气田位置图

2. 储层特征

气田产层为上奥陶统五峰组—下志留统龙马溪组一段，为深水—半深水陆棚相富有机质页岩，岩性主要为硅质页岩、含黏土硅质页岩、硅质黏土页岩、含硅黏土页岩，页岩纵向连续稳定，厚度主要介于 $100\sim130m$ 之间。根据岩性、岩石矿物学、地球化学、电性、古生物等特征，将产层自下而上依次划分为①～⑨号 9 个小层，其中①～⑤号小层 TOC>2%，均处于深水陆棚相；⑥～⑨号小层 TOC>4%，为一套富碳富硅富笔石优质页岩，静态评价指标上具有高生烃潜力、高孔隙度、高含气性、高脆性、低黏土矿物含量的"四高一低"的特征，是页岩气勘探开发最佳的"甜点"穿行层段（图 9-1-3）。

页岩段顶板、底板厚度大、展布稳定、岩性致密，封隔性好，顶板为龙二段深灰色泥岩，厚 $30\sim50m$，孔隙度为 $1.2\%\sim1.8\%$，密度为 $2.7\sim2.75g/cm^3$，底板为临湘组和宝塔组连续沉积的灰色瘤状灰岩，厚 $40\sim50m$，基质孔隙度为 $1.3\%\sim1.6\%$，密度为 $2.73\sim2.77g/cm^3$。

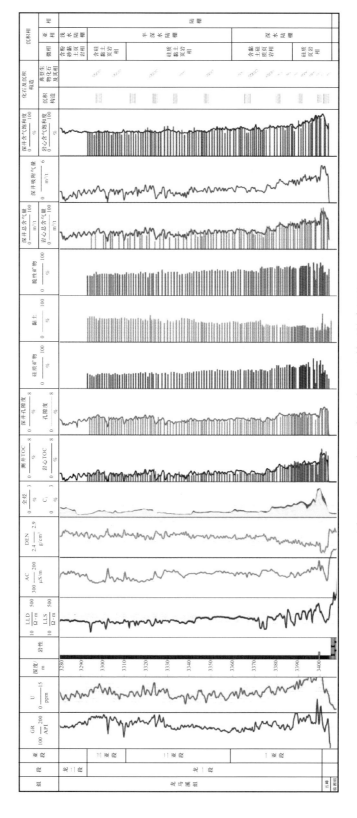

图 9-1-3　五峰组—龙马溪组一段储层综合评价图

页岩矿物成分以硅质矿物（石英）、黏土矿物为主，硅质矿物含量介于 22.3%～78.7%，平均 38.9%，黏土矿物含量介于 9%～55.4%，平均 42.3%，碳酸盐矿物含量介于 1.6%～15.6%，平均 8.8%；硅质矿物脆性指数 22.3%～78.7%，平均 38.6%，脆性矿物（硅质矿物 + 长石 + 碳酸盐）脆性指数 34.7%～90.1%，平均 53.4%，具有高脆性特征。

页岩 TOC 介于 1.0%～7.42% 之间，平均 2.04%，有机质类型主要为低等菌藻类生物，$\delta^{13}C$ 值为 –29.69‰，主要为 I 型干酪根，R_o 介于 2.50%～2.69% 之间，平均 2.58%，处于热裂解干气生成阶段。

页岩储层类型主要以有机质孔、无机孔、裂缝为主，物性特征总体表现为低孔、低渗、特低渗的特点，孔隙度介于 2.05%～5.82% 之间，平均 3.39%，具有由北向南孔隙度逐渐增大的趋势，渗透率主要介于 0.00001～1.0mD 之间。

页岩杨氏模量为 25～41GPa，中值 35.8GPa，平均 35.9GPa，泊松比为 0.21～0.23，中值 0.22，平均 0.22，脆性指数为 52.7%～60.1%，中值 55.1%，平均 54.6%，表现为较高杨氏模量、低泊松比、高脆性特征，地应力在不同区带、不同构造部位变化较快，具有明显分区性。自东向西、由南向北地应力整体呈增大的趋势，最大水平主应力 60～100.1MPa，最小水平主应力 52～84.2MPa，水平应力差异系数 0.09～0.19。总体表明页岩可压性较好，具有形成复杂缝网的条件。

3. 气藏特征

五峰组—龙马溪组页岩埋深介于 1500～5000m 之间，整体呈南浅北深的趋势，气藏中部平均埋深为 3075～3741m（图 9-1-4、图 9-1-5），属于中深层—深层页岩气藏；根据气田地质特点及试气试采特征，气藏驱动类型为弹性驱动；五峰组—龙马溪组地层温度为 89.8～122.0℃，地温梯度为 2.35～2.54℃ /100m，属正常地温梯度；实测和地震资料预测表明，地层压力系数为 1.1～1.32；天然气相对密度为 0.559～0.602，平均为 0.574，气体成分以甲烷为主，甲烷含量平均为 98.38%，不含硫化氢。根据以上特征，南川气田五峰组—龙马溪组气藏为弹性气驱、中深层—深层、常温、高压—常压、不含硫化氢、干气页岩气藏。

4. 生产特征

南川页岩气田目前投入生产井 85 口，单井测试产量（7.9～40）×10⁴m³/d，单井测试产量及产能存在一定差异，这与气田不同构造的埋深、保存条件、地应力场及压裂改造程度等因素息息相关。页岩气具有递减较快的生产特征，根据单井全生命周期的生产特征，可划分为纯液阶段、控压生产、放压提液、间歇开采和低压开采 5 个生产阶段。控压生产阶段，采用井下 + 地面双油嘴控压生产，通常为自喷生产，单井配产（4～10）×10⁴m³，单井递减率为 30%～60%，压力系数高的地区递减率相对较高，单位压降产气（80～200）×10⁴m³/MPa，可累计产气（800～3000）×10⁴m³。放压提液阶段，通过优化管柱，提产携液保障自喷生产，该阶段单井配产（3～8）×10⁴m³，单井递减率为 15%～40%，单位压降产气（50～180）×10⁴m³/MPa，可累计产气（1000～3500）×10⁴m³。间歇开采和低压开采阶段，通过采取泡排、气举、人工举升等工艺，以及地面增压

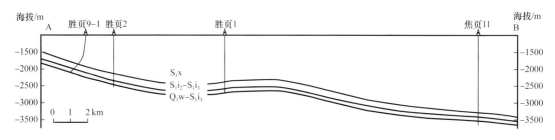

图 9-1-4　五峰组—龙马溪组一段气藏剖面图

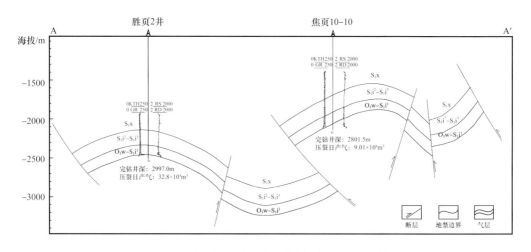

图 9-1-5　五峰组—龙马溪组一段气藏剖面图

集输等措施，保证气井连续生产，该阶段单井配产（1.5～5）×10⁴m³，单井递减率为 5%～35%。单井 EUR 为（0.68～1.47）×10⁸m³，在南川页岩气田具有北高南低、东高西低的特征。

第二节　常压页岩气前景与展望

常压页岩气在中国南方广泛分布，资源潜力大。国土资源部 2012 年预测结果显示，中国页岩气技术可采资源量为 25.08×10¹²m³，其中南方常压页岩气技术可采资源量为 9.08×10¹²m³，展现了雄厚的基础，目前仅探明南川常压页岩气田，随着勘探开发的深入和理论技术的进步，有望实现更大规模的发现和效益开发，具有广阔的发展前景，对保障国家能源战略安全和优化能源结构具有十分重要的意义。

一、中国常压页岩气发展前景

中国陆域发育海相、海陆过渡相和陆相 3 种类型富有机质页岩，海相页岩主要分布在以四川盆地及周缘、中—下扬子区为主的南方地区和塔里木盆地为主的中西部地区，在南方地区有上震旦统陡山沱组、下寒武统筇竹寺组（水井坨组、牛蹄塘组、荷塘组等）、上奥陶统五峰组—下志留统龙马溪组、中—上泥盆统印塘组—罗富组和下石炭统旧司组等及上述层组的相当层系，以五峰组—龙马溪组、下寒武统筇竹寺组为重点层系；华北地区有上元古界串岭沟组、洪水庄组、下马岭组、中奥陶统平凉组等及其相当层系；塔里木盆地主要为下寒武统玉尔吐斯组、中—上奥陶统萨尔干组与印干组等。海陆过渡相富有机质页岩分布于中国南方、华北地区，南方地区为二叠系的梁山组、龙潭组及其相当层组，华北地区为石炭系—二叠系的本溪组、太原组、山西组及其相当层组。陆相富有机质页岩主要分布于四川盆地、鄂尔多斯盆地、松辽盆地、渤海湾盆地等沉积盆地，在南方地区以四川盆地的上三叠统须家河组，中—下侏罗统沙溪庙组、自流井组为主，在西部地区以二叠系的佳木河组、风城组和下乌尔禾组，上三叠统黄山街组，侏罗系八道湾组、三工河组、西山窑组、阳霞组、克孜勒努尔组为主，在鄂尔多斯盆地以上三叠统延长组长 7 段、长 9 段为主，在松辽盆地以白垩系青山口组、沙河子组为主，在渤海湾盆地以古近系沙河街组、孔店组为主。

勘探开发实践初步证实，三类富有机质页岩都具备页岩气形成的基本地质条件，但差异较大，其中海相上奥陶统五峰组—下志留统龙马溪组页岩气形成富集条件最为优越，已成功实现规模商业开发，是大规模建产最现实的领域。

国内外多家机构对中国页岩气资源开展过评价预测，基于评价方法和认识的不同，评价的结果有较大差异，2012 年，中国国土资源部估算的中国页岩气地质资源量为 $134.42 \times 10^{12} m^3$，可采资源量为 $25.08 \times 10^{12} m^3$。2013 年，美国能源信息署（EIA）估算的地质资源量为 $134.40 \times 10^{12} m^3$，可采资源量为 $31.57 \times 10^{12} m^3$。2015 年，中国石油天然气股份有限公司第四次最新资源评价结果，中国页岩气地质资源量为 $80.45 \times 10^{12} m^3$，可采资源量为 $12.85 \times 10^{12} m^3$。

据国土资源部 2015 年资源评价结果，全国页岩气地质资源量为 $121.86 \times 10^{12} m^3$，可采资源量为 $21.81 \times 10^{12} m^3$，其中海相可采资源量为 $13.00 \times 10^{12} m^3$，主要分布在中上扬子地区和塔里木盆地西部地区，层系包括震旦系、寒武系、志留系等；陆相可采资源量为 $3.73 \times 10^{12} m^3$，主要分布在四川盆地的自流井组、鄂尔多斯盆地的延长组、渤海湾盆地的沙河街组和松辽盆地的青山口组等；海陆过渡相可采资源量为 $5.08 \times 10^{12} m^3$，主要分布在中上扬子地区的二叠系及鄂尔多斯盆地、准噶尔盆地、塔里木盆地等的石炭系—二叠系。总体来看，中国页岩气资源丰富，其中南方海相页岩气勘探认识程度相对较高，资源相对较为落实（表 9–2–1）。

据国土资源部预测结果，中国南方地区页岩气可采资源量为 $14.48 \times 10^{12} m^3$，占全国的 58%，其中南方常压页岩气可采资源量为 $9.08 \times 10^{12} m^3$，占南方的 63%。五峰组—龙马溪组页岩气地质条件最为优越，具有分布面积广、厚度大、有机质丰富、含气量高、脆性好等页岩气形成富集的优越地质特点，四川盆地及周缘五峰组—龙马溪组页岩分布面积为 $15.8 \times 10^4 km^2$，可采资源量为 $4.89 \times 10^{12} m^3$，其中常压页岩气面积 $6.7 \times 10^4 km^2$，可采资源量 $3.69 \times 10^8 km^3$，占比 75%。

表 9-2-1　中国页岩气资源量预测表　　　　单位：$10^{12}m^3$

机构	评价时间	资源类型	海相	海陆过渡相	陆相	合计
美国能源信息署	2011 年	地质储量	144.5	—	—	144.5
		可采储量	36.1	—	—	36.1
国土资源部	2012 年	地质储量	59.08	40.08	35.26	134.42
		可采储量	8.19	8.97	7.92	25.08
中国工程院	2012 年	可采储量	8.8	2.2	0.5	11.5
美国能源信息署	2013 年	地质储量	3.6	21.64	19.16	134.4
		可采储量	21.12	6.54	1.91	31.57
中国石油勘探开发研究院	2015 年	地质储量	44.1	19.79	16.56	80.45
		可采储量	8.82	2.37	1.66	12.85
国土资源部	2015 年	地质储量				121.86
		可采储量	13.00	5.08	3.73	21.81
合计	2011—2015 年	地质储量	44.1～144.5	19.79～40.08	16.56～35.26	80.45～144.5
		可采储量	8.80～36.10	2.2～8.97	0.5～7.92	11.50～36.10

　　自 2009 年以来，中国开始启动页岩气实质性勘探工作，在陆上不同地区开展不同类型页岩气地质选区、钻探评价和开发试验工作，中国油气公司、中国地质调查局等企业和部门开展了大量有益探索，取得了一些积极进展，2012 年在四川盆地实现海相页岩气勘探重大发现，近 10 年来，中国页岩气勘探开发实现跨越式发展，成为继美国、加拿大之后，第三个实现商业开发的国家，截至 2020 年底，在四川盆地及东南缘地区已经探明页岩气地质储量超 $2\times10^{12}m^3$，2020 年我国页岩气产量 $200\times10^8m^3$。"十三五"期间，依托国家科技重大专项"彭水地区常压页岩气勘探开发示范工程"，实现了常压页岩气勘探重大突破和商业开发，探明我国首个大型常压页岩气田——南川页岩气田，2020 年页岩气产量 $10.69\times10^8m^3$，展现出良好的勘探开发前景。

二、理论技术发展方向

　　经过多年的科技攻关和勘探开发实践，中国常压页岩气在地质综合评价、水平井钻完井、体积压裂及开发技术政策等不同技术领域取得长足进步，积累了宝贵经验，初步形成了一套适用于中国南方海相常压页岩气勘探开发理论和技术体系。南川地区五峰组—龙马溪组常压页岩气已经实现商业性开发，武隆、道真、彭水等残留向斜也实现多点多类型突破，为未来形成更大产量规模提供了坚实的资源基础和技术保障，继续创新优化和发展完善我国常压页岩气勘探开发关键理论体系和技术装备，以实现更大规模的商业性开发，为解放南方盆外万亿常压页岩气资源和相似地方页岩气有效开发具有十分重要的现实意义和战略意义。

1. 常压页岩气面临的主要挑战

通过"十三五"技术攻关，彭水地区常压页岩气勘探开发示范工程在南川—武隆—彭水地区实现了多点多类型勘探突破，探明和发现南川页岩气田，在常压页岩气基础地质理论研究、低成本工程工艺技术攻关、绿色矿山建设等方面取得积极进展，初步实现了压力系数大于1.15的常压页岩气资源的效益开发，但压力系数小于1.15的资源尚不能有效规模动用，主要因为单井产能与投资不均衡，水平井单井钻采成本距离经济极限投资还有较大差距，常压页岩气在基础理论、技术攻关、管理创新等方面面临以下主要问题：

（1）如何进一步深化中国南方复杂构造区常压页岩气基础地质研究和富集高产理论认识，实现"差中选优、优中选甜、甜中找甜"，为优选最佳"甜点"靶区、最优靶体和优化工程工艺技术指明方向。

（2）如何提升中国南方灰岩地层溶洞和裂缝发育区优快钻完井技术，研发配套的工艺技术、钻井液等材料和提速工具，优化设计"井工厂"作业模式，实现页岩气"一趟钻"等优快钻完井，进一步降低钻完井成本，提速提效。

（3）如何优化以大规模体积压裂改造为核心的压裂设计和工程工艺，开展"一井一策"的压裂方案优化设计，创新密切割等压裂改造模式，攻克最大水平主应力与最小水平主应力差值大和复杂缝网难以形成的难题，增大有效改造体积，提高单井产量和经济可采储量。

（4）如何建立以井网优化和立体多层多井平台式"工厂化"为核心的开发技术政策，建立立体多层开发模式，形成常压页岩气高效排水采气工艺管柱优化组合等关键技术和关键工具，提高资源的动用效率和采收率。

（5）如何进一步创新管理模式，建立系统、科学、高效的决策运行机制，统筹协调科研、部署、决策、运行等各个环节，践行和推广科研生产、地质工程、勘探开发、地面地下、投资效益一体化，提高组织生产运行效率和效益，提质增效。

压力系数小于1.15的常压页岩气在中国南方广泛分布，攻克上述技术瓶颈问题，实现单井稳产大于$4\times10^4\mathrm{m}^3/\mathrm{d}$，单井最终技术可采储量增加到（$0.65\sim0.95$）$\times10^8\mathrm{m}^3$，单井钻采投资控制在3000万元以内，实现该类资源规模效益开发，对推动中国常压页岩气勘探开发具有重要意义。

2. 主要对策

针对常压页岩气面临的主要问题和挑战，需要立足常压页岩气地质特点，深化"甜点"目标的综合评价优选，强化工程工艺技术的针对性、适用性和实用性创新试验，持续深入地开展增产、降本地质工程一体化的攻关实践，才能推动中国南方常压页岩气资源规模效益动用。结合五峰组—龙马溪组勘探开发实践，提出如下主要对策。

1）深化常压页岩气富集高产主控因素研究

沉积相控制页岩的发育，影响页岩气的资源规模，在深水陆棚相宏观沉积背景下，需要进一步细化沉积微相研究，开展不同地区五峰组—龙马溪组龙一段①～⑨号小层页岩有机碳含量、孔隙度、脆性、含气性等关键评价参数的变化规律研究，明确不同地区最优"甜点"段，指导水平井最佳的穿行层位。保存条件是影响页岩气富集的关键因素，构造作用的强度与持续时间决定了页岩气保存条件，需要持续深化构造复杂区以构造作用为核心的页岩气保存条件研究，深化构造演化与页岩气成藏过程的动态研究，剖析不同构造类型、不同构造样式、不同构造部位的页岩气富集主控因素。应力场是影响页岩气产量的关键因素，应力分布状态对井网部署及压裂方案至关重要，区域动力演变过程决定应力分布状态，因此，需要加强区域构造动力学演化研究，充分利用岩心三轴应力实验、井筒 FMI 成像测井、压裂力学参数、微地震监测等资料研究应力场特征和天然裂缝分布规律，深化岩石起裂机理研究，建立缝网延伸模型，为井网部署和复杂缝网工艺优化提供理论依据。

在此基础上，强化页岩气"甜点"目标评价，建立"地质甜点 + 工程甜点 + 经济甜点"一体化的常压页岩气选区评价体系和标准，在构造复杂区差中选优、优中选甜，"甜点"目标确保在地质上富集，工程上好钻好压，经济上可行，建立水平段长、压裂规模、单井产能、单井 EUR 之间最佳的匹配关系。

2）加快优快钻完井配套技术攻关研究，进一步提速提效

在页岩气钻完井工艺技术方面，通过不断地学习、集成和自主创新，中国已基本实现关键技术、工具、材料和装备的国产化。南方地区灰岩地层溶洞和裂缝发育，地层承压能力低，漏失是目前钻井工程面临的主要问题，钻进过程中处理堵漏等复杂情况的非生产时间占比较高，影响钻井时效，下步需要加强地球物理等手段的工程勘察力度，重点开展找洞查漏，规避大型漏失点，亟待探索克服开放型裂缝的浅层空气钻井、高压喷射钻井等优快钻井技术，研发新型堵漏材料、工具和随钻堵漏工艺，减少非生产时间。加快强封堵高性能低油水比油基钻井液和水基钻井液体系研发，尽快实现现场规模应用，降低成本并减少对环境的伤害，研发低密度泡沫水泥浆体系，解决漏失和地层承压能力低对固井质量的影响；同时，要加快钻井提速工具国产化的研究，加强 PDC 高效钻头、射流冲击器、水力振荡器、旋转导向等配套工具的研发，完善适合常压页岩气地质特点的"瘦身型"井身结构钻井技术方案，创新山地"车载钻机打导管 + 大型钻机打一开、二开"的工厂化钻井模式，进一步提速提效。

3）加强高效体积压裂改造工艺技术研究，进一步降本增效

一是持续开展低成本高性能压裂材料的优选评价和自主研发，进一步降低成本。针对常压区裂缝发育，易漏失，地应力低、闭合压力低等特点，需要开展流体敏感性、应力敏感性和压裂液自吸损害评价实验，形成适用于常压页岩储层敏感性的评价方法，揭示压裂液滞留页岩储层的时空分布特征，明确常压页岩储层敏感性损害程度，以此指导优化压裂液配方，进一步提高压裂液体系与常压页岩地层的配伍性，最大限度减少压裂液对页岩储层的伤害；同时，持续加强低成本高效降阻水、低浓度胶液体系研发和配方优化，进一步降低成本；开展压裂返排液处理配方及工艺研究，形成压裂返排液重复利用技术。

二是深化体积压裂改造模式研究，提高页岩气单井产量和井控储量。大型分段压裂

是改善页岩气渗流条件、提高页岩气单井产量的主要途径。"密切割、单段多簇、投球暂堵"技术是页岩气水平井压裂改造的发展趋势，但簇数增多后如何保证各簇裂缝均衡起裂及扩展、纵向缝高有效沟通优质储层、有效提高单井控制储量，是该技术的实施难点，尤其是常压页岩区两向应力差值大，不易形成复杂网络缝网。下步仍需要持续开展岩石破裂特征和裂缝延伸的室内实验及数值模拟研究，明确页岩破裂特征及成缝机理，开展体积压裂改造模式、多簇裂缝均衡扩展、双暂堵转向压裂工艺、多尺度裂缝造缝、多尺度裂缝分级支撑等配套工艺技术的现场攻关，试验"一段一策"变密度射孔、变黏度、变排量优化组合、多粒径组合优化等个性化压裂工艺，以提高支撑裂缝的连续性及导流能力，形成页岩气流动的"快速通道"。此外，还需要加强深层页岩气配套压裂工程工艺技术的攻关试验。

4）加强常压页岩气生产规律研究，制定效益开发技术政策

目前，常压页岩气生产时间短，对其生产规律的认识较为薄弱，需要加强页岩气压裂效果评估，评价不同构造部位、页岩埋深、水平段长、两靶高差、压裂级数、段长、压裂工艺及参数等对 SRV 和单井产能的影响，深化生产井的全生命周期动态分析，研究不同生产制度、纯液阶段、过渡阶段、稳定阶段、低压排采阶段等不同生产阶段的产气规律，预测开采中气藏能量分布和单井 EUR，明确影响常压页岩气产能的主控因素，为制定常压页岩气最优开发技术政策提供依据。同时，要开展开发调整技术对策研究，针对已开发区，通过数值模拟、气藏工程、经济评价等方法，研究最优的井网加密时机和加密井开发技术政策，最大限度地提高储量动用率。此外，还需要加强五峰组—龙马溪组气层的立体评价和开发试验，制定不同层段的合理井距、水平井参数、合理生产方式及配产等开发参数，实现纵向上资源的有效动用。

在基础研究方面，重点开展页岩解吸—扩散—渗流耦合实验，深入研究纳米孔隙中气液两相—气体单相渗流规律，建立准确描述渗流规律的数学模型，结合生产井特征，建立常压页岩气井携液理论模型，为不同生产阶段采气工艺参数优化提供理论依据。

现场着重开展电潜泵、射流泵、智能柱塞管柱、气举、泡排、管柱优化排采等工艺的适应性分析，研究工艺管柱的应用条件，建立了井筒积液诊断技术及各阶段排采工艺适应性评价方法，探索形成适用于常压页岩气井全生命周期的高效排水采气工程工艺组合技术和关键工具。

5）全面推行地质工程一体化最优决策平台，不断提高生产运行管理效率

以增产、提速、降本、增效为核心，破解常压页岩气低品位资源效益开发难题，需要积极探索实践页岩气地质工程最优化决策平台运行模式，全面推行四个一体化：一体化管理、一体化评价、一体化设计、一体化作业（图 9-2-1）。

构建多部门、多学科、多专业技术人员组成的地质工程一体化管理团队，成立页岩气领导小组和现场工作部，加强顶层设计，制定阶段目标，完善考核机制，开展前瞻性、科学性、指导性、时效性的组织决策管理。

一体化评价的实质是"实践—认识—再实践—再认识"持续深化过程。一是开展地上 + 地下 + 经济的一体化目标评价，获取最优的"甜点"目标和技术方案，来指导设计

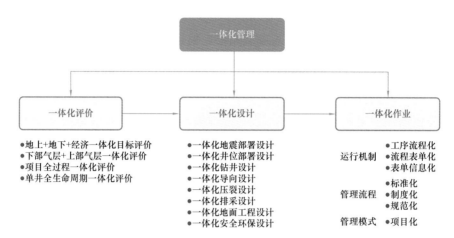

图 9-2-1　页岩气地质工程一体化运行模式

与施工；二是开展五峰组—龙马溪组下部①号至⑤号气层 + 上部⑥号至⑨号气层一体化评价，为立体开发提供地质依据；三是开展项目全过程一体化评价，从页岩气勘探、评价、产建、投产四个阶段入手，客观分析评价各阶段的优点和不足，获取方案可优化调整的空间；四是开展单井全生命周期一体化评价，建立单井从部署—钻探—压裂—试采—投产—报废全生命周期的档案信息，一方面深入开展钻采评价和动态分析，用新的成果认识及时指导现场，优化后期部署方案，另一方面便于生产中精细管理，一井一策、分类施策，延长生命周期。

一体化设计的核心思想就是按照地质兼顾工程、工程服务地质，勘探向后延伸、开发提前介入，全方位优化设计的理念，在一体化评价的基础上，按照区块、平台、单井三个级别全面推进一体化地震设计、一体化井位设计、一体化钻井设计、一体化导向设计、一体化压裂设计、一体化排采设计、一体化地面工程设计、一体化安全环保设计；勘探主动向开发延伸，探井和评价井在开发井网上部署，开发提前介入气藏评价，提前开展开发概念设计，开发评价井录取探井评价所需地质资料。

一体化作业需要建立系统规范的生产运行机制和管理流程，搭建生产管理网络协同平台，实行工序流程化、流程表单化、表单信息化，推进生产管理流程标准化、制度化、规范化，并推行项目化管理模式，成立钻井、压裂、采气、地面、物供 5 个项目组，严格执行"短流程、快节奏、高质量、低成本"方针，全程优化投资计划、技术方案和生产运行，实现各工序、各环节无缝衔接，进一步提高生产运行管理的效率和效益。

参考文献

蔡潇，2015. 原子力显微镜在页岩微观孔隙结构研究中的应用［J］. 电子显微学报，（4）：326-331.

蔡潇，靳雅夕，叶建国，等，2020. 一种页岩有机孔与无机孔定量表征的方法［J］. 油气藏评价与开发，10（1）：30-36.

蔡潇，王亮，靳雅夕，等，2016. 渝东南地区页岩有机孔隙类型及特征［J］. 天然气地球科学，27（3）：513-519.

蔡潇，王亮，靳雅夕，等，2016. 渝东南地区页岩有机孔隙类型及特征［J］. 天然气地球科学，27（3）：513-519.

蔡勋育，赵培荣，高波，等，2021. 中国石化页岩气"十三五"发展成果与展望［J］. 石油与天然气地质，（2021）01-0016-12.

陈元千，1987. 确定气井绝对无阻流量的简单方法［J］. 天然气工业，7（1）：1-5.

程兴生，卢拥军，管保山，等，2014. 中石油压裂液技术现状与未来发展［J］. 石油钻采工艺，36（1）：1-5.

董大忠，高世葵，黄金亮，等，2014. 论四川盆地页岩气资源勘探开发前景［J］. 天然气工业，34（12）：1-15.

董大忠，王玉满，黄旭楠，等，2016. 中国页岩气地质特征、资源评价方法及关键参数［J］. 天然气地球科学，27（9）：1583-1601.

董大忠，邹才能，李建忠，等，2011. 页岩气资源潜力与勘探开发前景［J］. 地质通报，30（2/3）：324-336.

段永刚，魏明强，李建秋，等，2011. 页岩气藏渗流机理及压裂井产能评价［J］. 重庆大学学报，34（4）：62-65.

方志雄，2019. 中国南方常压页岩气勘探开发面临的挑战及对策［J］. 油气藏评价与开发，9（5）：1-13.

方志雄，何希鹏，2016. 渝东南武隆向斜常压页岩气形成与演化［J］. 石油与天然气地质，37（6）：819-827.

房大志，曾辉，王宁，张勇，2015. 从 Haynesville 页岩气开发数据研究高压页岩气高产因素［J］. 石油钻采工艺，（2）：58-62.

房大志，钱劲，梅俊伟，等，2021. 南川区块平桥背斜页岩气开发层系划分及合理井距优化研究［J］. 油气藏评价与开发，11（2）：212-218.

高和群，曹海虹，曾隽，2019. 页岩气解吸规律新认识［J］. 油气地质与采收率，26（2）：81-86.

高和群，曹海虹，丁安徐，等，2013. 海相页岩和陆相页岩等温吸附特性及控制因素［J］. 天然气地球科学，24（6）：1290-1297.

高和群，丁安徐，蔡潇，等，2016. 中上扬子海相页岩电阻率异常成因分析［J］. 断块油气田，23（5）：578-582.

高和群，丁安徐，陈云燕，2017. 页岩气解析规律及赋存方式探讨［J］. 高校地质学报，23（2）：285-195.

高全芳，2019. 武隆向斜五峰组—龙马溪组优质页岩特征及水平井靶窗优选［J］. 非常规油气，6（3）：99-105.

高树生，熊伟，刘先贵，等，2010. 低渗透砂岩渗流机理实验研究状况及新认识［J］. 天然气工业，30（1）：52-55.

高涛，郭肖，郑玲丽，等，2016. 页岩滑脱效应实验［J］. 大庆石油地质与开发，35（1）：150-154.

高玉巧，蔡潇，何希鹏，等，2020. 渝东南盆缘转换带五峰组—龙马溪组页岩压力体系与有机孔发育关系 [J]. 吉林大学学报（地球科学版），50（2）：662-674.

高玉巧，蔡潇，何希鹏，等，2021. 页岩气勘探开发实验测试技术挑战与发展方向 [J]. 油气藏评价与开发，11（2）：164-175.

高玉巧，蔡潇，张培先，等，2018. 渝东南盆缘转换带五峰组—龙马溪组页岩气储层孔隙特征与演化 [J]. 天然气工业，38（12）：15-25.

高玉巧，高和群，何希鹏，等，2019. 四川盆地东南部页岩气同位素分馏特征及对产能的指示意义 [J]. 石油实验地质，41（6）：865-870.

葛洪魁，申颖浩，宋岩，等，2014. 页岩纳米孔隙气体流动的滑脱效应 [J]. 天然气工业，34（7）：46-52.

龚继忠，庄照峰，2010. 对压裂后不破胶井产量效果的分析与认识 [J]. 石油与天然气化工，39（1）：57-59.

谷红陶，袁航，夏海帮，2015. 彭水页岩气水平井中靶技术与应用 [J]. 油气藏评价与开发，5（6）：76-80.

郭彤楼，2016. 中国式页岩气关键地质问题与成藏富集主控因素 [J]. 石油勘探与开发，43（3）：317-326.

郭彤楼，2019. 页岩气勘探开发中的几个地质问题 [J]. 油气藏评价与开发，9（5）：14-19.

郭彤楼，2021. 深层页岩气勘探开发进展与攻关方向 [J]. 油气藏评价与开发，11（1）：1-6.

郭彤楼，蒋恕，张培先，等，2020. 四川盆地外围常压页岩气勘探开发进展与攻关方向 [J]. 石油实验地质，42（5）：837-845.

郭彤楼，张汉荣，2014. 四川盆地焦石坝页岩气田形成与富集高产模式 [J]. 石油勘探与开发，41（1）：28-36.

郭旭升，2014. 南方海相页岩气"二元富集"规律——四川盆地及周缘龙马溪组页岩气勘探实践认识 [J]. 地质学报，88（7）：1209-1218.

郭旭升，2019. 四川盆地涪陵平桥页岩气田五峰组—龙马溪组页岩气富集主控因素 [J]. 天然气地球科学，30（1）：1-10.

郭旭升，郭彤楼，魏志红，等，2012. 中国南方页岩气勘探评价的几点思考 [J]. 中国工程科学，14（6）：101-105.

郭旭升，胡东风，李宇平，等，2017. 涪陵页岩气田富集高产主控地质因素 [J]. 石油勘探与开发，44（4）：481-491.

郭旭升，胡东风，文治东，等，2014. 四川盆地及周缘下古生界海相页岩气富集高产主控因素——以焦石坝地区五峰组—龙马溪组为例 [J]. 中国地质，41（3）：893-901.

何贵松，2021. 川南古蔺地区仁页 1 井五峰组—龙马溪组生物地层及成藏特征 [J]. 地层学杂志，45：1-9.

何贵松，何希鹏，高玉巧，等，2019. 中国南方 3 套海相页岩气成藏条件分析 [J]. 岩性油气藏，31（1）：57-68.

何贵松，何希鹏，高玉巧，等，2020. 渝东南盆缘转换带金佛斜坡常压页岩气富集模式 [J]. 天然气工业，40（06）：50.

何贵松，何希鹏，万静雅，等，2019. 低勘探程度区页岩气水平井地质导向方法与应用——以渝东南地区 LY1HF 井为例 [J]. 科学技术与工程，19（27）：124-133.

何贵松，万静雅，周頔娜，等，2019. 南川地区南页 1 井五峰组—龙马溪组页岩特征与生物地层 [J]. 地层学杂志，43（4）：376-388.

何希鹏，2021.四川盆地东部页岩气甜点评价体系与富集高产影响因素［J］.天然气工业，41（01）：59-71.

何希鹏，高玉巧，何贵松，等，2021.渝东南南川页岩气田地质特征及勘探开发关键技术［J］.油气藏评价与开发，11（3）：305-316.

何希鹏，高玉巧，唐显春，等，2017.渝东南地区常压页岩气富集主控因素分析［J］.天然气地球科学，28（4）：654-664.

何希鹏，何贵松，高玉巧，等，2018.渝东南盆缘转换带常压页岩气地质特征及富集高产规律［J］.天然气工业，38（12）：1-14.

何希鹏，卢比，何贵松，等，2021.渝东南构造复杂区常压页岩气生产特征及开发技术政策［J］.石油与天然气地质，42（1）：224-240.

何希鹏，齐艳平，何贵松，等，2019.渝东南构造复杂区常压页岩气富集高产主控因素再认识［J］.油气藏评价与开发，9（5）：32-39.

何希鹏，王运海，王彦祺，等，2020.渝东南盆缘转换带常压页岩气勘探实践［J］.中国石油勘探，25（1）：126-136.

何希鹏，张培先，房大志，等，2018.渝东南彭水—武隆地区常压页岩气生产特征［J］.油气地质与采收率，25（5）：72-79.

何治亮，胡宗全，聂海宽，2017.四川盆地五峰组—龙马溪组页岩气富集特征与"建造—改造"评价思路［J］.天然气地球科，28（5）：724-733.

何治亮，聂海宽，蒋廷学，2021.四川盆地深层页岩气规模有效开发面临的挑战与对策［J］.油气藏评价与开发，11（2）：1-11.

何治亮，聂海宽，张钰莹，2016.四川盆地及其周缘奥陶系五峰组—志留系龙马溪组页岩气富集主控因素分析［J］.地学前缘，23（2）：8-17.

黄小贞，谷红陶，2020.井中微地震监测技术在平桥南页岩气区块应用效果分析［J］.油气藏评价与开发，10（1）：43-48.

贾承造，郑民，张永峰，2014.非常规油气地质学重要理论问题［J］.石油学报，35（1）：1-10.

蒋廷学，卞晓冰，2016.页岩气储层评价新技术——甜度评价方法用［J］.石油钻探技术，44（4）：1-6.

蒋廷学，卞晓冰，苏瑗，等，2014.页岩可压性指数评价新方法及应用［J］.石油钻探技术，42（5）：16-20.

蒋廷学，卞晓冰，左罗，等，2021.非常规油气藏体积压裂全生命周期地质工程一体化技术［J］.油气藏开发与评价，11（3）：297-304.

蒋廷学，苏瑗，卞晓冰，等，2019.常压页岩气水平井低成本高密度缝网压裂技术研究［J］.油气藏开发与评价，9（5）：78-83.

蒋廷学，王海涛，卞晓冰，等，2018.水平井体积压裂技术研究与应用［J］.岩性油气藏，30（2）：1-9.

解飞，王蕴，梅俊伟，2020.基于地层旋转的地层视倾角计算新方法——应用于水平井地质导向［J］.天然气工业，40（6）：61-68.

靳雅夕，蔡潇，袁艺，等，2015.渝东南地区志留系龙马溪组页岩黏土矿物特征及其地质意义［J］.中国煤炭地质，（2）：21-25.

李艳莲，2016.速溶胍胶压裂液体系性能评价［J］.石化技术，23（3）：64-65.

李治平，李智锋，2012.页岩气纳米级孔隙渗流动态特征［J］.天然气工业，32（4）：50-53.

廖礼，周琳，冉照辉，等，2013.超低浓度瓜尔胶压裂液在苏里格气田的应用研究［J］.钻采工艺，36（5）：96-99.

林珊珊，张杰，王荣，等，2013.速溶胍胶压裂液的研制及再生可行性研究［J］.断块油气田，20（2）：236-238.

刘华，胡小虎，王卫红，等，2016.页岩气压裂水平井拟稳态阶段产能评价方法研究［J］.西安石油大学学报，31（2）：76-81.

刘华，王卫红，陈明君，等，2018.页岩储层多尺度渗流实验及数学模型研究［J］.西安石油大学学报，33（4）：66-71.

刘华，王卫红，王妍妍，等，2019.页岩气井产能表征方法研究［J］.油气藏评价与开发，19（5）：63-66.

刘杰，张永利，胡志明，等，2018.页岩气储层纳米级孔隙中气体的质量传输机理及流态实验［J］.天然气工业，38（12）：87-94.

刘静，周晓群，管保山，等，2012.压裂液破胶性能评价方法探讨［J］.石油化工应用，31（4）：17-20.

刘立宏，王娟娟，高春华，2015.多元改性速溶胍胶压裂液研究与应用［J］.石油钻探技术，43（3）：116-119.

卢双舫，李俊乾，张鹏飞，等，2018.页岩油储集层微观孔喉分类与分级评价［J］.石油勘探与开发，45（3）：436-444.

路保平，丁士东，2018.中国石化页岩气工程技术新进展与发展展望［J］.石油钻探技术，46（1）：1-9.

马波，2020.四川盆地南川区块页岩气开发潜力分析［J］.石油天然气学报，42（3）：67-77.

马新华，谢军，2018.川南地区页岩气勘探开发进展及发展前景［J］.石油勘探与开发，45（1）：161-169.

马永生，蔡勋育，赵培荣，等，2018.中国页岩气勘探开发理论认识与实践［J］.石油勘探与开发，2018，45（4）：561-574.

马永生，冯建辉，牟泽辉，等，2012.中国石化非常规油气资源潜力及勘探进展［J］.中国工程科学，14（6）：22-30.

米卡尔 J. 埃克诺米德斯，肯尼斯 G. 诺尔特，2002.油藏增产措施［M］.3 版，北京：石油工业出版社.

彭传波，黄志宇，鲁红升，等，2009.油田压裂用羟丙基胍胶的合成及性能评价［J］.精细石油化工进展，10（3）：9-11.

乔雨，2016.速溶胍胶压裂液体系性能评价与应用［J］.广州化工，44（2）：139-141.

冉天，谭先锋，陈浩，等，2017.渝东南地区下志留统龙马溪组页岩气成藏地质特征［J］.油气地质与采收率，24（5）：17-26.

任建华，2018.微注入压降测试在页岩气储层评价中的应用［J］.科学技术与工程，18（30）：65-69.

任建华，卢比，任韶然，2020.改进的压力衰竭法测试页岩孔渗参数［J］.油气藏评价与开发，10（1）：49-55.

任俊兴，孟庆利，杨帆，2020.基于构造约束的逐层网格层析速度建模技术在南川地区的应用［J］.油气藏评价与开发，10（1）：17-21.

尚立涛，2011.超级胍胶压裂液技术研究与应用［D］.黑龙江：东北石油大学.

舒红林，王利芝，尹开贵，等，2020.地质工程一体化实施过程中的页岩气藏地质建模［J］.中国石油勘探，25（2）：84-95.

孙焕泉，周德华，蔡勋育，等，2020.中国石化页岩气发展现状与趋势［J］.中国石油勘探，25（2）：

14–26.

孙小琴，2020.南川地区构造样式及页岩气勘探潜力［J］.地质学刊，44（1）：102–107.

唐颖，唐玄，王广源，等，2011.页岩气开发水力压裂技术综述［J］.地质通报，30（2/3）：393–399.

万静雅，2019.东胜背斜 A 井五峰组—龙马溪组页岩储层特征及影响因素［J］.中外能源，24（6）：33–38.

王璟明，肖佃师，卢双舫，等，2019.吉木萨尔凹陷芦草沟组页岩储层物性分级评价［J］.中国矿业大学学报，49（1）：172–183.

王满学，2004.低残渣硼交联液体瓜胶压裂液 LGC 性能研究与应用［J］.钻井液与完井液，21（4）：26–28.

王庆之，2016.焦石坝—彭水地区构造特征研究及页岩气保存［J］.石化技术，23（5）：169–170.

王伟，李阳，陈祖华，等，2020.基于复杂渗流机理的页岩气藏压后数值模拟研究［J］.油气藏评价与开发，10（1）：22–29.

王妍妍，刘华，王卫红，等，2018.基于返排产水数据的页岩气井压裂效果评价方法［J］.油气地质与采收率，26（4）：125–129.

王彦祺，贺庆，龙志平，2021.渝东南地区页岩气钻完井技术主要进展及发展方向［J］.油气藏评价与开发，11（3）：356–364.

王玉海，夏海帮，包凯，等，2019.射流泵工艺在常压页岩气排水采气中的研究与应用［J］.油气藏评价与开发，9（1）：80–84.

王玉满，董大忠，李新景，等，2015.四川盆地及其周缘下志留统龙马溪组层序与沉积特征［J］.天然气工业，35（3）：12–21.

王运海，2018.四川盆地平桥地区五峰—龙马溪组页岩微观孔隙特征研究［J］.石油实验地质，40（3）：337–344.

王喆，2020.可控冲击波解堵增透技术在延川南煤层气田中的应用［J］.油气藏评价与开发，10（4）：87–92.

王志刚，2015.涪陵页岩气勘探开发重大突破与启示［J］.石油与天然气地质，36（1）：1–6.

魏娟明，刘建坤，杜凯，等，2015.相乳液型减阻剂及滑溜水体系的研发与应用［J］.石油钻探技术，43（1）：27–32.

吴克柳，李相方，陈掌星，2016.页岩气有机质纳米孔气体传输微尺度效应［J］.天然气工业，36（11）：51–63.

吴奇，梁兴，鲜成钢，等，2015.地质—工程一体化高效开发中国南方海相页岩气［J］.中国石油勘探，20（4）：1–23.

吴艳艳，高玉巧，陈云燕，等，2021.渝东南地区五峰—龙马溪组页岩气储层孔缝发育特征及其地质意义［J］.油气藏评价与开发，11（1）：62–71.

吴聿元，张培先，何希鹏，等，2020.渝东南地区五峰组—龙马溪组页岩岩石相及与页岩气富集关系［J］.海相油气地质，25（4）：335–343.

夏海帮，2019.可溶桥塞在南川页岩气田的应用研究［J］.油气藏评价与开发，9（4）：79–82.

夏海帮，包凯，王睿，2021.页岩气井用新型无限级全通径滑套压裂技术先导试验［J］.油气藏评价与开发，11（3）：390–394.

夏海帮，包凯，王睿，等，2021.南川区块茅口组泥灰岩胶凝酸酸压试验［J］.油气藏评价与开发，11（2）：235–240.

夏威，蔡潇，丁安徐，等，2021. 南川地区栖霞—茅口组碳酸盐岩储集空间研究［J］. 油气藏评价与开发，11（2）：197-203.

肖翠，王伟，李鑫，等，2020. 基于现代产量递减分析的延川南煤层气田剩余气分布数值模拟研究［J］. 油气藏评价与开发，10（4）：25-31.

谢军，鲜成钢，吴建发，等，2019. 长宁国家级页岩气示范区地质工程一体化最优化关键要素实践与认识［J］. 中国石油勘探，24（2）：174-185.

谢亚雄，刘启国，王卫红，等，2016. 页岩气藏多段压裂水平井产能预测模型［J］. 大庆石油地质与开发，35（5）：163-169.

徐兵祥，李相方，Haghighi Manouchehr，等，2013. 页岩气产量数据分析方法及产能预测［J］. 中国石油大学学报（自然科学版），37（3）：119-124.

徐中一，方思冬，张彬，等，2020. 页岩气体积压裂水平井试井解释新模型［J］. 油气地质与采收率，27（3）：120-124.

薛野，刘田田，2015. 频率衰减梯度属性在页岩含气性预测中的应用［J］. 化工管理，（36）：135-136.

闫鹏，汪志臣，袁丹丹，等，2014. 一种速溶胍胶的评价与应用［J］. 石油化工高等学校学报，27（4）：79-82.

杨春鹏，陈惠，雷亨，等，2014. 页岩气压裂液及其压裂技术研究进展［J］. 工业技术创新，01（4）：492-497.

杨怀成，夏苏疆，高启国，等，2021. 常压页岩气全电动压裂装备及技术示范应用效果分析［J］. 油气藏评价与开发，11（3）：348-355.

姚军，孙海，黄朝琴，等，2013. 页岩气藏开发中的关键力学问题［J］. 中国科学：物理学 力学 天文学，43（12）：1527-1547.

姚奕明，魏娟明，杜涛，等，2019. 深层页岩气滑溜水技术研究与应用［J］. 精细石油化工，36（4）：15-19.

要继超，王兴志，罗兰，等，2016. 渝东地区龙马溪组页岩气成藏地质条件研究［J］. 特种油气藏，23（4）：77-80.

叶登胜，王素兵，蔡远红，等，2013. 连续混配压裂液及连续混配工艺应用实践［J］. 天然气工业，33（10）：47-51.

银本才，张高群，肖兵，等，2012. 速溶胍胶压裂液的研究与应用［J］. 油田化学，29（2）：159-161，189.

银伟，乔国锋，张高群，等，2013. 大排量连续混配压裂液在高温深井的应用［J］. 石油化工应用，32（11）：32-35.

翟刚毅，王玉芳，包书景，等. 2017. 我国南方海相页岩气富集高产主控因素及前景预测［J］. 地球科学，42（4）：1057-1068.

张大年，张锁兵，赵梦云，等，2014. 液体胍胶制备方法及其耐高温体系性能［J］. 油田化学，31（2）：203-206.

张海涛，张颖，何希鹏，等，2018. 渝东南武隆地区构造作用对页岩气形成与保存的影响［J］. 中国石油勘探，23（5）：47-56.

张金才，亓原昌，2020. 地应力对页岩储层开发的影响与对策［J］. 石油与天然气地质，41（4）：776-783.

张培先，2017. 黔中隆起及邻区下寒武统页岩气成藏特殊性分析［J］. 石油实验地质，39（2）：162-168，

179.

张培先，何希鹏，高全芳，等，2021. 四川盆地东南缘二叠系茅口组一段页岩气藏地质特征及富集模式［J］. 石油与天然气地质，42（1）：146-157.

张勇，2017. 彭水区块页岩脆性与含气性定性预测［J］. 油气藏评价与开发，7（1）：78-82.

张勇，何贵松，李彦婧，等，2019. 基于叠前反演的神经网络孔隙度预测技术——以南川地区为例［J］. 科学技术与工程，19（25）：83-89.

朱光亚，刘先贵，李铁树，等，2007. 低渗气藏气体渗流滑脱效应影响研究［J］. 天然气工业，27（5）：44-47.

邹才能，等，2013. 非常规油气地质［M］. 北京：地质出版社.

邹才能，董大忠，王玉满，等 2015. 中国页岩气特征、挑战及前景（一）［J］. 石油勘探与开发，42（6）：689-701.

邹才能，董大忠，王玉满，等 2016. 中国页岩气特征、挑战及前景（二）［J］. 石油勘探与开发，43（2）：166-178.

邹才能，赵群，董大忠，等，2017. 页岩气基本特征、主要挑战与未来前景［J］. 天然气地球科学，28（12）：1781-1796.

邹才能，赵群，丛连铸，等，2021. 中国页岩气开发进展、潜力及前景［J］. 天然气工业，41（1）：1-14.

邹鹏，张世林，王林，等，2015. 液体胍胶非水悬浮液的制备与水合性能［J］. 油田化学，32（1）：43-47.

A N Duong, 2010. An Unconventional Rate Decline Approach for Tight and Fracture-Dominated Gas Wells. SPE 137748.

Ahmad A L, Mustafa N N, 2006. Pore surface fractal analysis of palladium-alumina ceramic membrane using Frenkel-Halsey-Hill(FHH) model［J］. Journal of Colloid and Interface Science, 301（2）：575-584.

Anastasios Boulis, Ramkumar Jayakumar, Farshad Lalehrokh, Hamed Lawal, 2012. Improved Methodology for More Accurate Shale Gas Assessment. SPE 154981.

C D Pope, T T Palisch, E P Lolon, et al, 2010. Improving stimulation effectiveness- field results in the Haynesville shale. SPE 134165, 1-18.

Cecil Colwell, Jim Crenshaw, Bill Bland, 2011. Haynesville drilling challenges addressed through MPD. World Oil, OCTOBER, 47-54.

D Ilk, J A Rushing, A D Perego, T A Blasingame, 2008. Exponential vs. Hyperbolic Decline in Tight Gas Sands-Understanding the Origin and Implications for Reserves Estimates Using Arps' Decline Curves, Paper SPE 116731 presented at the 2008th SPE annual Technical conference and Exhibition held in Denver, Colorado, USA, 21-24.

Faruk C, 2011. Shale gas permeability and diffusivity inferredby improved formulation of relevant retention and transport mechanisms［J］. Transp. Porous. Med., 86（3）：925-944.

Friesen W I, et al, 1987. Fractal dimensions of coal particles［J］. Journal of Colloid and Interface Science, 120（1）：263-271.

He Xipeng, Zhang Peixian, He Guisong, et al, 2020. Evaluation of sweet spots and horizontal-well-design technology for shale gas in the basin-margin transition zone of southeastern Chongqing, SW China［J］. Energy Geoscience, 1（3/4）：134-146.

J Seshadri, L Mattar, 2010. CoMParison of Power Law and Modified Hyperbolic Decline Methods. Paper SPE

137320 presented at the Canadian Unconventional Resources & International Petroleum Conference held in Calgary, Alberta, Canada, 19–21.

J M Gatens, W J Lee, H S Lane, A T Watson, D K Stanley, D E Lancaster, 1989. Analysis of Eastern Devonian Gas Shales Production Data. Journal of Petroleum Technology, May.

J W Thompson, L Fan, D Grant, et al, 2010. An overview of horizontal well completions in the Haynesville shale. CSUG/SPE 136875, 1–14.

Jarvie D M, Hill R J, Ruble T E, et al, 2007. Unconventional shale–gas systems : The Mississippian Barnett Shale of north–central Texas as one model for thermogenic shale–gas assessment. AAPG Bulletin, 91 (4): 475–499.

Jarvied, 2004. Evaluation of hydrocarbon generation and storage in the Barnett shale, Fort worth basin, Texas [R]. Texas : Humble geological series division.

Jason Baihly, Raphael altman, Raj Malpani, Fang Luo, 2010. Shale Gas Production Decline Trend CoMParison Over Time and Basins. Paper SPE 135555 presented at the annual Technical Conference and Exhibition held in Florence, 19–22.

Javadpour F, 2009. Nanopores and apparent permeability of gas flow in mudrocks (shales and siltstone) [J]. Journal of Canadian Petroleum Technology, 48 (8): 16–21.

Javadpour Farzam, Fisher D, Unsworth M, 2007. Nano–scale gas flow in shale sediments [J]. Journal of Canadian Petroleum Technology, 46 (10): 55–61.

Kalantari–Dahaghi, 2010. Numerical Simulation and Modeling of Enhanced Gas Recovery and CO_2 Sequestration in Shale Gas Reservoirs : A Feasibility Study. Paper SPE 139701 presented at the SPE International Conference on CO_2 Capture, Storage, Utilization held in New Orleans, Louisiana, USA, 10–12 Nov.

L Mattar, B Gault, K Morad, C R Clarkson, C M Freeman, D Ilk, T A Blasingame, 2008. Production Analysis and Forecasting of Shale Gas Reservoirs : Case History–Based Approach. SPE 119897.

L Fan, J W. Thompson, J R Robinson, 2010. Understanding gas production mechanism and effectiveness of well stimulation in the Haynesville shale through reservoir simulation. CSUG/SPE 136696, 1–15.

Lancaster D E, Holditch S A, Mcketta, et al, 1992. Reservoir evaluation, completion techniques, and recent results from barnett shale development in the fort worth basin. SPE 24884.

Law B E and Curtis J B, 2002. Introduction to unconventional petroleum systems. AAPG Bulletin, 86 (11): 1851–1852.

Leng, Jun, Pan, Yi, Yang, Shuangchun, et al, 2018. Experimental Study on Microwave–Assisted Preparation of Hydrophobic Modified Guar Gum for Fracturing Fluid [J]. Journal of the Chemical Society of Pakistan, 40 (4): 804–809.

M Brown, E Ozkan, R Raghavan, 2009. Practical Solutions for Pressure Transient Responses of Fractured Horizontal Wells in Unconventional Reservoirs. presented at the 2009 SPE Annual Technical Conference and Exhibition held in New Orleans, Louisiana, USA, 4–7 Oct, SPE 125043.

Mattar L, McNeil R, 1998. The flowing gas material balance [J]. JCPT, 37 (2): 37–42.

Peter, P Valko, W John Lee, 2010. A Better Way to Forecast Production From Unconventional Gas Wells. Paper SPE 134231 presented at the SPE Annual Technical Conference and Exhibition held in Florence, Italy, 19–22.

Qiu L W, Wang T, Shen Y D, et al, 2018. Rheological and Fracturing Characteristics of a Novel Sulfonated Hydroxypropyl Guar Gum [J]. International Journal of Biological Macromolecules : Structure, Function and Interactions, 117: 974–982.

Quanxin Guo, Lujun Ji, Vusal Rajabov, et al, 2012. Marcellus and Haynesville drilling data : Analysis and lessons learned. SPE 158894, 1–9.

R O Bello, R A Wattenbarger, 2009. Modelling and Analysis of Shale Gas Production with a Skin Effect, presented at the Canadian International Petroleum Conference , Calgary, Alberta, Canada, 16–18.

R A McBane, T W Thompson, 2009. Exploration/Production Studies of the Dovonian Gas Shales, SPE/DOE/GRI 12833.

R Strickland, D Purvis, T A Blasingame, 2011. Practical Aspects of Reserve Determinations for Shale Gas. Paper SPE 144357 presented at the SPE North American Unconventional Gas Conference and Exhibition held in the Woodlands, Texas, USA, 12–16.

Ross D J, Bustin R M, 2008. Characterizing the shale gas resource potential of Devonian–Mississippian strata in the Western Canada sedimentary basin : Application of an integrated formation evaluation [J]. AAPG bulletin, 92 (1): 87–125.

Rouquerol J, et al, 1994. Recommendations for the characterization of porous solids [J]. Pure Appl. Chem. 66: 1739–1758.

T R Nearing, R A Startzman. Effects of Stimulation/Completion Practices on Eastern Devonian Shale Well Productivity. SPE 18553.

Ursula Hammes, Gregory Frebourg, 2012. Haynesville and Bossier mudrocks : A facies and sequence stratigraphic investigation, East Texas and Louisiana, USA. Marine and Petroleum Geology, 2012(31): 8–26.

Valko P P, 2009. Assigning value to stimulation in the Barnett Shale : a simultaneous analysis of 7000 plus production hystories and well completion records. SPE 119369.

Xipeng He, Guisong He, Yuqiao Gao, et al, 2019. Geological characteristics and enrichment laws of normal–pressure shale gas in the basin–margin transition zone of SE Chongqing[J]. Natural Gas Industry B, 6 (4): 333–346.

Yuqiao Gao, Xiao Cai, Peixian Zhang, Guisong He, Quanfang Gao, Jingya Wan, 2019. Pore characteristics and evolution of Wufeng–Longmaxi Fms shale gas reservoirs in the basin–margin transition zone of SE Chongqing [J]. Natural Gas Industry B, 6 (4): 323–332.

Zhang Z Y, Mao J C, Yang B, et al, 2019. Experimental Evaluation of a Novel Modification of Anionic Guar Gum with Maleic anhydride for Fracturing Fluid [J]. Rheologica Acta : An International Journal of Rheology, 58 (3/4): 173–181.